普通高等教育“十一五”国家级规划教材

测控系统原理与设计

（第4版）

李涛　孙传友　编著

北京航空航天大学出版社

内容简介

本书为普通高等教育"十一五"国家级规划教材《测控系统原理与设计》的第4版。本书全面系统地阐述了基于单片机的测控系统的整机原理和总体设计。内容包括:绪论、测控通道(输入/输出通道)、主机及其接口、测控总线技术、测量数据处理、PID控制算法、监控程序设计、抗干扰技术、微机化测控系统设计及实例、测控系统新技术。书中给出了大量的实用硬件电路和C51软件程序。与本书配套的教学资源有课件、讲稿笔记、习题解答等资料。读者用手机扫描书上的二维码,就可免费下载。

本书可作为各类工科院校测控技术与仪器、自动化、机电一体化等专业的教材或教学参考书,也可供在测控领域工作的工程技术人员参考或作为自学读物。

图书在版编目(CIP)数据

测控系统原理与设计 / 李涛,孙传友编著. -- 4版. -- 北京 : 北京航空航天大学出版社, 2020.8

ISBN 978-7-5124-3307-6

Ⅰ. ①测… Ⅱ. ①李… ②孙… Ⅲ. ①自动检测系统 Ⅳ. ①TP274

中国版本图书馆CIP数据核字(2020)第118648号

测控系统原理与设计(第4版)

李涛 孙传友 编著

责任编辑 董瑞 周世婷

*

北京航空航天大学出版社出版发行

北京市海淀区学院路37号(邮编100191) http://www.buaapress.com.cn

发行部电话:(010)82317024 传真:(010)82328026

读者信箱:goodtextbook@126.com 邮购电话:(010)82316936

北京时代华都印刷有限公司印装 各地书店经销

*

开本:787×1 092 1/16 印张:21.5 字数:564千字

2020年8月第4版 2020年8月第1次印刷 印数:3 000册

ISBN 978-7-5124-3307-6 定价:59.00元

第 4 版前言

测控系统是以测量和控制为目的系统。测控系统在国民经济各领域、军事国防和现代生活各方面的应用越来越广泛。

《测控系统原理与设计》全面系统地阐述了基于单片机的测控系统的整机原理和总体设计,是作者根据教育部有关文件和自己多年的教学经验,对教学内容和课程体系进行改革的尝试,与同类教材相比,具有以下三个特点:

① 定位明确。本教材的定位是培养应用型(或技术型)专业人才。因此,本教材主要内容是计算机测控技术的应用研究,而不是单纯的理论研究。

② 注重对各类测控系统共性的研究。不同应用领域的测控系统虽然存在个性,但也存在很多共性,而且个性和共性相比,共性是主要的,其共同的理论基础和技术基础实质就是计算机测控技术。各种不同的测控系统产品只不过是其“共同基础”(即计算机测控技术)与各应用领域的“特殊要求”相结合的产物。因此,注重对各类测控系统共性的研究,有利于增强学生的适应能力。

③ 加强课程内容间的联系与综合。本教材从总体设计角度出发,研究各模块设置的必要性,以及整机对该模块的技术要求;把硬件与软件结合起来,研究与硬件相关的接口软件、测控算法、监控程序和抗干扰技术;加强与先修课程(测控电路、单片机原理与 C51 程序设计等)内容间的联系与综合,使学生进而学习掌握测控系统的整机原理与总体设计。

《测控系统原理与设计》被教育部评选为普通高等教育“十一五”国家级规划教材。本教材前三版累计印刷 15 次,已经被许多高校选作教材,有些大学还指定本教材为硕士生或博士生入学考试参考书。

为了尽可能跟上测控技术的发展,更好地适应高等学校测控类专业的教学需要,长江大学李涛教授和孙传友教授在北京航空航天大学出版社的支持下,对第 3 版内容进行了修订。本版教材仍保持第 3 版教材的体系和特色,但删除了一些章节的内容,增加了“无线电测控与 5G 技术”,更正了原书中的错误和不妥之处,并将原来用 MCS－51 汇编语言编写的程序全部改为用 C51 语言编写的程序等。原 MCS－51 汇编语言编写的程序可发邮件至 goodtextbook@126.com 索取。

本书为《测控系统原理与设计》的第 4 版。全书共分十章:绪论、测控通道(输入/输出通道)、主机及其接口、测控总线技术、测量数据处理、PID 控制算法、监控程序设计、抗干扰技术、微机化测控系统设计及实例、测控系统新技术。

为了使本书能适应当今兴起的“互联网＋教育”,方便教师教学和学生自学,作者制作了与本书配套的课件、讲稿笔记(教师讲稿学生笔记)、习题解答等资料。读者用手机扫描每章末的二维码,即可免费下载。本教材的课外实验可参考文献[26]、[27]。

在本书出版之际,作者特向本书参考文献的作者、选用本教材的高校教师、北京航空航天大学出版社的编辑以及所有支持本书的读者,表示衷心的感谢!

由于作者水平有限,书中存在的缺点和错误恳请各位专家和广大读者批评指正。

作　者

2020 年 4 月

目　　录

第1章　绪　论

1.1　测控系统的地位与作用

人类在认识世界和改造世界的过程中，一方面要采用各种方法获得客观事物的量值，这个任务称之为“测量”；另一方面也要采用各种方法支配或约束某一客观事物的进程结果，这个任务称之为“控制”。“测量”和“控制”是人类认识世界和改造世界的两项工作任务，而测控仪器或系统则是人类实现这两项任务的工具和手段。按照仪器和系统担负的任务不同，测控仪器和系统可分为三大类：单纯以测试或检测为目的的“测试（检测）仪器或系统”，单纯以控制为目的的“控制系统”和测控一体的“测控系统”。

发明元素周期表的科学家门捷列夫曾说过：“有测量才有科学”。科学的发展和突破往往是以检测仪器和技术方法上的突破为先导的。例如，人类在光学显微镜出现以前，只能用肉眼来分辨物质；而16世纪出现了光学显微镜，这使得人们能够借助显微镜来观察细胞，从而大大推动了生物科学的发展。到20世纪30年代出现了电子显微镜，使人们的观察能力进入了微观世界，这又推动了生物科学、电子科学和材料科学的发展……在诺贝尔物理和化学奖中大约有1/4是属于测试方法和仪器创新。这些事实都说明了测试仪器在科学研究中的重要作用。

测控仪器和系统在工业生产中起着把关者和指导者的作用，它从生产现场获取各种参数，运用科学规律和系统工程的方法，综合有效地利用各种先进技术，通过自控手段和装备，使每个生产环节得到优化，进而保证生产规范化，提高产品质量，降低成本，满足需要，保证安全生产。

目前，测控技术广泛应用于炼油、化工、冶金、电力、电子、轻工和纺织等行业。据悉，上海宝山钢铁集团的技术装备投资，1/3经费用于购置仪器和自控系统。即使原来认为可以使用土法生产的制酒工业，今天也需要通过精密的仪器仪表严格控制温度才能创造出名牌。

据美国国家标准技术研究院（NIST）的统计，美国为了质量认证和控制、自动化及流程分析，每天完成2.5亿个检测，占国民生产总值的3.5%。要完成这些检测，需要大量的种类繁多的分析和检测仪器。仪器与测试技术已是当代促进生产的一个主流环节。美国商业部国家标准局（NBS）于20世纪90年代初评估仪器仪表工业对美国国民经济总产值的影响作用，提出的调查报告中称：仪器仪表工业总产值只占工业总产值的4%，但它对国民经济的影响达到66%。

仪器仪表是国民经济的“倍增器”，对国民经济有巨大的拉动作用。应用仪器仪表是现代生产从粗放型经营转变为集约型经营必须采取的措施，是改造传统工业必备的手段，也是产品具备竞争能力、进入市场经济必由之路。

仪器在产品质量评估及计算中起着技术监督的“物质法官”的作用。在国防建设和国家可持续发展战略等诸多方面，都起着至关重要的作用。现代仪器已逐渐走进千家万户，与人们的日常生活、工作和娱乐活动休戚相关。

今天，世界正在从工业化时代进入信息化时代，并向知识经济时代迈进。这个时代的特征是,以计算机为核心,用计算机扩展人的脑力劳动,使人类正在走出机械化,进入以物质手段扩展人的感官神经系统及脑力智力的时代。这时,仪器的作用主要是获取信息,作为智能行动的依据。

仪器的功能在于用物理、化学或生物的方法,获取被检测对象运动或变化的信息,通过信息转换,使其成为易于人们阅读和识别表达(信息显示、转换和运用)的量化形式,或进一步信号化、图像化。通过显示系统,以利观测、入库存档,或直接进入自动化、智能运转控制系统。

仪器是一种信息的工具,起着不可或缺的信息源的作用。仪器是信息时代的信息获取→处理→传输的链条中的源头技术。如果没有仪器,就不能获取生产、科学、环境和社会等领域中全方位的信息,进入信息时代将是不可能的。钱学森院士在对新技术革命的论述中曾说:"新技术革命的关键技术是信息技术。信息技术由测量技术、计算机技术和通信技术三部分组成。测量技术则是关键和基础"。现在提到信息技术通常想到的只是计算机技术和通信技术,而关键的基础性的测量技术却往往被人们忽视。综上所述可以看出,仪器技术是信息的源头技术。仪器工业是信息工业的重要组成部分。

1.2　测控系统微机化的重要意义

20世纪50年代以前,由于当时企业的生产规模较小,测控仪表处于发展的初级阶段,所采用的仅仅是安装在生产现场、只具备简单测控功能的基于20.67～103.35 kPa气动信号标准的基地式气动仪表。其信号仅在本仪表内使用,不能传送给别的仪表或系统,即各测控仪表处于封闭的状态,无法与外界沟通信息,操作人员只能通过生产现场的巡视,才可以了解生产过程的状况。

20世纪60年代,随着企业的生产规模进一步扩大,操作人员需要综合掌握多点的运行参数和信息,需要同时按多点的信息实行操作控制,因此出现了气动、电动单元组合式仪表,形成了集中控制室。生产现场中的各参数通过统一的模拟信号,如20.67～103.35 kPa气动信号、0～10 mA、4～20 mA直流电流信号、1～5 V直流电压信号等,送往集中控制室。操作人员可以在控制室内观察生产现场的状况,可以把各单元仪表的信号按需要组合成复杂测控系统。

20世纪70年代开始,微型计算机被引入测控领域,使测控系统发展到计算机测控系统的新阶段。将微型计算机技术引入测控系统中,不仅可以解决传统测控系统不能解决的问题,而且还能简化电路,增加或增强功能,提高测控精度和可靠性,显著增强测控系统的自动化、智能化程度,而且可以缩短系统研制周期、降低成本、易于升级换代等。因此,现代测控系统设计,特别是高精度、高性能、多功能的测控系统,目前已很少有不采用计算机技术的了。

计算机技术的引入可为测控系统带来以下一些新特点和新功能:

① 自动对零功能:在每次采样前对传感器的输出值自动清零,从而大大降低因测控系统漂移变化造成的误差。

② 量程自动切换功能:可根据测量值和控制值的大小改变测量范围和控制范围,在保证测量和控制范围的同时提高分辨率。

③ 多点快速测控:可对多种不同参数进行快速测量和控制。

④ 数字滤波功能:利用计算机软件对测量数据进行处理,可抑制各种干扰和脉冲信号。

⑤ 自动修正误差:许多传感器和控制器的特性是非线性的,且受环境参数变化的影响比较严重,从而给仪器带来误差。采用计算机技术,可以依靠软件进行在线或离线修正。

⑥ 数据处理功能：利用计算机技术可以实现传统仪器无法实现的各种复杂的处理和运算功能，比如统计分析、检索排序、函数变换、差值近似和频谱分析等。

⑦ 复杂控制规律：利用计算机技术不仅可以实现经典的 PID 控制，还可以实现各种复杂的控制规律，例如，自适应控制、模糊控制等。

⑧ 多媒体功能：利用计算机多媒体技术，可以使仪器具有声光和语音等功能，增强测控系统的个性或特色。

⑨ 通信或网络功能：利用计算机的数据通信功能，可以大大增强测控系统的外部接口功能和数据传输功能。采用网络功能的测控系统则将拓展一系列新颖的功能。

⑩ 自我诊断功能：采用计算机技术后，可对测控系统进行监测，一旦发现故障则立即进行报警，并可显示故障部位或可能的故障原因，对排除故障的方法进行提示。

1.3　微机化测控系统的类型和组成

1.3.1　微机化检测系统

微机化检测或测试系统是以微机为核心，单纯以“检测”或“测试”为目的的系统。一般用来对被测过程中的一些物理量进行测量并获得相应的精确测量数据，因此，又常称为数据采集系统，其基本组成框图如图 1-3-1 所示。

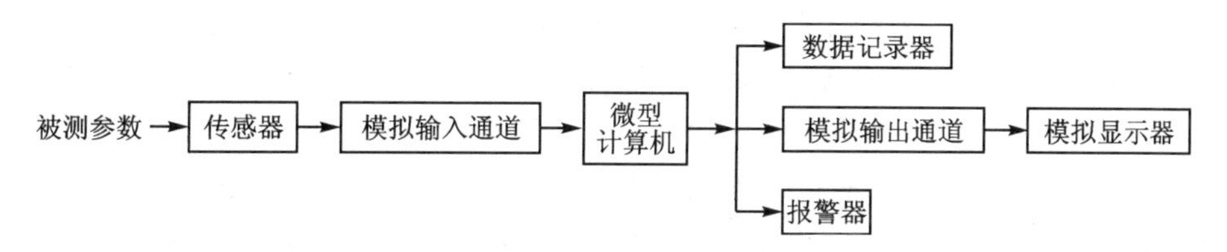

图 1-3-1　微机化检测系统基本组成框图

被测参数经传感器转换成模拟信号，再由模拟输入通道进行信号调理和数据采集，转换成微型计算机要求的数字形式送入微型机进行必要的处理，再送到磁带机、打印机等数据记录器记录下来，这样就得到了供进一步分析和处理的测量数据记录。为了对测量过程进行集中实时监视，模拟输出通道将微机处理后的测量数据转换成模拟信号在示波器或图示仪等模拟显示器上显示出来。在某些对生产过程进行监测的场合，如果被测参数超过规定限度时，微型机还将及时启动报警器发出报警信号。

用于石油勘探的数字地震记录仪和数字测井仪就是这类仪器的典型实例。目前在野外现场广泛使用的各种存储式测试记录仪器也属于这一类，只不过结构比较简单(一般只包括传感器、模拟输入通道、微机和数据记录器几部分)罢了。

1.3.2　微机化控制系统

微机化控制系统是以微型机为核心，单纯以程序控制为目的的系统，其组成框图如图 1-3-2 所示。这是一种开环控制系统，程序控制的基本思想是将被控对象的动作次序和各类参数输入微型机，微型机执行固定的程序，一步一步地控制被控对象的动作，以达到预期的目的。例如，机床的计算机控制，预先输入切削量、裕量、进给量、工件尺寸和加工步骤等参数，运行时由计算机控制刀具的动作，最后加工出成品。

图1-3-2　微机化控制系统组成框图

1.3.3　微机化测控系统

微机化测控系统是以微机为核心的测控一体化系统，这种系统对被控对象的控制是依据对被控对象的测量结果决定的。因此，它实质上是一种闭环控制系统，其基本组成框图如图1-3-3所示。图中左侧的输入/输出通道称为过程通道，它是微型机与测控对象的连接渠道，因此称之为“测控通道”。

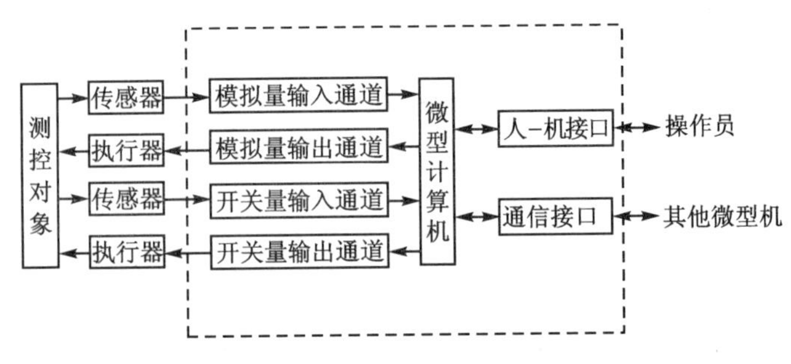

图1-3-3　微机化测控系统基本组成框图

测控通道又可分为模拟量输入通道、模拟量输出通道、开关量输入通道和开关量输出通道。带有模/数转换器的模拟量输入通道用来连接各类模拟信号输出的传感器，也可直接用做模拟形式的电压或电流的输入端。模拟量输出通道带有数/模转换器，使计算机能对模拟形式的执行机构或输出设备进行控制。开关量输入通道用来接收外界以“开关”形式表示的信息。例如，在电网实时监控系统中，它可用来监视电网各类断路器的开合状态。在另一些在线检测中，开关量输入可用来表示“超值”“告警”“极性转换”等状态并通知计算机做相应的处理。开关量输入也可用编码的形式向计算机输入信息，这种信息既可以是命令信息(要求计算机执行某种动作)，也可以是单纯的数据信息。开关量输出通道通常用来控制开关型执行机构(继电器、步进电动机等)，也可用来以编码形式输出信息。

图1-3-3中右侧“人-机接口”是微型计算机与操作人员的连接渠道，称为“人-机通道”，最常用的有输入命令和数据的键盘和显示测量结果和运行状态的显示器、打印机以及各种记录器等。

图1-3-3中“通信接口”是图中的微型计算机与其他微型计算机的联系渠道，称为“相互通道”。多微型机测控系统的各个微型计算机相互之间通过“通信接口”传送指令或数据。

对比图1-3-1、图1-3-2和图1-3-3可见，微机化测控系统可认为是由“测试系统”和“控制系统”两部分构成，单纯的“测试系统”或单纯的“控制系统”只是“测控系统”的特例。因此，本书为不失普遍性和先进性，主要研究“微机化测控系统”。

1.4　本课程的内容与性质

顾名思义，测控仪器或系统是以测量和控制为目的的仪器或系统。现代测控仪器或系统主要是微机化的测控仪器或系统，它是计算机技术与测控技术、电子技术相结合的产物。

微机化测控仪器或系统应用很广，不同应用领域使用的微机化测控仪器或系统的名称、型号、性能也各不相同，它们都具有各自不同的特性——个性。但是这些不同应用领域的微机化测控仪器或系统，如果解剖开来看，内部组成“电路”大多是相同的，将各个模块组装成整机的基本原则也是大体相似的。这就是它们的共同点——共性。而且，共性与个性相比，共性是主要的。也就是说，不同应用领域的测控仪器或系统只是“大同小异”罢了！人们不可能也没有必要去逐个学习不同应用领域的具体测控仪器或系统，而应该抓住其“共性”，学习各种测控仪器或系统共同的硬件基础和整机原理，这样就能增强适应性，以不变应万变。

作为测控技术与仪器专业的学生，在学习完模拟电路、数字电路、感测技术、测控电路及装置和微型机原理等先修课程之后，已经对组成各类测控仪器或系统的基本电路或功能模块有了全面的了解，这无疑是十分必要的，但却是远远不够的。因为这只是孤立地学习了一个个电路或者模块，还不知道怎么把这些电路或模块组装起来构成一个完整的仪器或系统。这就好比初学英语时，只是学习了一个一个单词，还读不懂一整篇英文文章，还没学会用英语单词写成一篇完整的文章。因此还需要继续学习！《测控系统原理与设计》就是为测控技术与仪器专业学生在学习完上述专业课后开设的一门综合性的课程，它主要研究微机化测控仪器和系统的整机原理与总体设计思想，讲述怎样用过去学习的微型计算机、传感器、测量电路和控制电路等功能模块构建一个适合特定需要的测控仪器或系统。

本课程是测控技术与仪器专业的专业课，它与先修课程有很大不同。本课程不是研究各电路模块本身的工作原理，而是研究由各个模块构成的整个仪器或系统的工作原理（即整机原理）；本课程不是研究各模块的内部结构，而是研究各模块相互之间的连接和影响；本课程不是设计某一个模块的具体电路，而是从总体设计角度出发，研究各模块设置的必要性，以及整机对该模块的技术要求；本课程不只是从整机角度研究各部分硬件的连接，而且把硬件与软件结合起来，着重研究与硬件相关的接口软件、测控算法、整机监控程序以及影响整机性能的抗干扰技术等。本书最后一章还简要介绍了计算机测控系统的发展、测控网络和虚拟仪器等测控系统新技术。

思考题与习题

1. 为什么说仪器技术是信息的源头技术？
2. 为什么现代测控系统一般都要微机化？
3. 微机化测控系统有哪几种类型？画出它们的组成框图。

课件

讲稿笔记

习题解答

第 2 章　测控通道(输入/输出通道)

2.1　模拟输入通道

2.1.1　模拟输入通道的基本类型与组成结构

模拟输入通道是微机化测控系统中被测对象与微机之间的联系通道,因为微机只能接收数字电信号,而被测对象常常是一些非电量,所以输入通道的前一道环节是把被测非电量转换为可用电信号的传感器,后一道环节是将模拟电信号转换为数字电信号的数据采集电路。除数字传感器外,大多数传感器都是将模拟非电量转换为模拟电量,而且这些模拟电量通常不宜直接用数据采集电路进行数字转换,还需要进行适当的信号调理。因此,一般说来,模拟输入通道应由传感器、信号调理电路、数据采集电路三部分组成,如图 2-1-1 所示。

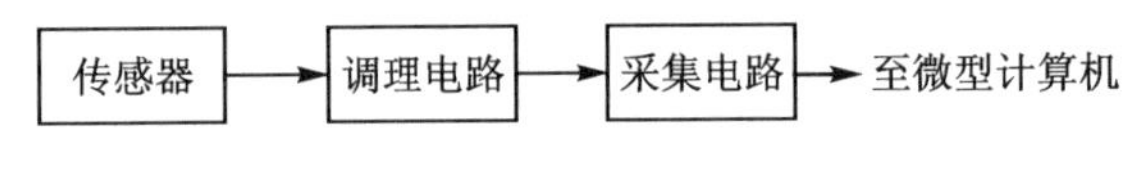

图 2-1-1　模拟输入通道的基本组成

实际的微机化测控系统往往需要同时测量多种物理量(多参数测量)或同一种物理量的多个测量点(多点巡回测量)。因此,多路模拟输入通道更具有普遍性。按照系统中数据采集电路是各路共用一个还是每路各用一个,多路模拟输入通道可分为集中采集式(简称集中式)和分散采集式(简称分布式)两大类型。

1. 集中采集式(集中式)

集中采集式多路模拟输入通道的典型结构有分时采集型和同步采集型两种,分别如图 2-1-2(a)和(b)所示。

由图(a)可见,多路被测信号分别由各自的传感器和信号调理电路组成的通道经模拟多路切换器(MUX)切换,进入公用的采样/保持器(S/H)和 A/D 转换电路进行数据采集。它的特点是多路信号共同使用一个 S/H 和 A/D 电路,简化了电路结构,降低了成本。但是它对信号的采集是由模拟多路切换器即多路转换开关分时切换、轮流选通的,因而相邻两路信号在时间上是依次被采集的,不能获得同一时刻的数据,这样就产生了时间偏斜误差。尽管这种时间偏斜很短,但对于要求多路信号严格同步采集测试的系统是不适用的,然而对于多数中速和低速测试系统,仍是一种应用广泛的结构。

由图(b)可见,同步采集型的特点是在模拟多路切换器之前,给每路信号通路各加一个采样/保持器,使多路信号的采样在同一时刻进行,即同步采样。然后由各自的保持器保持着采样信号幅值,等待模拟多路切换器分时切换进入公用的 S/H 和 A/D 电路将保持的采样幅值转换成数据输入主机。这样可以消除分时采集型结构的时间偏斜误差,这种结构既能满足同步采集的要求,又比较简单。但是它仍有不足之处,特别是在被测信号路数较多的情况下,同步采得的信号在保持器中保持的时间会加长,而保持器总会有一些泄漏,使信号有所衰减。由于各路信号保持时间不同,致使各个保持信号的衰减量不同。因此,严格地说,这种结构还是不能获得真正的同步输入。

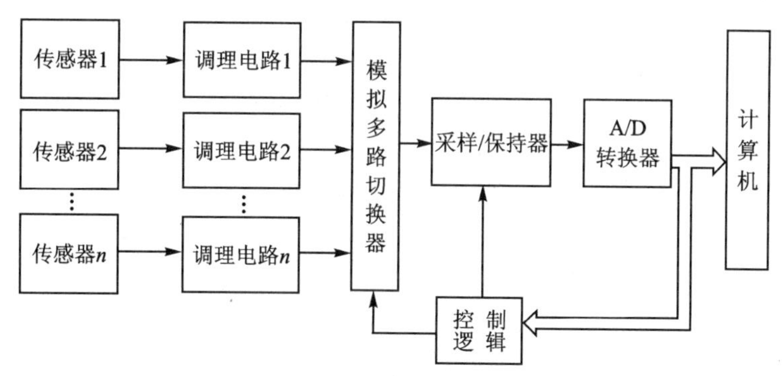

(a) 多路分时采集分时输入结构

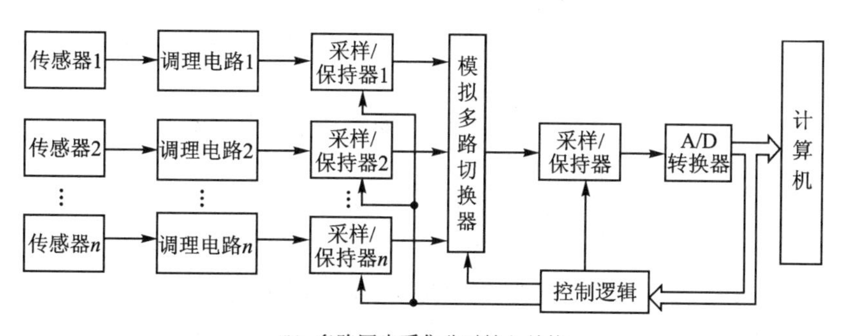

(b) 多路同步采集分时输入结构

图 2-1-2　集中采集式模拟输入通道典型结构

2. 分散采集式(分布式)

分散采集式的特点是每一路信号都有一个 S/H 和 A/D,因而也不再需要模拟多路切换器 MUX。每一个 S/H 和 A/D 只对本路模拟信号进行数字转换,即数据采集,采集的数据按一定顺序或随机地输入计算机,如图 2-1-3 所示。

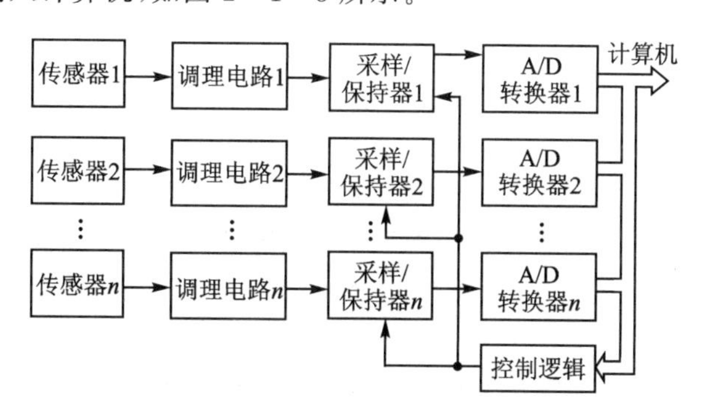

图 2-1-3　分散采集式模拟输入通道结构

图 2-1-2 与图 2-1-3 中的模拟多路切换器、采样保持器、A/D 转换器都是为实现模拟信号数字化而设置的,它们共同组成"采集电路",因此,图 2-1-2 和图 2-1-3 所示的多路模拟输入通道与图 2-1-1 所示的单路模拟输入通道一样,都可认为是由传感器、调理电路、采集电路三部分组成的。下面分别研究这三部分的选择和设计原则。

2.1.2 传感器的选用

传感器是信号输入通道的第一道环节,也是决定整个测试系统性能的关键环节之一。由于传感器技术的发展非常迅速,各种各样的传感器应运而生,所以大多数测试系统设计者只需要从现有传感器产品中正确地选用而不必自己另行研制传感器。要正确选用传感器,首先要明确所设计的测试系统需要什么样的传感器——系统对传感器的技术要求;其次是要了解现有传感器厂家有哪些可供选择的传感器,把同类产品的指标和价格进行对比,从中挑选合乎要求的性价比最高的传感器。

1. 对传感器的主要技术要求

正确选择传感器的主要技术要求如下:

① 具有将被测量转换为后续电路可用电量的功能,转换范围与被测量实际变化范围(变化幅度范围、变化频率范围)相一致。

② 转换精度符合整个测试系统根据总精度要求而分配给传感器的精度指标(一般应优于系统精度的10倍左右),转换速度应符合整机要求。

③ 能满足被测介质和使用环境的特殊要求,如耐高温、耐高压、防腐、抗震、防爆、抗电磁干扰、体积小、质量轻和不耗电或耗电少等。

④ 能满足用户对可靠性和可维护性的要求。

2. 可供选用的传感器类型

对于一种被测量,常常有多种传感器可以测量,例如测量温度的传感器就有热电偶、热电阻、热敏电阻、半导体PN结、IC温度传感器和光纤温度传感器等多种。可用于同一被测量的不同类型的传感器具有不同的特点和不同的价格。在都能满足测量范围、精度、速度、使用条件等情况下,应侧重考虑成本高低、相配电路是否简单等因素进行取舍,尽可能选择性能价格比高的传感器。

近年来,传感器厂家已生产出一些便于简化测控系统电路和提高性能的传感器。一般有以下几类:

① 大信号输出传感器。为了与A/D输入要求相适应,传感器厂家开始设计、制造一些专门与A/D相配套的大信号输出传感器。通常是把放大电路与传感器做成一体,使传感器能直接输出0～5 V、0～10 V或0～2.5 V要求的信号电压,把传感器与相应的变送器电路做成一体,构成能输出4～20 mA直流标准信号的变送器(我国还有不少变送器仍然以直流电流0～10 mA为输出信号)。信号输入通道中应尽可能选用大信号传感器或变送器,这样可以省去小信号放大环节,如图2-1-4所示。对于大电流输出,只要经过简单I/V转换即可变为大信号电压输出。对于大信号电压可以经A/D转换,也可以经V/F转换送入微机,但后者响应速度较慢。

② 数字式传感器。数字式传感器一般由频率敏感效应器件构成,也可以由敏感参数R、L、C组成的振荡器构成等。因此,数字量传感器一般都是输出频率参量,具有测量精度高、抗干扰能力强、便于远距离传送等优点。此外,采用数字量传感器时,传感器输出如果满足TTL电平标准,则可直接接入计算机的I/O口或中断入口。如果传感器输出不是TTL电平,则须经电平转换或放大整形。一般进入单片机的I/O口或扩展I/O口时还要通过光电耦合隔离,如图2-1-5所示。

由图2-1-5可见,频率量及开关量输出的传感器还具有信号调理较为简单的优点。因此,在一些非快速测量中应尽可能选用频率量输出传感器(频率测量时,响应速度不如 A/D 转换快,故不适合快速测量)。

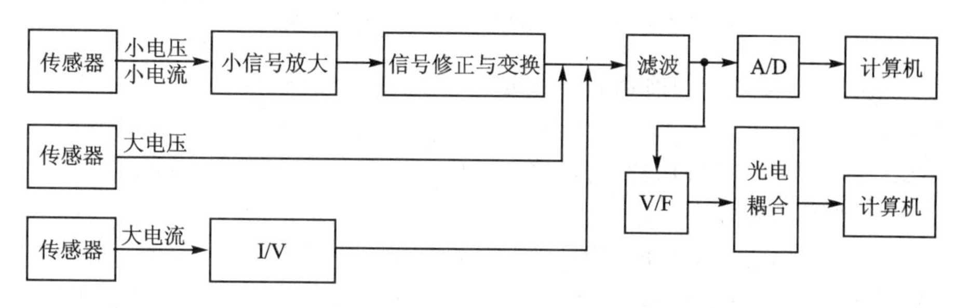

图 2-1-4　大信号输出传感器的使用

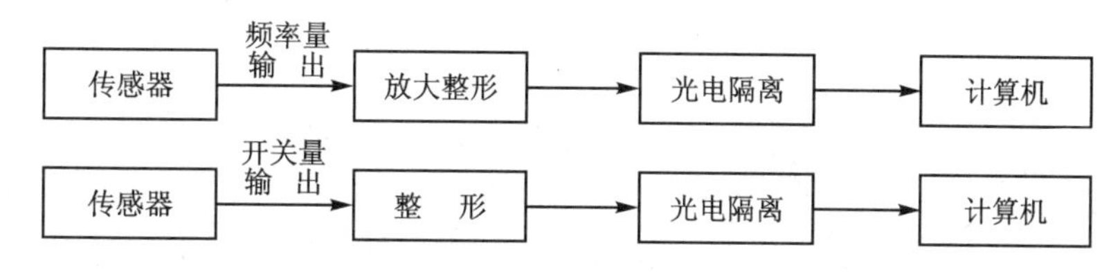

图 2-1-5　频率量及开关量输出传感器的使用

③ 集成传感器。集成传感器是将传感器与信号调理电路制成一体的传感器。例如,将应变片、应变电桥、线性化处理、电桥放大等制成一体,构成集成压力传感器。采用集成传感器可以减轻输入通道的信号调理任务,简化通道结构。

④ 光纤传感器。这种传感器的信号拾取、变换、传输都是通过光导纤维实现的,避免了电路系统的电磁干扰。在信号输入通道中采用光纤传感器可以从根本上解决由现场通过传感器引入的干扰。

除此之外,目前市售的各种测量仪表,其内部传感器及其测量电路配置较完善,一般都有大信号输出端,有的还有 BCD 码输出。但其售价远高于一个普通传感器的价格,故在小型测试系统中较少采用,在较大型的系统中使用较多。

对于一些特殊的测量需要或特殊的工作环境,目前还没有现成的传感器可供选用。一种解决办法是提出用户要求,找传感器厂家定做,但是批量小的价格一般都很昂贵;另一种办法是从现有传感器定型产品中选择一种作为基础,在该传感器前面设计一种敏感器或(和)在该传感器后面设计一种转换器,从而组合成满足特定测量需要的特制传感器。

2.1.3　信号调理电路的参数设计和选择

在一般测量系统中信号调理的任务较复杂,除了小信号放大、滤波外,还有诸如零点校正、线性化处理、温度补偿、误差修正和量程切换等,这些操作统称为信号调理(signal conditioning),相应的执行电路统称为信号调理电路。

在微机化测试系统中,许多原来依靠硬件实现的信号调理任务都可通过软件来实现,这样就大大简化了微机化测试系统中信号输入通道的结构。信号输入通道中的信号调理重点为小信号放大、信号滤波以及对频率信号的放大整形等。比较典型的信号调理电路组成如图 2-1-6 所示。

1. 前置放大器

由图 2-1-4 可见,采用大信号输出传感器,可以省掉小信号放大器环节。但是多数传感

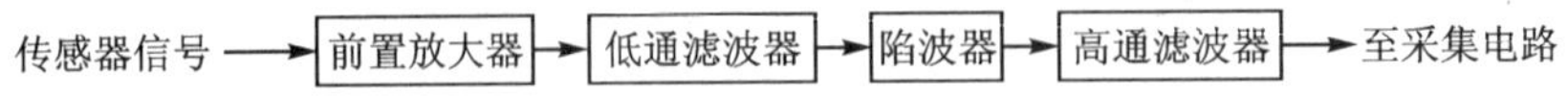

传感器信号 → 前置放大器 → 低通滤波器 → 陷波器 → 高通滤波器 → 至采集电路

图 2-1-6　典型调理电路的组成框图

器输出信号都比较小,必须选用前置放大器进行放大。那么判断传感器信号是“大”还是“小”和要不要进行放大的依据又是什么呢?放大器为什么要“前置”(即设置在调理电路的最前端)?能不能接在滤波器的后面呢?前置放大器的放大倍数应该多大为好呢?这些问题都是测控仪器或系统总体设计需要考虑的问题。

由于电路内部有这样或那样的噪声源存在,使得电路在没有信号输入时,输出端仍存在一定幅度的波动电压,这就是电路的输出噪声。把电路输出端测得的噪声有效值 V_{ON} 折算到该电路的输入端,即 V_{ON} 除以该电路的增益 K,得到的电平值,称为该电路的等效输入噪声 V_{IN},即

$$V_{IN}=V_{ON}/K \tag{2-1-1}$$

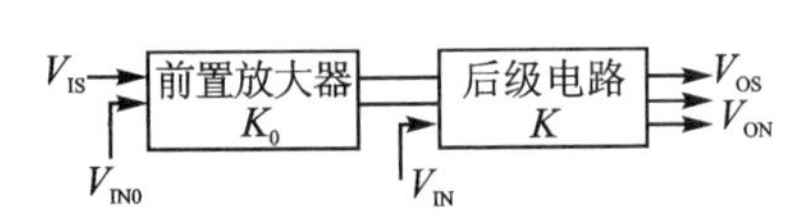

图 2-1-7　前置放大器的作用

如果加在某电路输入端的信号幅度 V_{IS} 小到比该电路的等效输入噪声还要低,那么这个信号就会被电路的噪声所“淹没”。为了不使小信号被电路噪声所淹没,就必须在该电路前面加一级放大器——前置放大器,其作用如图 2-1-7 所示。

图中前置放大器的增益为 K_0,本身的等效输入噪声为 V_{IN0}。由于前置放大器的噪声与后级电路的噪声是互不相关的随机噪声,因此,图 2-1-7 所示电路总输出噪声为

$$V'_{ON}=\sqrt{(V_{IN0}K_0K)^2+(V_{IN}K)^2} \tag{2-1-2}$$

总输出噪声折算到前置放大器输入端,即总的等效输入噪声为

$$V'_{IN}=\frac{V'_{ON}}{K_0K}=\sqrt{V_{IN0}^2+\left(\frac{V_{IN}}{K_0}\right)^2} \tag{2-1-3}$$

假定不设前置放大器时,输入信号刚好被电路噪声淹没,即 $V_{IS}=V_{IN}$,加入前置放大器后,为使输入信号 V_{IS} 不再被电路噪声淹没,即 $V_{IS}>V'_{IN}$,就必须使 $V'_{IN}<V_{IN}$,即

$$V_{IN}>\sqrt{V_{IN0}^2+\left(\frac{V_{IN}}{K_0}\right)^2}$$

解上列不等式可得

$$V_{IN0}<V_{IN}\sqrt{1-\frac{1}{K_0^2}} \tag{2-1-4}$$

由式(2-1-4)可见,为使小信号不被电路噪声淹没,在电路前端加入的电路必须是放大器,即 $K_0>1$,而且必须是低噪声的,即该放大器本身的等效输入噪声必须比其后级电路的等效输入噪声低。因此,调理电路前端电路必须是低噪声前置放大器。

在测控领域,被测信号的频率通常比较低,为了减小体积,调理电路中的滤波器大多采用 RC 有源滤波器。由于电阻元件是电路噪声的主要根源,因此,RC 滤波器产生的电路噪声比较大。如果把放大器放在滤波器后面,滤波器的噪声将会被放大器放大,使电路输出信噪比降低。可以用图 2-1-8(a)、(b)所示的两种情况进行对比来说明这一点。图中放大器和滤波器的放大倍数分别为 K 和 1(即不放大),本身的等效输入噪声分别为 V_{IN0} 和 V_{IN1}。图 2-1-8(a)所示调理电路的等效输入噪声为

$$V_{IN}=\frac{\sqrt{(V_{IN0}K)^2+(V_{IN1}\times 1)^2}}{K}=\sqrt{V_{IN0}^2+\left(\frac{V_{IN1}}{K}\right)^2}$$

图 2-1-8(b)所示调理电路的等效输入噪声为

$$V'_{IN}=\frac{\sqrt{(V_{IN1}K)^2+(V_{IN0}K)^2}}{K}=\sqrt{V_{IN0}^2+V_{IN1}^2}$$

对比上述两式可见,由于 $K>1$,所以 $V_{IN}<V'_{IN}$。这就是说,调理电路中放大器设置在滤波器前面有利于减少电路的等效输入噪声。由于电路的等效输入噪声决定了电路所能输入的最小信号电平,因此减少电路的等效输入噪声实质上就是提高了电路接收弱信号的能力。

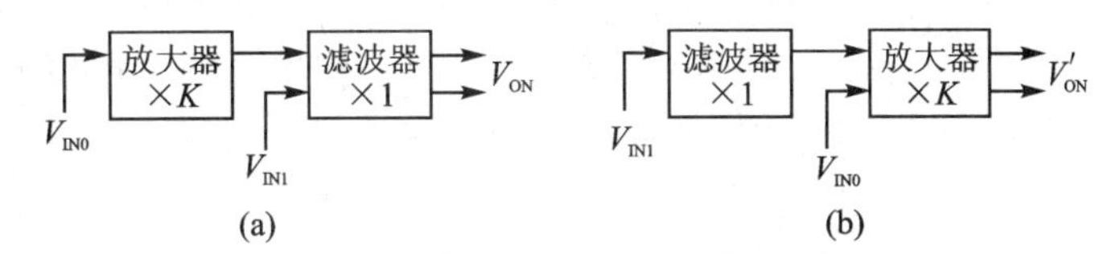

图 2-1-8　两种调理电路的对比

【例 2-1】 已知 DFS-V 数字地震仪的地震数据采集电路由前置放大器、滤波器、多路转换开关、浮点放大器和模数转换器五个部件串接而成。五个部件的等效输入噪声分别为 0.085 μV、9 μV、0 μV(可忽略不计)、7 μV、177 μV;浮点放大器放大倍数浮动范围为 $2^0\sim2^{14}$,前置放大器的放大倍数分 20、80、320 三挡。请画出 DFS-V 数字地震仪的地震数据采集电路组成框图,并计算该数字地震仪的等效输入噪声。

解　该数字地震仪的地震数据采集电路组成框图如图 2-1-9 所示。

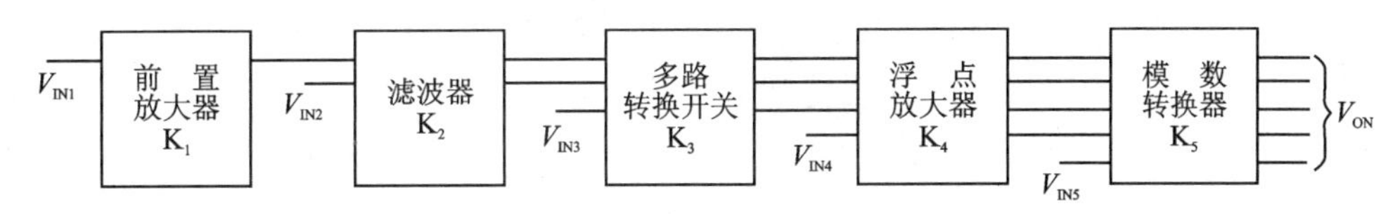

图 2-1-9　地震数字仪组成框图

图中五个部件的噪声可以视为采集电路内部五个不相关的噪声源,其本身的等效输入噪声分别为:$V_{IN1}=0.085$ μV,$V_{IN2}=9$ μV,$V_{IN3}=0$ μV(可忽略不计),$V_{IN4}=7$ μV,$V_{IN5}=177$ μV。五个部件的放大倍数分别为:$K_1=20,80,320$(三挡);$K_2=K_3=K_5=1$;$K_4=2^0\sim2^{14}$。据式(2-1-3)可知,地震数据采集电路的总等效输入噪声(即该数字地震仪的等效输入噪声)为

$$V_{IN}=\frac{V_{ON}}{K_1K_4}=\sqrt{V_{IN1}^2+\left(\frac{V_{IN2}}{K_1}\right)^2+\left(\frac{V_{IN3}}{K_1}\right)^2+\left(\frac{V_{IN4}}{K_1}\right)^2+\left(\frac{V_{IN5}}{K_1K_4}\right)^2}$$

因数字地震仪的等效输入噪声反映地震仪接收最弱信号的能力,而在接收最弱信号时浮点放大器取最大增益,故应取 $K_4=2^{14}$ 计算等效输入噪声。将五个部件的本身的等效输入噪声值 $K_1=20,80,320$(三挡)和 $K_4=2^{14}$ 代入上式计算得总等效输入噪声 V_{IN},如表 2-1-1 所列。

表 2-1-1　K_1 与 V_{IN} 的对应值

前置放大器增益 K_1	地震仪的等效输入噪声 V_{IN}/μV
20	0.58
80	0.166
320	0.092

通过以上计算可知,数字地震仪的前置放大器增益越大,地震仪的等效输入噪声越小,地

震仪接收微弱地震信号的能力越强,地震仪的勘探深度也就越大。因此,在保证不使 A/D 转换器发生溢出的前提下,前置放大器增益越大越好。

2. 滤波器

为了使调理电路的零漂电压不会随被测信号一起送到采集电路,通常在调理电路与采集电路之间接入隔直电容 C 和电压跟随器,如图 2-1-10 所示。隔直电容 C 与电压跟随器输入电阻 R_i 形成一个 RC 高通滤波器,其截止频率为

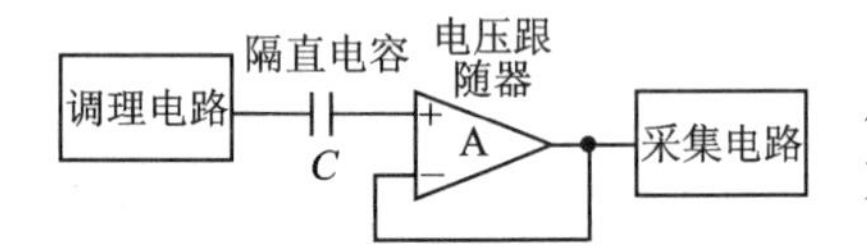

图 2-1-10 隔直电容的作用

$$f_L = \frac{1}{2\pi R_i C} \tag{2-1-5}$$

由于 C 和 R_i 很大,所以 f_L 很低,甚至不到1 Hz,对一般的低频干扰并不起作用。有些仪器例如地震记录仪,需要滤除低频干扰,在调理电路中设置了专门的高通滤波器。其截止频率应高于需要滤除的干扰频率,一般比式(2-1-5)计算值高得多。在这种情况下,调理电路通频带的下限频率就由该高通滤波器决定,而不由式(2-1-5)决定。

图 2-1-6 中陷波器是为抑制交流电干扰而设置的,陷波频率应等于交流电干扰的频率 50 Hz。如果不存在交流电干扰,就不应设置陷波器,这不仅是为了节省电路成本,更重要的是为了避免信号中 50 Hz 频率分量的损失。当被测信号频率远小于交流电频率时,也可用低通滤波器滤除交流电干扰。

测量通道中一般都设置有去混淆低通滤波器。为什么要设置去混淆低通滤波器?滤波器的频率和陡度应怎样选择呢?下面就重点讨论一下这些理论问题。

(1) 采样的折叠失真及消除条件

如果将连续信号 $x(t)$ 接到采样开关的一端,让采样开关每周期 T 闭合一次,闭合时间 τ 极短,即 $\tau \ll T$,那么在开关的另一端便得到取样脉冲信号 $x_s(t)$。这样一个采样过程可以看作连续模拟信号 $x(t)$ 对单位冲击脉冲序列 $\delta_T(t)$ 的脉冲调制过程,采样开关就起脉冲调制器作用,即

$$x_s(t) = x(t)\delta_T(t) \tag{2-1-6}$$

式中

$$\delta_T(t) = \sum_{n=-\infty}^{+\infty} \delta(t - nT) \tag{2-1-7}$$

$x(t)$ 在采样时刻 $t = nT$ 的瞬时值为 $x(nT)$,故式(2-1-6)可改写为

$$x_s(t) = \sum_{n=-\infty}^{+\infty} x(nT)\delta(t - nT) \tag{2-1-8}$$

若 $x(t)$ 的频谱用 $X(\omega)$ 表示,$x_s(t)$ 的频谱用 $X_s(\omega)$ 表示,则由式(2-1-8)可得

$$X_s(\omega) = \frac{1}{T}\sum_{n=-\infty}^{+\infty} X(\omega - n\,\omega_s) \tag{2-1-9}$$

式中,$\omega_s = \dfrac{2\pi}{T}$ 为采样角频率。

若让采样信号 $x_s(t)$ 通过一个截频为 $\dfrac{\omega_s}{2}$ 的理想低通滤波器,其传输函数为

$$H(\omega) = \begin{cases} T, & |\omega| \leqslant \dfrac{\omega_s}{2} \\ 0, & |\omega| > \dfrac{\omega_s}{2} \end{cases} \tag{2-1-10}$$

则得到的恢复信号 $x_0(t)$ 的频谱为

$$X_0(\omega)=X_s(\omega)\cdot H(\omega)=\begin{cases}\sum_{n=-\infty}^{+\infty}X(\omega-n\omega_s), & |\omega|\leqslant\frac{\omega_s}{2}\\ 0, & |\omega|>\frac{\omega_s}{2}\end{cases}\tag{2-1-11}$$

在 $0\sim\frac{\omega_s}{2}$ 范围内有

$$X_0(\omega)=X(\omega)+\sum_{\substack{n=-\infty\\ n\neq 0}}^{+\infty}X(\omega-n\omega_s)\tag{2-1-12}$$

由式(2-1-12)可见,由采样信号 $x_s(t)$ 恢复出的信号 $x_0(t)$ 与原来的被采样信号 $x(t)$ 在频谱上的差别为

$$X_0(\omega)-X(\omega)=\sum_{\substack{n=-\infty\\ n\neq 0}}^{+\infty}X(\omega-n\omega_s)\tag{2-1-13}$$

这种差别称为折叠失真。由式(2-1-12)可得对应的时域表达式为

$$x_0(t)=x(t)+N(t)\tag{2-1-14}$$

该误差项 $N(t)$ 称为折叠噪声或折叠失真。

怎样才能消除折叠失真和折叠噪声呢?现在用频谱图来讨论这个问题。

如果被采样信号 $x(t)$ 是一个严格的带限信号,即它有一个最高频率 f_c,当 $|\omega|\geqslant\omega_c$ 时 $X(\omega)=0$。由式(2-1-12)可知

$$X_0(\omega)=X(\omega)+X(\omega-\omega_s)+\cdots$$

由图 2-1-11 可见,$X(\omega-\omega_s)$ 可看做 $X(\omega)$ 以 $\omega=\frac{\omega_s}{2}$ 为对折轴折叠的结果,因此奈奎斯特频率 $\frac{f_s}{2}=\frac{1}{2T}$ 又称为折叠频率。如果 $\omega_c>\frac{\omega_s}{2}$,被采样信号频谱中高于 $\frac{\omega_s}{2}$ 的部分 $\left(\frac{\omega_s}{2}\sim\omega_c\right)$ 采样后沿 $\frac{\omega_s}{2}$ 折叠回来便在 $(\omega_s-\omega_c)\sim\frac{\omega_s}{2}$ 范围内形成干扰或噪声,如图 2-1-11(a)所示。在这种情况下经理想低通滤波恢复出来的信号频谱 $X_0(\omega)$ 与原被采样信号频谱 $X(\omega)$ 出现的差别是:$X(\omega)$ 在 $\frac{\omega_s}{2}\sim\omega_c$ 部分被切掉了,而在 $(\omega_s-\omega_c)\sim\frac{\omega_s}{2}$ 范围却多出一块,这多出的一块就是 $X(\omega-\omega_s)$ 在 $(\omega_s-\omega_c)\sim\frac{\omega_s}{2}$ 的频谱,也就是 $X(\omega)$ 中高于 $\frac{\omega_s}{2}$ 的部分沿 $\frac{\omega_s}{2}$ 折叠形成的。

如果 $\omega_c<\frac{\omega_s}{2}$,即 $(\omega_s-\omega_c)>\frac{\omega_s}{2}$,则 $X(\omega)$ 与 $X(\omega-\omega_s)$ 就会相互隔开而不会彼此交叠,如图 2-1-11(b)所示。

由图可见,在这种情况下,经理想低通滤波恢复出来的信号频谱 $X_0(\omega)$ 与原被采样信号频谱 $X(\omega)$ 相同,相应的时域信号 $x_0(t)$ 与 $x(t)$ 也相同。因此,要消除采样引起的折叠失真,必须满足以下条件:

① 必须使被采样信号为带限信号,即它的最高频率为有限值,即 $f_c\neq\infty$。

② 必须使采样频率大于被采样信号最高频率的两倍,即采样周期 T 满足条件

$$T < \frac{1}{2f_c} \tag{2-1-15}$$

只要在满足上述两个条件的情况下进行采样，理论上就可从采样信号 $x_s(t)$ 中无失真地恢复出原被采样信号 $x(t)$。这个结论就是著名的奈奎斯特采样定理。

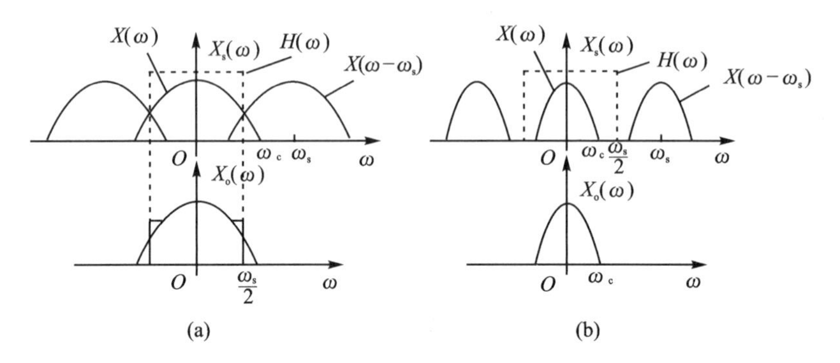

图 2-1-11　折叠失真的产生与消除

（2）去混淆滤波

由上面的讨论可以看出：采样产生折叠失真是由于被采样频谱中含有高于折叠频率 $f_s/2$ 的频率分量。若设该频率分量的幅值为 A_a，频率为 $f_a > f_s/2$，则采样后该频率分量就会变成幅值为 A_b，频率为 $f_b < f_s/2$ 的频率分量，如图 2-1-12 所示，两者以 $f = f_s/2$ 为轴对称，即

$$\left.\begin{aligned} A_a &= A_b \\ f_b &= f_s - f_a \end{aligned}\right\} \tag{2-1-16}$$

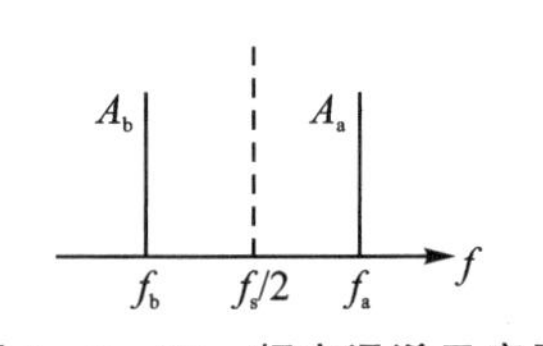

图 2-1-12　频率混淆示意图

这种现象又常称为频率混淆或假频干扰。被采样频谱一般都包含有用信号（简称信号）和干扰噪声（简称干扰或噪声）两部分，因此大多存在高于 $f_s/2$ 的频率分量。由于被采样频谱中高于 $f_s/2$ 的频率分量采样后会出现在低于 $f_s/2$ 的信号频段上，这样就无法用频率滤波的方法将它们与信号分离。为了消除这种频率混淆或假频干扰，就只有在采样之前先用一个截频 $f_h < f_s/2$ 的低通滤波器把高于 $f_s/2$ 的频率分量滤掉，以保证采样时被采样的频谱只包含低于 $f_s/2$ 的频率分量，即满足采样定理。在采样开关之前设置的这种用途的低通滤波器常称为去混淆滤波器或去假频滤波器。当然，如果被采样频谱中不包含高于 $f_s/2$ 的频率分量，或者虽然有但也很微弱，那就不必增加去混淆滤波这道环节。

去混淆滤波器的任务是滤掉被采样频谱中高于 $f_s/2$ 的频率分量，如果去混淆滤波器是一个陡度为无限大（即矩形幅频特性）的低通滤波器的话，那么去混淆滤波器截止频率 $f_h = f_s/2$ 就可以了。但是陡度无限大的滤波器实际上是无法实现的，实际的低通滤波器的陡度只能是有限值，因而只能把高频干扰衰减到很小幅值但不可能完全衰减到零。那么实际的去混淆滤波器的截频 f_h 与陡度 S 应怎样来设计和选择呢？

首先，去混淆滤波器截止频率 f_h 应该与采样周期 T_s 保持固定的关系，即

$$f_h = \frac{1}{CT_s} = \frac{f_s}{C} \tag{2-1-17}$$

式中，C 为选定的截频因数，$C > 2$。

其次，由于去混淆滤波器是低通滤波器，因此其截频 f_h 应该等于被测试信号的最高频率

f_{max},即

$$f_h = f_{max} \tag{2-1-18}$$

去混淆滤波器陡度 S 应该能保证把高于 $f_s/2$ 的干扰衰减到 A/D 的最小量化电平 q 以下。下面以常见的巴特沃斯低通滤波器为例来讨论这个问题。图 2-1-13 是巴特沃斯低通滤波器的波特图。图中 $0 \sim f_h$ 是被测有用信号的频率范围,与信号频率范围以 $f=f_s/2$ 为轴对称的频率范围是$(f_s-f_h) \sim f_s$,由图 2-1-13 可见,如果在这个频段上存在高频干扰的话,采样后它们就会以同样的幅度"折叠"到 $0 \sim f_h$ 的信号频段上形成所谓的"假频干扰"。为了把这些假频干扰的幅度减小到 A/D 的最小量化电平之下,就得把$(f_s-f_h) \sim f_s$ 频段上的干扰减小到最小量化电平以下。从最坏情况考虑,假设有用信号中幅度最大(为 V_s)的频率分量的频率 $f=f_h$,干扰噪声中幅度最大(为 V_n)的频率分量的频率 $f=f_s-f_h$。去混淆低通滤波器幅频特性为 $k(f)$,并设

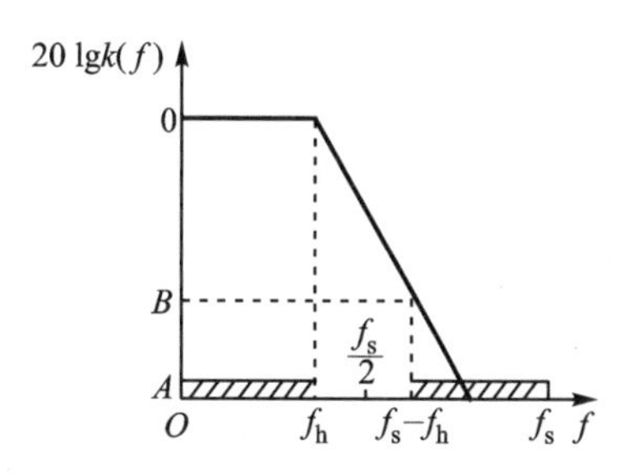

图 2-1-13　巴特沃斯滤波器波特图

当 $f=f_h$ 时,　　　　$k(f)=k_s=1$

当 $f=f_s-f_h$ 时,　　　　$k(f)=k_n$

为了使经去混淆滤波后信号最大频率分量不超出 A/D 的最大量化电平 E,干扰最大频率分量低于 A/D 的最小量化电平 q,要求

$$V_s \cdot k_s = V_s = E$$

$$V_n \cdot k_n \leqslant q \tag{2-1-19}$$

上两式两边相除再取对数可得

$$-20\ \lg k_n \geqslant 20\ \lg \frac{E}{q} - 20\ \lg \frac{V_s}{V_n}$$

上式左边的值称为假频衰减,记作 $B=-20\ \lg\ k_n$。对 m 位 A/D 有 $E=2^m q$,代入上式,得

$$B = -20\ \lg\ k_n \geqslant 6m - 20\ \lg \frac{V_s}{V_n} \tag{2-1-20}$$

设 f_h 与(f_s-f_h)之间为 G 个倍频程,即

$$\frac{f_s - f_h}{f_h} = 2^G$$

将式(2-1-17)代入上式得

$$G = \frac{\lg(C-1)}{\lg 2} \tag{2-1-21}$$

因此去混淆滤波器陡度 S 为

$$S = \frac{B}{G} = \frac{B \cdot \lg 2}{\lg(C-1)} (\text{dB/ 倍频程}) \tag{2-1-22}$$

将式(2-1-22)代入式(2-1-20)得

$$B = \frac{S \cdot \lg(C-1)}{\lg 2} \geqslant 6m - 20\lg \frac{V_s}{V_n} \tag{2-1-23}$$

如果干扰较弱,满足条件:$20\lg \frac{V_s}{V_n} \geqslant 6m(\text{dB})$,则可以不用设置去混淆低通滤波器;否则,

就要设置去混淆低通滤波器,而且干扰越强,去混淆低通滤波器陡度 S 就应越大些,或者将截频系数 C 取大些。若按最坏情况考虑,假设 $V_n=V_s$ 则式(2-1-23)简化为

$$S \geqslant \frac{6m \cdot \lg 2}{\lg(C-1)} \tag{2-1-24}$$

去混淆滤波器通常采用 n 阶巴特沃斯低通滤波器,其幅频特性为

$$k(f)=\frac{1}{\sqrt{1+\left(\frac{f}{f_0}\right)^{2n}}} \tag{2-1-25}$$

其截止频率为 $f_h=f_0$,陡度 S 为

$$S=6n(\text{dB/ 倍频程}) \tag{2-1-26}$$

由式(2-1-26)可见,陡度 S 越高的滤波器除数 n 越高。滤波器阶数 n 越高,幅频特性陡度越大,由式(2-1-23)可知,这对增大假频衰减 B、减少混淆误差越有利。但是应看到,滤波器阶数越高,不仅滤波器节数越多,成本越高,而且信号通过滤波器时产生的延时也越长。在闭环系统中,这种延时受到系统稳定性的限制,因而滤波器的阶数不宜太高。反之,减少阶数 n,就是减小陡度 S。据式(2-1-23)可知,必须相应增大截频系数 C,才能保证有足够的假频衰减 B 以减少混淆误差。据式(2-1-17)可知,增大截频系数 C 就必须减小采样周期 T_s 或截止频率 f_h。

式(2-1-26)代入式(2-1-24)得

$$n \geqslant \frac{m \cdot \lg 2}{\lg(C-1)} \tag{2-1-27}$$

由式(2-1-17)、式(2-1-18)、式(2-1-24)、式(2-1-27)可见,在设计模拟输入通道时,必须考虑去混淆低通滤波器截止频率 f_h、陡度 S(阶数 n)、采样周期 T_s、A/D 转换器位数 m 等参数是相互制约和影响的。

【例 2-2】 已知某模拟输入通道采用的是 12 位二进制模数转换器、6 阶去混淆巴特沃斯低通滤波器,被测信号最高频率为 100 Hz,试计算所需的去混淆巴特沃斯低通滤波器的截止频率和所需的采样周期。

解 据式(2-1-26),6 阶巴特沃斯低通滤波器的陡度 $S=36$ dB/倍频程,据题知,二进制模数转换器 $m=12$ 位,代入式(2-1-24)或式(2-1-27)计算得,截频系数 C 应取为 5。由题知,$f_{max}=100$ Hz,代入式(2-1-18)计算得,去混淆低通滤波器截止频率 f_h 也应为 100 Hz。将 $C=5$、$f_h=100$ Hz 代入式(2-1-17)计算得,采样周期 T_s 应取为 2 ms。

对于像数字地震仪这样要求在数字形式记录信号波形的"数据采集系统",去混淆滤波器的截止频率 f_h 和采样周期 T_s 的乘积必须保持常数($1/C$)。如果减少采样周期 T_s 时,不相应提高 f_h,那就会达不到通过减少 T_s 来增大 f_{max},即提高勘探分辨率的效果;相反,如果增大采样周期 T_s,不相应减少 f_h,由式(2-1-17)可知,就会使实际的截频系数 C 减小,则由式(2-1-23)可知,在滤波陡度 S 不变情况下,就会使假频衰减 B 减小,使式(2-1-19)得不到满足,即出现假频干扰。

为了减小体积,测控系统常常采用有源 RC 滤波器;但这种滤波器改变频率需要改变决定滤波频率的电阻或电容,这是很不方便的。因此,如果微机化测控系统需要灵活方便地改变滤波频率,最好是采用新型的开关电容滤波器或通用有源 RC 滤波器 UAF42,以便能通过软件程序实现对滤波频率的数字控制。关于这两种新型滤波器的原理和用法可参阅文献[2]。

2.1.4 采集电路的参数设计和选择

采集电路是实现模拟信号数字化的电路，A/D转换器是采集电路的核心。在集中采集式测量通道中，A/D转换器前面都设置模拟多路切换器MUX，以便从多路(道)模拟信号中选取一路(道)进行A/D转换。

集中式采集电路的组成方案有四种可供选择的方案，如图2-1-14所示。选择的原则列于表2-1-2中。

若被测模拟信号为恒定或变化缓慢的信号，即不“随时间变化”，则无须设置S/H，如图2-1-14(a)、(b)所示。如果被测模拟信号为动态信号，即“随时间变化”，那就必须在MUX与A/D转换器之间设置采样保持器S/H，如图2-1-14(c)、(d)所示。S/H在MUX的闭合期间采样，A/D转换器在S/H保持期间进行A/D转换。

如果各路模拟信号幅度互不相同，即“随道间变化”，例如不同种类的被测信号，就必须在S/H与MUX之间设置程控增益放大器PGA，如图2-1-14(b)、(d)所示。如果各路模拟信号幅度基本相同，即不“随道间变化”，例如同种类不同测量点的被测信号，就无须在S/H与MUX之间设置程控增益放大器PGA，如图2-1-14(a)、(c)所示。

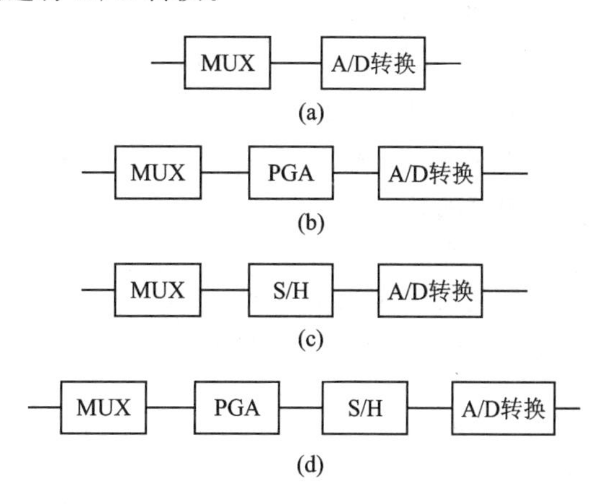

图2-1-14　集中式采集电路的组成方案

图2-1-14所示的四种集中式采集电路可以由MUX、S/H、PGA和A/D等电路模块组装而成，也可购买现成的集成电路。图2-1-14所示的四种集中式采集电路目前都已生产出相应的混合集成电路。例如ADC0809就是如图2-1-14(a)所示的将8路MUX与8位逐次逼近式A/D转换器集成在同一芯片上的集成电路：MN7150、MN7150-16、ADμC814就是如图2-1-14(d)所示的专门用于数据采集的大规模混合集成电路。

表2-1-2　集中式采集电路方案的选择

被测信号随时间变化	被测信号随道间变化	适用集中式采集电路方案
否	否	图2-1-14(a)
否	是	图2-1-14(b)
是	否	图2-1-14(c)
是	是	图2-1-14(d)

1. A/D转换器的选择要点

A/D转换器是把输入的模拟电压U_x量化编码(通常称为转换)成m位二进制数码D_1～D_m(D_1为最高位2^{-1}位，D_m为最低位即2^{-m}位)输出的装置。m位A/D转换器的量化单位(也称为分辨率)为

$$q=\frac{E}{2^m-1}\approx E/2^m \tag{2-1-28}$$

式中,E 为 A/D 转换器的参考基准电压。二进制数码 $D_1 \sim D_m$ 对应的量化电平为

$$U_q = E\sum_{i=1}^{m} D_i \times 2^{-i} \approx q\sum_{i=1}^{m} D_i \times 2^{m-i} = q \times N_x \tag{2-1-29}$$

式中,二进制数码 $D_1 \sim D_m$ 对应的十进制数为

$$N_x = \frac{U_q}{q} \approx \sum_{i=1}^{m} D_i \times 2^{m-i} \tag{2-1-30}$$

输入的模拟电压与其最接近的量化电平之差称为量化误差,即

$$\varepsilon_q = |U_x - U_q| \leqslant q \tag{2-1-31}$$

量化的相对误差即量化精度为

$$\delta_q = \frac{\varepsilon_q}{U_q} = \frac{q}{U_q} = \frac{1}{N_x} \tag{2-1-32}$$

A/D 转换器是数据采集电路的核心部件,正确选用 A/D 转换器是提高数据采集电路性能价格比的关键,以下几点应着重考虑。

(1) A/D 转换位数的确定

A/D 转换器的位数不仅决定采集电路所能转换的模拟电压动态范围,也在很大程度上影响采集电路的转换精度。因此,应根据对采集电路转换范围与转换精度两方面要求选择 A/D 转换器的位数。

若需要转换成有效数码(除 0 以外)的模拟输入电压最大值和最小值分别为 $V_{\mathrm{I,max}}$ 和 $V_{\mathrm{I,min}}$,A/D 转换器前放大器总增益为 k_g,m 位 A/D 满量程为 E,则应使

$$V_{\mathrm{I,min}} k_g \geqslant q = \frac{E}{2^m} \quad \text{(小信号不被量化噪声淹没)}$$

$$V_{\mathrm{I,max}} k_g \leqslant E \quad \text{(大信号不使 A/D 转换器溢出)}$$

所以

$$\frac{V_{\mathrm{I,max}}}{V_{\mathrm{I,min}}} \leqslant 2^m \tag{2-1-33}$$

通常称量程范围上限与下限之比的分贝数为动态范围,即

$$L_{\mathrm{I}} = 20\lg\frac{V_{\mathrm{I,max}}}{V_{\mathrm{I,min}}} \tag{2-1-34}$$

若已知被测模拟电压动态范围为 L_{I},则 A/D 位数 m 由

$$m \geqslant \frac{L_{\mathrm{I}}}{6} \tag{2-1-35}$$

确定。由于 MUX、S/H、A/D 组成的数据采集电路的总误差是这三个组成部分的分项误差的综合值,所以选择元件精度的一般规则是:每个元件的精度指标应优于系统精度的 10 倍左右。例如,要构成一个误差为 0.1%的数据采集系统,所用的 ADC、S/H 和 MUX 组件的线性误差都应小于 0.01%。ADC 的量化误差也应小于 0.01%,ADC 量化误差为 $\pm\frac{1}{2}$LSB,即满度值的 $\frac{1}{2^{m+1}}$,因此可根据系统精度指标 δ,按

$$\frac{10}{2^{m+1}} \leqslant \delta \tag{2-1-36}$$

估算所需 A/D 的位数 m。例如,要求系统误差不大于 0.1%满度值(即 δ=0.1%),则须采用 m 为 12 位的 A/D 转换器。

(2) A/D 转换速度的确定

A/D 转换器从启动转换到转换结束后输出一稳定的数字量,需要一定的时间,这就是 A/D 转换器的转换时间,用不同原理实现的 A/D 转换器转换时间是大不相同的。总的来说,积分型、电荷平衡型和跟踪比较型 A/D 转换器转换速度较慢,转换时间从几十毫秒到几毫秒不等,属低速 A/D 转换器,一般适用于对温度、压力、流量等缓变参量的检测和控制。逐次比较型的 A/D 转换器的转换时间可从几毫秒到 100 毫秒左右,属中速 A/D 转换器,常用于工业多通道单片机检测系统和声频数字转换系统等。转换时间最短的高速 A/D 转换器是用双极型或 CMOS 式工艺制成的全并行型、串并行型和电压转移函数型的 A/D 转换器,转换时间仅 20～100 ns。高速 A/D 转换器适用于雷达、数字通信、实时光谱分析、实时瞬态记录、视频数字转换系统。

A/D 转换器不仅从启动转换到转换结束需要一段时间——转换时间(记为 t_c),而且从转换结束到下一次再启动转换也需要一段时间——休止时间(或称复位时间、恢复时间、准备时间等,记为 t_0),这段时间除了使 A/D 转换器内部电路复原到转换前的状态外,最主要的是等待 CPU 读取 A/D 转换结果和再次发出启动转换的指令。对于一般微处理机而言,通常需要几毫秒到几十毫秒的时间才能完成 A/D 转换器转换以外的工作,如读数据、再启动、存数据、循环记数等。因此,A/D 转换器的转换速率 r_c(单位时间内所能完成的转换次数)应由转换时间 t_c 和休止时间 t_0 两者共同决定,即

$$r_c = \frac{1}{t_0 + t_c} \tag{2-1-37}$$

转换速率的倒数称为转换周期,记为 $T_{A/D}$,即

$$T_{A/D} = t_c + t_0 \tag{2-1-38}$$

若 A/D 转换器在一个采样周期 T_s 内依次完成 N 路模拟信号采样值的 A/D 转换,则

$$T_s = N \cdot T_{A/D} \tag{2-1-39}$$

对于集中采集式测试系统,N 即为模拟输入道数;对于单路测试系统或分散采集测试系统,则 $N=1$。

若需要测量的模拟信号的最高频率为 f_{max},则去混淆低通滤波器截止频率 f_h 应选取为

$$f_h = f_{max} \tag{2-1-40}$$

将式(2-1-40)代入式(2-1-17)得

$$T_s = \frac{1}{Cf_{max}} = \frac{1}{Cf_h} \tag{2-1-41}$$

将式(2-1-39)代入式(2-1-41)得

$$T_{A/D} = \frac{1}{NCf_{max}} = t_c + t_0 \tag{2-1-42}$$

由此可见,对 f_{max} 大的高频(或高速)测试系统应该采取以下措施:

① 减少通道数 N,最好采用分散采集方式,即 $N=1$。

② 减少截频系数 C,据式(2-1-22)应增大去混淆低通滤波器陡度 S。

③ 选用转换时间 t_c 短的 A/D 转换器芯片。

④ 将由 CPU 读取数据改为直接存储器存取(DMA)技术,以大大缩短休止时间 t_0。

(3) 根据环境条件选择 A/D

如工作温度、功耗、可靠性等级等性能参数,可根据环境条件来选择 A/D 转换器的芯片。

(4) 选择 A/D 转换器的输出状态

根据计算机接口特征,考虑如何选择 A/D 转换器的输出状态。例如,A/D 转换器是并行输出还是串行输出(串行输出便于远距离传输),是二进制码还是 BCD 码输出(BCD 码输出便于十进制数字显示);是用外部时钟、内部时钟还是不用时钟;有无转换结束状态信号;有无三态输出缓冲器;与 TTL、CMOS 及 ECL 电路的兼容性等。

【例 2-3】 DFS-V 数字地震仪属于集中采集式数据采集系统,采样周期为 2 ms 而采集记录的信号道数为 48 道时,去混淆滤波器截止频率为 125 Hz。为了将地震仪采集记录的信号道数增加到 96 道,试问:地震仪的采样周期和去混淆滤波器截止频率要不要改变?怎样改变?为什么?

解　据题知,$T_s=2$ ms,$N=48$,代入式(2-1-39)计算得出该地震仪的 A/D 转换器的转换周期为 $T_{A/D}=\dfrac{T_s}{N}=\dfrac{2\text{ ms}}{48}$;当信号道数增加到 96 道时,地震仪的采样周期应该增大为 $T_s=\dfrac{2\text{ ms}}{48}\cdot 96=4$ ms,否则 A/D 转换器就转换不过来。

据题知,$T_s=2$ ms,$f_h=125$ Hz,代入式(2-1-17)计算得 $C=5$;将 $C=5$ 和 $T_s=4$ ms 代入式(2-1-17)计算得,去混淆滤波器截止频率应减小为 $f_h=62.5$ Hz。如果仍然不改变去混淆滤波器截止频率,将 $f_h=125$ Hz 代入式(2-1-17)计算得 $C=2$;将 $C=2$ 代入式(2-1-23)计算得假频衰减为 $B=0$,根本不能减小混淆误差。

2. 采样保持器 S/H 的选择

(1) 采样保持器的主要参数

实际的采样/保持器的输出/输入特性是非理想的。这主要反映在"采样"与"保持"两个状态之间的过渡过程不能瞬时完成以及采样和保持过程中存在许多误差因素,如图 2-1-15 所示。

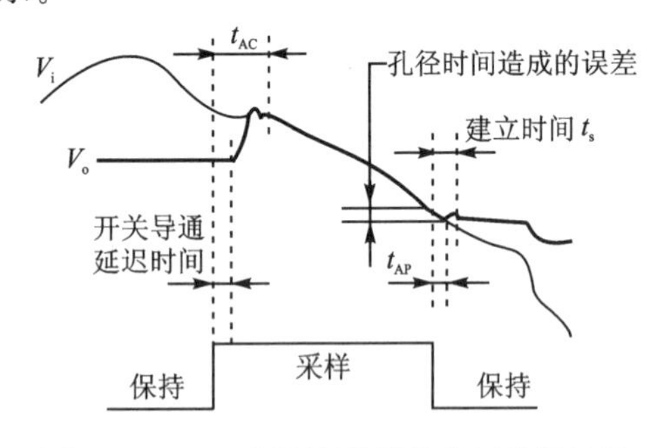

图 2-1-15　采样/保持器的主要性能参数

当发出的采样指令(即控制信号)由"保持"电平跳变为"采样"电平之后,采样/保持器的输出电压 V_o 从原来的保持值过渡到跟踪输入信号 V_i(在确定的精度范围内)所需的时间称捕捉时间 t_{AC}。它包括开关的导通延迟时间和建立跟踪输入信号的稳定过程时间。捕捉时间反映了 S/H 采样的速度,它限定了该电路在给定精度下截取输入信号瞬时值所需要的最小采样时间。为减小这一时间,应选择导通电阻小、切换速度快的模拟开关,选择频带宽和压摆率高的运放作为采样/保持器内部的输入和输出缓冲放大器,输入缓冲还应具有较大的输出电流。

从发出的保持指令(即控制信号)从"采样"电平跳变为"保持"电平开始到模拟开关完全断开所经历的时间称为孔径时间 t_{AP},从发出保持指令开始到采样/保持器输出达到保持终值(在确定的精度范围内)所需的时间称为建立时间 t_s,显然建立时间包括了孔径时间,即 t_s 包括了 t_{AP}。

由于孔径时间的存在,采样时间被额外地延迟了。当被采样信号是时变信号时,孔径时间 t_{AP} 的存在使保持指令来到后 S/H 器的输出仍跟踪输入信号的变化。当这一时间结束后,电路的稳定输出已不代表保持指令到达时刻输入信号的瞬时值,而是代表 t_{AP} 结束时刻输入信号的瞬时值。两者之差称孔径误差,如图 2-1-14 所示。最大孔径误差等于 t_{AP} 时间内输入信号的最大时间变化率与 t_{AP} 的乘积,即

$$\Delta V_{o,max}=\left(\frac{dV_i}{dt}\right)_{max}\cdot t_{AP} \tag{2-1-43}$$

采样/保持器如果具有恒定的孔径时间,可采取措施消除其影响:若把保持指令比预定时刻提前 t_{AP} 时间发出,则电路的实际输出值就是预定时刻输入信号的瞬时值。但完全补偿是十分困难的,由于开关的截止时间在连续多次切换时存在某种涨落现象,以及电路中各种因素的影响,使 t_{AP} 存在一定的不确定性,这种现象称孔径抖动或称孔径时间不定性。孔径抖动是指多次采样中孔径时间的最大变化量,其值等于最大孔径时间与最小孔径时间之差。孔径抖动的典型数值比孔径时间小一个数量级左右。

当采样/保持器处在保持状态时,输出电压的跌落速率为

$$\frac{dV_0}{dt}=-\frac{I_D}{C_H} \tag{2-1-44}$$

式中,I_D 为流过保持电容 C_H 的所有漏电流的代数和,它包括模拟开关断开时的漏电流,输出缓冲放大器的输入偏置电流,保持电容端点到正负电源和地的漏电流,保持电容本身的介质漏电和介质吸附效应引起的电荷变化等。为降低跌落速率,应尽量减少上述各种电流值。

(2) 要不要设置采样保持器

A/D 转换器把模拟量转换成数字量需要一定的转换时间,在这个转换时间内,被转换的模拟量应基本维持不变,否则转换精度没有保证,甚至失去了转换的意义。假设待转换的信号为 $U_i=U_m\cos\omega t$,这一信号的最大变化率为

$$\left.\frac{dU_i}{dt}\right|_{max}=\omega U_m=2\pi f U_m \tag{2-1-45}$$

又假设信号的正负峰值正好达到 ADC 的正负满量程,而 ADC 的位数(不含符号位)为 m,则 ADC 最低有效位 LSB 代表的量化电平(量化单位)为

$$q=\frac{U_m}{2^m} \tag{2-1-46}$$

如果 ADC 的转换时间为 t_c,为保证±1LSB 的转换精度,在转换时间 t_c 内,被转化信号的最大变化量不应超过一个量化单位 q,即

$$2\pi f U_m\cdot t_c\leqslant q=\frac{U_m}{2^m}$$

因此,图 2-1-14(a)、(b)和图 2-1-4 所示不加采样/保持器时,待转换信号允许的最高频率为

$$f_{max}=\frac{1}{t_c\cdot\pi\cdot 2^{m+1}} \tag{2-1-47}$$

例如一个 12 位 ADC,其 $t_c=25\ \mu s$,用它来直接转换一个正弦信号并要求精度优于 1 LSB,则信号频率不能超过 1.5 Hz。由此可见,除了被转换信号是直流电压或变化极其缓慢,即满足上式,可以用 ADC 直接转换,不必在 ADC 前加设 S/H 外,凡是频率不低于由式(2-1-47)确定的 f_{max} 的被转换信号,都必须设置采样/保持器把采样幅值保持下来,以便 ADC 在 S/H 保持期间把保持的采样幅值转换成相应的数码。

在ADC之前加设S/H后,虽然再不会因A/D转换期间被转换信号变化而出现误差,但是因S/H采样转到保持状态需要一段孔径时间t_{AP},使S/H电路实际保持的信号幅值并不是原来预期要保持的信号幅值(即保持指令到达时刻的信号幅值),两者之差称为孔径误差,将式(2-1-45)代入式(2-1-43)得最大孔径误差为

$$\Delta U_{o,\max}=2\pi f U_m\cdot t_{AP}$$

在数据采集系统中,若要求最大孔径误差不超过q,则由此限定的被转换信号的最高频率为

$$f_{\max}=\frac{1}{t_{AP}\cdot\pi\cdot 2^{m+1}} \tag{2-1-48}$$

由于S/H的孔径时间t_{AP}远远小于ADC的转换时间t_c(典型的$t_{AP}=10$ ns),因此由式(2-1-48)限定的频率远远高于由式(2-1-47)限定的频率。这就说明图2-1-14(c)和(d)在ADC前加设S/H后大大扩展了被转换信号频率的允许范围。

3. 采集电路的工作时序和最高允许频率

图2-1-2(a)和图2-1-14(c)所示由MUX、S/H和A/D三者构成的采集电路是比较常见的结构,这三部分的工作时序如图2-1-16(b)所示。

在图2-1-16(a)中,模拟多路器(亦称多路开关)MUX,在一个采样周期T_s内,依次接通N道模拟信号,图2-1-16(b)中通道地址信号为高电平表示某道信号被接通,低电平表示所有信号被断开,采样指令脉宽稍窄于通道地址指令脉宽,保持指令脉宽要大于A/D转换时间t_c,图2-1-16(b)中的EOC为A/D状态信号,高电平表示正在转换,低电平表示转换结束可读取转换数据。由于采样指令脉宽应大于S/H的捕捉时间t_{AC},而A/D转换启动时间应在S/H的保持建立时间t_s结束之后,又由于A/D转换所需时间为t_c,因此由图2-1-16(b)可见每道转换所需时间(即S/H和A/D的工作周期T)为

$$T>t_{AC}+t_s+t_c \tag{2-1-49}$$

若采样周期为T_s,模拟多路器的输入道数为N,则$T=T_s/N$,因此图2-1-16所示系统的最小采样周期为

$$T_s>N(t_{AC}+t_s+t_c) \tag{2-1-50}$$

根据式(2-1-17)与式(2-1-18),该系统所能转换的模拟信号的最高允许频率为

$$f_{\max}=\frac{1}{CT_s}=\frac{1}{CN(t_{AC}+t_s+t_c)} \tag{2-1-51}$$

一般说来,由式(2-1-51)所确定的$f_{\max}$远小于由式(2-1-48)所决定的频率,因此,图2-1-16(a)所示系统的被转换模拟信号的最高允许频率由式(2-1-51)决定。

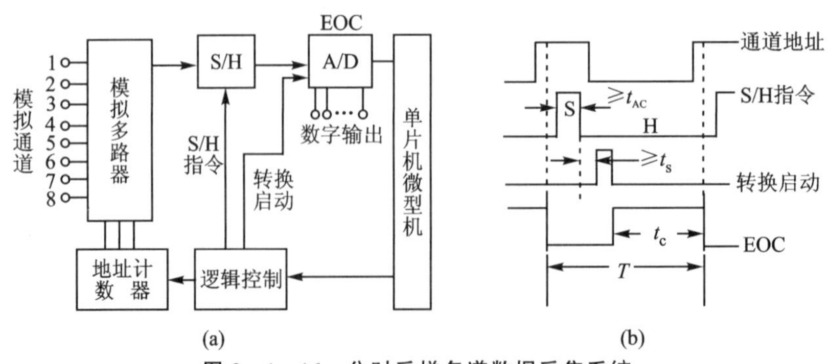

图2-1-16　分时采样多道数据采集系统

4. 多路测量通道的串音问题

在多通道数字测试系统中,MUX 常被用做多选一开关或多路采样开关。每当某一道开关接通时,其他各道开关全都是关断的。理想情况下,负载上只应出现被接通的那一道信号,其他被关断的各路信号都不应出现在负载上。然而实际情况并非如此,其他被关断的信号也会出现在负载上,对本来是唯一被接通的信号形成干扰,这种干扰称为道间串音干扰,简称串音。

道间串音干扰的产生主要是由于模拟开关的断开电阻 R_{off} 不是无穷大和多路模拟开关中存在寄生电容的缘故。图 2-1-17 所示为第一道开关接通,其余($N-1$)道开关均关断时的情况。为简化起见,假设各道信号源内阻 R_i 及电压 V_i 均相同,各开关关断电阻 R_{off} 均相同,由图 2-1-17(a)可见,其余($N-1$)道被关断的信号因 $R_{off}\neq\infty$,而在负载 R_L 上产生的泄漏电压总和为

$$V_N=(N-1)V_i\frac{(R_i+R_{on})//R_L//\dfrac{R_i+R_{off}}{N-2}}{R_i+R_{off}+(R_i+R_{on})//R_L//\dfrac{R_i+R_{off}}{N-2}}$$

一般情况下,$R_i+R_{on}\ll R_L\ll\dfrac{R_i+R_{off}}{N-2}$,$2R_i+R_{on}\ll R_{off}$,故上式简化为

$$V_N=(N-1)\frac{R_i+R_{on}}{2R_i+R_{on}+R_{off}}\cdot V_i\approx(N-1)(R_i+R_{on})\frac{V_i}{R_{off}}\tag{2-1-52}$$

由式(2-1-52)可见,为减小串音干扰,应采取如下措施:

① 减小 R_i,为此前级应采用电压跟随器,如图 2-1-10 所示;

② 选用 R_{on} 极小、R_{off} 极大的开关管;

③ 减少输出端并联的开关数 N,若 $N=1$,则 $V_N=0$。

除 $R_{off}\neq\infty$引起串音外,当切换多路高频信号时,截止通道的高频信号还会通过通道之间的寄生电容 C_x 和开关源、漏极之间的寄生电容 C_{DS} 在负载端产生泄漏电压,如图 2-2-17(b)所示。寄生电容 C_x 和 C_{DS} 数值越大,信号频率越高,泄漏电压就越大,串音干扰也就越严重。因此,为减小串音应选用寄生电容小的多路开关 MUX。

5. 主放大器的设置

有些测控系统的采集电路采用图 2-1-14(b)、(d)所示的结构,在 MUX 与 S/H 之间设置了程控增益放大器(PGA)或瞬时浮点放大器(IFP),为与调理电路中的前置放大器相区别,称采集电路中的放大器为"主放大器"。采集电路的任务是将模拟信号数字化,采集电路中的主放大器也是为此而设置的。

已知若 A/D 转换器满度输入电压为 E,满度输出数字为 D_{FS}(例如,m 位二进制码 A/D 满度输出数字为 $2^m-1\approx2^m$,$3\frac{1}{2}$位 BCD 码 A/D 满度输出数字为 1 999 等),则 A/D 转换器的量化绝对误差为 q(截断量化)或 $q/2$(舍入量化),即

$$q=E/D_{FS}\tag{2-1-53}$$

如果模拟多路切换器输出的第 i 道信号的第 j 次采样电压为 V_{ij},那么这个采样电压的量化相对误差便为

$$\delta_{ij}=q/V_{ij}\tag{2-1-54}$$

由式(2-1-54)可见,采样电压越小,相对误差越大,转换精度越低。为了避免弱信号采

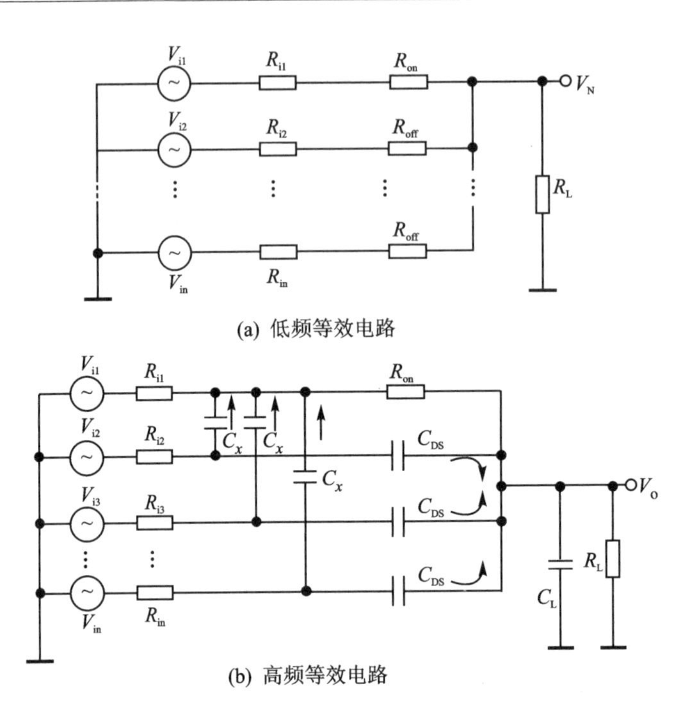

(a) 低频等效电路

(b) 高频等效电路

图 2-1-17　多路切换系统的等效电路

样电压在 A/D 转换时达不到要求的转换精度 δ_o，就必须将它放大 K 倍后再进行 A/D 转换，这样量化精度便可提高 K 倍。为满足转换精度的要求，有

$$\frac{q}{KV_{ij}} < \delta_o$$

由上式可见，K 越大，放大后的 A/D 转换相对误差越小，精度越高；但是 K 也不能太大，以致产生 A/D 溢出。因此，主放大器的增益 K 应满足两个条件，既不能使 A/D 溢出，又要满足转换精度的要求，即

$$\begin{cases} KV_{ij} \leqslant E \\ \dfrac{q}{KV_{ij}} \leqslant \delta_o \end{cases}$$

将式(2-1-53)代入上两式得，所需主放大器增益 K 为

$$\frac{E/D_{FS}}{\delta_o V_{ij}} \leqslant K \leqslant \frac{E}{V_{ij}} \tag{2-1-55}$$

如果被测量的多路模拟信号都是恒定或变化缓慢的信号，而且各路信号的幅度也相差不大，也就是说，V_{ij} 随 i 和 j 变化都不大，那就没有必要在采集电路中设置主放大器，只要使各路信号调理电路中的前置放大器增益满足式(2-1-55)即可。

如果被测量的多路模拟信号都是恒定或变化缓慢的信号，但是各路信号的幅度相差很大，也就是说，V_{ij} 不随 j 变化，但随 i 变化很大，那就应在采集电路中设置程控增益放大器作为主放大器。程控增益放大器的特点是每当多路开关 MUX 在对第 i 道信号采样时，放大器就采用预先按式(2-1-55)选定的第 i 道的增益 K_i 进行放大。

如果被测量的多路模拟信号是随时间变化很快很大的信号，而且同一时刻各路信号的幅度也不一样。也就是说，V_{ij} 既随 i 变化，也随 j 变化，那就应在采集电路中设置瞬时浮点放大器作为主放大器。瞬时浮点放大器的特点是在多路开关 MUX 对第 i 道信号进行第 j 次采样期间,及时地为该采样幅值 V_{ij} 选定一个符合式(2-1-55)的最佳增益 K_{ij}。由于该放大器的增益 K_{ij} 是随采样幅值 V_{ij} 而变化调整的,故称浮点放大器;因为放大器增益调整必须在采样电压 V_{ij} 存在的那一瞬间完成,所以又称为瞬时浮点放大器。瞬时浮点放大器在数字地震记录仪中曾广泛采用,其增益取 2 的整数次幂,即

$$K_{ij}=2^{G_{ij}} \tag{2-1-56}$$

采样电压 V_{ij} 经浮点放大 $2^{G_{ij}}$ 倍后,再由满量程 E 的 A/D 转换得到数码 D_{ij},即

$$V_{ij}\times 2^{G_{ij}}=E\times D_{ij}$$

故有

$$V_{ij}=E\times 2^{-G_{ij}}\times D_{ij} \tag{2-1-57}$$

式(2-1-57)表明,瞬时浮点放大器和 A/D 转换器一起,把采样电压 V_{ij} 转换成一个阶码为 G_{ij}、尾数为 D_{ij} 的浮点二进制数。因此,由浮点放大器和 A/D 转换器构成的电路又称为浮点二进制数转换电路。由于浮点二进制数一般比定点二进制数表示范围大,因此,这种浮点二进制数转换电路比较适合动态范围大的变化信号,例如地震信号的测量。但是浮点放大器电路很复杂,一般测控系统大多采用程控增益放大器作为主放大器。

2.1.5　模拟输入通道的误差分配与综合

设计一个模拟输入通道,一般首先给定精度要求、工作温度、通道数目和信号特征等条件,然后根据条件,初步确定通道的结构方案和选择元器件。

在确定通道的结构方案之后,应根据通道的总精度要求,给各个环节分配误差,以便选择元器件。通常传感器和信号放大电路所占的误差比例最大,其他各环节如采样/保持器和 A/D 转换器等误差,可以按选择元件精度的一般规则和具体情况而定。

选择元件精度的一般规则是:每一个元件的精度指标应该优于系统规定的某一最严格的性能指标的 10 倍左右。

例如,要构成一个要求 0.1%级精度性能的模拟输入通道,所选择的 A/D 转换器、采样/保持器和模拟多路开关组件的精度都应该不大于 0.01%。

初步选定各个元件之后,还要根据各个元件的技术特性和元件之间的相互关系核算实际误差,并且按绝对值和的形式或方和根形式综合各类误差,检查总误差是否满足给定的指标。如果不合格,应该分析误差,重新选择元件及进行误差的分析综合,直至达到要求。下面举例说明。

【例 2-4】 设计一个远距离测量室内温度的模拟输入通道。已知满量程为 100 ℃,共有 8 路信号,要求模拟输入通道的总误差为±1.0 ℃(即相对误差±1%),环境温度为 25 ℃±15 ℃,电源波动±1%。试进行误差分配,选择合适的器件,构成满足精度要求的模拟输入通道。

解 模拟输入通道的设计可按以下步骤进行。

(1) 方案选择

鉴于温度的变化一般很缓慢,故可以选择如图 2-1-2(a)所示的多通道共享采样/保持器和 A/D 转换器的通道结构方案,温度传感器及信号放大电路方案如图 2-1-18 所示。

由于是远距离测量,且测量范围不大,故选择电流输出型集成温度传感器 AD590K。图中 AD580LH 为高精度集成稳压源,提供 2.5 V 基准电压,它与 AD590K 共用一个直流电源 U_S

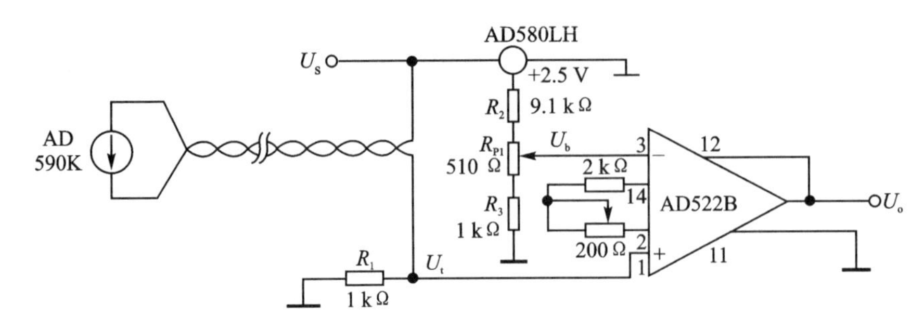

图 2-1-18 温度传感器及信号放大电路

(10 V)。AD590K 的输出电流与热力学温度成正比(比例系数即灵敏度为 1 μA/K),远传到电阻 R_1(1 kΩ)上产生的电压 U_t 与摄氏温度 t 的关系式为

$$U_t = 1 \times 10^{-6}\,\text{A} \times 1 \times 10^3\,\Omega(273.2 + t) = (273.2 + t)\text{mV} \tag{2-1-58}$$

AD522B 为集成测量放大器,调整电位器 R_{P1} 使偏移电压 U_b 为 273.2 mV,则可使放大器 AD522B 的差动输入电压 U_i 与摄氏温度数 t 成正比,即

$$U_i = U_t - U_b = t(\text{mV}) \tag{2-1-59}$$

从而使温度 0 ℃和 100 ℃时,输入电压分别为 0 和 100 mV。AD522B 差动放大倍数由第 2、14 脚间所接电阻 R_G 决定,即

$$K = 1 + \frac{200\ \text{k}\Omega}{R_G} \tag{2-1-60}$$

其输出电压也与摄氏温度数 t 成正比,即

$$U_0 = U_i \times K = K \times t(\text{mV}) \tag{2-1-61}$$

由式(2-1-61)可见,为使温度 100 ℃时,放大器输出电压达到 AD 转换器的满量程(设为 10 V),需要调整电位器 R_{P2},使放大器放大倍数达到 100。

(2) 误差分配

由于传感器和信号放大电路是整个通道总误差的主要部分,故将总误差的 90%(即 ±0.9 ℃的误差)分配至该部分。该部分的相对误差为 0.9%,数据采集、转换部分和其他环节的相对误差为 0.1%。

(3) 误差估算

1) 传感器误差估算

由技术手册可查出:

① AD590K 的线性误差为 0.20 ℃。

② AD590K 的电源抑制误差:当 $+5\ \text{V} \leqslant U_s \leqslant +15\ \text{V}$ 时,AD590K 的电源抑制系数为 0.2 ℃/V。现设供电电压为 10 V,U_s 变化为 0.1%,则由此引起的误差为 0.02 ℃。

③ 电流电压变换电阻的温度系数引入误差:AD590K 的电流输出远传至采集系统的信号放大电路,须先经电阻 R_1 变为电压信号。电阻值为 $R_1 = 1$ kΩ,该电阻误差选为 0.1%,电阻温度系数为 10×10^{-6}/ ℃。AD590K 灵敏度为 1 μA/℃。在 0 ℃时输出电流为 273.2 μA。所以,当环境温度变化 15 ℃时,它所产生的最大误差电压(当所测量温度为 100 ℃时)为

$$(273.2 \times 10^{-6})\text{V} \times (10 \times 10^{-6})/℃ \times 15 \times 10^3 = 4.0 \times 10^{-5}\ \text{V} = 0.04\ \text{mV}(\text{相当于 } 0.04\ ℃)$$

2) 信号放大电路的误差估算

① 参考电源 AD580LH 的温度系数引起的误差:AD580LH 用来产生 273.2 mV 的偏置

电压,其电压温度系数为：$25\times10^{-6}/℃$,当温度变化±15 ℃时,偏置电压出现的误差为

$$(273.2\times10^{-3})\text{V}\times(25\times10^{-6})/℃\times15\ ℃=1.0\times10^{-4}\ \text{V}=0.1\ \text{mV}(相当于\ 0.1\ ℃)$$

② 电阻电压引入的误差：电阻 R_2 和 R_3 的温度系数为$\pm10\times10^{-6}/℃$,±15 ℃温度变化引起的偏置电压的变化为

$$(273.2\times10^{-3})\text{V}\times(10\times10^{-6})/℃\times15\ ℃=4\times10^{-5}\ \text{V}=0.04\ \text{mV}(相当于\ 0.04\ ℃)$$

③ 仪用放大器 AD522B 的共模误差：其增益为 100,此时的 CMRR 的最小值为 100 dB,共模电压为 273.2 mV,故产生的共模误差为

$$(273.2\times10^{-3})\text{V}\times10^{-5}=2.7\times10^{-6}\ \text{V}=2.7\ \mu\text{V}\ (该误差可以忽略)$$

④ AD522B 的失调电压温漂引起的误差：它的输入失调电压温度系数为：±2 μV/℃。温度变化为±15 ℃时,输入端出现的失调漂移为

$$(2\times10^{-6})\times15\ \text{V}=3\times10^{-5}\ \text{V}=0.03\ \text{mV}(相当于\ 0.03\ ℃)$$

⑤ AD522B 的增益温度系数产生的误差：它的增益为 1 000 时的最大温度系数等于$\pm25\times10^{-6}/℃$,增益为 100 时,温度系数要小于这一数值,如仍取这一数值,且设所用增益电阻温度系数为$\pm10\times10^{-6}/℃$,则最大温度误差(环境温度变化为±15 ℃)是

$$(25+10)/℃\times10^{-6}\times15\ ℃\times100\ ℃=0.05\ ℃$$

⑥ AD522B 线性误差：其非线性在增益为 100 时近似等于 0.002%,输出 10 V 摆动范围产生的线性误差为

$$10\ \text{V}\times0.002\%=2\times10^{-4}\ \text{V}=0.2\ \text{mV}(相当于\ 0.2\ ℃)$$

现按绝对值和的方式进行误差综合,则传感器、信号放大电路的总误差为

$$(0.20+0.02+0.04+0.10+0.04+0.03+0.05+0.20)\ ℃=0.68\ ℃$$

若用方和根综合方式,这两部分的总误差为

$$\sqrt{0.2^2+0.02^2+0.04^2+0.1^2+0.04^2+0.03^2+0.05^2+0.20^2}\ ℃=0.31\ ℃$$

估算结果表明,传感器和信号放大电路部分满足误差分配的要求。

3) A/D 转换器、采样/保持器和多路开关的误差估算

因为分配给该部分的总误差不能大于 0.1%,所以 A/D 转换器、采样/保持器、多路开关的线性误差应小于 0.01%。为了能正确地做出误差估算,需要了解这部分器件的技术特性。

① 技术特性：初选的 A/D 转换器、采样/保持器、多路开关的技术特性如下：

● A/D 转换器为 AD5420BD,其有关技术特性为：

线性误差　0.012%(FSR)

微分线性误差　$\pm\frac{1}{2}$LSB

增益温度系数(max)　$\pm25\times10^{-6}/℃$

失调温度系数(max)　$\pm7\times10^{-6}/℃$

电压灵敏度　±15 V 为±0.004%,±5 V 为±0.001%

输入模拟电压范围　±10 V

转换时间　5 μs

● 采样/保持器为 ADSHC－85,其技术特性为：

增益非线性　±0.01%

增益误差　±0.01%

增益温度系数　$\pm10\times10^{-6}/℃$

输入失调温度系数　±100 μV/℃

输入电阻　10^{11} Ω

电源抑制　200 μA/V

输入偏置电流　0.5 nA

捕获时间(10 V阶跃输入、输出为输入值的0.01%)　4.5 μs

保持状态稳定时间　0.5 μs

衰变速率(max)　0.5 mV/ms

衰变速率随温度的变化：温度每升高10 ℃，衰变数值加倍

● 多路开关为AD7501或AD7503，其主要技术特性为：

导通电阻　300 Ω

输出截止漏电流　10 nA(在整个工作温度范围内不超过250 nA)

② 常温(25 ℃)下误差估算：

● 多路开关误差估算：设信号源内阻为10 Ω，则8个开关截止漏电流在信号源内阻上的压降为

$$10\ \Omega \times 10^{-9}\ \text{A} \times 8 = 8 \times 10^{-8}\ \text{V} = 0.08\ \mu\text{V}(\text{可以忽略})$$

开关导通电阻和采样/保持器输入电阻的比值，决定了开关导通电阻上输入信号压降所占比例，即

$$\frac{300}{100^{11}} = 3 \times 10^{-9}(\text{可以忽略})$$

● 采样/保持器的误差估算

线性误差　±0.01%

输入偏置电流在开关导通电阻和信号源内阻上所产生的压降为

$$(300 + 10) \times 0.5 \times 10^{-3}\ \text{V} = 1.6 \times 10^{-7}\ \text{V} = 0.16\ \mu\text{V}(\text{可以忽略})$$

● A/D转换器的误差估算

线性误差　±0.012%

量化误差　$\pm 2^{13} \times 100\% = \pm 0.012\%$

滤波器的混叠误差取为0.01%。采样/保持器和A/D转换器的增益和失调误差，均可以通过零点和增益调整来消除。

按绝对值和的方式进行误差综合，系统总误差为混叠误差、采样/保持器的线性误差以及A/D转换器的线性误差与量化误差之和，即

$$\pm(0.01 + 0.01 + 0.012 + 0.012)\% = \pm 0.044\%$$

按方和根式综合，总误差为：$\pm\sqrt{0.01^2 + 0.01^2 + 2 \times 0.012^2}\,\% = \pm 0.022\%$。

③ 工作温度范围(25℃±15℃)内误差估算：

● 采样/保持器的漂移误差

失调漂移误差　$\pm 100 \times 10^{-6} \times 15\ \text{V} = \pm 1.5 \times 10^{-3}\ \text{V}$

相对误差　$\pm \frac{1.5 \times 10^{-3}}{10}\% = \pm 0.015\%$

增益漂移误差：$(\pm 10 \times 10^{-6} \times 15)\% = \pm 0.015\%$

±15 V电源电压变化所产生的失调误差(设电源电压变化为1%)为

$$200 \times 10^{-6} \times 15 \times 1\% \times 2\ \text{V} = 6 \times 10^{-5}\ \text{V} = 60\ \mu\text{V}(\text{可以忽略})$$

● A/D 转换器的漂移误差

增益漂移误差　$(\pm 25\times 10^{-6})\times 15\times 100\% = \pm 0.037\%$

失调漂移误差　$(\pm 7\times 10^{-6})\times 15\times 100\% = \pm 0.010\%$

电源电压变化的失调误差(包括±15 V 和+5 V 的影响)

$$\pm(0.004\times 2 + 0.001)\% = \pm 0.009\%$$

按绝对值和的方式综合,工作温度范围内系统总误差为

$$\pm(0.015 + 0.015 + 0.037 + 0.010 + 0.009)\% = \pm 0.086\%$$

按方和根方式综合,系统总误差则为

$$\pm\sqrt{2\times 0.015^2 + 0.037^2 + 0.010^2 + 0.009^2}\,\% = \pm 0.045\%$$

计算表明,总误差满足要求。因此,各个器件的选择在精度和速度两个方面都满足系统总指标的要求。器件的选择工作到此可以结束。

2.2　模拟输出通道

微机化测试系统的信号输出通道有数字信号输出通道和模拟信号输出通道两种。数字信号输出通道又可分为:测试结果的数字显示(LED、LCD 显示、CRT 显示)、测试结果的数字记录(数字磁记录或光记录、打印纸记录等)和测试结果的数据传输三种形式。在微机化测试系统中,模拟信号输出通道是将测试数据转换成模拟信号并经过必要的信号调理后送到模拟显示器或模拟记录装置形成测试信号的模拟显示或模拟记录。在微机化控制系统中,模拟输出通道的输出模拟信号主要用于对连续变量的执行机构进行控制。

2.2.1　模拟输出通道的基本理论

1. 零阶保持与平滑滤波

从理论上讲,模拟信号数字化包括采样、量化和编码三道环节。其中,采样环节是采样开关或多路开关完成的,而量化和编码环节则是由 A/D 转换器完成的。因此,可认为模拟信号数字化,实际上只包括采样和 A/D 两道环节。反之,要从数字信号恢复出模拟信号也必须经过两个相反的环节:D/A 和保持。对于 D/A 和 A/D 转换已讨论过很多了。下面着重讨论与采样相反的保持是什么含义?怎样实现?

已知模拟信号数字化得到的数据是模拟信号在各个采样时刻瞬时幅值的 A/D 转换结果。很显然把这些 A/D 转换结果再经过 D/A 转换,也只能得到模拟信号各个采样时刻的近似幅值(与原来的幅值存在一定量化误差);也就是说,只能得到模拟信号波形上的一个个断续的采样点,而不能得到在时间上连续存在的波形。为了得到在时间上连续存在的波形就要想办法填补相邻采样点之间的空白。从理论上讲,可以有两种简单的填补采样点之间空白的办法:一是把相邻采样点之间用直线连接起来,如图 2-2-1(a)所示,这种方式称为一阶保持方式;另一种方式是把每个采样点的幅值保持到下一个采样点,如图 2-2-1(b)所示,这种方式称零阶保持方式(因为相邻采样点间水平直线的方程阶次为零)。零阶保持方式很容易用电路来实现,如图 2-2-2 所示。其中图(a)为数据保持方式,即在 D/A 之前加设一个寄存器,让每个采样点的数据在该寄存器中一直寄存到本路信号的下个采样点数据到来时为止,这样 D/A 转换器输出波形就不是离散的脉冲电压而是连续的台阶电压。图(b)为模拟保持方式,即在公用的 D/A 之后每路加一个采样保持器,将 D/A 转换器输出子样电压保持到本路信号的下

一个采样电压产生时为止。这样,采样保持器输出波形也是连续的台阶电压。图(a)中的数据寄存器和图(b)中的采样保持器都起到零阶保持的作用,只不过图(a)是数据保持形式,而图(b)为模拟保持形式。由于采样保持器在保持期间保持电压会因保持电容漏电而跌落,但数据寄存器在寄存期间数据不会变化,因此,数据保持形式优于模拟保持形式,而模拟保持形式结构却比数据保持形式简单,成本较低。

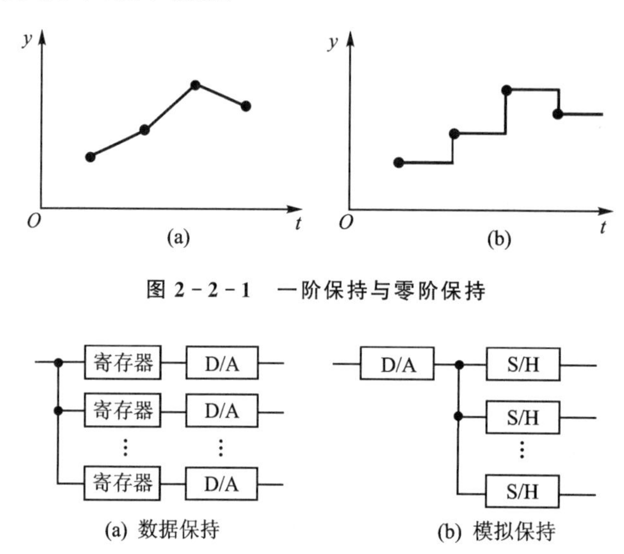

图 2-2-1 一阶保持与零阶保持

图 2-2-2 零阶保持器的两种形式

零阶保持器输出波形将呈现如图 2-2-3 实线所示阶梯形状。现在来研究一下如何将图 2-2-3 中实线所示的阶梯波形 $x_1(t)$ 变成虚线所示的光滑波形 $x(t)$。

假如给零阶保持器输入一个单位冲激脉冲 $\delta(t)$,显然它的输出 $g(t)$ 便是图 2-2-4(a)所示的矩形脉冲(宽度为 T_s,高度为 1)。已知一个网络的单位冲激脉冲响应的傅里叶变换也就是这个网络的复变频率特性即频率响应 $H(\omega)$,即

$$H(\omega)=\int_{-\infty}^{\infty} g(t)\mathrm{e}^{-\mathrm{j}\omega t}\mathrm{d}t=\int_{0}^{T_s}\mathrm{e}^{-\mathrm{j}\omega t}\mathrm{d}t=$$

$$\left.\frac{\mathrm{e}^{-\mathrm{j}\omega t}}{-\mathrm{j}\omega}\right|_0^{T_s}=\frac{1-\mathrm{e}^{-\mathrm{j}\omega T_s}}{\mathrm{j}\omega}=T_s\frac{\sin\frac{\omega T_s}{2}}{\frac{\omega T_s}{2}}\cdot\mathrm{e}^{-\mathrm{j}\left(\frac{\omega T_s}{2}\right)}$$

所以

$$|H(\omega)|=T_s\frac{\sin\frac{\omega T_s}{2}}{\frac{\omega T_s}{2}} \tag{2-2-1}$$

$$\varphi(\omega)=-\frac{\omega T_s}{2} \tag{2-2-2}$$

因此,零阶保持器的幅频特性 $|H(\omega)|$ 和相频特性 $\varphi(\omega)$ 如图 2-2-4(b)所示,图中 $\omega_s=\frac{2\pi}{T_s}$ 为采样角频率。由图可见,零阶保持器是一个 $\frac{\sin x}{x}$ 型的滤波器。

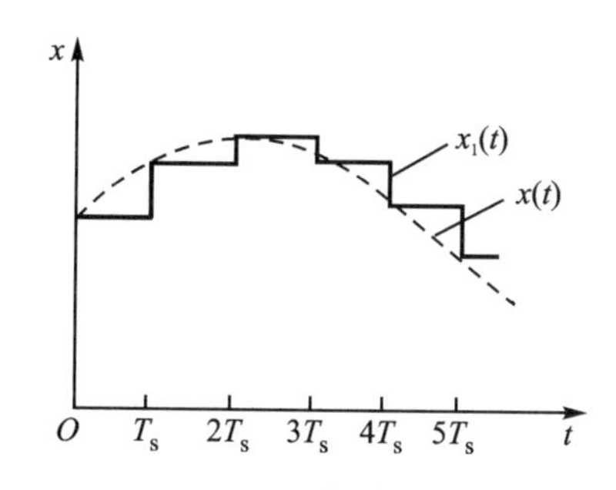

图 2-2-3　零阶保持器的输出波形

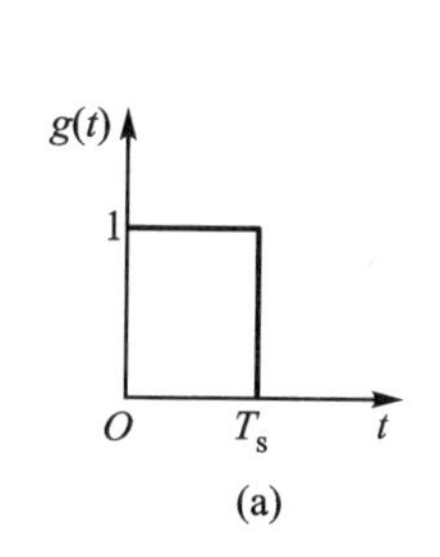

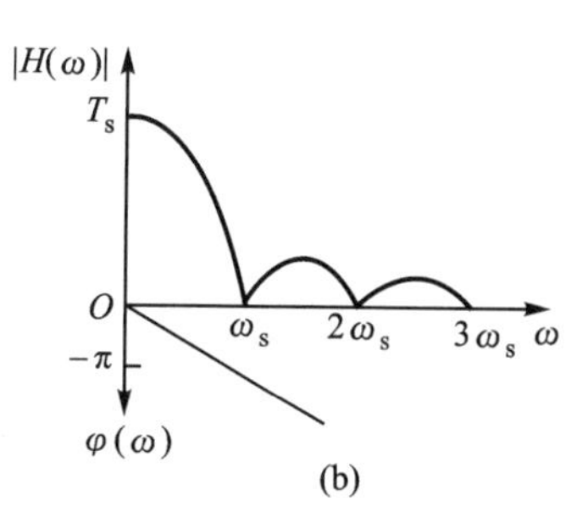

图 2-2-4　零阶保持器的单位冲激响应(a)和频率响应(b)

由图 2-2-3 可见，在理论上可以认为零阶保持器输入的是一幅度为 $x(nT_s)$的冲激脉冲序列(或称子样脉冲串)，即 $x_s(t)$为

$$x_s(t)=\sum_{-\infty}^{\infty}x(nT_s)\cdot\delta(t-nT_s) \tag{2-2-3}$$

这一冲激脉冲序列输入到零阶保持器，便在其输出端形成了如图 2-2-3 中实线所示的阶梯波形 $x_1(t)$，该阶梯波形的台阶宽度也就是零阶保持器的保持周期 T_s。若令 $x_1(t)$的频谱为 $X_1(\omega)$，$x_s(t)$的频谱为 $X_s(\omega)$，则有

$$X_1(\omega)=X_s(\omega)\cdot H(\omega) \tag{2-2-4}$$

若令 $x(t)$的频谱为 $X(\omega)$，则据式(2-1-9)有

$$X_s(\omega)=\frac{1}{T_s}\sum_{-\infty}^{\infty}X(\omega-n\,\omega_s) \tag{2-2-5}$$

式中，$\omega_s=\dfrac{2\pi}{T_s}$。

将式(2-2-5)代入式(2-2-4)可得

$$X_1(\omega)=\frac{H(\omega)}{T_s}[X(\omega)+X'(\omega)] \tag{2-2-6}$$

式中

$$\begin{aligned}X'(\omega)=&[X(\omega-\omega_s)+X(\omega-2\omega_s)+X(\omega-3\omega_s)+\cdots]+\\&[X(\omega+\omega_s)+X(\omega+2\omega_s)+X(\omega+3\omega_s)+\cdots]\end{aligned} \tag{2-2-7}$$

把 $X(\omega)$称为基带频谱，$X'(\omega)$称为调制频谱。由图 2-2-5 可见，保持器的频率响应 $H(\omega)$有突出基带频谱的作用，而且能完全阻止保持频率 $f_s=1/T_s$ 及其谐波通过。但调制频谱中大部分频率分量还是能通过零阶保持器，从而使零阶保持器的输出波形呈现阶梯状。为了使这些阶梯变平滑，就需要一个低通滤波器将漏过的调制频谱 $X'(\omega)$滤掉，而将基带频谱 $X(\omega)$保留下来。具有这种功能的低通滤波器称为平滑滤波器。

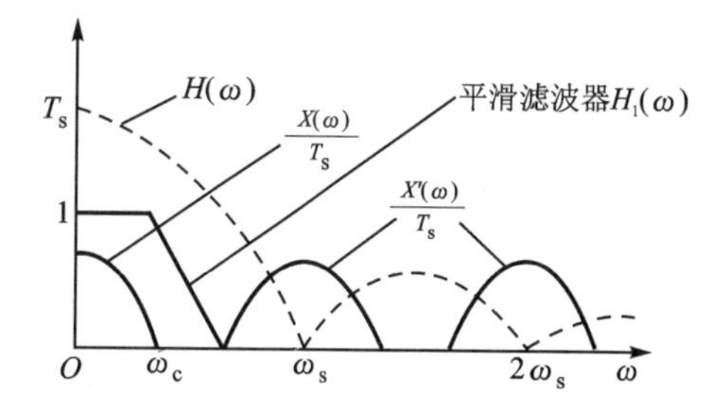

图 2-2-5　零阶保持器和平滑滤波器的作用

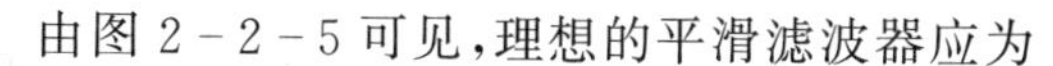
由图 2-2-5 可见，理想的平滑滤波器应为

$$H_1(\omega)=\begin{cases}1, & \omega \leqslant \omega_C \\ 0, & \omega > \omega_C\end{cases} \tag{2-2-8}$$

由式(2-2-8)可见，理想的平滑滤波器的频率响应应能使基带频谱1∶1通过，而使调制频谱衰减到零。由式(2-2-3)表达的子样脉冲串通过零阶保持器后，如果再通过这样理想的平滑滤波器，其输出频谱 $X_0(\omega)$ 将为

$$X_0(\omega)=X_s(\omega)\cdot H(\omega)\cdot H_1(\omega)=\frac{X(\omega)H(\omega)}{T_s} \tag{2-2-9}$$

通常取平滑滤波器的截止频率 f_h 等于信号最高频率 f_c 且等于保持频率的四分之一，即

$$f_h=f_c=f_s/4=1/4T_s \tag{2-2-10}$$

据式(2-2-1)可知，在 $0\sim\frac{\omega_s}{4}$ 的频带内，$H(\omega)$ 值为 $T_s\sim0.9T_s$，因此可近似认为

$$X_0(\omega)\approx X(\omega) \text{ 或 } x_0(t)\approx x(t)$$

可见，在零阶保持器后接平滑滤波器，基本上可以从子样脉冲串 $x_s(t)$ 恢复出光滑的信号波形 $x(t)$。这就是模拟输出通道中要设置零阶保持器和平滑滤波器的理论依据。

2. 保持周期的确定

模拟信号输出通道将微机处理后的测试数据恢复成模拟信号，假设共有 m 路信号的采样数据，每路信号共有 n 个采样点，第 i 路信号的第 j 次采样的数据为 D_{ij}（$i=1,2,\cdots,m$；，$j=1,2,\cdots,n$）。微型机每隔 t_0 时间送出一个子样数据到输出通道，亦即输出通道的数据输出字速率为 $1/t_0$。如果子样数据的顺序为 $D_{11},D_{12},\cdots,D_{1m}\cdots,D_{2m}\cdots,D_{nm}$，那么，在图2-2-2(a)中，每路D/A的数据刷新周期则为 mt_0，而图2-2-2(b)中公用D/A的数据刷新周期则为 t_0，这两种形式的零阶保持器的保持周期为

$$T_s=m\,t_0 \tag{2-2-11}$$

图2-2-4(a)中零阶保持器的保持时间 T_s 亦即图2-2-3中阶梯波 $x_1(t)$ 的台阶宽度 T_s。由图2-2-3可见，如果模拟信号输出通道中设定的保持周期 T_s 与模拟信号输入通道中设定的采样周期 T 相等，即

$$T_s=T \tag{2-2-12}$$

那么，经零阶保持和平滑滤波后恢复出来的模拟信号波形 $x_0(t)$，从理论上与输入通道中被采样的输入模拟信号波形 $x(t)$ 是相同的，即 $x_0(t)=x(t)$。但是如果不满足式(2-2-12)条件，而只是保持固定的比例关系，即

$$T_s/T=a\text{（常数）} \tag{2-2-13}$$

那么恢复出来的模拟信号 $x_0(t)$ 应为

$$x_0(t)=x\left(\frac{t}{a}\right) \tag{2-2-14}$$

如果在示波器上观察，则 $x_0(t)=x\left(\frac{t}{a}\right)$ 与 $x(t)$ 形状是相似的，只不过时间轴刻度不同而已。因此，$T_s\neq T$ 对波形显示并无影响。但是如果是语音回放，则应要求 $a=1$，否则将产生声音的音调变化，即 $a>1$ 会使音调变低，$a<1$ 会使音调变高。

3. 数字自动增益控制(AGC)

由微型机传送给输出通道的子样数据的字长一般是由模拟显示器或模拟执行机构的需要决定的，如果为了在输出通道中不失真地显示模拟输入信号，那么输出通道中设置的D/A转

换器的位数就应该与输入通道中设置的 A/D 转换器的位数相同。

但是有些野外数据采集测试系统主要任务是把模拟信号不失真地以数字形式记录在磁带或光盘上,因此,信号输入通道中大多采用高位 A/D 转换器甚至采用浮点数据采集电路(模拟浮点数转换电路)。为了监视信号记录质量和了解模拟输入通道工作是否正常,野外数据采集测试系统常常也设置了模拟信号输出通道,其目的是把记录信号波形在监视示波器上显示出来供操作人员观察。由于人眼视觉所能观测的动态范围只有 20 dB 左右,所以监视示波器上显示模拟波形的幅度范围也只需 20 dB 左右,在这种情况下,输出通道一般只需采用低位 D/A 转换器就够了。但是为了使强信号和弱信号都能在监视示波器上显示出来,输入通道采集的动态范围很大的信号数据在送到输出通道中,由动态范围很小的 D/A 转换器转换之前不能简单地把低位数据舍去,必须进行数字 AGC(自动增益控制)处理:假设输出通道送去记录的第 i 道第 j 次子样数据为 d_{ij},在送到输出通道 D/A 转换之前先给它赋以 $2^{G_{ij}}$ 倍增益,即把该数据左移 G_{ij} 位,变为定点二进制数 D_{ij},即

$$D_{ij}=d_{ij}\times 2^{G_{ij}} \tag{2-2-15}$$

G_{ij} 的大小由 d_{ij} 的大小决定,若 d_{ij} 大则选用小的 G_{ij},d_{ij} 小则选用大的 G_{ij}。这样就能把大动态范围的 d_{ij} 压缩成小动态范围的 D_{ij},再将定点二进制数 D_{ij} 的高位数码(低位数码舍去)送去 D/A 转换器进行 D/A 转换。D/A 输出电压经零阶保持和平滑滤波,就可在监视示波器上显示被动态压缩了的模拟信号波形。

2.2.2 模拟输出通道的基本结构

模拟输出通道主要由输出数据寄存器、D/A 转换器和调理电路三部分组成,其输出信号送到模拟显示器、模拟记录器或模拟执行机构等模拟终端,如图 2-2-6 所示。

微机化测控系统的模拟信号输出通道的基本结构按信号输出路数来分,有单通道输出和多通道输出两大类,单通道输出结构如图 2-2-6 所示。

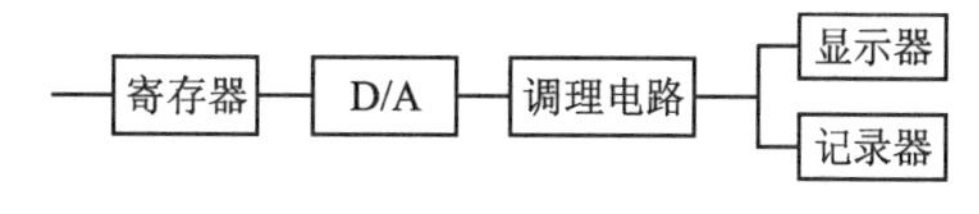

图 2-2-6　模拟输出通道的基本组成

多通道的输出结构则是在单通道输出结构的基础上演变而成的,主要有三种。

1. 数据分配分时转换结构

数据分配分时转换结构如图 2-2-7 所示。它的特点是每个通道配置一套数据寄存器和 D/A 转换器,经微型计算机处理后的数据通过数据总线分时地选通至各通道数据寄存器,当数据 D_{ij} 选通至第 i 路数据寄存器的同时,第 i 路 D/A 即实现数字 D_{ij} 到模拟信号幅值的转换。各通道在数/模转换之后,一般都设有信号调理电路,使输出模拟信号满足模拟仪表或控制元件的要求。这种分时输出结构由于各通道输出的模拟信号存在时间偏斜,因此,不适合于要求多参量同步控制执行机构的系统。

2. 数据分配同步转换结构

结构数据分配同步转换结构如图 2-2-8 所示。它的特点是多路输出通道中 D/A 转换器的操作是同步进行的,因此,各信号可以同时到达记录仪器或执行部件。为了实现这个功能,在各路数据寄存器 R_1 与 D/A 转换器之间增设了一个数据寄存器 R_2。这样,数据总线分时选通主机的输出数据先后被各路数据寄存器 R_1 接收,然后在同一命令控制下将数据由 R_1 传送到 R_2,同时进行 D/A 转换并输出模拟量。显然,各通道输出的模拟信号不存在时间偏

斜,主机分时送出的各信号之间的时间差由第二个数据寄存器的同步作用所消除。

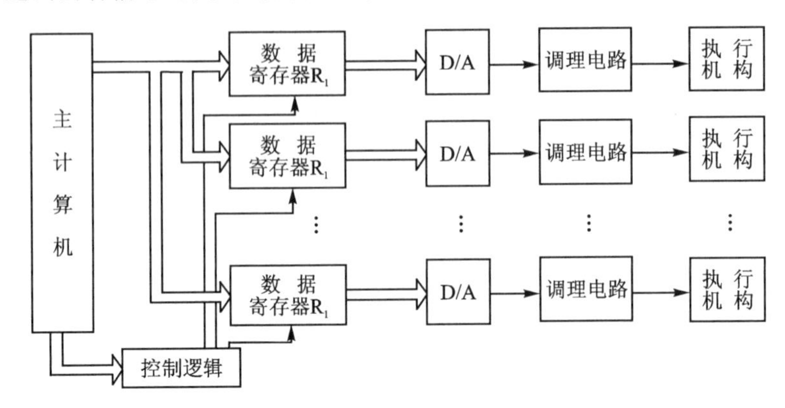

图 2-2-7　数据分配分时转换结构

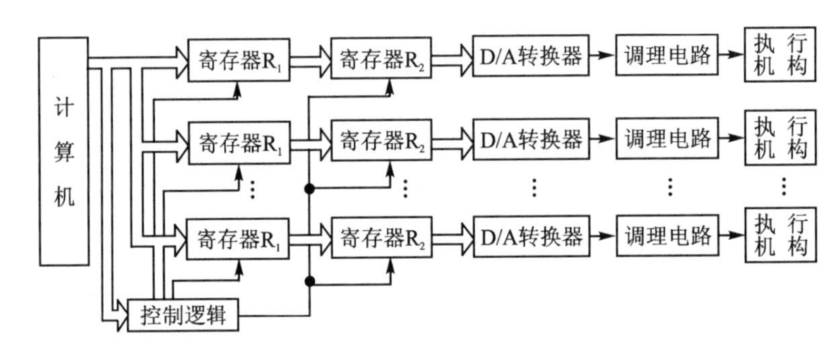

图 2-2-8　数据分配同步转换结构

3. 模拟分配分时转换结构

模拟分配分时转换结构如图 2-2-9(a)所示,这种结构的特点是各通道共用一个 D/A 转换器和一个数据寄存器。微型计算机处理后的数据通过数据总线依通道顺序分时传送至数据寄存器并进行 D/A 转换,产生相应通道的模拟输出值。微机在输出第 i 道数据给 D/A 转换器进行 D/A 转换的同时,也控制第 i 道的采样保持器进入采样状态,其他通道的采样保持器都处于保持状态。当该道 D/A 转换完成准备接收下一道数据进行 D/A 转换时,微机让该通道采样保持器进入保持状态。

在图 2-2-9(a)中,输入端并联的多路采样保持器也可以简单地用一个模拟多路切换器 MUX 和多个存储电容及电压跟随器或跟随保持放大器来代替,如图 2-2-9(b)所示。

以上三种结构可归纳为两种分配方案。图 2-2-7 和图 2-2-8 称为数据分配方案,实质上也就是图 2-2-2(a)所示的数据保持方案;图 2-2-9 称为模拟分配方案,实质上也就是图 2-2-2(b)所示的模拟保持方案。

4. 比较和选择

图 2-2-9 所示的模拟分配方案,因受存储电容漏电因素的影响,通道输出的稳定性不易做得很好,但是由于存储电容的积分平滑作用,通道的输出不会出现大幅度的突跳现象。同时,由于只使用一个高质量的 DAC,因此整个通道的成本较低。相比之下,图 2-2-7 和图 2-2-8 所示的数据分配方案因其电路比较复杂,所以成本较高,而且通道的输出存在突跳现象。但是这种通道的输出十分稳定,输出电压(或电流)的精度和平滑程度仅由 DAC 的线性误差和分辨力决定。

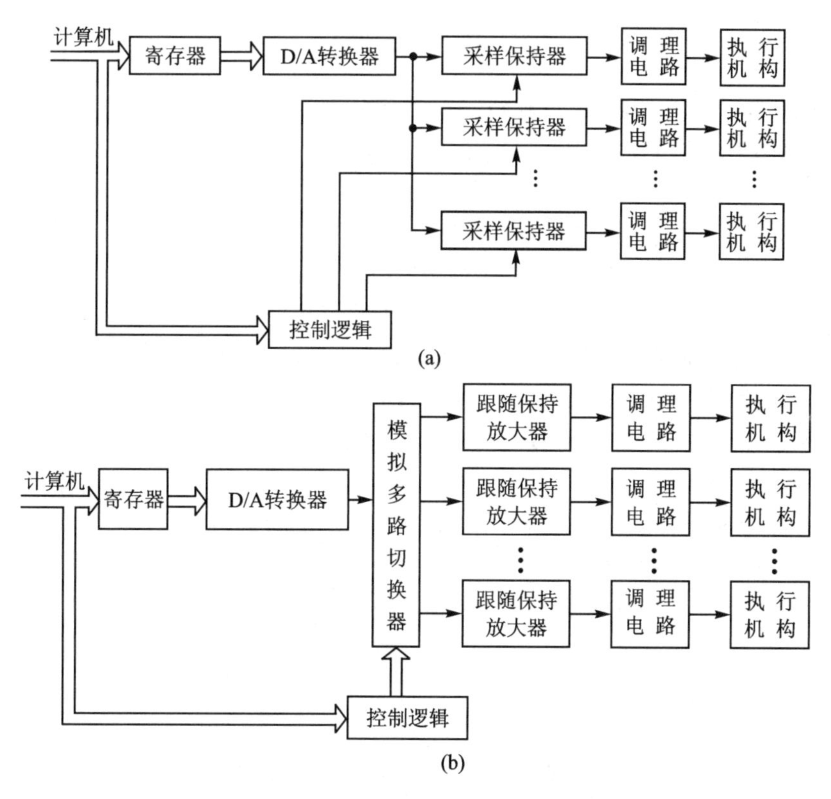

图 2-2-9　分时转换多通道模拟分配结构

在选择方案时,除性能上的考虑之外,成本是另一个主要因素,由于单片集成 DAC 的价格很低,而且还在不断下降,对于中等分辨力(8～10 位)的输出通道,采用图 2-2-8 所示的方案(例如可选用具有双缓冲输入寄存器的 10 位 DAC,即 AD7522)能获得较好的性能,而成本与模拟分配方案不相上下。对 10 位至 12 位的通道,使用图 2-2-9 所示的模拟分配方案在目前看来还占有成本比较低的优势。高于 12 位的输出通道由于当前存储电容的介质吸附效应指标不够理想,要使 S/H 满足高分辨力和高速度的要求还比较困难,因此虽然成本较高,仍然必须采用图 2-2-9 所示的方案。此外,当负载位置非常分散时,也不宜采用图 2-2-9 所示的方案。因并行传输所用电缆数目多,成本高,为了减少数据传输线的数目,微型机最好采用串行传输把数据传送到图 2-2-8 中所示的各路缓冲寄存器 R_1,在地址指令控制下把串行数据变换为并行数据,接着刷新指令控制该通道的输入寄存器 R_2 从缓冲寄存器 R_1 中并行取入数据进行 D/A 转换。

2.2.3　模拟输出通道组成电路的选用

1. D/A 转换器

D/A 转换器是模拟信号输出通道的第一道环节,也是必不可少的核心环节。

(1) D/A 位数的确定

模拟信号输出通道中所用 D/A 转换器的位数取决于输出模拟信号所需要的动态范围。如前所述,如果输出通道是为不失真再现模拟输入信号(例如语音回放),那么输出通道所用 D/A 的位数应与输入通道中所用 A/D 的位数相同。如果输出通道只是为了形成动态范围在 20 dB 左右的监视波形,那么选 5～7 位 D/A 就足够,但在 D/A 转换之前须进行数字 AGC 控

制。如果输出通道只是驱动指针式仪表,那么仪表精度 δ 应与 D/A 位数 n 相匹配,即

$$\delta = 2^{-n} \tag{2-2-16}$$

在微机化开环控制系统中,若模拟执行元件的分辨力为 V_{TH},它所需要的控制信号的最大摆幅为 V_{max},则用来提供这一模拟信号的 DAC 的位数应该满足

$$2^n \geqslant \frac{V_{max}}{V_{TH}} \tag{2-2-17}$$

在微机化闭环控制系统中,在任一时刻 DAC 输出的是误差信号,因此,对其分辨力的要求比开环系统低,其位数主要根据系统要求的线性范围来确定。根据经验,一般比所用的 ADC 位数少两位就能满足要求。

如果负载并没有明确要求,通常取 DAC 位数等于系统输出数字的位数。

(2) 主要结构特性和应用特性的选择

1) 数字输入特性

数字输入特性包括接收数码的码制、数据格式以及逻辑电平等。

目前批量生产的 D/A 转换器芯片一般都只能接收自然二进制数字代码。因此,当输入数字代码为偏移二进制码或 2 的补码等双极性数码时,应外接适当的偏置电路后才能实现双极性 D/A 转换。

输入数据格式一般为并行码,对于芯片内部配置有移位寄存器的 D/A 转换器,可以接收串行码输入。

对于不同的 D/A 芯片输入逻辑电平要求不同。对于固定阈值电平的 D/A 转换器一般只能和 TTL 或低压 CMOS 电路相连,而有些逻辑电平可以改变的 D/A 转换器可以满足与 TTL、高低压 CMOS、PMOS 等各种器件直接连接的要求。不过应当注意,这些器件往往为此设置了"逻辑电平控制"或者"阈值电平控制端",用户要按手册规定,通过外电路给这一端以合适的电平才能工作。

2) 模拟输出特性

目前多数 D/A 转换器件均属电流输出器件。手册上通常给出在规定的输入参考电压及参考电阻之下的满码(全一)输出电流 I_0。另外还给出最大输出短路电流以及输出电压允许范围。

对于输出特性具有电流源性质的 D/A 转换器(如 DAC-08),用输出电压允许范围来表示由输出电路(包括简单电阻负载或者运算放大器电路)造成输出端电压的可变动范围。只要输出端的电压小于输出电压允许范围,输出电流和输入数字之间就会保持正确的转换关系,而与输出端的电压大小无关。对于输出特性为非电流源特性的 D/A 转换器,如 AD7520, DAC1020 等,无输出电压允许范围指标,电流输出端应保持公共端电位或虚地,否则将破坏其转换关系。

3) 锁存特性及转换控制

D/A 转换器对输入数字量是否具有锁存功能将直接影响与 CPU 的接口设计。如果 D/A 转换器没有输入锁存器,通过 CPU 数据总线传送数字量时,必须外加锁存器,否则只能通过具有输出锁存功能的 I/O 口给 D/A 送入数字量。

有些 D/A 转换器并不是对锁存的输入数字量立即进行 D/A 转换,而是只有在外部施加了转换控制信号后才开始转换和输出。具有这种输入锁存及转换控制功能的 D/A 转换器(如 DAC0832),在 CPU 分时控制多路 D/A 输入时,可以做到多路 D/A 转换的同步输出,如

图 2-2-8 所示。

4）参考源

D/A 转换器中，参考电压源是唯一影响输出结果的模拟参量，是 D/A 转换接口中的重要电路，对接口电路的工作性能、电路的结构有很大影响。使用内部带有低漂移精密参考电压源的 D/A 转换器(如 AD563/565A)，不仅能保持较好的转换精度，而且可以简化接口电路。

2. 反多路开关和采样保持器

在图 2-2-9(b)所示的模拟多路切换器 MUX 与图 2-1-2 所示的模拟多路切换器 MUX 功能是相反的。图 2-1-2 中的 MUX 是把各个开关的输出端并在一起，通常称为多路开关，其功能是把多路并行输入的连续模拟信号变为单路串行输出的离散脉冲信号。而图 2-2-9(b)中的 MUX 则是把多个开关的输入端并在一起，其功能是把单路串行输出的 D/A 转换电压按道分离开来，变为多路并行输出的模拟电压。由于它的功能与多路开关相反，故称为反多路开关。

图 2-2-9 所示的输出通道中的采样保持器与图 2-1-2 所示的输入通道中采样保持器功能也是不一样的，前者是保持 D/A 转换后的模拟电压，后者是保持供 A/D 转换的模拟电压。在图 2-2-9 中，每当 D/A 转换第 i 道子样数据时，第 i 道采样保持器便处于采样状态，其他时间均处于保持状态。因此，每路采样保持器的保持时间 t_H 均为

$$t_H = m\,t_0 \tag{2-2-18}$$

式中，m 为输出通道数，t_0 为微机输出子样数据字的时间间隔。保持期间因保持电压跌落速率 $\frac{dV_0}{dt}$ 造成的跌落误差为

$$\Delta V_0 = \frac{dV_0}{dt} \cdot t_H = \frac{dV_0}{dt} \cdot m\,t_0$$

将式(2-1-39)代入上式得

$$\Delta V_0 = \frac{I_D}{C_H} \cdot m\,t_0 \tag{2-2-19}$$

由式(2-2-19)可见，在某些精度要求较高的应用中，为减少跌落误差 ΔV_0，应减少存储电容的漏电电流 I_D，增大存储电容 C_H，减少通道数 m 和缩短微型机输出子样数据字的时间间隔 t_0。

如果各路模拟通道负载具有惯性储能性质，则可省去采样保持器，让反多路开关直接驱动惯性元件或仪表。例如，配电板上的指针式仪表由于具有较大的惯量，只要数据刷新速率足够高，仪表指针就不会出现抖动，其平均指示值取决于脉动模拟输入值的占空比(即每个刷新周期中开关闭合时间与刷新周期的比值)。

3. 调理电路

模拟信号输出通路中的调理电路有滤波、电压/电流转换和放大等几种形式，但并不是必不可少的，这取决于输出通道负载的要求。

(1) 滤波器

如果输出通道负载要求较为平滑的电压输出，例如，要显示连续光滑的信号波形，则 DAC 输出端不仅要接 S/H，而且 S/H 之后还要接平滑滤波器。由式(2-2-10)可知，平滑滤波器应为低通滤波器，其截止频率 f_h 应满足

$$f_h = f_c = \frac{1}{4T_s} \tag{2-2-20}$$

式中保持周期 T_s 由式(2-2-11)决定。

有些野外数据采集系统,例如数字地震仪的主要任务是把地震信号不失真地以数字形式记录下来,为了尽可能多地保留地震信息,其模拟输入通道中设置的滤波器通频带是很宽的,这样就难免混入各种干扰。但是在把记录信号回放出来形成监视波形时,为了突出有效信号压制干扰信号,通常在模拟输出通道中设置通频带很窄的滤波器,以滤除低频干扰和高频干扰。

有些微机化测试系统因模拟输入通道中已有高、低通滤波器滤除干扰,所以模拟输出通道中只有平滑滤波器而无其他滤波器,有些并不要求平滑电压输出的场合,平滑滤波也可以不要。

(2) 电压/电流转换(V/I)和频率/电压转换(F/V)

微机化测控系统常常要以电流方式输出,因为电流输出有利于长距离传输,且不易引入干扰,工业上的许多仪表也是以电流配接的,如电动单元组合仪表 DDZ-Ⅱ型就是以 0~10 mA 的直流电流作为标准统一信号,DDZ-Ⅲ型采用 4~20 mA 直流电流作为标准统一信号,而大多数 D/A 电路的输出为电压信号,因此在微机化测控系统的输出通道中通常设置了电压/电流(V/I)转换电路,以便将 D/A 电路输出的电压信号转换成电流信号。

由于频率信号输出占用总线数量少,易于远距离传送,抗干扰能力强,因此,在有些微机化测控系统中,采用频率量输入通道和频率量输出通道。频率量输入通道中使用 V/F 转换器,频率量输出通道中使用 F/V 转换器。通常没有专门用于 F/V 转换的集成器件,而是使用 V/F 转换器在特定的外接电路下构成 F/V 转换电路。一般的集成 V/F 转换器都具有 F/V 转换的功能。

(3) 线性功率放大器

模拟信号输出通道中为了驱动模拟显示或记录装置,有时还需要使用电压放大器,在用于模拟量控制的输出通道例如直流伺服控制中经常要用到线性功率放大器,在用于开关量控制的输出通道中大量使用开关型功率放大器。

线性功率放大器通常由分立元件或集成功率运放构成。在输出通道的直流伺服控制系统中,采用集成功率运算放大器可大大简化电路,提高系统的可靠性。

美国 B-B 公司推出的大功率运算放大器有 OPA501、OPA511/512、OPA541,输出电流可达 10~15 A。图 2-2-10 所示是 OPA501 的电路结构和引脚。

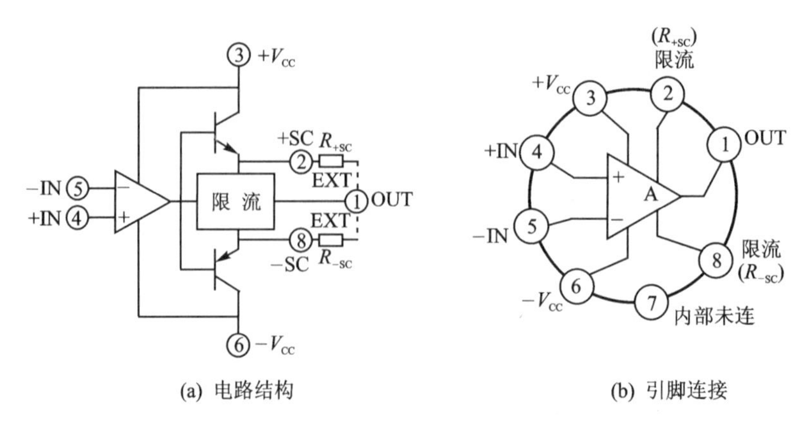

(a) 电路结构　　　　(b) 引脚连接

图 2-2-10　OPA501 的电路结构与引脚

设计 OPA501 功率放大电路时，应分别外接电阻 R_{+SC} 和 R_{-SC}，独立调节正和负的负载电流范围，其计算公式为

$$R_{SC}=\left(\frac{0.65}{I_{LIMIT}}-0.0437\right)(\Omega)$$

式中，I_{LIMIT} 为所要求的最大电流(A)。限流电阻功耗为

$$P_{max}=R_{SC}(I_{LIMIT})^2(W)$$

由于大的输出电流能产生显著的接地回路误差，因此，对于功率运算放大器的接地方法要特别加以注意。连接电源时不应使负载电流流过连接信号接地点和电源公共地的连线；电源和负载线应与放大器输入和信号线分开走线。

2.3　开关量输入/输出通道

测控系统中常应用各种按键、继电器和无触点开关(晶体管、可控硅等)来处理大量的开关量信号，这种信号只有开和关，或者高电平和低电平两个状态，相当于二进制数码的 1 和 0，处理较为方便。微机化测控系统通过开关量输入通道引入系统的开关量信息(包括脉冲信号)，进行必要的处理和操作；同时，通过开关量输出通道发出两个状态的驱动信号，去接通发光二极管、控制继电器或无触点开关的通断动作，以实现诸如越限声光报警、双位式阀门的开启或关闭以及电动机的启动或停车等。

微机化测控系统中常采用通用并行 I/O 芯片(例如 8155、8255、8279)来输入/输出开关量信息。若系统不复杂，也可用三态门缓冲器和锁存器作为 I/O 接口电路。对单片微型机而言，因其内部已具有并行 I/O 口，故可直接与外界交换开关量信息。但应注意开关量输入信号的电平幅度必须与 I/O 芯片的要求相符，若不相符合，则应经过电平转换后，方能输入微型机。对于功率较大的开关设备，在输出通道中应设置功率放大电路，以使输出信号能驱动这些设备。

由于在工业现场存在电场、磁场、噪声等各种干扰，在输入/输出通道中往往需要设置隔离器件，以抑制干扰的影响。开关量输入/输出通道的主要技术指标是抗干扰能力和可靠性，而不是精度，这一点务必在设计时予以注意。

2.3.1　开关量输入通道

1. 开关量输入通道的结构

开关量输入通道主要由输入缓冲器、输入调理电路和输入地址译码电路等组成，如图 2-3-1 所示。

2. 输入调理电路

开关量输入通道的基本功能就是接收外部装置或生产过程的状态信号。这些状态信号的形式可能是电压、电流和开关的触点，因此引起瞬时高压、过电压、接触抖动等现象。为了将外部开关量信号输入到计算机，必须将现场输入的状态信号经转换、保护、滤波、隔离措施转换成计算机能够接收的逻辑信号，这些功能称为信号调理。下面

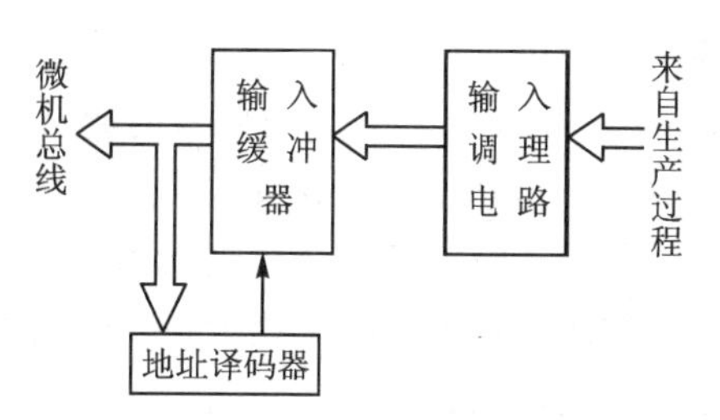

图 2-3-1　开关量输入通道结构

针对不同情况分别介绍相应的信号调理技术。

(1) 小功率输入的调理电路

图2-3-2所示为从开关、继电器等接点输入信号的电路。它将接点的接通和断开动作转换成TTL电平信号与计算机相连。为了清除由于接点的机械抖动而产生的振荡信号,一般都应加入有较长时间常数的积分电路来消除这种振荡。图2-3-2(a)所示为一种简单的、采用积分电路消除开关抖动的方法。图2-3-2(b)所示为R-S触发器消除开关两次反跳的方法。

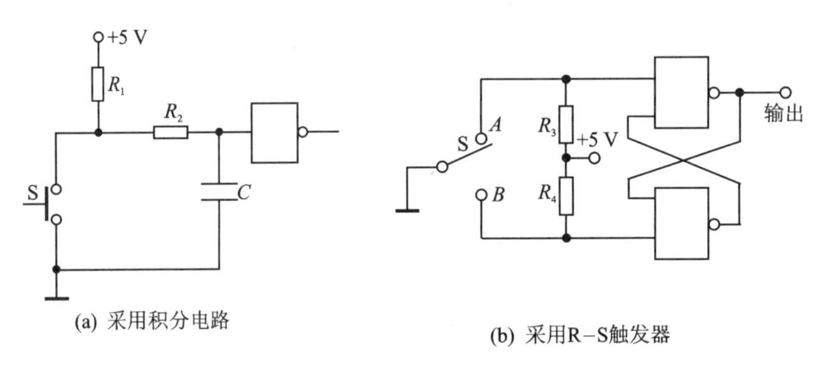

图2-3-2　小功率输入调理电路

(2) 大功率输入调理电路

在大功率系统中,需要从电磁离合等大功率器件的接点输入信号。在这种情况下,为了使接点工作可靠,接点两端至少要加24 V以上的直流电压。因为直流电平响应快,不易产生干扰,电路又简单,因而被广泛采用。但是这种电路,由于所带电压高,所以高压与低压之间用光电耦合器进行隔离,如图2-3-3所示。

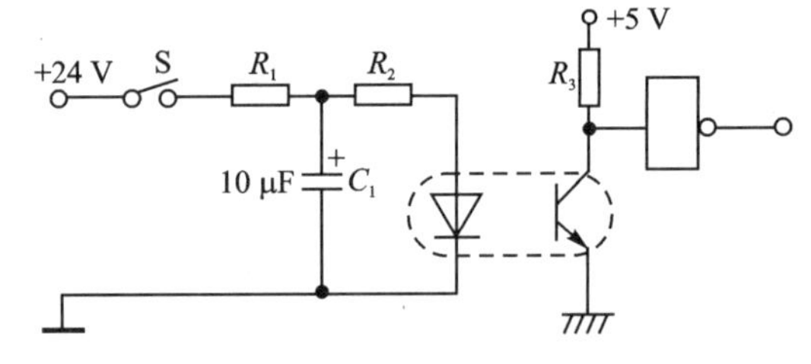

图2-3-3　大功率输入调理电路

3. 输入缓冲器

输入缓冲器通常采用三态门缓冲器74LS244,被测状态信息通过三态门缓冲器送到CPU数据总线(74LS244有8个通道,可输入8个开关状态)。

2.3.2　开关量输出通道

在测控系统中,对被控设备的驱动常采用模拟量输出驱动和开关量输出驱动两种方式,其中模拟量输出是指其输出信号(电压、电流)可变,根据控制算法,使设备在零到满负荷之间运行,在一定的时间T内输出所需的能量P;开关量输出则是通过控制设备处于"开"或"关"状态的时间来达到运行控制目的。如根据控制算法,同样要在T时间内输出能量P,则可控制设备满负荷工作时间t,即采用脉宽调制的方法,同样可达到要求。

以前的控制方法常采用模拟量输出的方法,由于其输出受模拟器件的漂移等因素的影响,很难达到较高的控制精度。随着电子技术的迅速发展,特别是计算机进入测控领域后,开关量输出控制已越来越广泛地被应用;由于采用数字电路和计算机技术,对时间控制可以达到很高精度。因此,在许多场合开关量输出控制精度比一般的模拟量输出控制高,而且利用开关量输出控制往往无须改动硬件,而只须改变程序就可用于不同的控制场合,如在 DDC(direct digital control)直接数字控制系统中,利用微型机代替模拟调节器,实现多路 PID 调节,只需要在软件中每一路使用不同的参数运算输出即可。

由于开关输出控制的上述特点,目前,除某些特殊场合外,这种控制方式已逐渐取代了传统的模拟量输出的控制方式。

1. 开关量输出通道的结构

开关量输出通道主要由输出锁存器、输出驱动电路、输出口地址译码电路组成,如图 2-3-4 所示。

当对生产过程进行控制时,一般控制状态需要进行保持,直到下次给出新的值为止。因此通常采用 74LS273 等锁存器对开关量输出信号进行锁存(74LS273 有 8 个通道,可输出锁存 8 个开关状态)。

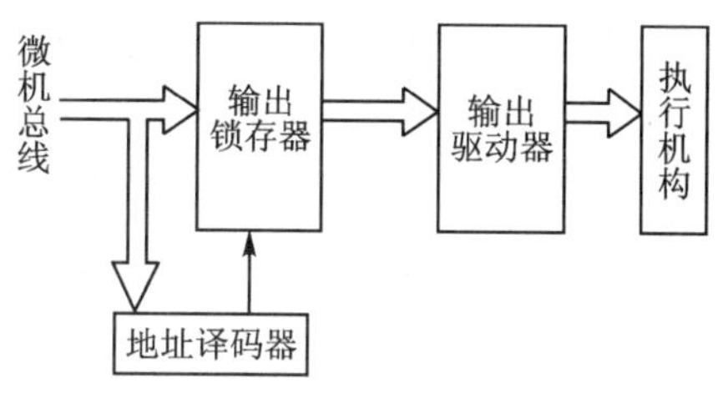

图 2-3-4　开关量输出通道结构

驱动被控制的执行装置不但需要一定的电压,而且需要一定的电流,而主机的 I/O 口或图 2-3-4 中的锁存器驱动能力很有限,因此,开关量输出通道末端必须配接能提供足够驱动功率的输出驱动电路。下面介绍几种常见的输出驱动电路,可根据不同需要加以选择。

2. 直流负载驱动电路

图 2-3-5 所示为常见的直流电源负载驱动电路。

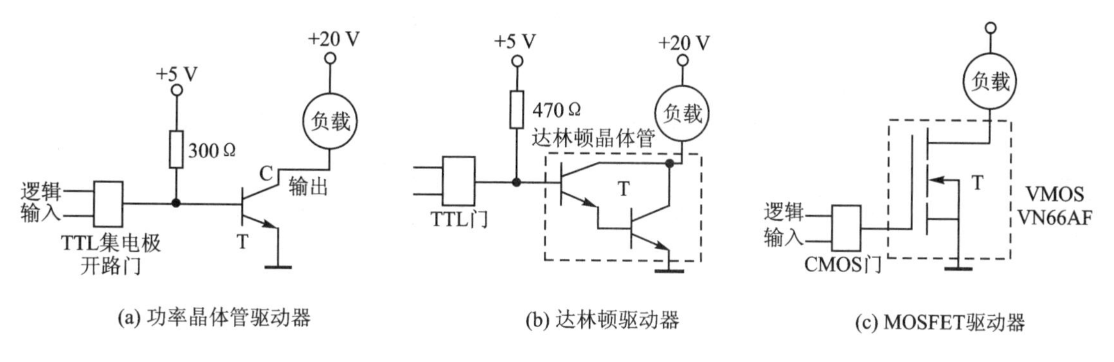

图 2-3-5　直流电源负载驱动电路

图(a)所示是功率晶体管驱动电路,适合于负载所需的电流不太大(约几百毫安)的场合。图中开关晶体管的驱动电流必须足够大,否则晶体管会增加其管压降来限制其负载电流,从而有可能使晶体管超过允许功耗而损坏,图(a)中晶体管驱动电流采用 TTL 集电极开路门来提供。

图(b)所示是达林顿管驱动电路。图中虚线框内的两个晶体管接成复合型做成一只管子,该管叫达林顿管。达林顿管的特点是具有高输入阻抗和极高的增益。由于达林顿驱动器要求的输入驱动电流很小,可直接用单片机的 I/O 口驱动。I/O 口低电平有效,外电路加上拉电阻。使用时应加散热板。

图(c)所示是功率场效应管驱动电路。功率场效应晶体管在制造中多采用 V 沟槽工艺,简称为 VMOS 场效应晶体管。出现 VMOS 器件以后,中功率、大功率场效应管就成为可能,因它构成功率开关驱动电路只要求微安级输入电流,控制的输出电流却可以很大。

3. 晶闸管交流负载驱动电路

交流负载的功率驱动电路，通常采用晶闸管来构成。晶闸管有单向晶闸管(也称单向可控硅)和双向晶闸管(也称双向可控硅)两种类型。

晶闸管只工作在导通或截止状态，使晶闸管导通只需要极小的驱动电流，一般输出负载电流与输入驱动电流之比大于1 000，是较为理想的大功率开关器件，通常用来控制交流大电压开关负载。由于交流电属强电，为了防止交流电干扰，晶闸管驱动电路不宜直接与数字逻辑电路相连，通常采用光电耦合器进行隔离。如图2-3-6所示，图中P1.0输出锁存开关量，三态缓冲门74LS244接成直通式，当P1.0=0时，光电耦合器中的发光二极管导通，外接三极管T截止，双向晶闸管导通，交流电源给负载加电。反之，当P1.0=1时，负载断电。外接发光二极管LD用做开关指示。如果将图中双向晶闸管换成单向晶闸管，则在P1.0=0期间负载得到的不再是双向交流电压而是单向脉动电压。

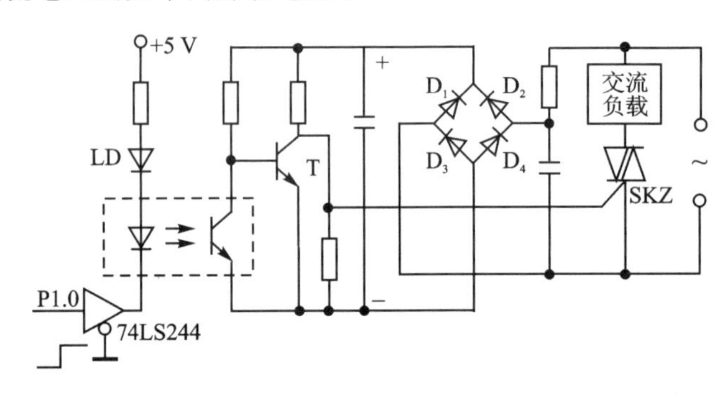

图2-3-6　交流负载驱动电路

4. 继电器驱动电路

开关量输出电路常常控制着动力设备的启停。如果设备的启停负荷不太大，而且启停操作的响应速度要求也不高，则适于采用继电器隔离的开关量输出电路。由于继电器线圈需要一定的电流才能动作，所以必须在微机的输出I/O口(或外接输出锁存器74LS273)与继电器线圈之间接7406或75452P驱动器。继电器线圈是电感性负载。当电路开断时，会出现电感性浪涌电压，所以在继电器两端要并联一个泄流二极管以保护驱动器不被浪涌电压所损坏。

图2-3-7为一个典型的继电器驱动电路，P1口的每一位经一个反相驱动器7406控制一个继电器线圈。当P1口某一位输出“1”时，继电器线圈上有电流流过，则继电器动作；反之，当输出为“0”时，继电器线圈上无电流流过，开关恢复到原始状态。

对需要用直流电源励磁的继电器也可用前述的直流负载驱动电路，对需要用交流电源励磁的继电器可以用前述的交流负载驱动电路。在没有特殊要求时，为了便利和简化电路可通过直流继电器来间接控制交流继电器。

5. 固态继电器驱动电路

固态继电器(SSR)是采用固体元件组装而成的一种新型无触点开关器件，它有两个输入端用以引入控制电流，有两个输出端用以接通或切断负载电流。器件内部有一个光电耦合器将输入与输出隔离。输入端(1、2脚)与光电耦合器的发光二极管相连，因此，需要的控制电流很小，用TTL、HTL、CMOS等集成电路或晶体管就可直接驱动。输出端用功率晶体管做开关元件的固态继电器称为直流固态继电器(DC-SSR)，如图2-3-8(a)所示，主要用于直流大功率控制场合。输出端用双向可控硅做开关元件的固态继电器称为交流固态继电器(AC－SSR),如图 2－3－8(b)所示,主要用于交流大功率驱动场合。

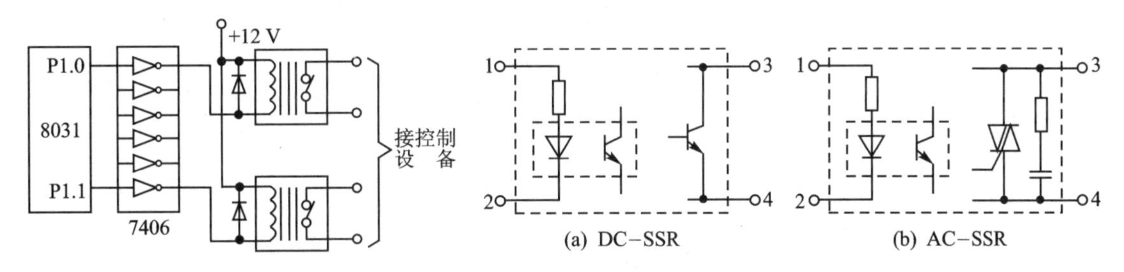

图 2－3－7　典型继电器驱动电路　　　图 2－3－8　直流 SSR 与交流 SSR

基本的 SSR 驱动电路如图 2－3－9 所示。因为 SSR 的输入电压为 4～32 V,DC－SSR 的输入电流小于 15 mA,AC－SSR 的输入电流小于 500 mA。因此,要选用适当的电压 V_{CC} 和限流电阻 R。DC－SSR 可用 OC 门或晶体管直接驱动,AC－SSR 可加接一晶体管驱动。DC－SSR 的输出断态电流一般小于 5 mA,输出工作电压为 30～180 V。图 2－3－9(a)所接为感性负载,对一般电阻性负载可直接加负载设备。AC－SSR 可用于 220 V、380 V 等常用场合,输出断态电流一般小于 10 mA,一般应让 AC－SSR 的开关电流至少为断态电流的 10 倍,负载电流若低于该值,则应并联电阻 R_P,以提高开关电流,如图 2－3－9(b)所示。

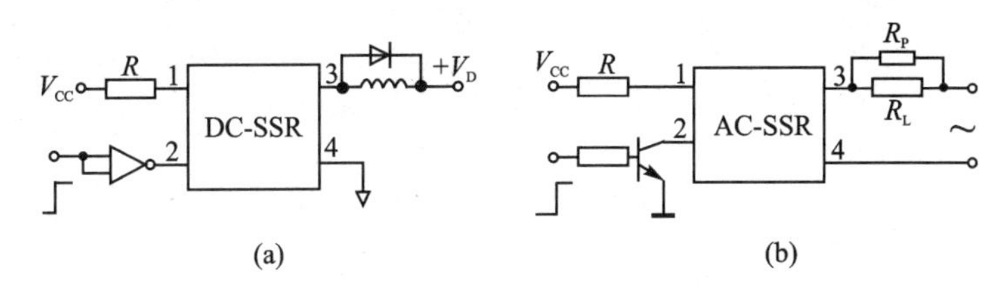

图 2－3－9　基本的 SSR 驱动电路

2.3.3　开关量输入/输出通道设计举例

1. 步进电动机正反转控制

控制步进电动机正反转的开关量输入/输出电动路如图 2－3－10 所示。步进电动机是自控系统中常用的执行部件,它的品种较多,现以三相电动机为例加以说明。这种步进电动机有三个绕组,当按不同的顺序向绕组通以电脉冲时,步进电动机以不同的方向转动,它的转速取决于通电脉冲的频率。通电脉冲的不同组合方式决定了步进电动机的不同步相控制方式:

① 单三拍控制方式。通电顺序为 A→B→C→A(正转)或 A→C→B→A(反转)。

② 六拍控制方式。通电顺序为 A→AB→B→BC→C→CA→A(正转)或 A→AC→C→CB→B→BA→A(反转)。

③ 双三拍控制方式。通电顺序为 AB→BC→CA→AB(正转)或 AB→CA→BC→AB(反转)。

若要求在现场开关 S_1 闭合时,电动机正转;S_2 闭合时,电动机反转;S_1、S_2 断开时,电动机停转。电动机停转,正、反转可由 8031 的 P1 口输入开关的通、断状态,经软件处理后,再由该端口输出控制信号。

图 2－3－10 中 A、B、C 是三相电动机的三个绕组,分别由功放电路 1、2、3 通以驱动脉冲。

现采用六拍控制方式,端口输出位的代码和相应的通电绕组如表2-3-1所列。

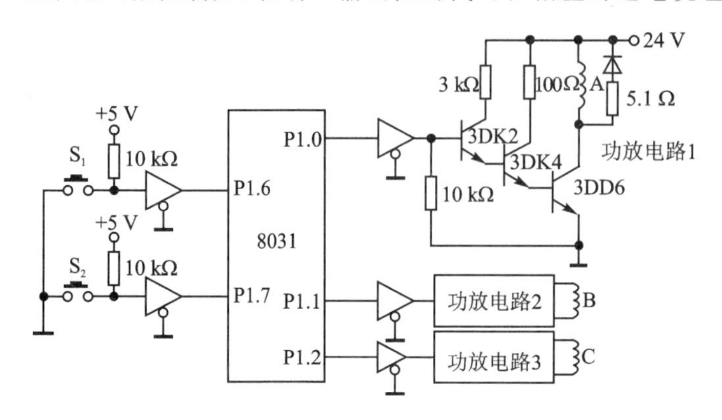

图2-3-10 控制步进电动机正反转的开关量输入/输出电路

表2-3-1 输出代码和相应的通电绕组

输出代码	通电绕组
×××××001	A
×××××011	AB
×××××010	B
×××××110	BC
×××××100	C
×××××101	CA

由表可知,若电路按一定的节拍依次送出×1H、×3H、×2H、×6H、×4H和×5H输出代码,则步进电动机正转;若电路依次送出×1H、×5H、×4H、×6H、×2H和×3H,则步进电动机反转。采用查表法可方便地编制出三相电机的控制程序。以下是与单片机8031接口的控制程序。

```
#include <reg51.h>
#define uint unsigned int
#define uchar unsigned char
sbit pos = P1^6;
sbit neg = P1^7;
uchar code Table1[6] = {0xF1,0xF3,0xF2,0xF6,0xF4,0xF5};
uchar code Table2[6] = {0xF1,0xF5,0xF4,0xF6,0xF2,0xF3};
void delay1s();
void main(void)
{
    while(1)
    {
        uint index;
        if(pos == 0)                          //若P1.6 = 0转pos
        {
            for(index = 0;index<6;index + + )  //输出表格1代码,循环6次
            {
                P1 = Table1[index];
                delay1s();                    //延迟
            }
        }
        if(neg == 0)                          //若P1.7 = 0转neg
        {
            for(index = 0;index<6;index ++ )  //输出表格2代码,循环6次
            {
```

```
                P1 = Table2[index];;
               delay1s();
            }
         }
      }
}
void delay1s()                              //延时 1s 子程序。具体延迟时间可视情况而定
{
     uint i,j;
     for(i = 1000;i>0;i--)
         for(j = 110;j>0;j--);
}
```

2. 直流电动机的转速控制

小功率直流电动机的转速控制方法是先将电动机启动一段时间,然后切断电源,由于直流电动机转动具有惯性,所以将继续转动一段时间。在电动机尚未停止转动之前,再次接通电源,于是电动机再次加速。改变电动机通断时间的比例,即可达到调速的目的。

图 2-3-11 所示是直流电动机控制曲线。这种调速方法称为脉冲宽度调速。设脉冲宽度为 t,脉冲周期为 T,电动机的平均转速式

$$V_d = V_{max} \times D$$

求得。式中,$D=t/T$,称为占空比。占空比越大,转速越高;反之,转速就越低。

平均转速 V_d 与占空比 D 之间的关系如图 2-3-12 所示。由图可知,平均转速与占空比的关系并非完全线性关系,但可以近似地看成线性(如虚线所示)。对于特定的电动机,其最大速度 V_{max} 是确定的,因此,控制平均速度就要控制占空比。

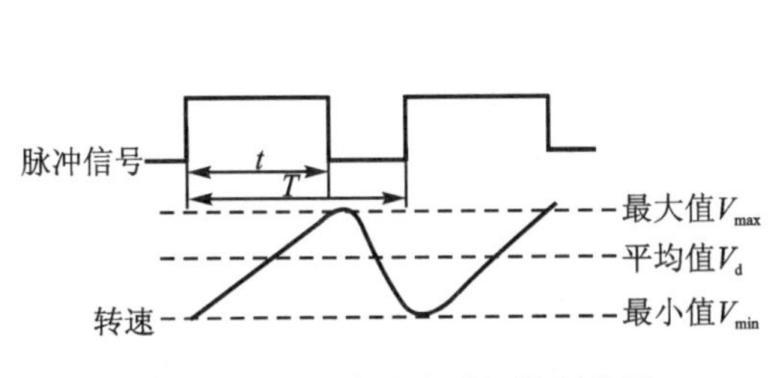

图 2-3-11　直流电动机控制曲线

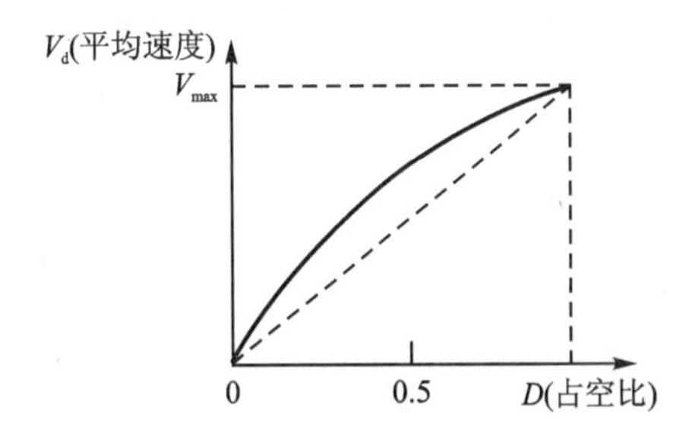

图 2-3-12　平均转速与占空比的关系

图 2-3-13 所示是单片机实现的脉冲宽度调速控制系统。在这里,EPROM2732 占用地址空间范围为 0000H～0FFFH,片选控制端 $\overline{CE}$ 接地处于常选通状态。芯片 EPROM2732 用于固化控制程序,芯片 8031 的四个 I/O 端口:P0 和 P2 作为地址、数据线,P1.0 口作为输入口,读设定的开关数 N,P3.4 用做控制位,用于输出控制脉冲,经驱动器和晶体管开关加到电动机上。当 P3.4 输出"1"时,晶体管开关接通,电动机通电;当 P3.4 输出为 0 时,晶体管截止,电动机断电。

8 个单刀双掷开关用于设定占空比的给定值,当开关拨到上方时,该位为"0";当开关拨到下方时,该位为"1"。改变 S_7～S_0 中的 8 位二进制数的值,就能改变脉冲占空比。此时电动机

的平均转速为

$$V_d = D \times V_{max} = \frac{N}{256} \times V_{max}$$

式中,N 为开关的给定值,当 $N=0$ 时,电动机的平均转速 $V_d=0$;当 $N=255$(即 FFH)时,$D=\frac{255}{256}\approx 1, V_d = V_{max}$。因此,只要根据所期望的平均转速求出开关 S 的给定值,然后由人工设定各开关的状态即可。

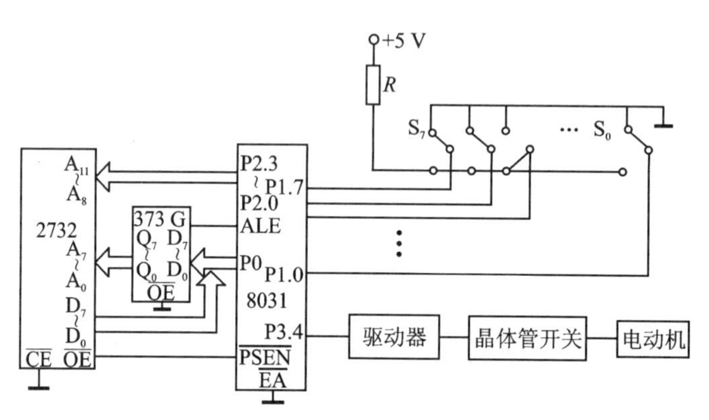

图 2-3-13　开环脉冲调速系统

产生电动机控制脉冲可采用如下两种方法:

① 程序延时的方法。使通电时间为 N 个单位时间,断电时间为 $N_补$(N 的补码)个单位时间,其流程如图 2-3-14(a)所示。根据图 2-3-14(a)编写的程序如下:

```
#include <reg51.h>
#define uint unsigned int
#define uchar unsigned char
sbit en = P3^4;
void delay1s();                                //函数声明
void main(void)
{
    while(1)
    {
        uchar input,num1,num2;
        P1 = 0xFF;                             //P1 口为输入
        en = 1;                                //P3.4 置 1,供电
        num1 = input;
        for(num1 = input;num1>0;num1 -- )      //N 个单位延时
            delay1s();
        en = 0;                                //P3.4 清 0,断电
        num2 = ~num1;
        for(num2 = ~num1;num2>0;num2 -- )      //N 补个单位延时
            delay1s();
    }
}
```

```
void delay1s()                      //延时 1s 子程序。具体延迟时间可视情况而定
{
        uint i,j;
        for(i = 1000;i>0;i--)
            for(j = 110;j>0;j--);
}
```

② 计数方法。以寄存器 R_n 作为计数器,系统启动后,首先读入 N 值,然后把 N 值与计数值比较,当计数值小于 N 值时,电动机通电;当计数值等于或大于 N 值时,使电动机断电,图 2-3-14(b)所示为程序流程图。

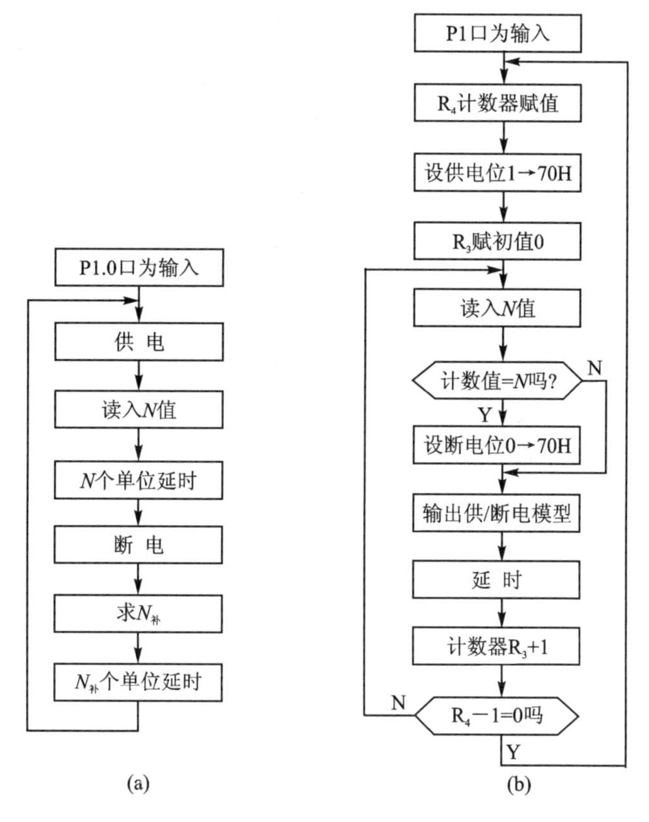

图 2-3-14　脉宽调速控制程序流程图

程序如下:

```
#include <reg52.h>
#define uint unsigned int
#define uchar unsigned char
sbit out = P3^4;
void delay1s();
void main(void)
{
```

```
    while(1)
    {
        uchar input,N,num,a,c,en;
        P1 = 0xFF;                              //P1 口为输入
        N = 0xFF;                               //设循环计数器
        en = 1;                                 //设供电模型
        for(num = 0;N>0;N--)                    //循环
        {
            a = input;                          //读入
            c = 0;
            a = a - num;
            if(a<= 0)                           //开关数与计数值比较,差值<= 0 时供电,否则断电
            {
                c = en;
                out = c;                        //输出模型
                delay1s();
            }
            else
            {
                en = 0;                         //设断电模型
                c = en;
                out = c;
                delay1s();
            }
        }
    }
}
void delay1s()                                  //延时 1s 子程序。具体延迟时间可视情况而定
{
    uint i,j;
        for(i = 1000;i>0;i--)
            for(j = 110;j>0;j--);
}
```

2.4 单元电路的级联设计

组成测控系统的各单元电路选定以后,就要把它们相互连接起来。为了保证各单元电路连接起来后仍能正常工作,并彼此配合地实现预期的功能,就必须认真仔细地考虑各单元电路之间的级联问题,如电气特性的相互匹配、信号耦合方式和时序配合等。

2.4.1 电气性能的相互匹配

1. 阻抗匹配

测量信息的传输是靠能量流进行的,因此,设计测控系统时的一条重要原则是要保证信息

能量流最有效的传递。这个原则是由四端网络理论导出的,亦即信息传输通道中两个环节之间的输入阻抗与输出阻抗相匹配的原则。如果把信息传输通道中的前一个环节视为信号源,下一个环节视为负载,则可以用负载或输入阻抗 Z_L 对信号源的输出阻抗 Z_i 之比,即 $a_g=|Z_L|/|Z_i|$来说明这两个环节之间的匹配程度。

匹配程度 a_g 的大小取决于测控系统中两个环节之间的匹配方式。若要求信号源馈送给负载的电压最大,即实现电压匹配,则应取 $a_g \gg 1$;若要求信号源馈送给负载的电流最大,即实现电流匹配,则应取 $a_g \ll 1$;若要求信号源馈送给负载的功率最大,即实现功率匹配,则应取$a_g=1$。

2. 负载能力匹配

负载能力的匹配实际上是前一级单元电路能否正常驱动后一级的问题。这问题在各级之间均存在,但特别突出的是在最后一级单元电路中,因为末级电路往往需要驱动执行机构。如果驱动能力不够,则应增加一级功率驱动单元。在模拟电路里,如对驱动能力要求不高,可采用由运放构成的电压跟随器,否则须采用功率集成电路,或互补对称输出电路。在数字电路里,则采用达林顿驱动器、单管射极跟随器或单管反相器。当然,并非一定要增加一级驱动电路,在负载不是很大的场合,往往可改变电路参数以满足要求。总之,应视负载大小而定。

3. 电平匹配

电平匹配问题在数字电路中经常遇到。若高低电平不匹配,则不能保证正常的逻辑功能,为此,必须增加电平转换电路。尤其是 CMOS 集成电路与 TTL 集成电路之间的连接,当两者的工作电源不同时(如 COMS 为+15 V,TTL 为+5 V),两者之间必须加电平转换电路。详见 2.4.3 小节。

2.4.2　信号耦合与时序配合

1. 信号耦合方式

常见的单元电路之间的信号耦合方式有 4 种:直接耦合、阻容耦合、变压器耦合和光电耦合。

(1) 直接耦合方式

直接耦合方式即将上一级单元电路的输出直接(或通过电阻)与下一级单元电路的输入相连接的方式。这种耦合方式最简单,它可把上一级输出的任何波形的信号(正弦信号和非正弦信号)送到下一级单元电路。但是这种耦合方式在静态情况下存在两个单元电路的相互影响,在电路分析与计算时必须加以考虑。

(2) 阻容耦合方式

阻容耦合方式是通过电容 C 和电阻 R 把上一级的输出信号耦合到下一级去,电阻 R 的另一端可以接电源 V_{CC},亦可接地,这要视下一级单元电路的要求而定。有时电阻 R 即为下一级的输入电阻,如图 2-1-9 所示。

这种耦合方式的特点是“隔直传变”,即阻止上一级输出中的直流成分送到下一级,仅把交变成分送到下一级。因此,两级之间在静态情况下不存在相互影响,彼此可视为独立。

这种耦合方式用于传送脉冲信号时,应视阻容时间常数 $\tau=RC$ 与脉冲宽度 b 之间的相对大小来决定是传送脉冲的跳变沿,还是不失真地传送整个脉冲信号。当 $\tau \ll b$ 时,称为微分电路,该电路只传送跳变沿;当 $\tau \gg b$ 时,称为耦合电路,该电路传送整个脉冲。

(3) 变压器耦合方式

变压器耦合方式是通过变压器的原、副边绕组把上一级信号耦合到下一级去，由于变压器副边电压中只反映变化的信号，故它的作用也是"隔直传变"。

变压器耦合的最大优点是可以通过改变匝比与同名端，实现阻抗匹配和改变传送到下一级信号的大小与极性，以及实现级间的电气隔离。但它最大的缺点是制造困难，不能集成化，频率特性差、体积大、效率低，因此，这种耦合已很少采用。

(4) 光电耦合方式

光电耦合方式是通过光耦器件把信号传送到下一级，上一级输出信号通过光电耦合器件中的发光二极管，使其产生光，光作用于达林顿光敏三极管基极，使管子导通，从而把上一级信号传送到下一级。光电耦合方式既可传送模拟信号，亦可传送数字信号。但目前传送模拟信号的线性光电耦合器件比较贵，故多数场合中用来传送数字信号。

光电耦合方式的最大特点是实现上、下级之间的电气隔离，加之光电耦合器件体积小、质量轻、开关速度快，因此，在数字电子电路的输入/输出接口中，常常采用光电耦合器件进行电气隔离，以防止干扰侵入。

在以上4种耦合方式中，变压器耦合方式应尽量少用；光电耦合方式通常只在需要电气隔离的场合中采用；直接耦合和阻容耦合是最常用的耦合方式，至于两者之间如何选择，主要取决于所传送的信号是否随时间变化。若信号是随时间变化，通常采用阻容耦合，以避免前级电路的零漂传到后级；若信号不随时间变化或随时间变化很缓慢，则可当作直流信号对待，故通常采用直接耦合，以利于恒定(直流)信号的传递。

2. 时序配合

单元电路之间信号作用的时序在数字系统中是非常重要的。哪个信号作用在前，哪个信号作用在后，以及作用时间长短等，都是根据系统正常工作的要求而决定的。换句话说，一个数字系统有一个固定的时序。时序配合错乱将导致系统工作的失常。

时序配合是一个十分复杂的问题，为确定每个系统所需的时序，必须对该系统中各单元电路的信号关系进行仔细地分析，画出各信号的波形关系图——时序图，确定保证系统正常工作的信号时序，然后提出实现该时序的措施。

单纯的模拟电路不存在时序问题，但在模拟与数字混合组成的系统中则存在时序问题。例如，图2-1-16(b)就是图2-1-16(a)的工作时序图。

2.4.3 电平转换接口

TTL电路即晶体管-晶体管逻辑电路，它具有比较快的开关速度、比较强的抗干扰能力以及足够大的输出幅度，并且带负载能力也比较强，所以得到了最为广泛的应用。

然而，TTL电路毕竟不能满足生产实际中不断提出的各种特殊要求，例如高速、高抗干扰、低功耗等，因而又出现了HTL、ECL、CMOS等各种数字集成电路。在微机化测控系统中，习惯于用TTL电路作为基本电路元件，根据需要可能采用HTL、CMOS、ECL等芯片，因此，存在TTL电路与这些数字电路的接口问题，下面将分别进行介绍。

1. TTL与HTL电平转换接口

HTL电路即高阀值逻辑集成电路，因为它的阀值电压比较高(一般在7～8 V)，所以噪声容限比较大，抗干扰能力较强。但是，由于它的输入部分是二极管结构，所以速度比较低。因此，这种数字集成电路适用于对速度要求不高但要求具有高可靠性的各种工业控制设备中。

HTL 电路的输出高电平 V_{OH} 一般大于 11.5 V,输出低电平 $V_{OL} \leqslant 1.5$ V,输入短路电流 $I_{IS} \leqslant 1.5$ mA,输入漏电流 $I_{IH} \leqslant 6\ \mu$A,空载导通电流 $I_{EI} \leqslant 6$ mA。

(1) TTL→HTL 电平转换

利用电平转换器 CH2017 可完成 TTL→HTL 电平转换。该电路输出能驱动 8～10 个 HTL 标准门负载,工作电源电压为 15×(1±10%)V,其逻辑为反相器,$Y=\overline{A}$。CH2017 内共有 6 个反相器,完成 TTL→HTL 转换。其输出高电平 $V_{OH} \geqslant 11.5$ V,低电平 $V_{OL} \leqslant 1.5$ V。

(2) HTL→TTL 转换

CH2016 具有 HTL→TTL 电平转换功能,其逻辑为反相器,$Y=\overline{A}$。该芯片使用两种电源,$V_{CC1}=15\times(1\pm10\%)$ V,$V_{CC2}=15\times(1\pm10\%)$ V,电路输出高电平 $V_{OH} \geqslant 3$ V,低电平 $V_{OL} \leqslant 0.4$ V,能驱动 8～10 个标准 TTL 门负载。

在 HTL 与 TTL 逻辑电平接口时,最简单的方法是采用电平转换器,如图 2-4-1 所示。当然,也可以采用其他办法实现这两种电平之间的转换,如集电极开路的 HTL 门可直接驱动 TTL 电路,如要求 HTL 电路驱动大量的 TTL 电路,则必须使用晶体管电路,如图 2-4-2 所示。图中的功率开关晶体管 T_2 可驱动 100 个 TTL 门。

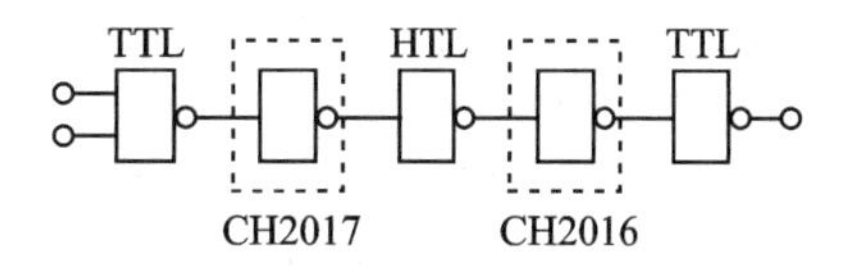

图 2-4-1　HTL 与 TTL 接口

同样,从 TTL 到 HTL 的转换,可直接采用耐压高于 15 V 的集电极开路 TTL 门(OC 门)来驱动 HTL 电路,对于多个 HTL 门的驱动情况,则也可用晶体管驱动方式,如图 2-4-3 所示。

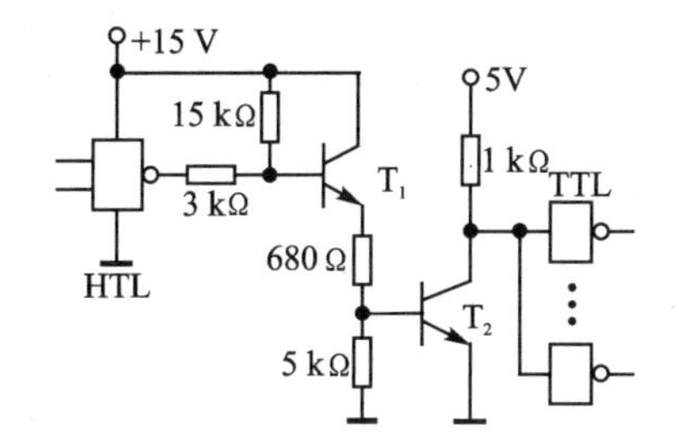

图 2-4-2　用晶体管的 HTL→TTL 转换

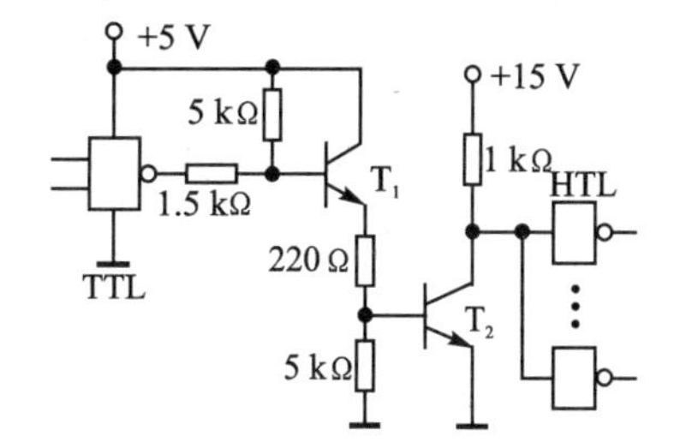

图 2-4-3　用晶体管的 TTL→HTL 转换

2. TTL 与 ECL 电平转换接口

ECL 集成电路即发射极耦合逻辑集成电路,是一种非饱和型数字逻辑电路,消除了影响速度提高的晶体管存储时间,因此速度很快。由于 ECL 电路具有速度快、逻辑功能强、扇出能力强、噪声低、引线串扰小和自带参考源等优点,已被广泛应用于数字通信、高精度测试设备和频率合成等各个方面。

(1) TTL→ECL 转换

利用集成芯片 CE1024 即可完成 TTL 到 ECL 的电平转换。

(2) ECL→TTL 转换

在小型系统中,ECL 和 TTL 可能均使用+5 V 电源,此时须用分立元件来实现接口。图 2-4-4(a)所示为 ECL 到 TTL 电平转换电路,图 2-4-4(b)所示为 TTL 到 ECL 电平转换电路。图中 CE10109 为 ECL 双或非门。

3. TTL 与 CMOS 电平转换接口

CMOS 电路即互补对称金属氧化物半导体集成电路,具有功耗低、电源电压范围宽、抗干

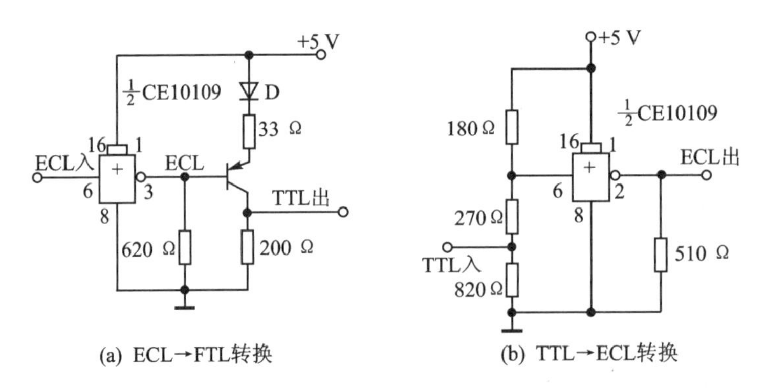

(a) ECL→FTL转换　　(b) TTL→ECL转换

图 2-4-4　单 5 V 电源供电 TTL→ECL 转换电路

扰能力强,逻辑摆幅大以及输入阻抗高、扇出能力强等特点,目前在许多地方,特别是要求低功耗的场合得到了极为广泛的应用。

当 CMOS 反相器使用的电源电压为 5 V 时,输出低电平电压最大值为 0.05 V,高电平最小值为 4.95 V,输出低电平电流最小为 0.5 mA,高电平电流最小值为−0.5 mA;对于带缓冲门的 CMOS 电路,当供电电源电压为 5 V 时,$V_{IL}\leqslant 1.5$ V,$V_{IH}\geqslant 3.5$ V。而对于不带缓冲门的 CMOS 门电路,$V_{IL}\leqslant 1$ V,$V_{IH}\geqslant 4$ V。

(1) TTL→CMOS 转换

由于 TTL 电路输出高电平的规范值为 2.4 V,在电源电压为 5 V 时,CMOS 电路输入高电平 $V_{IH}\leqslant 3.5$ V。这样就造成了 TTL 与 CMOS 电路接口上的困难,解决的办法是在 TTL 电路输出端与电源之间接一个上拉电阻 R,如图 2-4-5 所示。电阻 R 的取值由 TTL 的高电平输出漏电流 I_{OH} 来决定,不同系列的 TTL 应选用不同的 R 值,一般有:

① 74 系列,4.7 kΩ$\geqslant R\geqslant$390 Ω;

② 74H 系列,4.7 kΩ$\geqslant R\geqslant$270 Ω;

③ 74L 系列,27 kΩ$\geqslant R\geqslant$1.5 kΩ;

④ 74S 系列,4.7 kΩ$\geqslant R\geqslant$270 Ω;

⑤ 74LS 系列,12 kΩ$\geqslant R\geqslant$820 Ω。

如果 CMOS 电路的电源电压高于 TTL 电路的电源电压,可采用图 2-4-5(b)的接法,同时图中的 CMOS 电路应使用具有电平移位功能的电路,如 CC4504,CC40109 及 BH017 等。至于 CMOS 电路的电源电压,则可在 5～15 V 范围内任意选定。

(2) CMOS→TTL 转换

关于 CMOS 到 TTL 的接口转换,由于 TTL 电路输入短路电流较大,就要求 CMOS 电路在 V_{OL} 为 0.5 V 时能给出足够的驱动电流,因此,须使用 CC4049、CC4050 等作为接口器件,如图 2-4-6 所示。

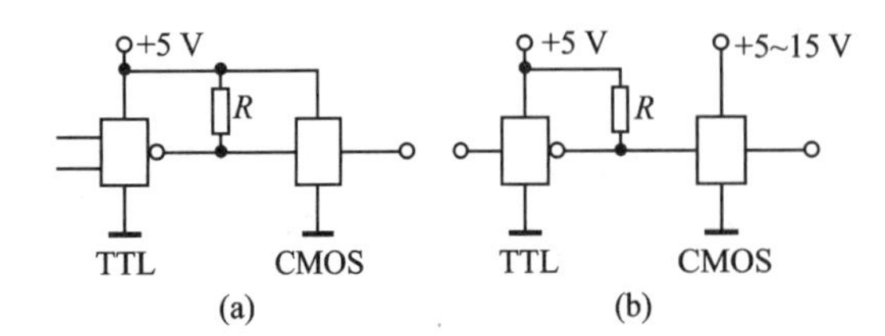

图 2-4-5　TTL 与 CMOS 接口

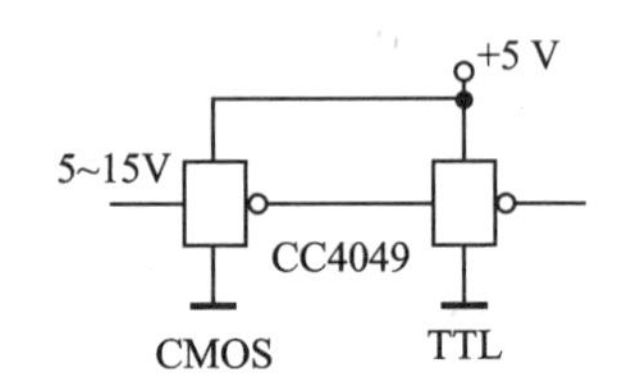

图 2-4-6　CMOS→TTL 接口

4. HTL 与 CMOS 电平转换接口

(1) HTL→CMOS 转换

CMOS 电路的工作电压可从 3 V 变到 18 V。工作电压为 15 V 的 CMOS 电路,其输入高电平电压为 9～15 V,输入低电平电压为 0～6 V,因此,可用 HTL 电路直接驱动 CMOS 电路。但当 CMOS 工作电压与 HTL 电路不同时,可采用集电极开路的 HTL 电路来驱动 CMOS 电路,如图 2-4-7(a)所示,其中电阻 R 以 5～10 kΩ 为宜;也可用一般的 HTL 与非门来驱动 CMOS 电路,如图 2-4-7(b)所示,其中二极管 D 起钳位作用,使 HTL 输出高电平适合于 CMOS 输入电平的要求。

对于一般的 HTL 电路需用晶体管来驱动 CMOS 电路,如图 2-4-8 所示,其中 R_2 为基极泄放电阻,其值宜取 5～10 kΩ。

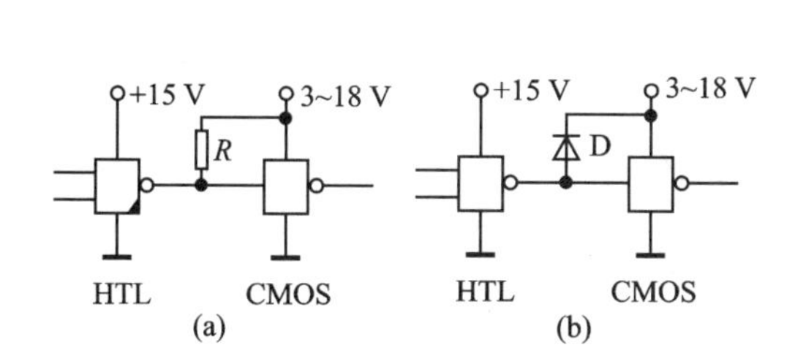

图 2-4-7　HTL→CMOS 转换

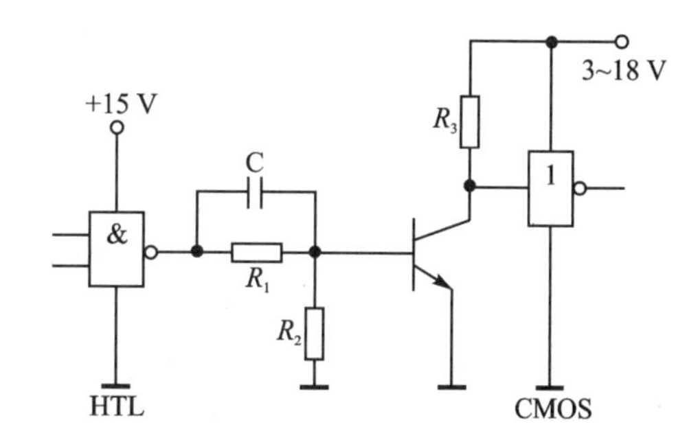

图 2-4-8　HTL→CMOS 晶体管转换接口

当 HTL 长线驱动 CMOS 电路时,必须在 CMOS 输入端串接限流电阻,以防 CMOS 电路损坏。

(2) CMOS→HTL 转换

工作电压为 15 V 的 CMOS 缓冲器可直接驱动 HTL 电路,一般 CMOS 电路须通过晶体管驱动,如图 2-4-9 所示,R_1 取值应在 10～50 kΩ,该电路能驱动 10 个 HTL 电路。

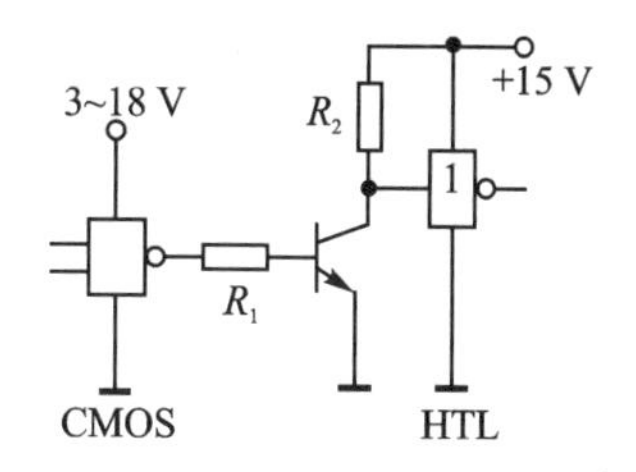

图 2-4-9　CMOS→HTL 转换

当 HTL 电路同各种 CMOS 电路互联时,必须遵照 CMOS 电路的使用方法和注意事项,除此以外,系统开始工作时一般必须先接通 CMOS 电路电源电压,然后接上 HTL 电源电压,断电则按相反顺序,否则可能导致 CMOS 电路损坏。

5. CMOS 与晶体管和运放的接口

(1) CMOS 与晶体管的接口

利用 CMOS 驱动晶体管,可以达到驱动较大负载的功能。如图 2-4-10 所示,由 R_1,R_2 提供晶体管 T_1 的导通电平,利用 T_2 实现电流放大,从而驱动负载 R_L 工作,R_L 可以是继电器、显示灯等器件。

图中 R_1 的取值可由

$$R_1 = \frac{V_{OH} - (V_{BE1} + V_{BE2})}{I_B + (V_{BE1} + V_{BE2})/R_2}$$

确定。式中,V_{OH} 为 CMOS 输出高电平,V_{BE1}、V_{BE2} 为晶体管 T_1、T_2 的 BE 极之间的正向压降,

其值通常可取0.7 V；R_2是为改善电路开关性能而引入的，其值一般取4～10 kΩ。

(2) CMOS与运放的接口

图2-4-11所示为CMOS与运放的接口电路，其中图(a)为运放与CMOS电路电源独立时的接口；图(b)为CMOS与运放使用同一电源时的接口电路。

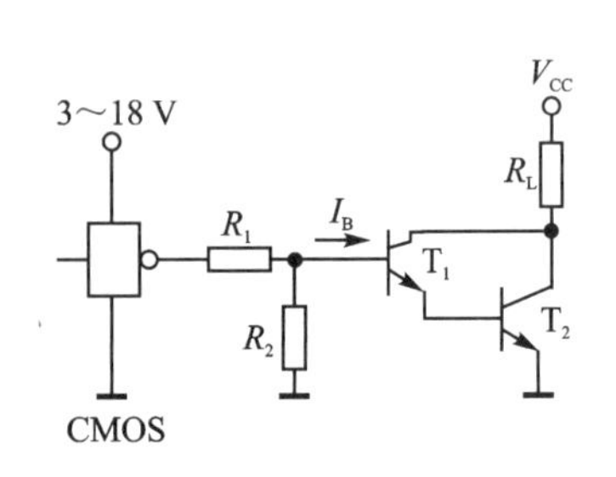

图2-4-10　CMOS与晶体管接口

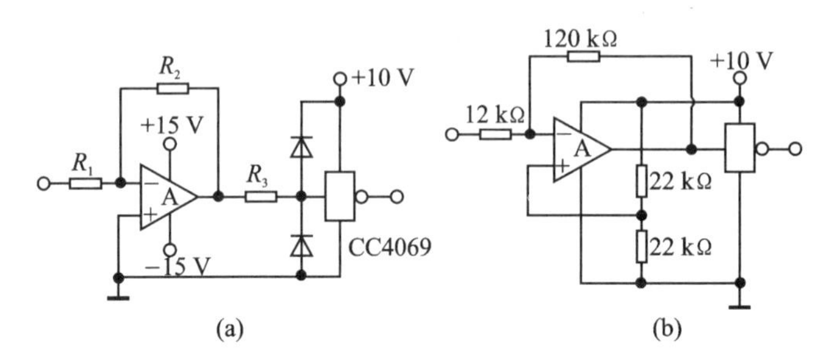

图2-4-11　CMOS与运放接口

思考题与习题

1. 模拟输入通道有哪几种类型？各有何特点？

2. 什么情况下需要设置低噪声前置放大器？为什么？

3. 图2-1-14(a)所示采集电路结构只适合于什么情况？为什么？

4. DFS-V数字地震仪属于集中采集式数据采集系统。2 ms采样、记录信号为48道时去混淆滤波器截止频率为125 Hz。为提高勘探分辨率欲将采样周期改为1 ms。试问：地震仪的信号道数和去混淆滤波器截止频率要不要改变？怎样改变？为什么？

5. 多路测试系统在什么情况下会出现串音干扰？怎样减少和消除？

6. 主放大器与前置放大器有什么区别？是否设置主放大器？设置哪种主放大器？依据是什么？

7. 模拟输出通道有哪几种基本结构？各有何特点？

8. 为什么模拟输出通道中要有零阶保持？怎样用电路实现？

9. 在控制系统中被控设备的驱动有哪两种方式？有何异同？

10. 在信号以电压形式传输的模拟电路中，前后两级电路之间，什么情况下须插接电压跟随器？什么情况下不需要？为什么？

11. 试述开关量输入/输出通道的基本组成。

12. 单元电路连接时要考虑哪些问题？

课件

讲稿笔记

习题解答

第3章　主机及其接口

3.1　主机电路

在微机化测控系统中，通常把CPU及与其相连的存储器和接口电路统称为主机电路，主机电路是微机化测控系统的核心。目前微机化测控系统采用的主机主要有个人计算机（PC）和单片机两种。

3.1.1　基于PC机的主机电路

PC是Personal Computer的缩写，因此，PC机又称个人计算机。目前个人计算机的应用已经十分普遍，其价格不断下降，因而基于个人计算机的个人仪器迅速发展起来。个人仪器的特点是使用灵活，应用广泛，并可以充分利用PC机的软硬件功能，如可以用阴极射线管（CRT）显示测量结果及绘制图形，利用计算机的磁盘存储测量数据和处理结果，利用打印机和绘图仪打印、绘制图形和文本资料，利用计算机的网络通信功能与其他设备交换数据。更重要的是，PC机强大的数据处理能力和内存容量将使测控系统的性能更上一层楼。另外，PC机的软件系统已成为仪器系统的重要组成部分，通过软件的更新可以方便地进行系统的升级换代。

基于PC机的测控系统可分为内插式、外接式和组合式三种。

1. 内插式

内插式测控系统构成如图3-1-1所示。它是将输入或输出接口电路制成印制板的插板形式，直接插入PC机主机箱内的扩展槽内，通过计算机的各种系统总线与CPU交换信息。来自测量电路的测量信号通过插板与计算机打交道，主机与控制电路系统之间也是通过插板进行联系。一方面，内插式测控系统的特点是构成简便，结构紧凑，成本低廉，可直接形成典型的个人仪器；另一方面，由于PC机的扩展槽数量有限，且显示卡、声卡、网卡、调制解调器等均会占用微型机扩展槽，因此，可用于输入/输出接口的扩展槽较少，灵活性较差。

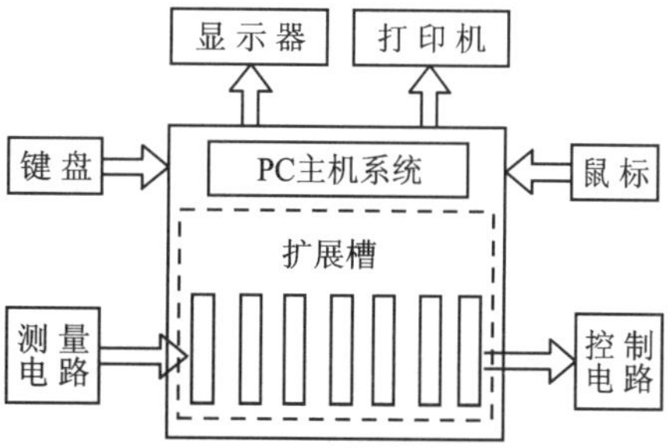

图3-1-1　内插式测控系统构成

由内插式主机构成的测控系统从外观上看与一般的个人计算机并无明显区别，操作者可以通过键盘和鼠标器向主机发出控制命令和进行各种操作。测量结果及控制状态等信息可通过计算机的显示器显示出来，并可利用计算机的硬盘存储测量及处理结果。

需要注意的是，一方面，在设计内插式测控系统时应留意可用的扩展槽的总线形式（ISA总线、VESA总线、PCI总线或AGP总线），以便正确设计接口电路的总线结构；另一方面，由于扩展槽上的接口板是由PC机的电源统一供电的，因此，在设计内插式接口电路板时应考虑

PC机电源容量的大小。

2. 外接式

外接式测控系统构成如图3-1-2所示,它是将输入接口与输出接口安装于PC机箱外部一个独立的专用电箱中,并通过外部总线(如RS-232C串行总线或IEEE-488并行总线)与PC机通信和传递数据。外接电箱可以独立供电,且不受PC机总线的限制,必要时可以有自己的微处理器和总线结构,其特点是灵活方便,适用于多通道、高速数据采集或满足一些特殊场合的测控要求。

在外接式测控系统中,外接电箱可以根据测控系统的不同功能或要求单独进行设计,也可以购置通用电箱和处理系统。而PC机既可以为本测控系统专用,也可以兼做它用,或同时管理多个测量仪器和相关设备,因而具有极大的灵活性。

3. 组合式

组合式系统是将内插式和外接式两种方式有机地结合起来,兼有两种方式的优点或特长。组合式测控系统的结构如图3-1-3所示,输入接口与输出接口安装于PC机箱外部一个独立的专用电箱中,同时在PC机内部扩展槽内也安装接口板,测量信号和控制信号通过外接电箱后,再经过接口板与计算机交换数据。组合式系统的特点是灵活方便,适用范围广,是一些特殊场合的最佳选择。

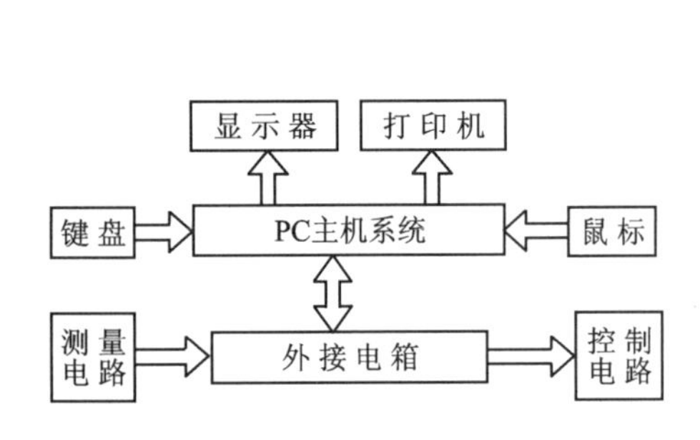

图3-1-2　外接式测控系统构成

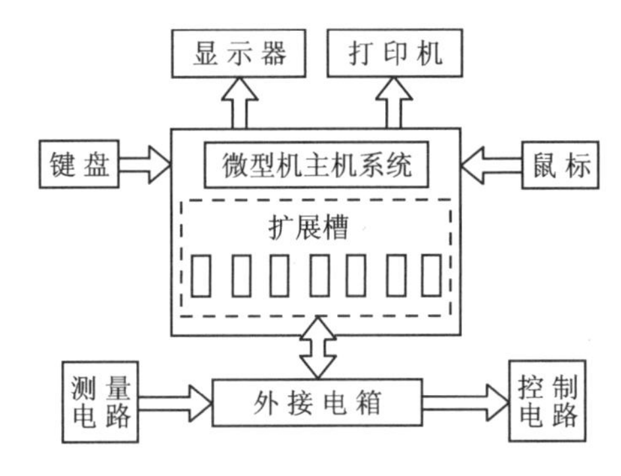

图3-1-3　组合式测控系统构成

值得注意的是,随着计算机硬件功能的逐渐完善和多样化,标准化插件的不断增多,电路系统模块化的进一步发展,基于微型计算机的测控系统的硬件系统将逐渐为软件系统所部分取代。这时,从计算机的角度来看,不同的测控系统只是区别于不同的软件系统,系统的更新和升级也主要是软件的更新和升级。

3.1.2　基于单片机的主机电路

单片机是指在一块芯片上集成了计算机的基本部件,包括中央处理器(CPU)、存储器(RAM/ROM)、输入/输出接口(I/O)、计数器/定时器以及其他有关部件。一块芯片就构成一台计算机。单片机一般具有以下特点:

① 可靠性高。芯片本身是按工业测控环境要求设计的,其工业抗干扰能力优于一般的通用CPU,且程序指令、系统常数均固化在ROM中,不易破坏;硬件集成度高,使系统整体可靠性大大提高。

② 易扩展。单片机内具有计算机正常运行所必需的部件,芯片外部有许多供扩展用的三总线及并行、串行I/O引脚,很容易构成各种规模的计算机应用系统。

③ 控制功能强。为满足工业控制要求，单片机的指令系统均有极为丰富的条件分支转移指令、I/O 端口的逻辑操作以及位处理功能。

④ 存储器容量小。受集成度限制，一般 ROM 为几千字节，RAM 仅有几百字节，经扩展后也只能达到几十千字节。

⑤ 体积小。由于单片机的高集成度，使得整个电路系统的体积有可能大幅度缩小，并可以形成便携式仪器，携带和使用非常方便。

⑥ 开发周期短、成本低。用单片机开发各类微机化产品，周期短、成本低，在计算机和仪器仪表一体化设计中有着一般微型机无法比拟的优势。

正因为如此，目前常见的微机化测控系统、特别是小型测控系统和便携式测控仪器大多采用单片机。单片机的品种繁多，性能各异，目前 8 位机是单片机的主流机型。目前我国国内使用的单片机主要是 Intel 公司生产的 MCS－51 系列单片机。因此，在学时有限的情况下，本书主要介绍基于 MCS－51 单片机的微机化测控系统。

1. MCS－51 单片机的结构和引脚

(1) 内部结构

MCS－51 系列单片机片内部结构如图 3－1－4 所示。它包含 1 个由运算器和控制逻辑组成的 CPU，1 个 128 B 的 RAM，21 个特殊功能寄存器，2 个优先级别的 5 个中断源，2 个 16 位定时器/计数器，1 个全双工异步串行端口，4 个 8 位并行 I/O 端口。MCS－51 系列有三种基本产品——8031(片内不含 ROM 或 EPROM)、8051(片内含 ROM)、8751(片内含 EPROM)，其中 8031 用得最多。

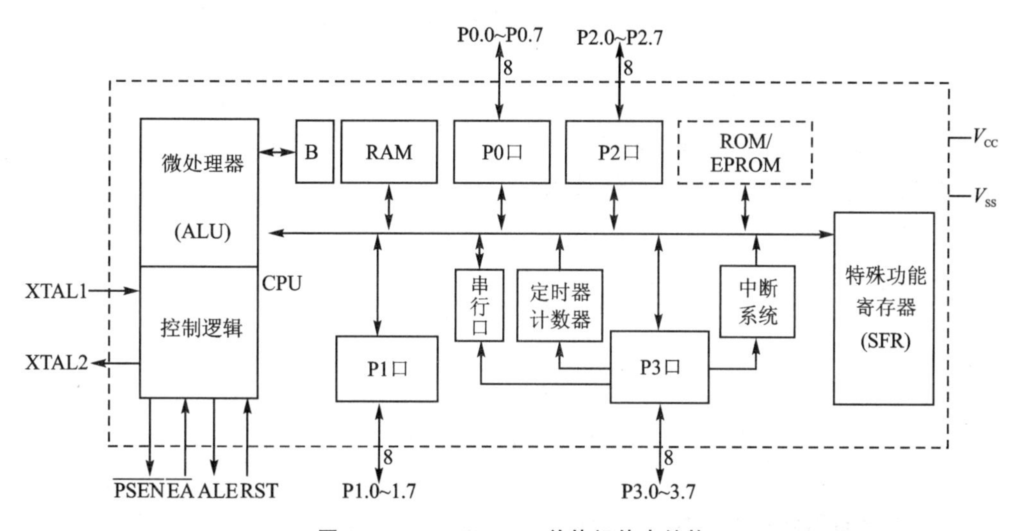

图 3－1－4　MCS－51 单片机片内结构

(2) 引脚及片外总线结构

MCS－51 单片机为 40 引脚芯片，如图 3－1－5 所示。各引脚功能如下：

① XTAL1、XTAL2：内部振荡电路的输入端和输出端，在这两端接上晶体和电容，内部振荡器便自激振荡。

② RST/VPD：复位输入端。＋5 V 电源通过 RC 微分电路接至复位端，可实现上电自动复电，也可采用按钮开关来复位。

③ $\overline{EA}$/VPP：内部和外部程序存储器选择端。

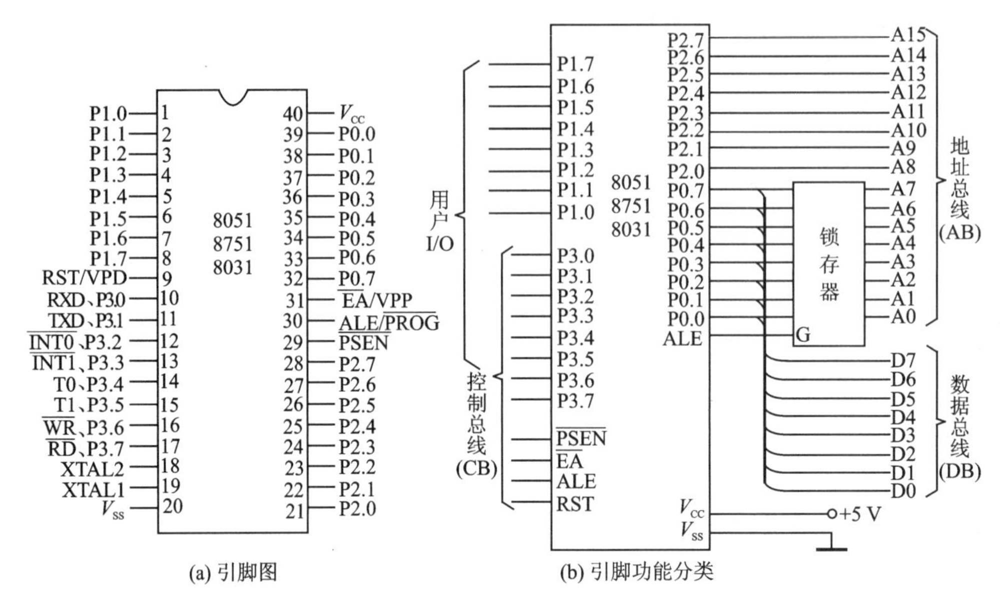

图 3-1-5 MCS-51 单片机引脚及总线结构

④ ALE：地址锁存信号输出端。在 ALE 为高电平时，单片机输出低位地址信号。

⑤ $\overline{\text{PSEN}}$：外部程序存储器读选通信号输出端。

⑥ P0、P1、P2、P3：4 个 8 位 I/O 端口线。

⑦ I/O 口线不能都用做用户 I/O 口线。除 8051/8751 外，真正可完全被用户使用的 I/O 口线只有 P1 口以及部分作为第一功能使用时的 P3 口。

⑧ P0 口可驱动 8 个 TTL 门电路；P1、P2、P3 口则只能驱动 4 个 TTL 门。

⑨ P3 口是双重功能口，其双重功能如图 3-1-5(a)所示。

单片机的引脚除了电源、复位、时钟接入及用户 I/O 口外，其余引脚都是为实现系统扩展而设置的。这些引脚构成了三总线形式，即：

① 地址总线(AB)。地址总线宽度为 16 位，因此，其外部存储器直接寻址范围为 64 KB。16 位地址总线由 P0 口经地址锁存器提供低 8 位地址(A0～A7)；P2 口直接提供高 8 位地址(A8～A15)。

② 数据总线(DB)。数据总线宽度为 8 位，由 P0 口提供。

③ 控制总线(CB)。由 P3 口的第二功能状态和 4 根独立控制线 RST、$\overline{\text{EA}}$、ALE、$\overline{\text{PSEN}}$ 组成。

2. 外接存储器和外接 I/O 接口

单片机内部虽已具有构成主机电路的微处理器、存储器和输入/输出接口，但其存储容量较小，ROM 只有 4 KB(8051、8751)，RAM 只有 128 B，在研制存储容量较大的微机化系统时需要加以扩展。对 8031 而言，其片内无 ROM，故必须外接 EPROM，这样 P0 和 P2 口就不能作为 I/O 端口使用了。P3 口往往用于控制功能，一般也不用做 I/O 端口。真正能用于 I/O 端口的只有 P1 口，在许多场合这是不够的。因此，在 MCS-51 单片机(尤其是 8031)作为主机电路时，通常需要外接存储器和接口电路。

(1) 外接存储器

8031 单片机外接存储器时，P2 口输出存储器地址的高 8 位，P0 口分时输出地址的低 8 位和传送指令字节或数据。P0 口先输出低 8 位地址信号，在 ALE 有效时将它锁存到外部地址锁存器中，然后 P0 口作为数据总线使用。地址锁存器通常采用 74LS373。常用的 RAM 有 6116(2 K×8)、6264(8 K×8)、62128(16 K×8)、62256(32 K×8)等，常用的 EPROM 有 2732(4 K×8)、2764(8 K×8)、27128(16 K×8)、27256(32 K×8)和 27512(64 K×8)等。

当 $\overline{PSEN}$ 有效时，ROM 的指令字节通过 P0 读入 CPU，RAM 的读写则由 $\overline{RD}$ 和 $\overline{WR}$ 控制。不同的控制信号使得 ROM 和 RAM 各自有独立的 64 KB 扩展空间。$\overline{RD}$ 和 $\overline{WR}$ 信号是由专门的外部 RAM 访问指令产生的，累加器 A 与外部 RAM 单元之间的数据传送可由下列两类指令序列实现：

```
(1) #include <reg51.h>
    #include <absacc.h>
    #include <intrins.h>
    #define W_DATA XBYTE[0x * * * *]          //定义 16 位地址
    #define uchar unsigned char
    uchar A;
    A = W_DATA;                               //读取地址指出的 RAM 单元内容
    W_DATA = A;                               //把数据写入地址指出的 RAM 单元

(2) #include <reg51.h>
    #include <absacc.h>
    #include <intrins.h>
    #define P2 XBYTE [0x * * 00]              //定义高 8 位地址
    #define Ri XBYTE [0x00 * * ]              //定义低 8 位地址
    #define uchar unsigned char
    uchar A;
    A = *P2 + *Ri;                            //读取单元内容
    uchar xdata *add, *add1, *add2;           //定义外部储存器指针
    add1 = &P2;
    add2 = &Ri;
    add = add1 + add2;
    *add = A;                                 //把数据写入 P2 和 Ri 指定的存储单元
```

(2) 外接 I/O 接口

I/O 接口可采用带锁存的三态缓冲器 74LS373、8212 或 8282，也可采用功能较强的可编程 I/O 接口芯片 8155、8255。8155 是 8031 系统中最常用的一个外围器件，它具有 256 B 的 RAM、二个 8 位并行口、一个 6 位并行口和一个 14 位的计数器。

3. 基于 8031 的主机电路实例

由 8031 加接其他芯片构成的一种主机电路如图 3-1-6 所示。由图可见，8031 扩展了 1 片 2764，2 片 6116 和 1 片 8155。其中，6116 也可用 E^2ROM 2816(引脚和 6116 相同)代换，以防止掉电时数据丢失。

8031 的 P0 口输出的低位地址信号，经 74LS373 锁存送至各存储器的 A0～A7；P2 输出的高位地址信号 P2.0～P2.4 和 P2.0～P2.2 分别送至 2764 的 A8～A12 和 6116-1 和-2 的 A8～A10。P2.7、P2.3 和 P2.7、$\overline{P2.3}$ 经或非门输出的信号 $\overline{P2.7 \cdot P2.3}$ 及 $\overline{P2.7 \cdot \overline{P2.3}}$ 分别

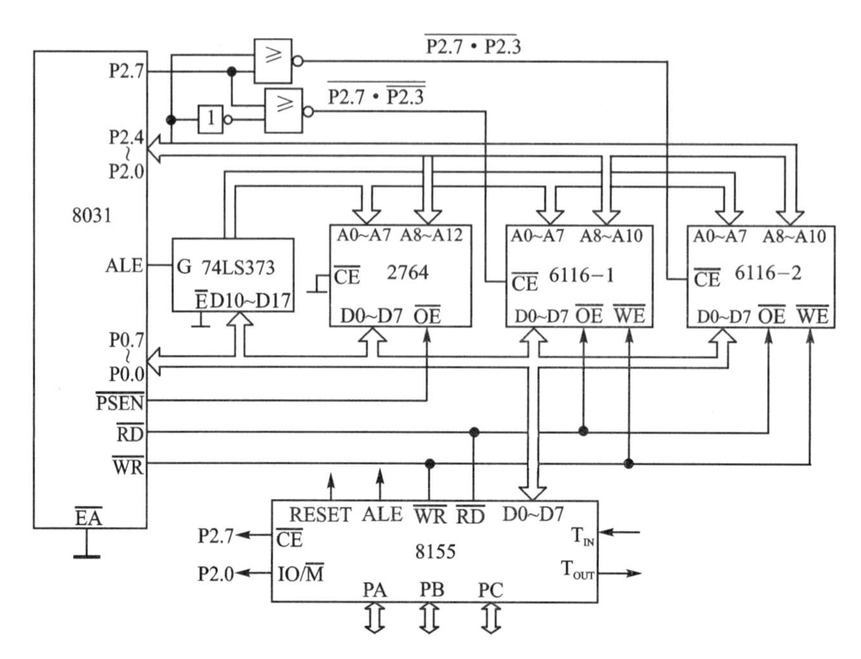

图 3-1-6　由 8031 等构成的主机电路

作为 6116(2)和 6116(1)的选片信号 $\overline{CE}$。8155 的 $AD_0 \sim AD_7$ 直接连至 8031 的 P0 口，而 $\overline{CE}$ 和 $IO/\overline{M}$ 则分别与 P2.7 和 P2.0 相连。存储器和 8155 的控制信号线分别与 8031 的相应端连接，从而可实现各器件的读写操作。

3.2　输入通道接口

3.2.1　并行 A/D 接口

各种型号的 A/D 转换器芯片均设有数据输出、启动转换、转换结束和控制等引脚。MCS-51 单片微机配置 A/D 转换器的硬件逻辑设计，就是要处理好上述引脚与 MCS-51 主机的硬件连接。A/D 转换器的某些产品注明能直接和 CPU 配接，这是指 A/D 转换器的输出线可直接接到 CPU 的数据总线上，说明该转换器的输出数据寄存器具有可控的三态输出功能。转换结束后，CPU 可用输入指令读入数据。一般 8 位 A/D 转换器均属此类。而 10 位以上的 A/D 转换器，为了能和 8 位字长的 CPU 直接配接，输出数据寄存器增加了读数控制逻辑电路，把 10 位以上的数据分时读出。对于内部不包含读数据控制逻辑电路的 A/D 转换器，在和 8 位字长的 CPU 相连接时，应增设三态门对转换后数据进行锁存，以便控制 10 位以上的数据分二次进行读取。

A/D 转换器需要外部控制启动转换信号后才能进行转换，这一启动转换信号可由 CPU 提供。不同型号的 A/D 转换器对启动转换信号的要求也不同，有脉冲启动和电平控制启动两种。脉冲启动转换只需要在 A/D 转换器的启动控制转换的输入引脚上加一个符合要求的脉冲信号，即可启动 A/D 转换器进行转换。例如，ADC0804、ADC0809、ADC1210 等均属此列。电平控制转换的 A/D 转换器，当把符合要求的电平加到控制转换输入引脚上时，立即开始转换。此电平应保持在转换的全过程中，否则将会中止转换的进行。因此，该电平一般需要由

D 触发器锁存供给。例如,AD570、AD571、AD574 等均是如此。

转换结束信号的处理方法是,由 A/D 转换器内部转换结束信号触发器复位,并输出转换结束标志电平,以通知主机读取转换结果的数字量。主机从 A/D 转换器读取转换结果数据的联络方式,可以是中断、查询或定时三种方式。这三种方式的选择往往取决于 A/D 转换的速度和应用系统总体设计要求以及程序的安排。

在 A/D 转换器前接有 S/H 时,还要考虑两者的时序配合问题,如图 2-1-15(b)所示。A/D 转换器的启动脉冲应在 S/H 的开关断开后发出,启动脉冲宽度应大于 S/H 的孔径时间,以保证 S/H 的输出达到稳定状态后才进行 A/D 转换。

1. ADC0809 并行 A/D 芯片

ADC0809 是典型的 8 位 8 通道逐次比较式 A/D 转换器,具有锁存控制的 8 路输入模拟开关,可锁存三态输出。转换速度取决于芯片外接的时钟频率,时钟频率范围为 10～1 280 kHz,典型时钟频率值为 500 kHz,转换时间约为 100 μs。

ADC0809 的内部结构如图 3-2-1 所示。图中多路开关可选通 8 个模拟通道,允许 8 路模拟量分时输入,共用一个 A/D 转换器进行转换。8 位 A/D 转换器是逐次比较式。输出锁存器为三态缓冲输出形式,可以和单片机的数据输入线直接相连,用于存放和输出转换得到的数字量。

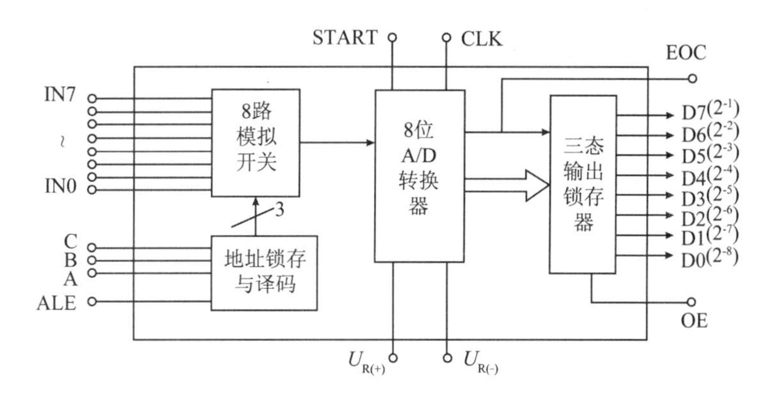

图 3-2-1 ADC0809 的内部结构

IN7～IN0 为 8 路模拟量输入端。A、B、C 为地址输入端,ALE 为地址锁存允许信号输入端,此引脚输入一个正脉冲时,A、B、C 地址状态送入地址锁存器中并进行译码,选通相应的模拟输入通道。

CLK 为时钟信号输入端。START 为 A/D 转换启动控制信号输入端。输入一个正脉冲时,上升沿复位(清“0”)内部逐次比较寄存器;下降沿时开始 A/D 转换,在 A/D 转换期间,此引脚应保持低电平。

EOC 为 A/D 转换结束信号输出端。EOC=0,正在转换;EOC=1,转换结束。EOC 既可作为查询的状态标志,又可作为中断请求信号使用。

OE 为输出允许控制端,用于控制三态输出锁存器向单片机输出转换得到的数据。OE=0,输出数据线呈高阻态(断开);OE=1,输出转换得到的数据(接通)。

$U_{R(+)}$、$U_{R(-)}$为参考基准电源的正负输入端,参考电压用来与输入的模拟信号进行比较以逐位确定 A/D 转换结果 D7～D0。D7 为最高位 2^{-1} 位,D0 为最低位 2^{-8} 位。输入模拟电压 U_x 转换成输出数码 D7～D0 的转换公式为

$$\frac{U_x - U_{R(-)}}{U_{R(+)} - U_{R(-)}} = \sum_{i=0}^{7} (D_i \times 2^{i-8}) \tag{3-2-1}$$

当 $U_{R(+)}$ 接 +5 V，$U_{R(-)}$ 接地(即 0 V)时，ADC0809 只能输入 0～+5 V 的单极性电压，其转换公式为

$$U_x = 5 \times \sum_{i=0}^{7} (D_i \times 2^{i-8}) \tag{3-2-2}$$

输入模拟电压 U_x(V)的转换输出二进制数码 D7～D0 对应的十进制数 N 为

$$N = \frac{U_x}{5} \times 2^8 = \sum_{i=0}^{7} (D_i \times 2^i) \tag{3-2-3}$$

例如，输入模拟电压 $U_x = 0$ V 的转换结果为二进制数码 00000000(即十进制数 0)，$U_x = 5$ V 的转换结果为二进制数码 11111111(即十进制数 255)。

2. ADC0809 与 8031 的接口

ADC0809 与单片机 8031 的接口如图 3-2-2(等待延时方式)和图 3-2-3(查询方式或中断方式)所示。

ADC0809 的时钟频率范围要求在 10～1 280 kHz，8031 单片机的 ALE 脚的频率是单片机时钟频率的 1/6。如果单片机时钟频率采用 6 MHz，则图 3-2-2 和图 3-2-3 中的 ADC0809 输入时钟频率分别为 500 kHz 和 1 000 kHz，均符合要求。当 CLK=640 kHz 时，ADC0809 的转换时间为 100 μs，因此若采取等待延时方式，延时时间须大于 ADC0809 完成 A/D 转换所需的时间——100 μs，即发生启动脉冲后至少延时 100 μs 才可读取 A/D 转换数据。

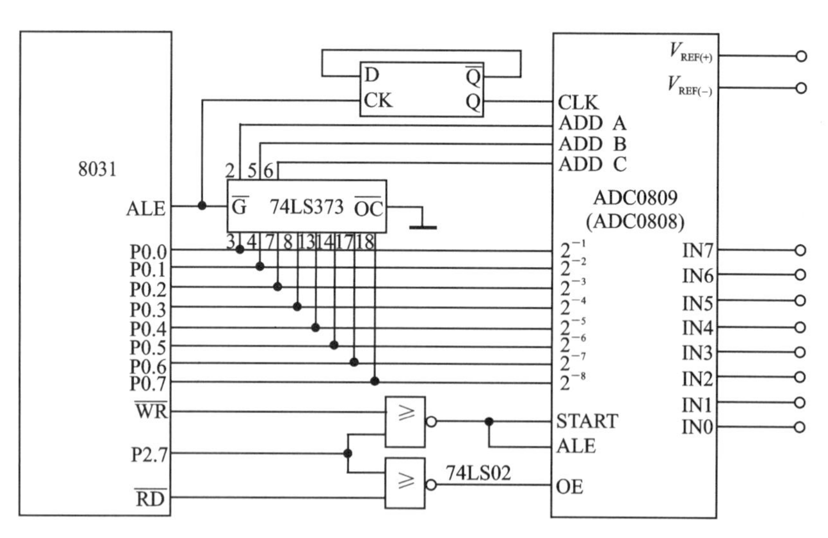

图 3-2-2　ADC0809 的等待延时方式接口

由于 ADC0809 具有输出三态锁存器，故其 8 位数据输出引脚可直接与数据总线相连。地址译码引脚 A、B、C 分别与地址总线的低三位 A0、A1、A2 相连，以选通 IN0～IN7 中的一个通道。将 P2.7(或 2.3)作为片选信号，在启动 A/D 转换时，由单片机的写信号 $\overline{WR}$ 和 P2.7(或 P2.3)控制 ADC 的地址锁存和转换启动。由于 ALE 与 START 连在一起，因此 ADC0809 在锁存通道地址的同时也启动转换。在读取转换结果时，用单片机的读信号 $\overline{RD}$ 和 P2.7(或 P2.3)引脚经一级或非门后产生的正脉冲作为 OE 信号，用以打开三态输出锁存器。

(1) 等待延时方式

采用图3-2-2所示的等待延时方式,分别对8路模拟信号轮流采样一次,并依次把A/D转换结果转存到数据存储区的程序如下:

```
#include <reg51.h>
#include <absacc.h>
#include <intrins.h>
#define uint unsigned int
#define uchar unsigned char
#define ADC 0x7FF8                    //定义 ADC0809 端口地址
uchar AD_DATA[8];
void delay1s();
void AD();                            //AD 转换函数声明
void main(void)
{
    AD();                             //调用 AD 转换函数
}
void AD()
{
    uchar N = 0;                      //P2.7 = 0,且指向通道 0
    for(N = 0;N<8;N++)                //8 个通道全采样完了吗?若没有完则继续
    {
        XBYTE[ADC] = N;               //启动 ADC0809 的第 0 通道
        delay1s();                    //延迟
        AD_DATA[N] = XBYTE[ADC];      //读取转换结果,并存储
    }
}
void delay1s()                        //延时 1s 子程序。具体时间视情况而定
{
    uint i,j;
    for(i = 1000;i>0;i--)
        for(j = 110;j>0;j--);
}
```

(2) 中断方式

假设在某一个控制系统中,采用图3-2-3所示电路和中断方式巡回检测一遍8路模拟量输入,将转换后的数据依次存放在片内RAM的30H~37H单元中。完成上述任务的软件程序由两部分组成,即主程序和外部中断服务程序。

① 主程序:对外部中断1进行初始化;控制8个通道模拟输入量的转换。

② 外部中断服务程序(ADC转换结束后申请中断):完成A/D转换结果的读取和存放。

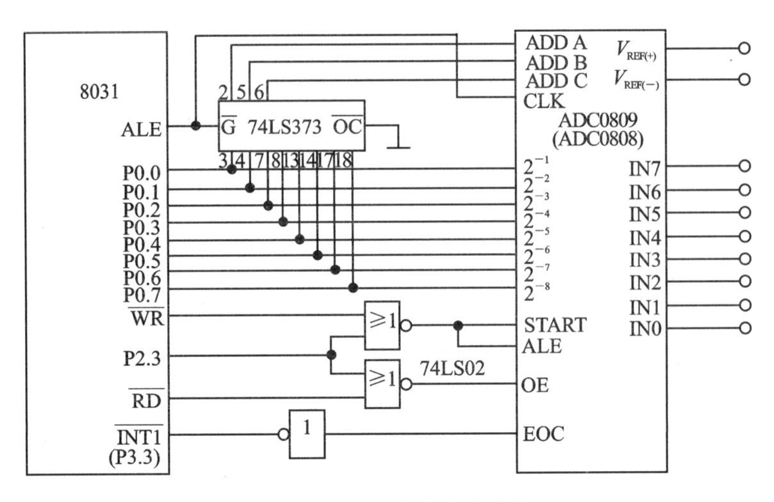

图 3-2-3　中断或查询方式接口

程序如下：

```
#include <reg51.h>
#include <absacc.h>
#define uint unsigned int
#define uchar unsigned char
#define ADC 0XF7F8                              //定义 ADC 端口地址
uchar AD_DATA[8];
uchar i = 0;
void main(void)
{
    IT1 = 1;                                    //选脉冲触发方式
    EX1 = 1;                                    //外部中断 1
    EA = 1;                                     //开中断
    XBYTE[ADC] = i;                             //启动 A/D 转换(P2.3 = 0 有效)
}
int1() interrupt 2 using 1                      //中断
{
    AD_DATA[i] = XBYTE[ADC];                    //存储数据
    i++;                                        //通道号加 1
    XBYTE[ADC] = i;
    if(i == 8)                                  //判断 8 通道是否转换完
    {
        i = 0;
        XBYTE[ADC] = i;
    }
}
```

(3) 查询方式

以下是以图 3-2-3 所示的查询方式，对 IN3 通道模拟输入采样 10 次，转换结果转存到从 0000H 单元起的数据存储器中的程序。

```
#include <reg51.h>
#include <absacc.h>
#define uint unsigned int
#define uchar unsigned char
uint ADC = 0xF7FB;                          //定义 ADC0809 通道 0 地址
uchar AD_DATA[8];
uchar Sample[10];                           //定义样本组
uchar j;
void delay1s();
void ADCread();
void main(void)
{
    XBYTE[ADC] = 0x00;                      //启动 ADC0809 的第 0 通道
    for(j = 0;j<10;j ++ )                   //循环 10 次
    {
        ADCread();                          //调用
        delay1s();
        if(INT1 == 0)    break;             //转换是否完成
        Sample[j] = AD_DATA[3];             //存储第 3 通道的转换结果
    }
}
void ADCread()
{
    uchar i;
    AD_DATA[i] = XBYTE[ADC];                //读数据
    i ++ ;ADC ++ ;                          //通道和地址加 1
    XBYTE[ADC] = i;
    if(i == 8)                              //转换完了,继续转换
    {
        i = 0;
        XBYTE[ADC] = i;
    }
}
void delay1s()                              //延时 1s 子程序。具体时间视情况而定
{
    uint i,j;
    for(i = 1000;i>0;i -- )
        for(j = 110;j>0;j -- );
}
```

3. MC14433 与 8031 接口

MC14433 是一个 $3\frac{1}{2}$ 位(即最大输出数字为 999)BCD 码双积分 A/D 芯片,其分辨率相当于二进制 11 位,转换速率为 3～10 次/s,转换误差为±1LSB,输入阻抗大于 100 MΩ。该芯片的模拟输入电压范围为 0～±1.999 V 或 0～±1999 mV。片内提供时钟发生电路,使用时

外接一只电阻;也可采用外部输入时钟,外接晶体振荡电路。片内的输出锁存器用来存放转换结果,经多路开关输出多路选通脉冲信号 DS1～DS4 及 BCD 码数据 Q0～Q3。

MC14433 与 8031 的接口电路如图 3-2-4 所示。转换器输出端连至 8031 的 P1 口,EOC 反相后,作为 8031 的中断申请信号送至 $\overline{\text{INT1}}$ 端。设转换结果存入缓冲器 20H、21H,格式为

20H	符号	××	千位	百　位
21H	十　位			个　位

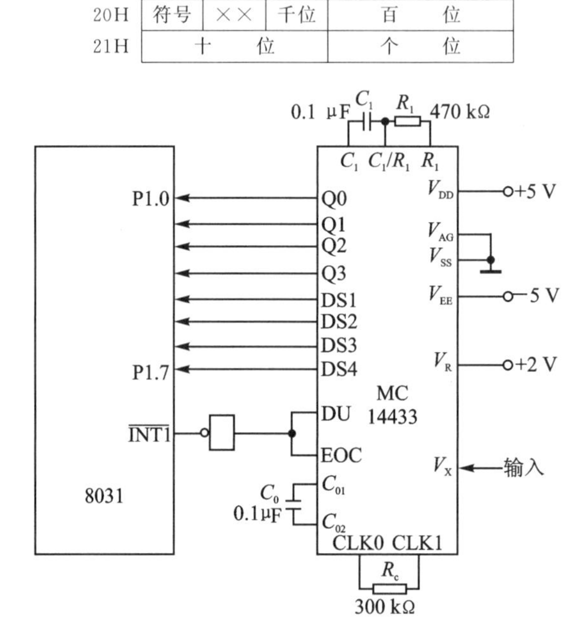

图 3-2-4　MC14433 与 8031 的接口电路

初始化程序(INIT)和中断服务程序(AINT)如下:

```
#include <reg51.h>
#include <intrins.h>
#define uchar unsigned char
void INIT();
void AINT();
void AER();
void AI1();
void AI2();
void AI3();
void AI4();
void AI5();
void AI6();
void AER();
sbit ACC_0 = ACC^0;
sbit ACC_2 = ACC^2;
sbit ACC_3 = ACC^3;
sbit ACC_4 = ACC^4;
sbit ACC_5 = ACC^5;
```

```
sbit ACC_6 = ACC^6;
sbit ACC_7 = ACC^7;                          //位定义
uchar b[] = {0x04,0x07,0x10};
void INIT()                                  //中断
{
    uchar a;
    IT1 = 1;                                 //设触发方式
    EA = 1;                                  //开中断
    EX1 = 1;                                 //允许外部中断 1
        ⋮
}
void AINT()
{
uchar a;
    a = P1;                                  //读 P1
    if(ACC_4 == 0)                           //判 DS1
    {
        AINT();
    }
    if(ACC_0 == 1)                           //被测电压在量程之外,转 AER
    {
        AER();
    }
    if(ACC_2 == 1)                           //极性为正,转 AI1
    {
        AI1();
    }
    b[2] = 1;                                //极性为负,10 单元置 1
    AI2();
}
void AI1()
{
    b[2] = 0;
}
void AI2()
{
    if(ACC_3 == 0)                           //千位为 0,转 AI3
    {
        AI3();
    }
    b[1] = 1;                                //千位为 1,07 单元置 1
    AI4();
}
void AI3()
{
```

```
    b[1] = 0;
}
void AI4()
{
    uchar a, R0, c, d;
    a = P1;
    if(ACC_5 == 0)                          //判 DS2
    {
        AI4();
    }
    R0 = 0x20;
    c = R0&0x0F;                            //百位数和 20 单元的 0-3 位交换
    d = a&0xF0;
    a = c&d;
}
void AI5()
{
    uchar a, e, R0, up, low;
    a = P1;
    if(ACC_6 == 0)                          //判 DS3
    {
        AI5();
    }
    e = a;
    up = a<<4;                              //十位数和 21 单元 4-7 位交换
    low = a>>4;
    R0 ++ ;
    R0 = a;
}
void AI6()
{
    uchar a, c, d, R0;
    a = P1;
    if(ACC_7 == 0)                          //判 DS4
    {
        AI6();
    }
    c = R0&0x0F;                            //个位数和 21 单元 0-3 位交换
    d = a&0xF0;
    a = c&d;
    return;
}
void AER()                                  //置量程错误标志
{
    b[2] = 1;
    return;
}
```

3.2.2 串行 A/D 接口

近年来，串行输出的 A/D 芯片由于占用单片机的 I/O 口线少，越来越多地被采用。串行 A/D 与并行 A/D 的模数转换原理相同，只不过串行 A/D 是在并行 A/D 之后加接了一个并/串转换电路，用以将并行的转换数据变成串行数据输出。下面仅以 TLC1549 为例说明串行 A/D 接口方法和编程。

1. TLC1549 串行 A/D 芯片

TLC1549 是 TI 公司生产的开关电容结构的逐次比较型单通道 A/D 转换器，其内部结构框图如图 3-2-5 所示。由图可见，采样保持器对从引脚 2 输入的模拟电压进行周期性采样，并保持该采样电压供 A/D 转换器转换成 10 位数据，10 位 A/D 转换数据并行缓存到输出数据寄存器后，再经 10 到 1 的并/串转换，由 10 位并行数据变成 10 位串行数据，从引脚 6 一位一位地移出。采样周期和转换速率由引脚 7 接入的时钟 CLOCK 决定。

2. TLC1549 与 89C51 接口

TLC1549 与 89C51 的 SPI 接口电路如图 3-2-6 所示。将 89C51 的 P3.0 和 P3.1 分别用作 TLC1549 的片选端和时钟端，TLC1549 的 DATAOUT 端输出的串行数据（A/D 转换结果）由单片机的 P3.2 读入。V_{CC} 与 $U_{R(+)}$ 接 +5 V，$U_{R(-)}$ 接地，故模拟输入电压为 0～5 V。

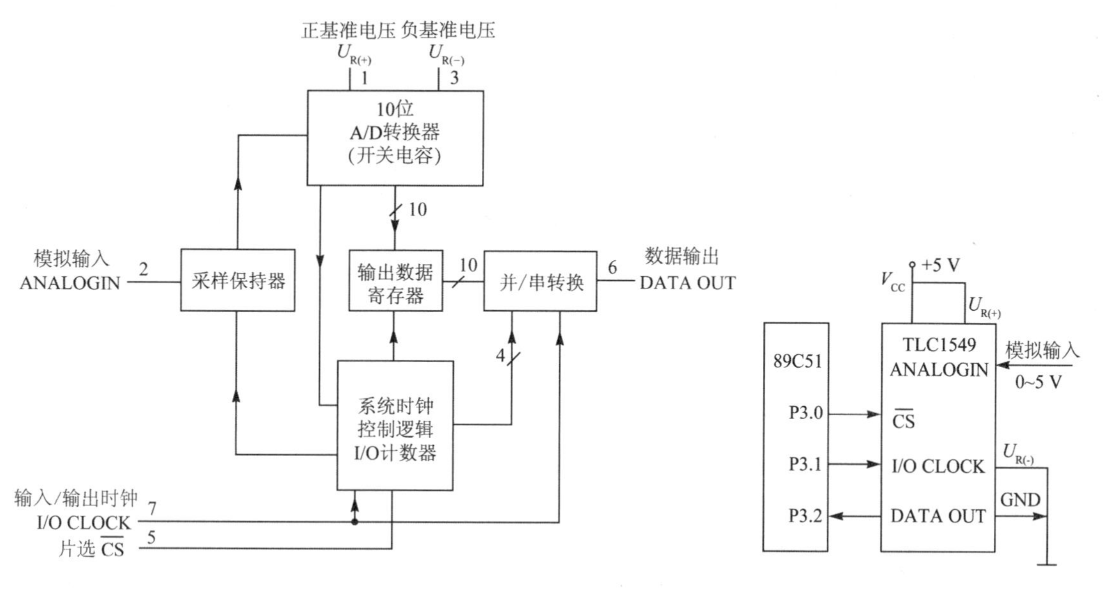

图 3-2-5 TLC1549 内部结构框图　　图 3-2-6 TLC1549 与 89C51 接口

3. TLC1549A/D 转换和读数程序

TLC1549A/D 转换和读数程序如下：

```
#include <reg51.h>
#include <intrins.h>
#define uint unsigned int
#define uchar unsigned char
sbit CS = P3^0;
```

```
sbit SCLK = P3^1;
sbit DOUT = P3^2;
uchar i;
void TLC1549()
{
    uint Data;
    Data<< = 6;                                //数据左移6位
    Data = 0; CS = 0;                          //片选有效
    for(i = 0;i<10;i ++ )                      //10位数转换
    {
        SCLK = 1;
        Data<< = 1;                            //左移1位
        if(DOUT)  Data| = 0x0001;              //P3.2 = 1时,转换
        SCLK = 0;
    }
    CS = 1;                                    //片选无效
}
void main()
{
    while(1)
    {
        TLC1549();
        for(i = 0;i<200;i ++ );                //延迟
        _nop_();
    }
}
```

3.2.3 VFC 接口

目前,A/D转换技术得到了广泛应用,特别是利用A/D转换技术制成的各种测量仪器因其使用灵活、操作简便、体积小、质量轻、便于携带、测量结果准确等特点而普遍受到欢迎。但在某些要求数据长距离传输,精度要求高,资金有限的场合,采用一般的A/D转换技术就有许多不便,这时可使用V/F转换器来代替A/D器件。

V/F转换器是把电压信号转变成频率信号的器件,具有良好的精度、线性和积分输入特点。此外,它的应用电路简单,对外围元件性能要求不高,对环境适应能力强,转换速度不低于一般的双积分型A/D器件,且价格较低,因此在一些非快速A/D过程中,V/F转换技术倍受青睐。

V/F转换器与计算机接口有以下特点:

① 接口简单,占用计算机硬件资源少。频率信号可输入微型机的任一根I/O线或作为中断源及计数输入。

② 抗干扰性能好。V/F转换本身是一个积分过程,且用V/F转换器实现A/D转换,就是频率计数过程,相当于在计数时间内对频率信号进行积分,因而有较强的抗干扰能力。另外可采用光电耦合器连接V/F转换器与计算机之间的通道,实现光电隔离。

③ 便于远距离传输。可通过调制进行无线传输或光传输。

由于以上这些特点，V/F 转换器适用于一些非快速而须进行远距离信号传输的 A/D 转换过程。另外，还可以简化电路，降低成本，提高性价比。

V/F 转换器与 8031 单片机接口电路如图 3-2-7 所示。为将 VFC 输出的频率 $f_x = SV_x$（S 为频率电压转换系数）转换成相应的数字 N_x，外部脉冲 f_x 从 8031 的 T1(P3.5)脚引入，8031 片内 T0 置为定时方式，T1 置为计数方式，分别如图 3-2-8(a)和(b)所示。

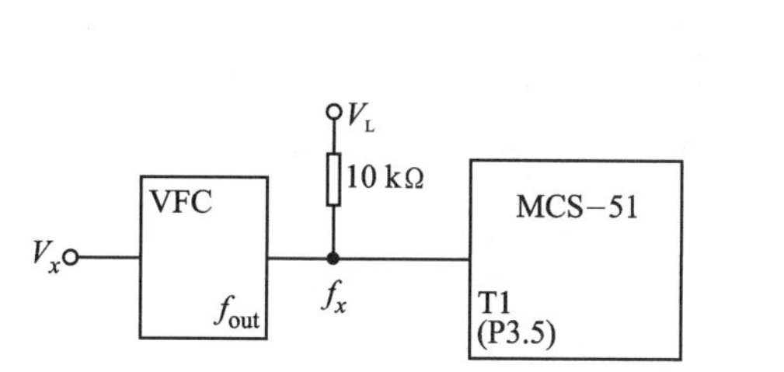

图 3-2-7　VFC 转换器与 8031 单片机接口电路

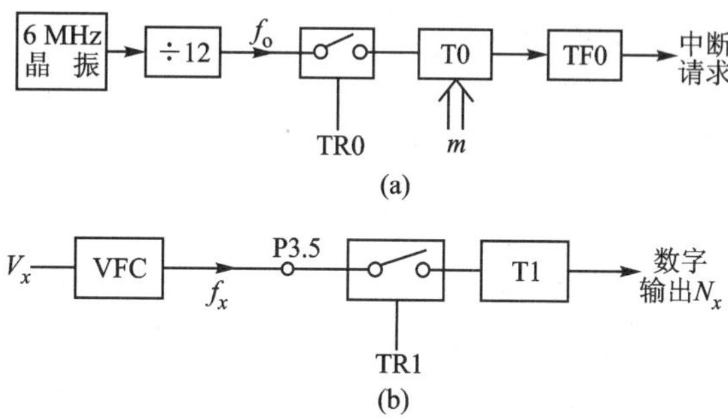

图 3-2-8　电压-频率-数字转换原理

开始时，将 TR0 与 TR1 置 1，使 T0 和 T1 分别对基准频率 f_0(0.5 MHz)和被测频率 f_x 进行计数。当 T0 从预置数 m 计数到溢出(即 2^{16})时申请中断，CPU 响应中断，将 TR1 置“0”并将 T1 中的计数值读出，读出值 N_x 与被测电压 V_x 的关系为

$$N_x = \frac{2^{16} - m}{f_0} SV_x \tag{3-2-4}$$

例如，取 m=15 536(即 3CB0H)，转换结果存放在 20H、21H，其转换程序如下：

```
#include <reg51.h>
#define uint unsigned int
#define uchar unsigned char
void main()
{
    TMOD = 0x51;                    //设置工作方式
    TH0 = 15536/256;                //设置 T0 初值
    TL0 = 15536 % 256;
    TH1 = 0;                        //设置 T1 初值
    TL1 = 0;
    TR0 = 1;                        //启动 T0
    TR1 = 1;                        //启动 T1
    EA = 1;                         //开中断
    ET0 = 1;                        //允许 T0 中断
    while(1);
}
void T0_time() interrupt 1
{
    uchar data *p = 0x20;           //定义内部数据的指针,指向内部地址 20H 单元
```

```
    TR1 = 0;                          //T1 停止计数
     * p = TL1;                       //TL1 计数值送 20H 单元
    p++ ;
     * p = TH1;                       //TH1 计数值送 21H 单元
    TL1 = 0;                          //重置 T1 初值
    TH1 = 0;
    TH0 = 15536/256;                  //重置 T0 初值
    TL0 = 15536 % 256;
    TR1 = 1;                          //启动 T1
}
```

在一些电源干扰大、模拟电路部分容易对单片机产生电气干扰等比较恶劣的环境中,为减少干扰可采用光电隔离的方法使 V/F 转换器与单片机无电路联系。电路如图 3-2-9 所示。

当 V/F 转换器与单片机之间的距离较远时需要采用线路驱动以提高传输能力。一般可采用串行通信的驱动器和接收器来实现。例如使用 RS-422 的驱动器和接收器时,允许最大传输距离为 1 200 m,如图 3-2-10 所示。图中 SN75174/75175 是 RS-422 标准的四差分线路驱动/接收器。

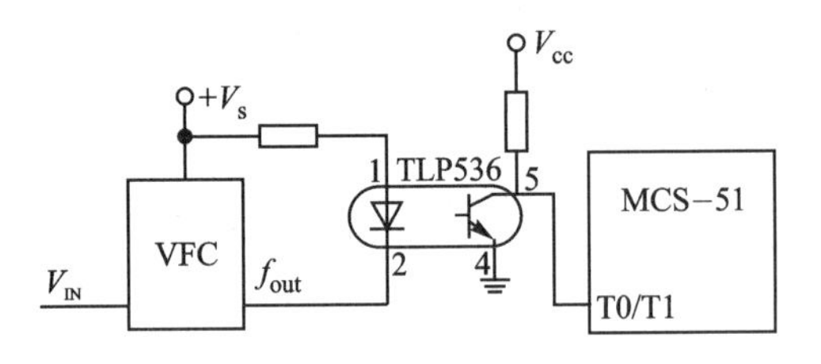

图 3-2-9 使用光电隔离器减少干扰

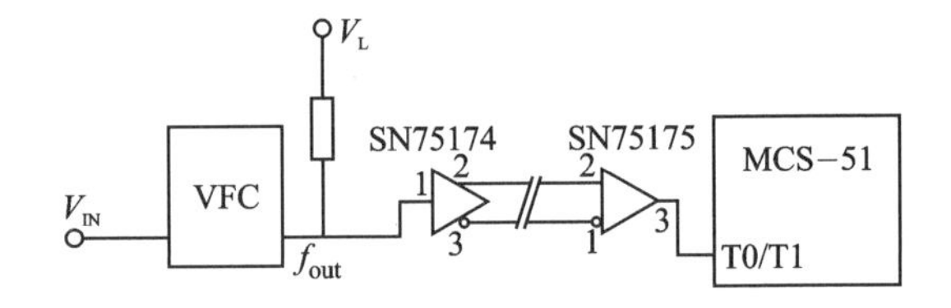

图 3-2-10 使用串行通信器件增大传输距离

3.3 输出通道接口

3.3.1 并行 D/A 接口

1. 无输入锁存的 DAC 与微型机接口

内部无输入锁存的 DAC 不能和微型机的数据总线直接相连,必须外接锁存器(如 74LS273,74LS373 等)来保存微机输出给 D/A 的待转换数据。如果 DAC 的位数与微型机数据总线的位数相同,那就只需一个位数与数据总线位数相同的锁存器配以相应的译码选通电路就行。如果 DAC 的位数多于微型机数据总线的位数,那就须采用两级锁存器,如图 3-3-1 所示。图中 AD7520 是无输入锁存的 10 位 DAC,而 8031 单片机数据总线只有 8 位。8031 单片机先把高 2 位数据输出到 74LS74(1),接着把低 8 位数据输出到 74LS377,与此同时,74LS377 的片选信号也作为 74LS74(2)的时钟脉冲,把 74LS74(1)的高 2 位数据打入 74LS74(2)中,从而使一个完整的 10 位数据同时到达 AD7520 的 10 位数据输入端,转换成相应的模拟输出电压。图中 74LS74(1)的口地址为 BFFFH,74LS74(2)和 74LS377 的口地址均为 7FFFH,D/A 转换的子程序如下:

```
    #include <reg51.h>
    #include <intrins.h>
    #include <absacc.h>
    #define 74LS74_1 XBYTE[0xBFFF];            //指向 74LS74(1)的口地址
    #define 74LS74_2 XBYTE[0x7FFF];            //指向 74LS74(2)与 74LS377 的口地址
    #define uchar unsigned char
unsigned char * add1, * add2, A1, A2;
void main()
{
    A1 = 0x * * ;                                //数据低 8 位
    A2 = 0x * * ;                                //数据高 2 位
    while(1)
    {
        add1 = & 74LS74_1;
        add2 = & 74LS74_2
* add1 = A1;                                     //将数据送入 74LS74_1
* add2 = A2;                                     //将数据送入 74LS74_2,并完成转换
    }
}
```

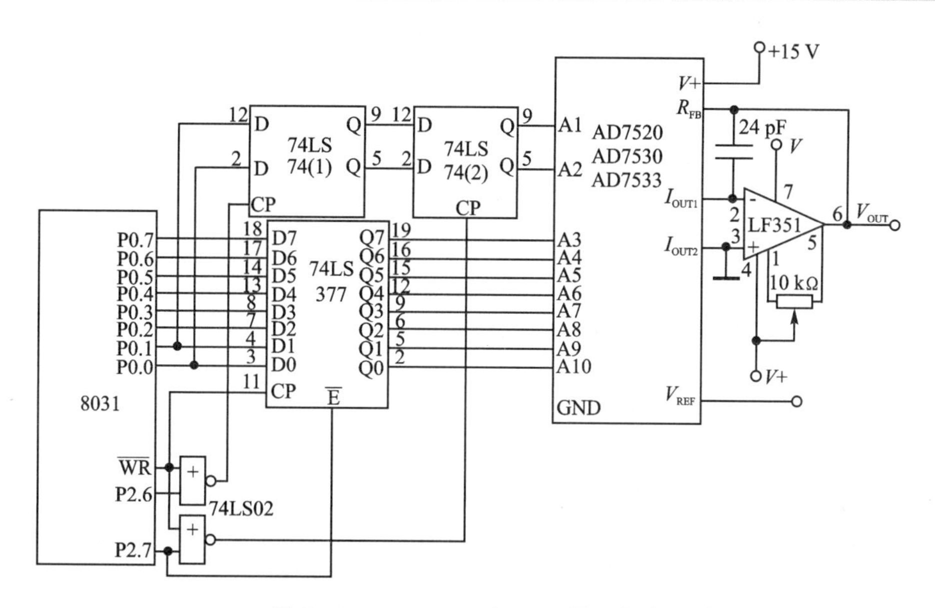

图 3-3-1　AD7520 与 8031 接口电路

2. 有输入锁存的 DAC 与微机的接口

(1) 单缓冲方式接口

有些集成 D/A 芯片(如 AD558、AD7524 等)内部只有一级数据锁存器。有些集成 D/A 芯片(如 DAC0832)内部有两级数据锁存器(见图 3-3-2),但可以以单缓冲器方式工作。在这两种情况下,如果 D/A 位数与微型机数据总线位数相同,则 D/A 转换器的数据输入端可直接连接到微型机的数据总线上,而不需要外接锁存器或其他接口器件,如图 3-3-3 所示。如果 DAC 位数多于数据总线的位数时,那就要像图 3-3-1 那样增加一个高位数据的锁存器

74LS74(1),此时DAC内部的锁存器相当于图3-3-1中的74LS377和74LS74(2)。

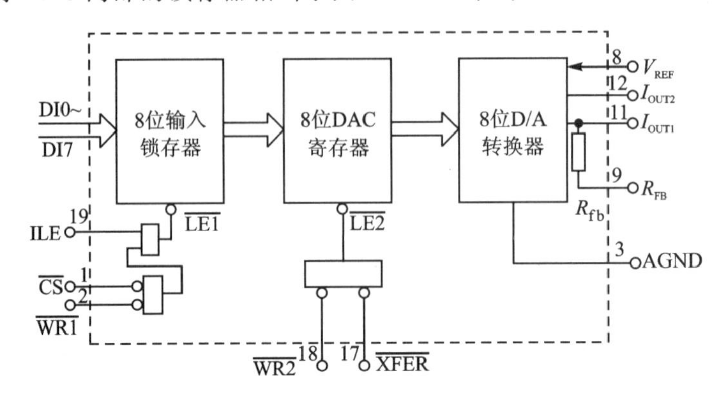

图3-3-2　DAC0832的结构与引脚

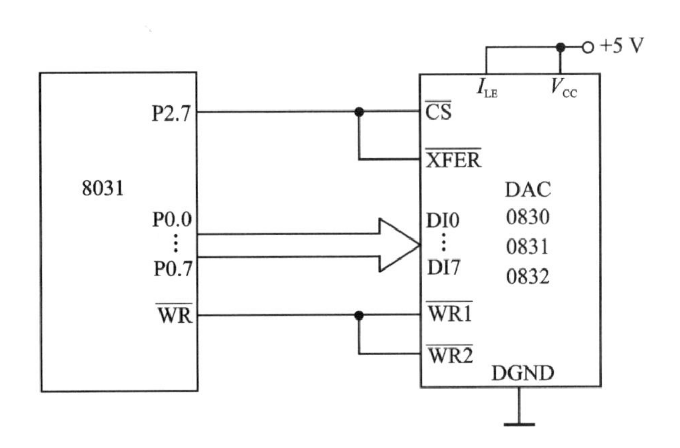

图3-3-3　DAC0832单缓冲式接口

若应用系统中只有一路D/A转换,或虽然是多路D/A转换,但并不要求同步输出(见图2-2-7)时,则采用单缓冲器方式接口。

图3-3-3所示的DAC0832单缓冲方式接口电路的D/A转换子程序如下:

```
#include <reg51.h>
#include <intrins.h>
#include <absacc.h>
#define DAC0832 XBYTE[0x7FFF]        //定义 DAC0832 的地址
#defineuchar unsigned char
void main()
{
    unsigned char temp;              //数字量
    DAC0832 = temp;                  //把数字量送到 P2.7 所指向的地址
                                     //完成一次 D/A 输入与转换
}
```

(2) 双缓冲方式接口

对于多路D/A转换接口,要求同步进行D/A转换输出(见图2-2-8)时,必须采用双缓冲器同步方式接法。DAC0832采用这种接法时,数字量的输入锁存和D/A转换输出是分两步完成的，即 CPU 的数据总线分时地向各路 D/A 转换器输入要转换的数字量并锁存在各 D/A 的输入锁存器中，然后 CPU 对所有的 D/A 转换器发出控制信号，使各个 D/A 转换器输入寄存器中的数据同时打入各 DAC 寄存器，实现同步转换输出。

图 3－3－4 所示是一个两路同步输出的 D/A 转换器接口电路。8031 的 P2.5 和 P2.6 分别选择两路 DAC0832 的输入锁存器，控制输入锁存；P2.7 连到两路 DAC0832 的 $\overline{XFER}$ 端控制同步转换输出；$\overline{WR}$ 与两片 ADC0832 的 $\overline{WR1}$、$\overline{WR2}$ 端相连，在执行 MOVX 输出指令时，8031 自动发出 $\overline{WR}$ 控制信号。

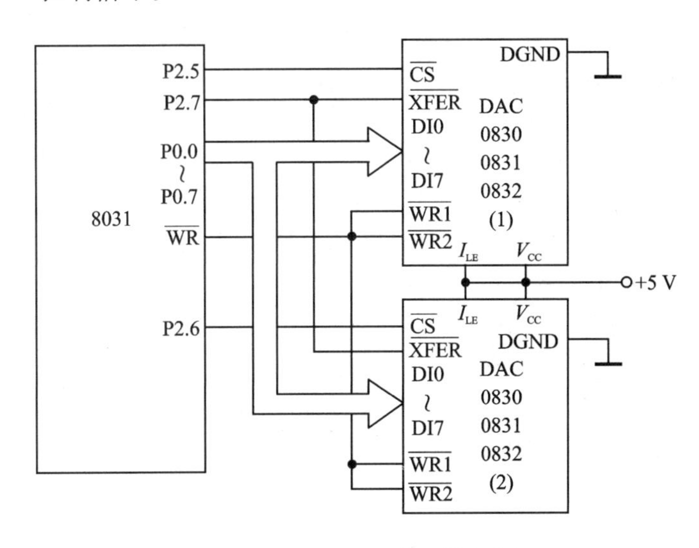

图 3－3－4　DAC0832 的双缓冲式接口

要完成两路 D/A 的同步转换输出，须执行以下 8 条指令：

```
#include <reg51.h>
#include <intrins.h>
#include <stdio.h>
#include <absacc.h>
#define DAC0832_1 XBYTE[0xDFFF]          //定义 DAC0832(1)端口地址
#defineDAC0832_2 XBYTE[0xBFFF]           //定义 DAC0832(2)端口地址
#defineWR XBYTE[0x7FFF]                  //定义 WR 信号地址
#defineuchar unsigned char
void main()
{
    uchar data1,data2,data3;
    DAC0832_1 = data1;                   //把 data1 写入 DAC0832_1 地址单元
    DAC0832_2 = data2;                   //把 data2 写入 DAC0832_2 地址单元
    WR = data3;                          //把 data3 写入 WR 信号地址单元,完成 D/A 转换
}
```

3.3.2　串行 D/A 接口

目前,D/A 转换器按接口可分为两大类:并行接口 D/A 转换器和串行接口 D/A 转换器。并行接口 D/A 转换器的引脚多,体积大,占用单片机的口线多;而串行 D/A 转换器的体积小,占用单片机的口线少。为减小线路板的面积,减少占用单片机的口线,越来越多地采用了串行 D/A 转换器,例如 TI 公司的 TLC5615。

串行 D/A 与并行 D/A 的数模转换原理相同,只不过串行 D/A 是在并行 D/A 之前加接一个串-并转换电路,用以将串行输入的数码变成并行数码供并行 D/A 进行数模转换。下面仅以 TLC5615 为例,说明串行 D/A 接口方法及编程。

1. TLC5615 串行 D/A 芯片

TLC5615 是具有 3 线串行接口的 10 位 D/A 转换器,其功能方框图如图 3-3-5 所示。DIN 为串行数据输入,DOUT 是用于雏菊式链接(daisy chaining)的数据输出,$\overline{CS}$ 为芯片选择,低电平有效。上电时,片内"上电复位"电路将 DAC 寄存器复位至全"0"。SCLK 为串行时钟输入,输入时钟 SCLK 的上升沿把串行输入的数据经 DIN 移入内部的 16 位移位寄存器,SCLK 的下降沿输出串行数据 DOUT。$\overline{CS}$ 的上升沿把 10 位串行输入数据传送至 DAC 寄存器。片内 DAC 将 DAC 寄存器寄存的数据转换成模拟电压,该模拟电压被同相放大 2 倍从 OUT 端输出。AGND 为模拟"地"。设 OUT 端输出的模拟电压为 U_{OUT},REFIN 端输入的基准电压为 U_R,DIN 端串行输入的待转换数据为 $D_1D_2D_3\cdots D_{10}$(最高位 D_1 最先输入,最低位 D_{10} 最后输入),OUT 端输出的模拟电压为

$$U_{OUT}=2U_R\sum_{i=1}^{10}(D_i\times 2^{-i}) \tag{3-3-1}$$

需要说明的是,TLC5615 完成一次 D/A 转换需要 16 个时钟周期,输入数据也应为 16 位,输入的 16 位数据中,前 4 位为虚位(dummy bits),中间 10 位为要 D/A 转换的数据,即式(3-3-1)中的 $D_1D_2D_3\cdots D_{10}$。最后 2 位是补写的 00,与最前的 4 位(虚位)一样都不参与 D/A 转换。

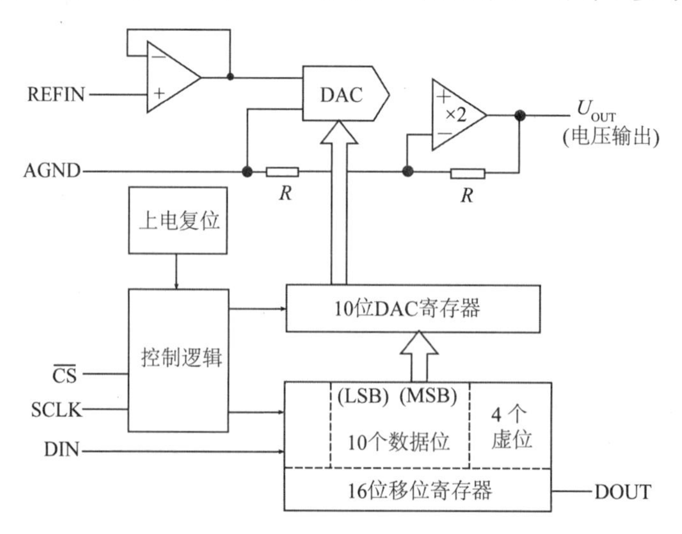

图 3-3-5　TLC5615 功能方框图

2. TLC5615 与 89C51 接口及程序

TLC5615 与 89C51 接口电路如图 3-3-6 所示。89C51 的 P3.0～P3.2 分别控制

TLC5615 的片选 $\overline{CS}$、串行输入时钟 SCLK 和串行输入数据 DIN。将 89C51 要输出的 10 位数据存入 R1 和 R2 寄存器中，其 D/A 转换子程序如下：

```
#include <reg51.h>
#include <intrins.h>
#define uint unsigned int
#define uchar unsigned char
sbit CS = P3^0;
sbit SCLK = P3^1;
sbit DIN = P3^2;
uint DACdata;
void DA_cover(uint DAValue)
{
    uchar i;
    DAValue<< = 4;                          //左移 4 位
    CS = 0;
    SCLK = 0;                               //形成脉冲
    //12 个时钟周期内，前 10 个为 10 位 DA 数据，后 2 个时钟周期为填充
    for(i = 0;i<12;i ++ )
    {
        DIN = (bit)(DAValue & 0x8000);      //送出数据
        SCLK = 1;
        DAValue<< = 1;
        SCLK = 0;
    }
    CS = 1;
    SCLK = 0;                               //CS 上升沿或下降沿只在 SCLK 为低时有效
}
void main(void)
{
    DACdata = 0;
    while(1)
    {
        DA_cover(DACdata);                  //启动 D/A 转换
    }
}
```

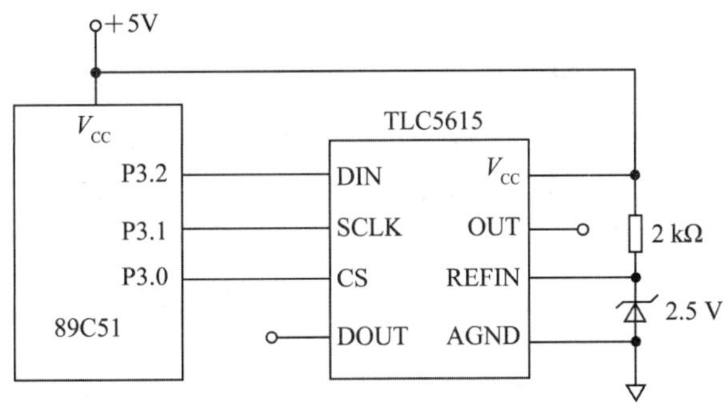

图 3-3-6　TLC5615 与 89C51 接口电路

3.3.3　功率接口

在微机测控系统中,被控对象往往是强电设备,负载功率较大。因此,微机系统必须具有将输出的低电压、小电流信号转换成高电压、大电流信号的装置。该装置称为功率接口。

在控制接口里,输出的开关量信号一般都需要锁存,以便使受控设备在下一次输出的开关量到来之前,一直受到本次输出开关量的控制。为此,大多采用锁存器做开关量的输出电路,例如 74LS373、8255、8031 的 P1 口等。

1. 继电器输出驱动接口

对启停负荷不太大的设备来说,虽然可以采用光电耦合器,但一般情况下采用继电器隔离输出方式更直接。因为继电器触点的负载能力远远大于光电耦合器的负载能力,它能直接控制动力电路。采用继电器做开关量隔离输出时,在输出锁存器与低压小继电器之间要采用集电极开路的 OC 门驱动器。例如 75452P,它的 $I_{OL}=300$ mA,几乎能驱动任意型号的小型继电器。图 3-3-7 所示是一个典型的继电器与 MCS-51 单片机的接口电路,图中二极管 D 是专门为保护驱动器而设置的。在驱动器的输出由“0”变为“1”,继电器由接通变为关断时,由于它的线包是感性负载,所以会产生很高的感应电势,此时二极管提供的泄流回路保护驱动器不被反电势击穿。

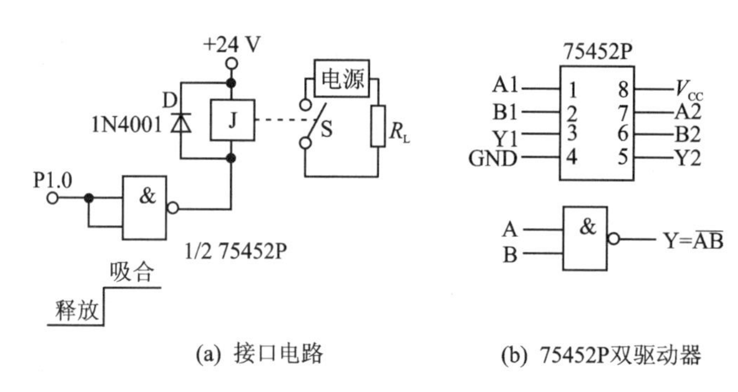

(a) 接口电路　　(b) 75452P双驱动器

图 3-3-7　典型继电器接口电路

2. 继电器-接触器输出驱动接口

在启停负荷很大时,可以采用全触点式的间接控制设计,即由小型继电器的触点控制交流接触器的线圈回路,再由交流接触器的触点控制动力回路,如图 3-3-8 所示。

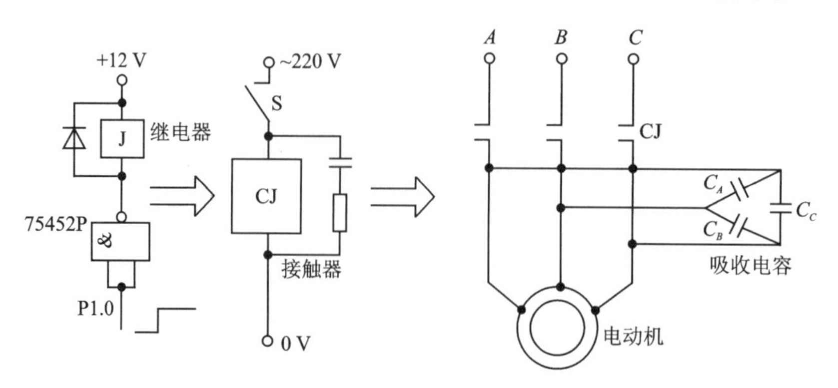

图 3-3-8　继电器-接触器接口电路

上述电路的缺点是易引起强烈的干扰:一是继电器 J 在通断时触头产生电火花;二是接

触器 CJ 在通断时产生很强的电弧。采用固体继电器代替通用型继电器 J 可消除接触器线圈通断时 J 触点的电火花，但接触器 CJ 动作触点的电弧干扰依然存在。

可以采用晶闸管组成的无触点开关彻底消除电火花和电弧的干扰。在负载数量较大的情况下，例如控制数十台交流电动机，由于采用过多的双向晶闸管使控制设备成本增加很多，实际工程中比较难以实现。在这种情况下，可以采用固体继电器-接触器控制方案，然后再通过配置吸收电容器 C_A、C_B、C_C，增加电源滤波效果等抗干扰措施，降低接触器触头电弧对整个微机控制系统的影响。

3. 光电耦合器-晶闸管输出驱动接口

继电器隔离的开关量输出驱动电路适用于控制那些响应速度要求不高的启停操作，因为继电器的响应延迟大约需要几十毫秒。光电耦合器的延迟时间通常在 10 μs 之内，所以那些对启动操作的响应时间要求很快地控制设备应采用光电耦合器。光电耦合的发光二极管驱动电流一般选在 10～20 mA 就可以了，因此，不必使用像 75452P 那样的驱动器，用一般的三态缓冲门即可。例如，74LS244、74LS245 等，它们的驱动吸收电流 $I_{OL}=24$ mA，可以驱动光电耦合器。采用光电耦合器的晶闸管驱动电路已在图 2-3-6 中介绍过，这里不再重复。

4. 脉冲变压器-晶闸管输出接口

为了提高驱动效率和防止电压波形畸变，可在双向晶闸管控制极 G 和阴极 K 之间加一个过零触发脉冲，以实现晶闸管驱动交流负载。

图 3-3-9 中的 8031 的 P1.0 引脚加到比较器 LM311 的选通端，当需要晶闸管导通时，便发出一个选通信号。比较器 LM311 用来产生过零触发脉冲。调节电位器 R_P 的 V_P 点位置，可改变过零触发脉冲的宽度。该电路的定时波形如图 3-3-10 所示。

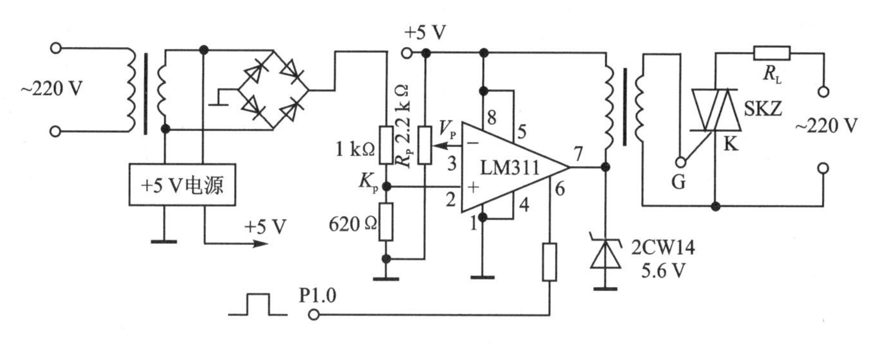

图 3-3-9　过零触发电路

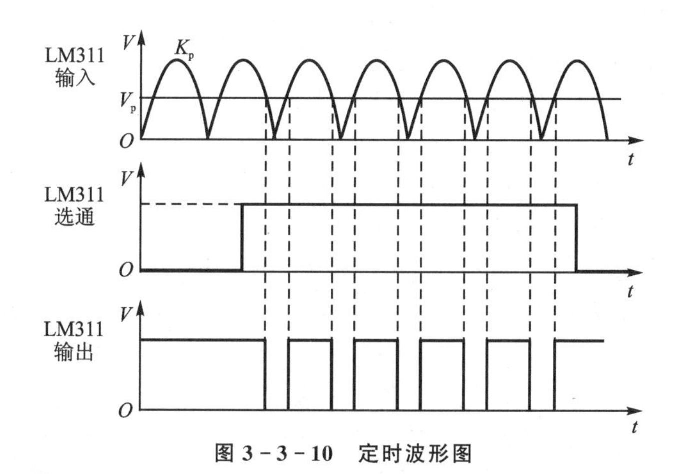

图 3-3-10　定时波形图

3.4 人-机接口

微机化测控系统通常都要有人-机对话功能。这个功能有两方面的含义：一是操作人员能向微型化测控机发布命令和输入数据；二是微型化测控机能向操作人员报告运行状态和运行结果。前一功能主要是通过测控系统操作面板上的键盘来实现的，后一功能主要是通过显示、记录和报警等装置实现的。本节介绍微机化测控系统的人-机接口及程序。

3.4.1 显示器接口

测控系统中常用的测量数据的显示器有发光二极管显示器(简称LED)和液晶显示器(简称LCD)。在不带微型机的测控系统中，这些数字显示器通常与BCD码输出的A/D转换器连接，而在微型机化测控系统中，这些数字显示器通常与微机接口连接。

1. LED显示器接口

测控系统中的LED显示器通常由多位LED数码管排列而成。每位数码管内部有8个发光二极管，外部有10个引脚，其中，3、8脚为公共端，也称位选端。公共端由8个发光二极管的阴极并接而成的称为共阴极，公共端由8个发光二极管的阳极并接而成的称为共阳极。其余8个引脚称为段选端，分别为8个发光二极管的阳极(共阴极时)或阴极(共阳极时)。因此，要使某一位数码管显示某一数字(0～9中的一个)，必须在这个数码管的段选端加上与显示数字对应的8位段选码(也称字型码)，在位选端加上高电平(共阳极时)或低电平(共阴极时)。

从要显示数字的BCD码转换成对应的段选码称为译码。译码既可用硬件实现，也可用软件实现。采用硬件译码时，微机输出的是显示数字的BCD码，微型机与LED段选端间接口电路包括锁存器(锁存显示数字的BCD码)、译码器(将BCD码输入转换成段选码输出)、驱动器(驱动发光二极管发光)。采用软件译码时，微型机输出的是通过查表软件得到的段选码。因此接口电路中不需要译码器，只需要锁存器和驱动器。为使发光二极管正常发光，导通时电流$I_F=5\sim10$ mA为宜，管压降V_F在2 V左右，若驱动器驱动电压为V_{OH}，则发光二极管串联限流电阻R可按$R=(V_{OH}-V_F)/I_F$计算。

多位LED显示器有静态显示和动态显示两种形式。静态显示就是各位同时显示。为此，各位LED数码管的位选端应连在一起固定接地(共阴极时)或接+5 V(共阳极时)，每位数码管的段选端应分别接一个8位锁存器/驱动器。动态显示就是逐位轮流显示。为实现这种显示方式，各位LED数码管的段选端应并接在一起，由同一个8位I/O口或锁存器/驱动器控制，而各位数码管的位选端分别由相应的I/O口线或锁存器控制。

下面举几个实例来进一步说明。

(1) *硬件译码显示器接口*

在采用硬件译码方式时，LED显示器与微型机接口的常用器件有：BCD-7段译码器MC14558、BCD-7段译码/驱动器MC14547、BCD-7段锁存/译码/驱动器MC14513、MC14495和9368以及串行输入4位LED动态显示驱动接口芯片MC14499，并行输入4位LED静态显示驱动接口芯片ICM7212等。MC14558和MC14547无输入锁存能力，因此，常用于动态扫描电路中，如图3-4-1所示。这两种芯片若用于静态显示时，其前应加锁存器。

MC14495内带4位输入锁存器、译码器和驱动器，但一个MC14495只能与一位LED显示块接口，图3-4-2所示是用8个MC14495和8位LED显示块构成的8位LED静态显示器电路。

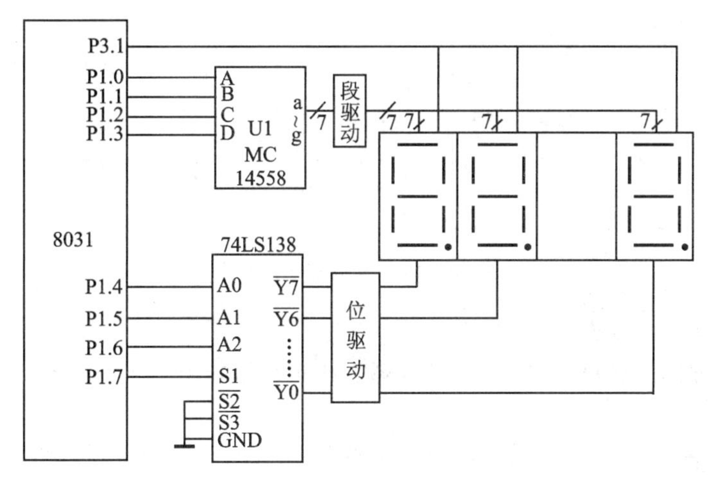

图 3-4-1　由 MC14558 构成的 8 位动态 LED 显示器

如图 3-4-2 所示，MC14495 的 BCD 码输入端挂接到数据总线上，每两片一组，每组形成一个数据字节单元，各字节单元由 3-8 译码器输出的译码信号进行寻址。译码器的输出受 $\overline{WR}$ 控制，只有向这些字节单元中写数据时，译码器才译出地址选通信号，将数据总线上的两位 BCD 码打入到相应的 MC14495 芯片锁存器中，从而使两位 LED 同时产生相应的显示。这种方法结构简单，编程容易。

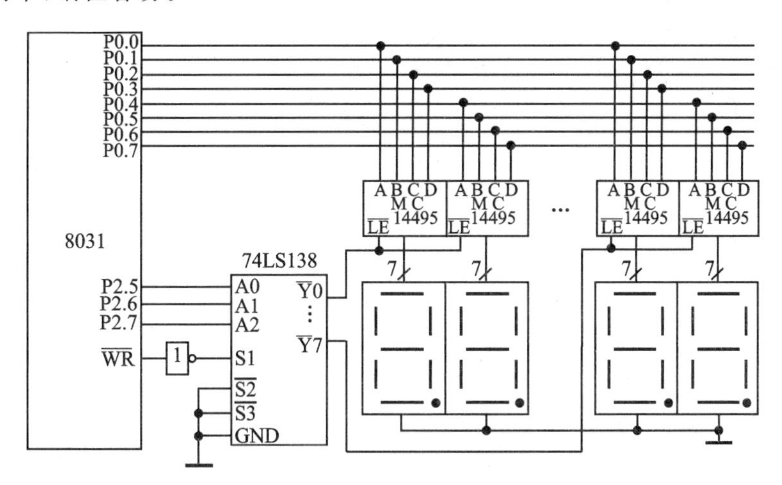

图 3-4-2　由 MC14495 构成的 8 位静态 LED 显示器

MC14499 片内除包含锁存/译码/驱动器外，还有一个 20 位移位寄存器和一个扫描振荡器，一片 MC14499 能同时驱动 4 位 LED 显示块。它有 4 个位选通端 Ⅰ～Ⅳ，位控信号由片内扫描振荡器经四分频和位译码产生，串行数据及其同步时钟分别由 D 端和 CLK 端输入（标准时钟频率为 250 kHz）。MC14499 与单片机 8031 的串行接口方式如图 3-4-3 所示。MC14499 每次接收 20 位串行输入数据，其中 16 位表示 4 个 4 位 BCD 码，另 4 位表示小数点选择位，一帧（20 位）串行数据一经输入之后，便被锁存起来供 4 位 LED 显示器使用，直到下一帧串行数据输入为止。CPU 只提供显示用数据，数据的显示是由片内扫描振荡器对各位进行动态扫描实现的，因此，由 MC14499 接口的显示器是工作于动态显示方式的显示器。

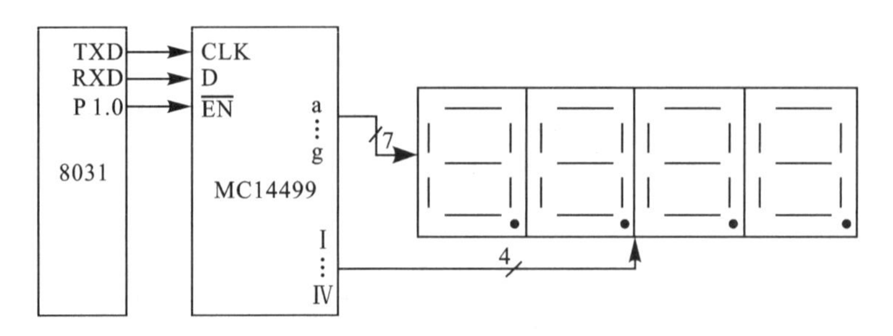

图 3-4-3　用 MC14499 构成的 4 位动态 LED 显示器

(2) 软件译码显示器接口

在采用软件译码方式时,LED 显示器与微型机接口常采用 8155、8255 并行 I/O 接口芯片或采用锁存器。

① 静态显示器接口。8031 的串行口工作于方式 0 时,为移位寄存器方式。如图 3-4-4 所示,利用 6 片串入并出移位寄存器 74LS164 作为 6 位静态显示器的显示输出口,欲显示的 8 位段码(字型码)通过软件译码产生,并由 RXD 串行发送出去。这样,主程序可不必扫描显示器,从而 CPU 能用于其他工作。显示“P-8031”的程序如下:

```
#include <reg51.h>
#include <absacc.h>
#defineuint unsigned int
#defineuchar unsigned char
uchar ledcode[] = {0x06,0x4F,0x3F,0x7F,0x40,0x73};    //字形码
void delay1s();
void main(void)
{
    uchar i;
    SCON = 0x00;                                       //设置串行口控制方式
    TMOD = 0x10;                                       //设置定时器 1 为方式 1 模式
    for(i = 0;i<6;i++)                                 //数据传送
    {
        SBUF = ledcode[i];                             //发送
        delay1s();
        while(TI == 0){}                               //等待一帧发送完毕
        TI = 0;
    }
}
void delay1s()                                         //延时 1 s;具体时间视情况而定
{
    uint i,j;
    for(i = 1000;i>0;i--)
        for(j = 110;j>0;j--);
}
```

② 动态显示器接口。图 3-4-5 所示为用 8155 扩展 I/O 口的 8 位 LED 动态显示器,显

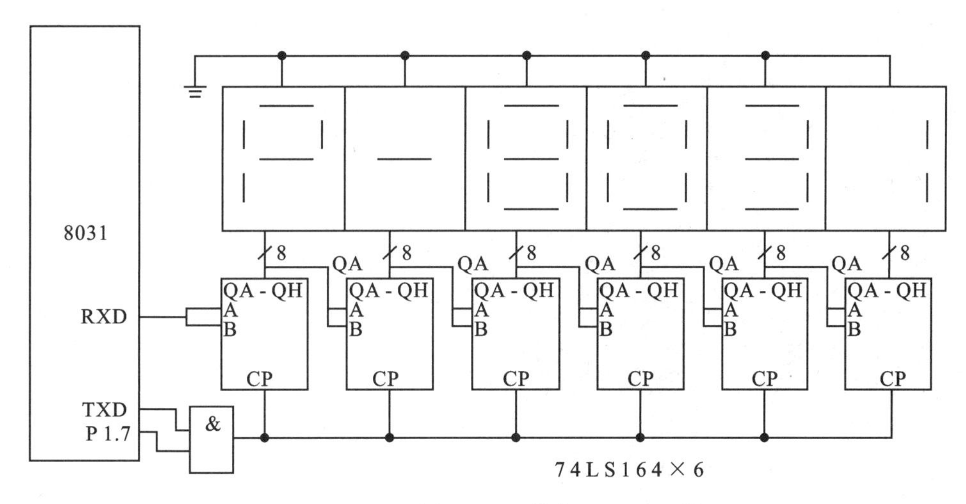

图3-4-4　串行口六位静态LED显示器

示扫描由程控实现。其中,PA口输出字型码,PB口输出位选信号(即扫描信号)。设PA口工作地址为0F9H,PB口工作地址为0FAH,内部命令/状态寄存器地址为0F8H,工作方式命令字设为0F3H。显示"CPUready"的程序如下:

```
#include<reg51.h>
#include<absacc.h>
#define uchar unsigned char
#define uint unsigned int
#define CADDR 0x7F00                                                      //定义8155命令口地址
#define PA 0x0F9                                                          //定义8155 PA口地址
#define PB 0x0FA                                                          //定义8155 PB口地址
uchar disbuffer[] = {0,1,2,3,4,5,6,7};
uchar code SEG[] = {0xc6,0x8c,0xc1,0xce,0x86,0x88,0xa1,0x91};           //字段码
uchar bitcode[8] = {0x74,0x6F,0x71,0x79,0x5E,0x39,0x7C,0x77};           //位选码表
void delay()                                                              //延迟子程序
{
    uint i;
    for(i = 0;i<50;i++);
}
void display()
{
    uchar i,p,temp;
    for(i = 0;i<8;i++)                                                    //8个晶码管显示
    {
        p = disbuffer[i];                                                 //缓冲
        temp = SEG[p];                                                    //读段选码
        XBYTE[PA] = temp;
        temp = bitcode[i];                                                //读位选码
        XBYTE[PB] = temp;
        delay();
```

```
    }
}
void main()
{
    XBYTE[CADDR] = 0xF8;                    //启动 8155
    while(1)
    {
        display();
    }
}
```

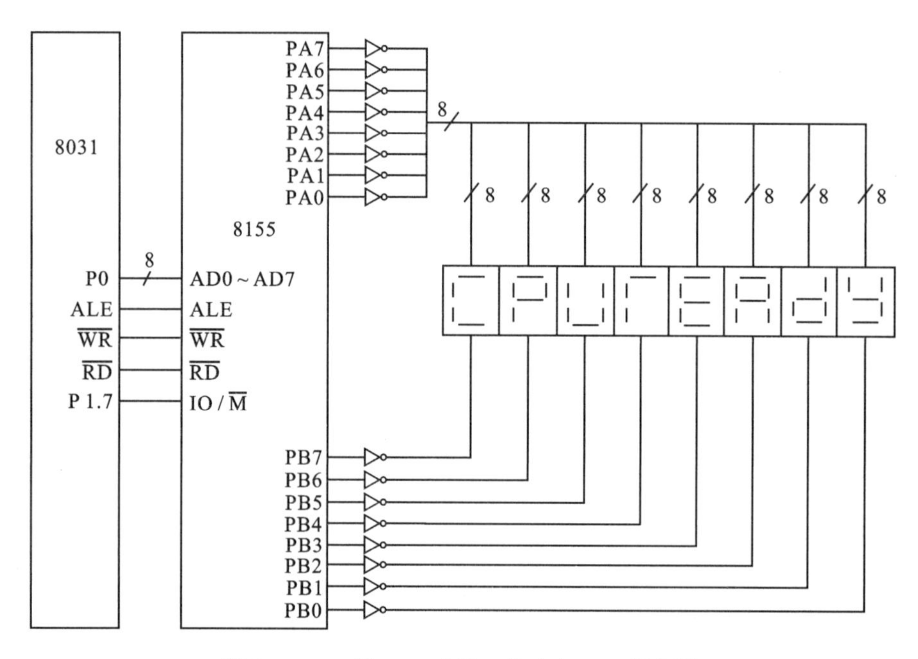

图 3-4-5　用 8155 实现 8 位动态 LED 显示器

2. LCD 显示器接

液晶显示器也为 7 段(或 8 段)显示结构,因此,也有 7 个(或 8 个)段选端,也须接段驱动器。这一点与 LED 相似。LCD 与 LED 的不同之处在于每个字型段要由频率为 几十 Hz 到数百 Hz 的节拍方波信号驱动。该方波信号加到 LCD 的公共电极和段驱动器的节拍信号输入端。

LCD 显示器的驱动接口分为静态驱动和动态驱动两种接口形式。

静态 LCD 驱动接口的功能是将要显示的数据通过译码器译为显示码,再变为低频的交变信号,送到 LCD 显示器。译码方式有硬件译码和软件译码两种,硬件译码采用译码器,软件译码由单片机通过查表的方法完成。

图 3-4-6 所示为采用硬件译码器的 LCD 驱动接口。LCD 显示器采用 4N07。4N07 的工作电压为 3～6 V,阈值电压为 1.5 V,工作频率为 50～200 Hz,采用静态工作方式,译码驱动器采用 MC14543。MC14543 是带锁存器的 CMOS 型译码驱动器,可以将输入的 BCD 码数据转换为 7 段显示码输出。驱动方式由 PH 端控制,在驱动 LCD 时,PH 端输入显示方波信

号。LD 是内部锁存器选通端。LD 为高电平时，允许 A～D 端输入 BCD 码数据；LD 为低电平时，锁存输入数据。BI 端是消隐控制。BI 端为高电平时消隐，输出端 a～g 输出信号的相位与 PH 端相同。图 3-4-6 中，每块 MC14543 各驱动一位 LCD，BCD 码输入端 A～D 接到 80C31 的 P1.0～P1.3，锁存器选通端 LD 分别接到 P1.4～P1.7，由 P1.4～P1.7 分别控制 4 块 MC14543 输入 BCD 码。MC14543 的相位端 PH 接到 80C31 的 P3.7，由 P3.7 端提供一个显示用的低频方波信号。这个方波信号同时也提供给 LCD 显示器的公共端 COM。

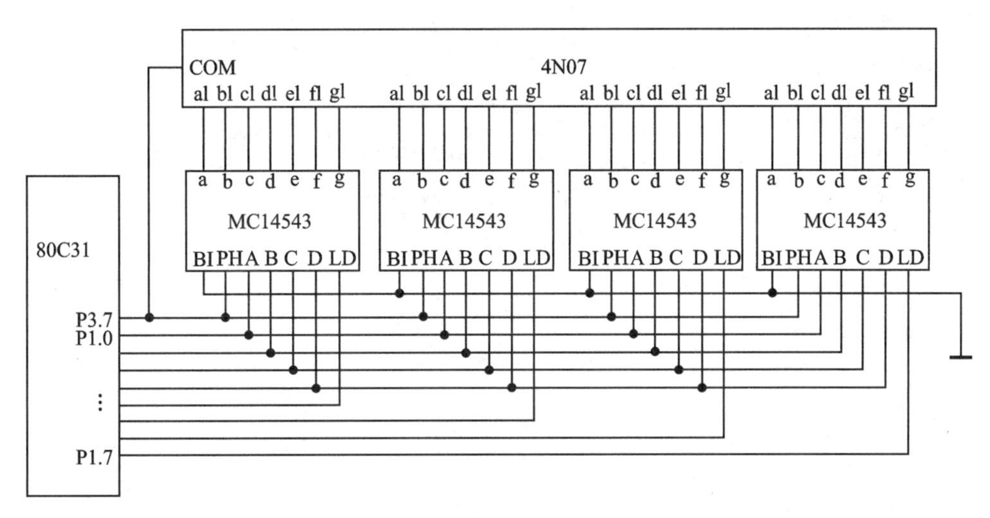

图 3-4-6　采用硬件译码器的 LCD 驱动接口

执行以下程序即可显示出缓冲区 DISB 中的内容。

```
#include<reg51.h>
#include<absacc.h>
#define uchar unsigned char
#define uint unsigned int
#define LCD P1
sbit PH = P3^7;
sbit LCD_LD0 = P1^4;
sbit LCD_LD1 = P1^5;
sbit LCD_LD2 = P1^6;
sbit LCD_LD3 = P1^7;                    //位定义
uchar BCD[4];
void Convert();
void display();
void main()
{
    TMOD = 0x10;                        //定时器方式 1
    TH1 = 0xfa;                         //10 ms 中断
    EA = 1;TR1 = 1;ET1 = 1;             //开中断
    display();
}
void Timer1_Init ()                     //定时中断
```

```
{
    PH = ~PH;
    TH1 = 0xfa;
}
//BCD码转换子程序,Value为字节无符号整数,BCD[4]为字节数组
void Convert (uchar Value,uchar BCD[4])       //转换子程序
{
    uchar X;
    BCD[0] = Value/1000;                      //千位BCD码
    X = Value % 1000;
    BCD[1] = X/100;                           //百位BCD码
    X = Value % 100;
    BCD[2] = X/10;                            //十位BCD码
    BCD[3] = X % 10;                          //个位BCD码
}
void display()                                //显示子程序
{
    if (BCD[0] == 0)                          //千位数为0,不显示
    {
        LCD = 0x0F;
        LCD_LD0 = 1;
        if(BCD[1] == 0)
        {                                     //百位数为0,不显示
            LCD = 0x0F;
            LCD_LD1 = 1;
        }
        else if (BCD[2]!= 0)
        {
            LCD  = BCD[1];
            LCD_LD1 = 1;                      //十位数不为0,显示
        }
        else
        {
            LCD = 0x0F;
            LCD_LD2 = 1;
        }
    }
    else                                      //千位数不为0,显示
    {
        LCD = BCD[0];
        LCD_LD0 = 1;
        LCD = BCD[1];
        LCD_LD1 = 1;
        LCD = BCD[2];                         //显示十位数
        LCD_LD2 = 1;
```

```
        }
        LCD = BCD[3];                                      //显示个位数
        LCD_LD3 = 1;
        LCD_LD3 = 0;
    }
```

在上述程序中，显示缓冲区的最高位对应 LCD 显示器的最左端，显示方波信号由定时器中断产生，在中断服务程序中改变 P3.7 端的输出电平。定时时间约为 10 ms，显示方波的频率为 50 Hz。当需要改变显示内容时，先将要显示的内容写入显示缓冲区，再调用显示子程序。

LCD 的动态驱动接口通常采用专门的集成电路芯片来实现。MC145000 和 MC145001 是较为常用的一种 LCD 专用驱动芯片。MC145000 是主驱动器，MC145001 是从驱动器。主、从驱动器都采用串行数据输入，一片主驱动器可带多片从驱动器。主驱动器可以驱动 48 个显示字段或点阵，每增加一片从驱动器可以增加驱动 44 个显示字段或点阵。驱动方式采用 1/4 占空系数的 1/3 偏压法。图 3-4-7 所示为用 MC145000 和 MC145001 组成的 LCD 动态驱动接口。

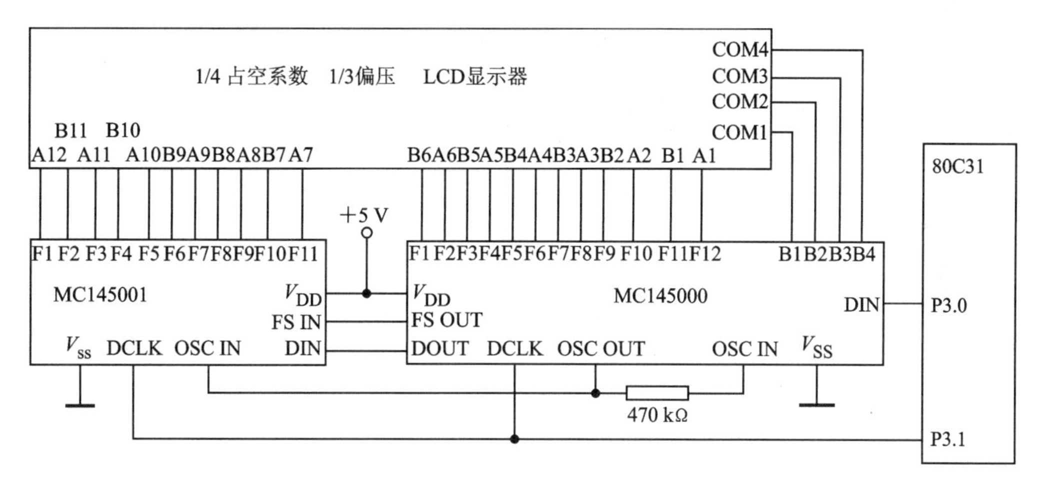

图 3-4-7　LCD 动态驱动接口

MC145000 的 B1～B4 端是 LCD 背电极驱动端，接 LCD 的背电极，即公共电极 COM1～COM4。MC145000 的 F1～F12 和 MC145001 的 F1～F11 端是正面电极驱动端，接 LCD 的字段控制端。对于 7 段字符 LCD，B1 接 a 和 f 字段的背电极，B2 接 b 和 g 的背电极，B3 接 e 和 c 的背电极，B4 接 d 和 dp 的背电极。F1 接 d、e、c、f 和 g 的正面电极，F2 接 a、b、c 和 dp 的正面电极。DIN 端是串行数据输入端。DCLK 是移位时钟输入端。在 DIN 端数据有效期间，DCLK 端的一个负跳变可以把数据移入移位寄存器的最高序号位，即 MC145000 的第 48 位或 MC145001 的第 44 位，并且使移位寄存器原来的数据向低序号移动一位。MC145000 的最低位移入 MC145001 的最高位。串行数据由单片机 80C31 的 P3.0 端送出。首先送出 MC145001 的第 1 位数据，最后送出 MC145000 的第 48 位数据。数据“1”使对应的字段显示，“0”为不显示。MC145000 内部显示寄存器各位与显示矩阵的对应关系如表 3-4-1 所列。MC145001 与 MC145000 的区别只是少了 F12 端对应的一列，其他对应关系都一样。

表 3-4-1　MC145000 显示寄存器与显示矩阵的对应关系

引脚	F1	F2	F3	F4	F5	F6	F7	F8	F9	F10	F11	F12
B1	4	8	12	16	20	24	28	32	36	40	44	48
B2	3	7	11	15	19	23	27	31	35	39	43	47
B3	2	6	10	14	18	22	26	30	34	38	42	46
B4	1	5	9	13	17	21	25	29	33	37	41	45

MC145000 带有系统时钟电路，在 OSC IN 和 OSC OUT 之间接一个电阻即可产生 LCD 显示所需要的时钟信号。这个时钟信号由 OSC OUT 端输出，接到各片 MC145001 的 OSC IN 端。时钟频率由谐振电路的电阻大小决定，电阻越大频率越低。使用 470 kΩ 的电阻时，时钟频率约为 50 Hz。时钟信号经 256 分频后用做显示时钟，其作用与静态时的方波信号一样，用于控制驱动器输出电平的等级和极性。另外这个时钟还是动态扫描的定时信号，每一周期扫描 4 个背电极中的一个。由于背电极的驱动信号只在主驱动器 MC145000 发生，所以主从驱动器必须同步工作。同步信号由主驱动器的帧同步输出端 FS OUT 输出，接到所有从驱动器的帧同步输入端 FSIN。每扫描完一个周期，主驱动器即发一次帧同步信号，并且在这时更新显示寄存器的内容。

显示子程序如下：

```
#include<reg51.h>
#include<absacc.h>
#define uchar unsigned char
#define uint unsigned int
#define LCD P3
void DIS();
void DIS1();
void DIS2();
sbit M= P3^1;
sbit H= P3^0;
void DIS()
{
    uchar R2;
    R2 = 0x12;                          //显示缓冲区长度
}
void DIS1()
{
    uchar a,R0, R7;
    a = 0x12;                           //预置 12 个字节的显示缓冲区
    R0 ++ ;                             //显示缓冲区指针地址加 1
    R7 = 0x08;
}
void DIS2()
{
```

```
    uchar a, R2, R7;
    M = 0;
    a<<1;                                      //左移 1 位
    H = a;
    P = 1;
    if(R7 - 1!= 0)
    {
        DIS2();
    }
    M = 0;
    if(R2 - 1!= 0)                             //1 字节未完,循环
    {
        DIS1();
    }
    return;
}
void main()
{
    DIS2();
}
```

在调用显示子程序之前,应将要显示的数据预先送入显示缓冲区。

3.4.2　键盘接口

1. 键　盘

(1) 键盘的结构与类型

键盘是一组按键的集合。按键是一种按压式或触摸式常开型按钮开关。平时(常态)按键的两个触点处于断开状态,当按压或触摸按键时两个触点才处于闭合连通状态。

按键闭合时能向微型机输入数字(0～9 或 0～F)的键称为数字键,能向微型机输入命令以实现某项功能的键称为功能键或命令键。键盘上的按键是按一定顺序排列在一起的,每个按键都有各自的命名。为了便于 CPU 区分各个按键,必须给键盘上的每个按键赋以一个独有的编号,按键的编号或编码称为键号或键值。CPU 知道了按键的键号或键值,就能区分这个键是数字键还是功能键。如果是数字键,就直接将该键值送到显示缓冲区进行显示;如果是功能键,则由该键值找到执行该键功能的程序的入口地址,并转去运行该程序,即执行该键的命令。因此,确定按键的键值是执行该键功能的前提。

键盘接口与键盘程序的根本任务就是要监测有没有键被按下,被按下的是哪个位置的键,这个键的键值是多少,这个任务叫作键盘扫描。键盘扫描可以用硬件来实现,也可以用软件来实现。带有键盘扫描硬件电路的键盘称为编码键盘,不带键盘扫描硬件电路的键盘称为非编码键盘,非编码键盘的扫描靠软件实现。为了节省成本,一般的微机化测控系统多采用非编码键盘。

为了能让 CPU 监测按键是否闭合,通常将按键开关的一个触点通过一个电阻(称上拉电阻)接+5 V 电源(这个触点称为“测试端”),另一个触点接地或接低电平(这个触点称“接零

端”),这样当按键开关未闭合时,其测试端为高电平;当按键开关闭合时,其测试端便为低电平。

根据按键开关与CPU的连接方式不同,键盘又可分为独立式和行列式(或矩阵式)两大类)。

独立式键盘的特点是:各按键相互独立,每个按键的“接零端”均接地,每个按键的“测试端”各接一根输入线(见图3-4-8),一根输入线上的按键工作状态不会影响其他输入线上的工作状态。这样,通过检测输入线的电平状态就可以很容易地判断哪个按键被按下了,因此,操作速度快而且软件结构简单。但是,由于独立式键盘每个按键须占用一根输入口线,在按键数量较多时,输入口浪费大,故此种键盘只适用于按键较少或操作速度较快的场合。

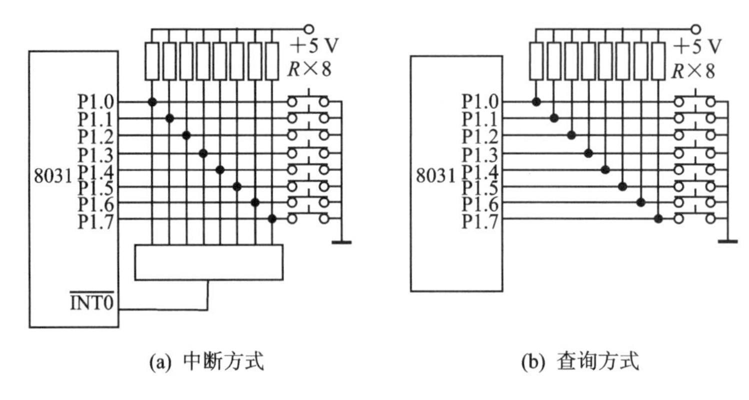

图3-4-8　独立式键盘接口电路

行列式键盘的特点是:行线、列线分别接输入线、输出线,按键设置在行、列线的交叉点上,每一行线(水平线)和列线(垂直线)的交叉处不相通,而是通过按键来连通,利用这种矩阵结构只需要m根行线和n根列线就可组成$m \times n$个按键的键盘,因此矩阵式键盘适用于按键数量较多的场合。由于矩阵键盘中行、列线为多键共用,所以必须将行、列线信号配合起来并作适当处理,才能确定闭合键的位置,因此,软件结构较为复杂。

(2) 键盘的扫描方式

当矩阵式键盘有键被按下时,要逐行或逐列扫描,以判定是哪一个键被按下,通常扫描方式有扫描法和反转法两种。

① 扫描法。扫描法的接口特点是:每条作为键输入线的行线(或列线)都通过一个上拉电阻接到+5 V上,并与该行(或列)各按键的测试端相连,每条作为键扫描输出的列线(或行线)都不接上拉电阻和+5 V(图3-4-9中虚线框内部分不接),只与该列(或行)各键的接零端相连。扫描过程分两步进行:

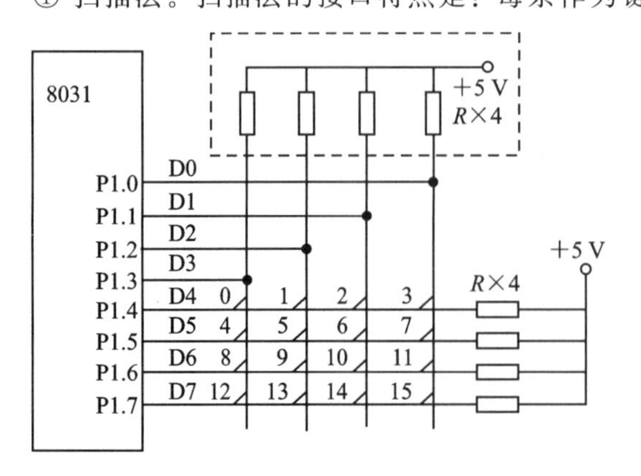

图3-4-9　矩阵式键盘接口电路

第一步,监测有无键被按下。让所有键扫描输出线均置0电平,检查各键输入线电平是否有变化。例如图3-4-9中,将P1.0～P1.3编程为输出线,P1.4～P1.7编程为输入线。第一步使

P1.0～P1.3 输出全为“0”，然后读入 P1.4～P1.7，若全为“1”，则无键被按下，若非全为“1”，则有键被按下。

第二步，识别哪一个键被按下。键扫描输出线逐线置“0”电平，其余各输出线均置高电平，检查各条键输入线电平的变化，如果某输入线由高电平变为零电平，则可确定此输入线与此输出线交叉点处的按键被按下。例如图 3-4-9 中，如果 P1.0～P1.3 输出 0111，而 P1.4～P1.7 读入 0111，则可判定图中第 3 号键被按下。

② 反转法。扫描法要逐列(或行)扫描查询，当被按下的键处于最后一列(或行)时，则要经过多次扫描才能最后获得此按键所处的行列值。而反转法只要经过两步就能获得此按键所在的行列值。

反转法的特点是：行线和列线都要通过上拉电阻接＋5 V，如图 3-4-9 所示(图中虚线框内部分要接上)，按键所在行号和列号分别由两步操作判定：

第一步，将行线编程为输入线，列线编程为输出线，并使输出线输出全为“0”，则行线中电平由高到低的所在行为按键所在行。

第二步，同第一步完全相反，将行线编程为输出线，列线编程为输入线，并使输出线输出全为“0”，则列线中电平由高到低的所在列为按键所在列。

例如图 3-4-9 中的第一步，P1.0～P1.3 编程为输出，且输出全为“0”。P1.4～P1.7 编程为输入，若读入数据为 0111，则说明第 1 行有键被按下。第二步与第一步相反，P1.4～P1.7 编程为输出且输出全为“0”，P1.0～P1.3 编程为输入，若读入数据为 0111，则说明第 4 列有键被按下。综合以上两步可知第 1 行第 4 列有键被按下，此按键即是图 3-4-9 中第 3 号键。

(3) 键盘的工作方式

微机化测控系统中，键盘扫描只是 CPU 的工作内容之一。CPU 在忙于各项工作任务时如何兼顾键盘的输入，取决于键盘的工作方式，通常键盘的工作方式有以下 3 种可供选择。

① 编程扫描工作方式。编程扫描方式也称程控扫描方式或查询方式，它是利用 CPU 在完成其他工作的空余，调用键盘扫描程序，反复地扫描键盘，等待用户从键盘上输入数据或命令。而在执行键输入命令或处理键输入数据的过程中，CPU 将不再响应键输入要求，直到 CPU 返回重新扫描键盘为止。

② 定时扫描方式。定时扫描工作方式是利用单片机内部定时器产生定时中断(例如 10 ms)，CPU 响应中断后对键盘进行扫描，并在有键被按下时识别出该键并执行相应键功能程序。定时扫描工作方式的键盘硬件电路与编程扫描工作方式相同。

③ 中断工作方式。键盘工作于编程扫描状态时，CPU 要不间断地对键盘进行扫描，以监视键盘的输入情况，直到有键被按下为止，其间 CPU 不能干任何其他工作。如果 CPU 工作量较大，这种方式将不能适应。定时扫描进了一大步，除了定时监视键盘的输入情况外，其余时间可进行其他任务的处理，因此，CPU 效率提高了。为了进一步提高 CPU 的工作效率，可采用中断扫描工作方式，即只有在键盘有键被按下时，才执行键盘扫描和该按键功能程序。如果无键按下，CPU 将不理睬键盘。可以说，前两种扫描方式，CPU 对键盘的监视是主动进行的，而后一种扫描方式，CPU 对键盘的监视是被动进行的。

采用中断工作方式与采用编程扫描和定时扫描两种方式在接口电路上的区别是：各条键输入线除了与 CPU 的输入口相连外，还要经与门同 CPU 的中断口相接，如图 3-4-8(a)和图 3-4-10 所示。图 3-4-10 中，P1.4～P1.7 作为扫描输出线，平时置为全 0，当有键被按下时，$\overline{\text{INT0}}$、$\overline{\text{INT1}}$ 为低电平，向 CPU 发出中断申请，若 CPU 开放外部中断，则响应中断请求。

中断服务程序中,首先应关闭中断,以免在扫描识别过程中,因 $\overline{INT0}$、$\overline{INT1}$ 电平变化而引起混乱;接着进行按键的识别及键功能程序的执行等工作。

(4) 键输入中存在的问题及解决办法

键输入中存在的问题及解决办法如下:

① 键抖动。通常,按键所用开关为机械弹性开关,当机械触点断开、闭合时,电压信号波形如图 3-4-11 所示。由于机械触点的弹性作用,一个按键开关在闭合时不会马上稳定地接通,在断开时也不会一下子断开。因而在闭合及断开的瞬间均伴随有一连串的抖动。抖动时间的长短由按键的机械特性决定,一般为 5~10 ms,这是一个很重要的时间参数,在很多场合都要用到。

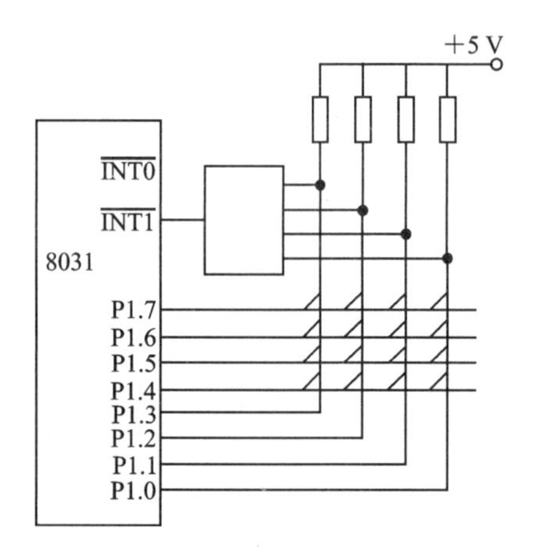

图 3-4-10 中断方式矩阵键盘接口

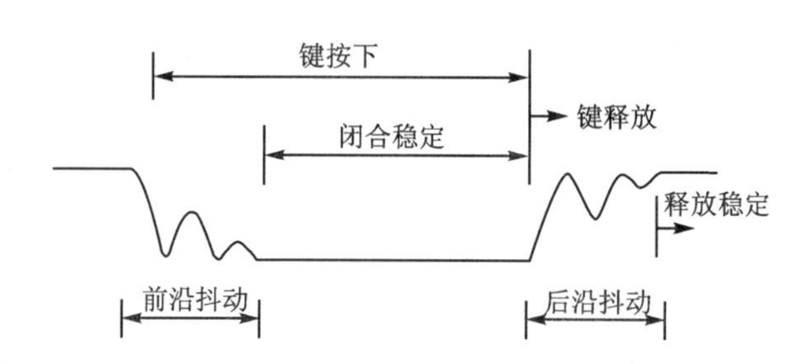

图 3-4-11 按键时的抖动

按键稳定闭合时间的长短则是由操作人员的按键动作决定的,一般为零点几秒至数秒。

键抖动会引起一次按键被误读多次,为了确保 CPU 对键的一次闭合仅作一次处理,必须去除键抖动,在键闭合稳定时取键状态,并且必须判别到键释放稳定后再作处理。按键的抖动,可用硬件或软件两种方法消除。

通常在键数较少时,可用硬件方法消除键抖动。如图 2-3-2(b)所示的 R-S 触发器为常用的硬件去抖电路。图 2-3-2(b)中用两个与非门构成一个 R-S 触发器。当按键未按下时,输出为"1";当键按下时,输出为"0"。此时即使按键因弹性抖动而产生瞬时断开(抖动跳开 B),只要按键不返回原始状态 A,双稳态电路的状态不改变,输出保持为"0",不会产生抖动的波形。也就是说,即使点 B 的电压波形是抖动的,但经双稳态电路之后,其输出为正规的矩形波,这一点通过分析 R-S 触发器的工作过程可很容易得到验证。

如果按键较多,则常用软件方法去抖动,即检测出键闭合后执行一个延时程序产生 5~10 ms 的延时,等前沿抖动消失后再一次检测键的状态,如果仍保持闭合状态,电平则确认为真正有键被按下。当检测到按键释放后,也要给 5~10 ms 的延时,待后沿抖动消失后才能转入该键的处理程序。

② 重键。有时由于操作不慎,可能会同时按下几个键,这种问题称为重键,其处理办法如下:

➢ 两个键同时被按下。最简单的处理办法是,当只有一个键被按下时才读取键盘的输出,并且认为最后仍被按下的键是有效的正确按键。这种方法常用于软件扫描键盘的场合。另一种方法是当第一个键未松开时，按第二个键不起作用。这种方法常借助于硬件来实现。

- n 个键同时被按下。处理这种情况时，或者不理会所有被按下的键，直至只剩下一个键被按下时为止；或者将按键的信息存入内部键盘输入缓冲器，逐个处理，但这种方法成本较高。
- n 键锁定技术。即只处理一个键，其他任何被按下又松开的键不产生任何码。通常第一个被按下或最后一个被松开的键产生键码。这种方法最简单也最常用。
- 按键持续时间的长短不一。按键稳定闭合时间的长短是由操作人员的按键动作决定的，一般为零点几秒至数秒。为了保证无论按键持续时间长短，CPU 对键的一次闭合，仅作一次键输入处理，必须等待按键释放之后，再进行按键功能的处理操作。

2. 键盘接口与键盘程序

(1) 独立式键盘接口及键盘程序

独立式键盘的按键可以直接与 CPU 的 I/O 口相接，如图 3-4-8 所示；也可以用扩展 I/O 口(如 8255 扩展 I/O 口或三态缓冲器扩展 I/O 口)来搭接独立式按键接口电路。下面是图 3-4-8(b)所示的查询方式的键盘程序。该程序比较简单，程序中没有使用散转指令，这里省略了软件去抖动措施，只包括键查询、键功能程序转移。P0F～P7F 为功能程序入口地址标号，其地址间隔应能容纳 JMP 指令字节；PROM0～PROM7 分别为每个按键的功能程序。

```
#include<reg51.h>
#define uchar unsigned char
#define uint unsigned int
sbit k1 = P1^0;
sbit k2 = P1^1;
sbit k3 = P1^2;
sbit k4 = P1^3;
sbit k5 = P1^4;
sbit k6 = P1^5;
sbit k7 = P1^6;
sbit k8 = P1^7;                              //位定义
void delay()                                 //延迟子程序
{
    uint i;
    for(i = 0;i<5000;i++);
}
void main()
{
    while(1)
    {
        P1 = 0xff;                           //键状态输入
        if(k1 == 0)                          //0 号按键被按下
        {      }
        if(k2 == 0)                          //1 号按键被按下
        {      }
```

```
        /*……*/
        if(k8==0)                              //无按键被按下
        {      }
    }
}
```

由此程序可以看出,各按键由软件设置了优先级,优先级顺序依次为 0～7。

(2) 行列式键盘接口及键盘程序

微机化测控系统中,任何 I/O 口或扩展 I/O 口均可构成行列式键盘。MCS-51 单片机用于系统扩展时,可提供用户直接使用的 I/O 口线很少,故大多采用扩展 I/O 口来构成行列式键盘,典型的键盘接口有通用并行扩展 I/O 口(如 8155、8255 等)、串行 I/O 扩展口和专用键盘芯片(如 8279)。

下面以图 3-4-12 所示的 8155 扩展 I/O 口组成的 4×8 行列式矩阵键盘为例,介绍程序控制扫描工作方式的工作过程与键盘扫描子程序。图中 8 条键扫描输出列线接到 PA 口,4 条键输入行线接 PC 口。

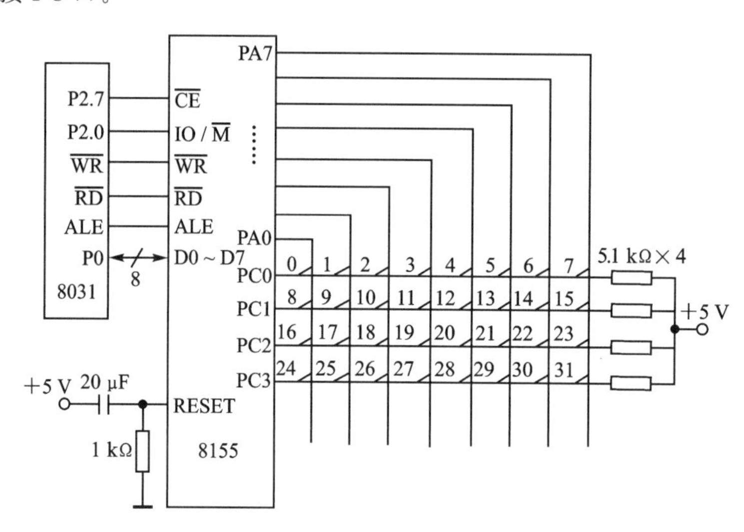

图 3-4-12　8155 扩展 I/O 口组成的行列式键盘

1) 键盘扫描子程序的功能

① 判断键盘上有无键被按下的方法为:PA 口输出全扫描字 00H,读 PC 口状态。若 PC0～PC3 为全“1”,则键盘无键被按下;若不全为“1”,则有键被按下。

② 去除键的机械抖动影响:在判断有键被按下后,软件延时一段时间(5～10 ms)后再判断键盘状态,如果仍为有键被按下的状态,则认为有一个稳定的键被按下,否则按键按抖动处理。

③ 判别闭合键的键号:对键盘的列线进行扫描,即逐列置“0”电平。

PA 口依次输出列扫描字:FEH、FDH、FBH…7FH(输出首列扫描字 FEH 后顺次将扫描字左移一位即可)。

每输出一个扫描字,紧接着读 PC 口状态,若 PC3～PC0 为全“1”,则列线输出为“0”的这一列上没有键闭合,否则这一列上有键闭合。确定是哪一个键按下后,下一步就是将求出的键号送入累加器 A。

闭合键的键号等于低电平的列号加上低电平的行的首键号。在图 3-4-12 所示的行列矩阵中，每行的行首键号自上至下依次为 0、8、16(10H)、24(18H)，列号依列线顺序(自左至右)依次为 0～7。例如，PA 口的输出为 11111101(即 PA1=0，列号为 1)时，读出 PC3～PC0 为 1101(即 PC1=0，行号为 1)，则 1 行 1 列相交的键处于闭合状态。因第 1 行的首键号为 8，列号为 1，故闭合的键号为

$$N=\text{行首键号}+\text{列号}=8+1=9$$

④ CPU 对键的一次闭合仅作一次处理，采用的方法为等待键释放以后再将键号送入累加器 A 中。

2) 键盘扫描子程序

以下程序为实用子程序，该程序可移植到类似的应用系统中去。

子程序出口状态：(A)=键号

8155 的初始化，置 PA 口(地址 7F01H)为基本输出方式，PC 口(地址 7F03H)为基本输入方式，放在主程序中完成。

```
#include<reg51.h>
#include<absacc.h>
#include<intrins.h>
#define uchar unsigned char
#define uint unsigned int
#define CADDR 0x7F00                          //定义 8155 命令口地址
#define PA 0x7F01                             //定义 8155 PA 口地址
#define PB 0x7F02                             //定义 8155 PB 口地址
#define PC 0x7F03                             //定义 8155 PC 口地址
uchar k;
uchar code SEG[] = {0x3f,0x06,0x5b,0x4f,0x66,0x6d,0x7d,0x07,0x7f,0x6f,0x77,
0x7c,0x39,0x5e,0x79,0x71,0x40,0x00};
void delay()                                  //延迟子程序
{
    uint i;
    for(i = 0;i<5000;i++);
}
uchar Scan()                                  //扫描
{
    uchar i,kscan,input,knum;
    XBYTE[PC] = input;                        //键输入
    XBYTE[PC] = ~XBYTE[PC];
    XBYTE[PC] &= 0x0F;
    if(XBYTE[PC]!= 0x00)                      //有键被按下
    {
        delay();                              //延迟去抖
        if(XBYTE[PC]!= 0x00)                  //有键被按下
        {
```

```
            uchar temp = 0,knum = 0,kmask = 0xfe;
            for(i = 0;i<8;i++)
            {
                XBYTE[PA] = kmask;                    //读列扫描字
                XBYTE[PC] = input;                    //读入行扫描状态
                kscan = XBYTE[PC];
                switch(kscan & 0x0f)                  //读键
                {
                    case(0x0e):knum = 0 + temp; break;
                    case(0x0d):knum = 8 + temp; break;
                    case(0x0b):knum = 16 + temp; break;
                    case(0x07):knum = 24 + temp; break;
                    default:
                    kmask = _crol_(kmask,1);          //修改扫描模式
                    temp = temp + 1;break;
                }
            }
        }
    }
    return knum;
}
void main()
{
    XBYTE[CADDR] = 0x01;                              //启动 8155
    XBYTE[PA] = 0x00;
    while(1)
    {
        k = Scan();
    }
}
```

3.4.3　键盘/显示器接口

在微机化测控系统中，同时需要使用键盘与显示器接口时，为了节省 I/O 口线，常常把键盘与显示电路做在一起，构成实用的键盘、显示电路。典型的键盘/显示器接口有：8155 并行扩展口、串行扩展口、专用键盘/显示器接口芯片等。

图 3-4-13 所示是典型实用的、采用 8155 并行扩展口构成的键盘显示器电路。图中只设置了 18 个键，如果增加 PC 口线，最多可以增加按键 64 个。

6 个 LED 显示器采用共阴极方式，段选码由 8155PB 口提供，位控信号由 PA 口提供。键盘的列扫输出由 PA 口提供，查询行输入由 PC0～PC2 口提供。

LED 采用动态显示软件译码，键盘采用逐列扫描查询工作方式。

由于键盘与显示做成一个接口电路，因此，在软件中合并考虑键盘查询与动态显示，键盘去抖的延时子程序用显示程序替代。

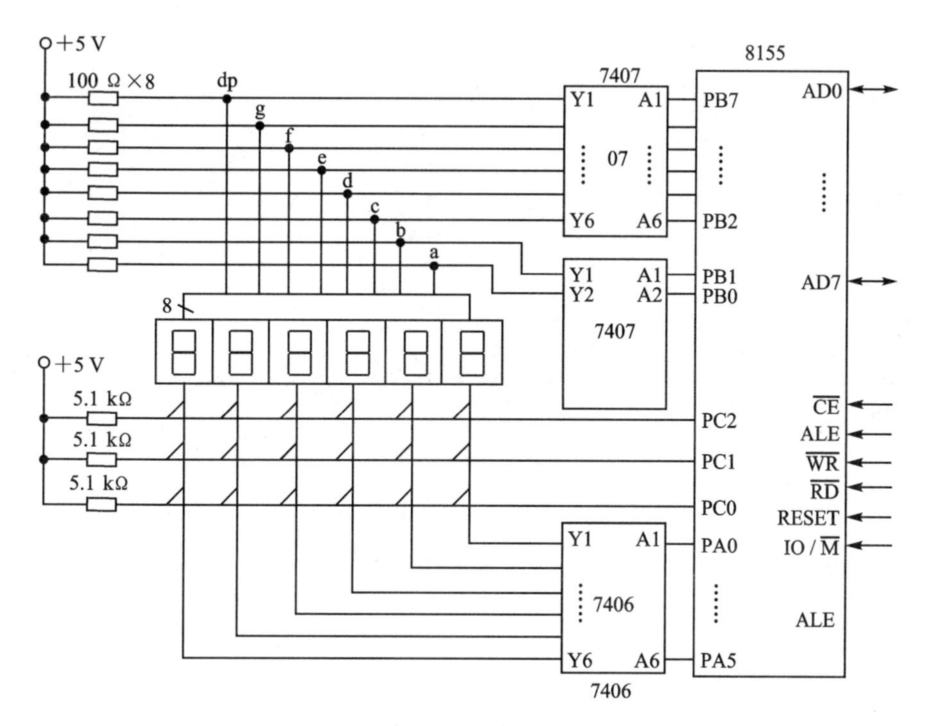

图 3-4-13　8155 扩展键盘显示器接口电路

1. 键盘扫描子程序清单

```
#include <reg51.h>
#include <absacc.h>
#define 8155JK XBYTE[0x7F00]                  //定义地址
#define uchar unsigned char
void KD1()
{
    uchar xdata * add;                         //定义外部存储器指针
    add = &8155JK;
    add = 0x00000011B;
}
void KEY1()
{
    uchar a;
    KS1();
    if(a!= 0)                                  //判断 a 是否为 0
    {
        LK1();
    }
    DIS();                                     //延迟
    KEY1();
}
```

```
void LK1()
{
    uchar a;
    DIS();                                   //延迟
    KS1();
    if(a!= 0)                                //判断 a 是否为 0
    {
        LK2();
    }
    DIS();                                   //延迟
    KEY1();
}
        ⋮
```

后面的程序与图 3-4-12 所示的 8155 键盘接口程序后面部分相同,不再重述。

2. 显示子程序

显示子程序框图如图 3-4-14 所示。

显示子程序清单如下:

```
#include <reg51.h>
#include <absacc.h>
#define uchar unsigned char
#define 8155K XBYTE[0x7F01]                         //定义 8155K 口地址
sbit ACC_5 = ACC^5;
void LP0();
void DINS();
void LP0();
void LP1();
void DIMS();
uchar code table[] = {0x3F, 0x06, 0x5B, 0x4F, 0x66, 0x6D, 0x7D, 0x7F, 0x7F, 0x6F, 0x77, 0x7C,
0x39, 0x5E, 0x79, 0x71, 0x40, 0x00};
void LP0()
{
    uchar a, R0, R2;
    uchar xdata * add;
    add = &8155K;
* add = R2;
    a = * R0;                                        //取显示数据
    a = a + 0x12;                                    //加上偏移量
    a = table[a];                                    //送出字行
    XBYTE[0x7F02] = a;                               //数据指针指向 8155B 口,并送出显示
    DIMS();                                          //调显示(延时)子程序
    R0 --;                                           //数据缓冲区地址减 1
```

```
        a = R2;
        if(ACC_5 == 1)                                  //扫描到第 6 个显示器吗?
        {
            LP1();
        }
        a<<1;                                           //没有到,左移 1 位
        R2 = a;
        LP0();
    }
    void main()
    {
        uchar a,R0, R2;
        R0 = 0x7E;                                      //显示缓冲区末地址
        R2 = 0x01;
        a = R2;
        LP0();
    }
    void DINS(unsigned int x)                           //延迟 1 ms 子程序
    {
        uchar i, j;
    for(i = 1;i>0;i--)
        for(j = 110;j>0;j--);
    }
```

使用各种专用的可编程键盘/显示器接口芯片,用户可以省去编写键盘/显示器动态扫描程序以及键盘去抖动程序编写的烦琐工作,只需要对单片机与专用键盘/显示器接口芯片进行正确连接,对芯片中的各个寄存器进行正确设置,以及编写接口驱动程序即可。

目前,各种专用的键盘/显示器接口芯片种类繁多,它们各有特点,总体趋势是并行接口芯片逐渐退出历史舞台,串行接口芯片越来越多地得到应用。

早期较为流行的是 Intel 公司生产的并行总线接口的专用键盘/显示器芯片 8279,目前流行的键盘/显示器接口芯片均采用串行通信方式,占用口线少。常见的键盘/显示器接口芯片有:广州周立功单片机有限公司的 ZLG7289A、ZLG7290B,美信公司的 MAX7219,南京沁恒公司的 CH451、HD7279 和 BC7281 等。这些芯片对所连接的 LED 数码管全都采用动态扫描方式,且控制的键盘均为编码键盘。

因篇幅限制,本书不介绍这些专用键盘/显示器芯片,请有兴趣的读者参阅文献[11]。

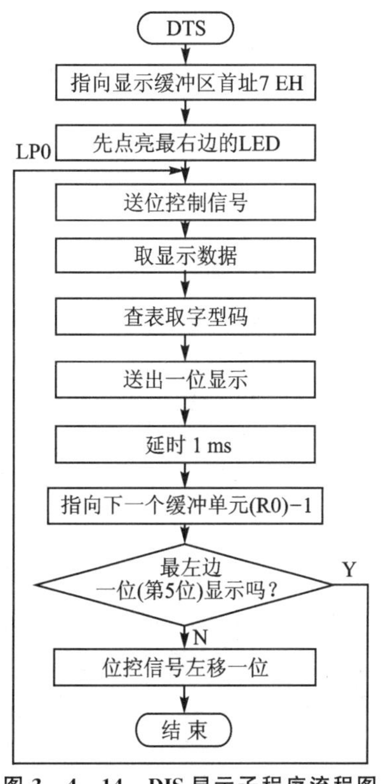

图 3-4-14　DIS 显示子程序流程图

3.4.4 打印机接口

微型化测控系统中,为了打印程序运行结果、表格及源程序等,多使用微型打印机。在微型打印机内部有一个控制用单片机,固化有微型打印机的控制打印程序。

打印机通电后,由打印机内部的单片机执行固化的控制打印程序,就可以接收和分析主控单片机送来的数据和命令,然后通过控制电路,实现对打印头机械动作的控制,进行打印。此外,微型打印机还能接受人工干预,完成自检、停机和走纸等操作。

目前常使用的智能微型打印机有 GP16、TPμP16A、TPμP40A 、FD-μP24/16 等型号。型号中有数字 16 的每行打印 16 个字符,有数字 24、40 的每行可打印 24、40 个字符。下面以 TPμP40A 型打印机为例简介打印机接口及应用。

1. TPμP40A 微型打印机概述

(1) TPμP40A 微型打印机的主要技术性能

① 采用单片机控制,具有 2KB 控打程序及标准的圣特罗尼克(Centironic)并行接口,便于和计算机应用系统或智能仪器仪表联机使用。

② 有较丰富的打印命令,命令代码均为单字节,格式简单。

③ 可产生全部标准的 ASCII 代码字符以及 128 个非标准字符和图符。有 16 个代码字符(6×7 点阵)可由用户通过程序自行定义,并可通过命令用此 16 个代码字符去更换任何驻留代码字型,以便用于多种文字的打印。

④ 可打印出 8×240 点阵的图样(汉字或图案点阵),代码字符和点阵图样可在一行中混合打印。

⑤ 字符、图符和点阵图可以在宽和高的方向放大为 2 倍、3 倍、4 倍。

⑥ 每行字符的点行数(包括字符的行间距)可用命令更换,即字符行间距空点行在 0～256 之间任选。

⑦ 带有水平和垂直制表命令,便于打印表格。

⑧ 可重复打印同一字符命令,以减少输送代码的数量。

⑨ 带有命令格式的检错功能,当输入错误命令时,打印机立即打印出错误信息代码。

(2) 字符代码及打印命令

1) 打印机代码

TPμP40A 全部代码共 256 个,其中 00H 无效。

01H～0FH 代码为打印命令;

10H～1FH 代码为用户自定义代码;

20H～7FH 为标准 ASCII 码;

80H～FFH 为非标准 ASCII 代码,其中包括少量汉字、希腊字母、块图图符和一些特殊的字符。

TPμP40A 全部字符代码为 10H～FFH,字符串的结束代码(或称回车换行代码)为 0DH。但是,当输入代码满 40 个时,打印机自动回车。字符代码串实例如下:

例 1　打印字符串“$53265.37”

输送代码为:24,33,32,36,35,2E.33,37.0D

例 2　打印:“32.8cm”

输送代码为:33,32,2E,38,63,6D,0D

2）打印机命令

TPμP40A 的控制打印命令由一个命令字节和若干参数字节组成，其格式为

CC XX0…XXn

其中：CC——命令代码字节，01H～0FH；

XXn——n 个参数字节，n=0～250，随不同命令而异。

例如，0402H 命令代码，其中 04H 是字符间距更换命令，02H 是间距参数，因为只有一个参数，所以参数 n=1，该命令表示换行间距为 2 点行。

又如，0DH 命令代码为回车换行结束命令，后面不跟任何参数。

TPμP40A 的命令代码及功能如表 3-4-2 所列。

表 3-4-2　TPμP40A 命令代码一览表

命令代码	命令功能	命令代码	命令功能
01H	打印字符、图等，增宽（×1，×2，×3，×4 倍）	08H	垂直（制表）跳行
02H	打印字符、图等，增宽（×1，×2，×3，×4 倍）	09H	恢复 ASCⅡ代码和清输入缓冲区命令
03H	打印字符、图等，增宽（×1，×2，×3，×4 倍）	0AH	一个空位后回车换行
04H	字符行间距更换/定义	0BH～0CH	无效
05H	用户自定义字符点阵	0DH	回车换行/命令结束
06H	驻留代码字符点阵式样更换	0EH	重复打印同一字符命令
07H	水平（制表）跳区	0FH	打印位点阵图命令

2. TPμP40A 打印机的引脚

TPμP40A 微型机打印机与计算机应用系统通过机匣后部的接插件及 20 芯扁平电缆相连，其引脚说明如下：

2	4	6	8	10	12	14	16	18	20
GND	GND	GND	GND	GND	GND	GND	GND	$\overline{\text{ACK}}$	$\overline{\text{ERR}}$
$\overline{\text{STB}}$	DB0	DB1	DB2	DB3	DB4	DB5	DB6	DB7	BUSY
1	3	5	7	9	11	13	15	17	19

DB0～DB7：数据线，由计算机送给打印机。

$\overline{\text{STB}}$：数据选通信号，在该信号的上升沿，数据线上的 8 位并行数据送入打印机机内锁存器。

BUSY：打印机“忙”状态信号，高电平有效，有效时表示打印机不得使用 STB 信号向打印机输出新的数据。它可作中断请求信号，也可供 CPU 查询。

$\overline{\text{ACK}}$：打印机的应答信号，此信号有效（低电平）时，表明打印机已取走数据线上的数据。

$\overline{\text{ERR}}$：出错信号，当送入打印机的命令格式有错时，打印机立即打印出一行出错信息，以提示操作者注意。在打印机打印出错信息之前，该信号线出现一个负脉冲，脉冲宽度为 30 ms。

3. TPμP40A 打印机与 8031 接口电路

TPμP40A 是智能打印机,在输入电路中有锁存器,在输出电路中有三态门控制。因此,可以直接与 8031 相接,如图 3-4-15 所示。图 3-4-15 所示电路的工作原理如下:用 P1.0 口读入 BUSY 电平状态,用 P2.7 与 $\overline{WR}$ 或 $\overline{STB}$ 形成选通信号,而 P0 数据口线直接同 TPμP40A 的 DB0～DB7 相接。打印机作为外部 RAM 对待,向打印机发送命令或数据时,只要向口地址 7FFFH 中写入相应数据字节即可。

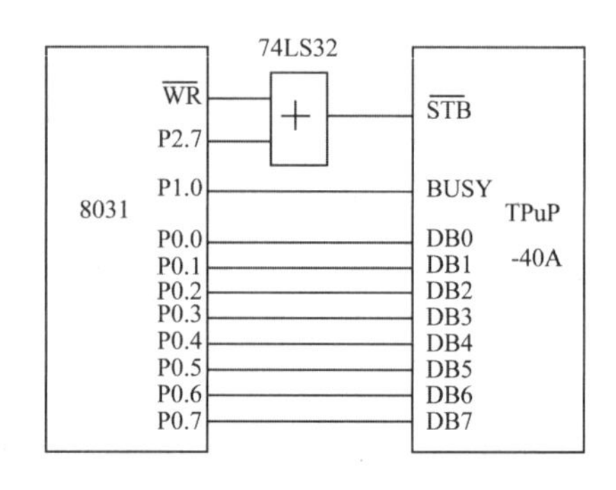

图 3-4-15　TPμP40A 与 8031 接口电路

4. TPμP40A 打印编程实例

下面以图 3-4-15 为例,介绍打印编程方法。

(1) 打印∠A+∠B=180°

对应的字符码为:BFH、41H、2BH、BFH、42H、3DH、31H、38H、30H、9BH。

命令码为:0DH——回车换行。

将上述码系列顺次存入片内 RAM 50H 单元开始的地址中,则编制的打印程序如下。

发送数据字节子程序 STRING:(打印字符串)

```
#include <reg51.h>
#include <absacc.h>
#define uchar unsigned char
#define uint unsigned int
#define TP 0x7FFF;                          //定义打印机口地址
uchar bdata Addr _at_ 0x50;                 //片内 RAM 地址
sbit BUSY = P1^0;
void Send()
{
    uchar Dat;
    uchar count;                            //定义字节数
    Dat = &Addr;                            //读数据
    if(Dat!= 0x0D)                          //是否为结束符,否就继续
    {
        if(BUSY == 1) while(1);             //查 BUSY 状态,直到不忙
        TP = Dat;                           //送出数据
        Addr ++ ;                           //指向下一个单元
        CY = 0;
    }
    else                                    //是,就返回
        return;
}
void main()
{
    Send();
}
```

(2) 打印十个字符＊＊＊＊＊＊＊＊＊＊

可用重复打印同一字符命令 0EH。＊的 ASCII 码为 3AH，要传送的字符串为：0EH、2AH、0AH。其中，0AH 是重复打印的次数，即 10。上例中介绍的发送数据字节子程序 STRING 只适用于打印字符串，对于重复打印及图形命令则不适用。下面介绍一个对各个打印命令都适用的数据字节发送程序 SEND，假设打印命令字节及相应命令所需数据字节按命令格式顺序存入片外 RAM 50H 单元开始的地址中，而命令及数据所占字节数送入 R7 中，则 SEND 子程序如下：

```
#include <reg51.h>
#include <absacc.h>
#define uchar unsigned char
#define uint unsigned int
#define TP 0x7FFF;                          //定义打印口地址
uchar bdata Addr _at_ 0x50;                 //片内 RAM 地址
sbit BUSY = P1^0;
void Send()
{
    uchar Dat;
    uchar count;                            //定义字节数
    for(count = 3;count<0;count -- )
    {
        Dat = &Addr;                        //读数据
        if(BUSY == 1) while(1);             //查 BUSY 状态,直到不忙
        TP = Dat;                           //送出数据
    }
}
void main()
{
    Send();
}
```

在上述编程中，主计算机在向打印机发送数据时，对打印命令和数据并没有加以区别，而是一视同仁地对待，均看作数据字节，在打印机不忙的时候顺次发送这些数据字节，而在打印机忙的时候，则停止发送。区别命令和数据的工作，在主计算机一侧是由人工完成的，而在打印机一侧是由打印机中的 CPU 完成的，CPU 经判断识别，如果是数据，则将此数据存入打印缓冲区中，如果是命令则执行相应的功能。可以说主计算机所做的工作就是向打印机发送一个又一个字符串的过程。只要充分灵活运用各种打印命令编制打印程序，就可让打印机完成如放大、制表、字符、曲线、图形等各种打印，从而满足各种应用的需要。

3.4.5 报警器接口

声光报警电路可以用手动开关或传感器检测电路来控制，也可由单片微机通过接口电路来控制，下面介绍几种常用的报警接口电路。

1. 发光二极管指示灯接口

在微机测控系统的操作面板上,常常需要一些指示灯。有些指示灯(如电源开关状态指示灯等)不需要通过微型机控制,有些指示灯(如系统状态正常或错误指示灯等)则必须由微型机来控制。由微型机控制的指示灯在个数比较少的情况下,可以直接采用图3-4-16所示的直接锁存驱动方法。图中,D8触发器74LS377的使能端($\overline{G}$)接8031的P2.7,当P2.7输出“0”时,74LS377处于可接收数据的状态。74LS377的触发时钟CP与8031的$\overline{WR}$相接,74LS377的输入线接8031的P0口,这样可以把74LS377看作8031的一个地址为7FFFH的只能写入的外部存储单元。74LS377的输出线通过限流电阻接到各个发光二极管的负端,发光二极管的正端接+5 V电源。限流电阻阻值的选择要同时考虑发光二极管的驱动电流和74LS377的负载能力,一般可选330 Ω或360 Ω。这里发光二极管之所以反向连接,是因为TTL型74LS377在低电平输出时输出电流较高电平输出时大。这样欲使某发光二极管点亮,就需要向相应的输出线输出低电平。

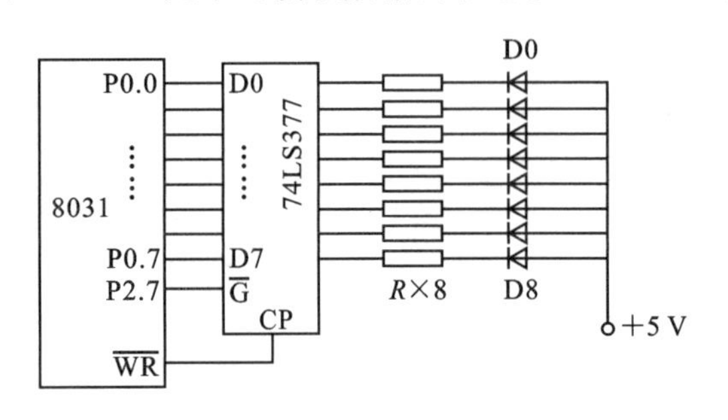

图3-4-16　使用发光二极管的显示接口

下面是本接口逻辑的控制程序。假设在调用本程序之前,显示控制数据已放入寄存器R2中。例如,想使1,2,4号灯亮,3,5,6,7,8号灯熄灭,则调用该程序前R2的内容应置为11110100B,即对应于1、2、4号灯的输出线输出低电平。

```
# include <reg51.h>
# include <absacc.h>
# define uchar unsigned char
# define uint unsigned int
# define WDATE XBYTE[0x7FFF];          //定义D触发器74LS377接口地址
WDATE = R2;                            //控制数据输出到D触发器74LS377,点亮相应位的LED灯
```

闪光报警接口也可采用图3-4-16所示电路。只要在控制指示灯的程序中加入定时程序,然后按一定的间隔交替点亮与熄灭指示灯即可。

2. 单频音报警接口

实现单频音报警的接口电路比较简单,其发音元件通常采用压电蜂鸣器,这种蜂鸣器只须在其两引线上加3~15 V的直流电压,就能产生3 kHz左右的蜂鸣振荡音响,比电研式蜂鸣器结构简单,耗电少,且更适于在单片机系统中应用。

压电式蜂鸣器约需10 mA的驱动电流。因此,可以使用TTL系列集成电路7406或7407低电平驱动,也可以使用一个晶体三极管驱动。图3-4-17(a)和图3-4-17(b)分别是使用这两种方式驱动的接口电路。

图3-4-17(a)中,驱动器的输入端接8031的P1.0,当P1.0输出高电平“1”时,7406的输出为低电平,使压电蜂鸣器引线获得将近5 V的直流电压,而产生蜂鸣音响;当P1.0端输出低电平“0”时,7406的输出升高到约+5 V,压电蜂鸣器的两引线间的直流电压降至接近于0 V,发音停止。在图3-3-2(b)中,P1.0接晶体管基极输入端,当P1.0输出高电平“1”时,

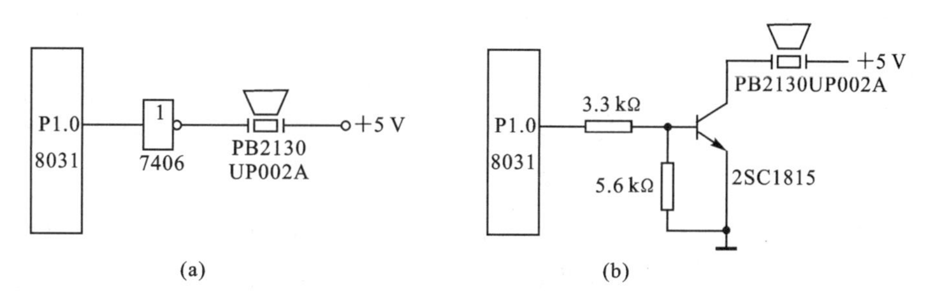

图 3-4-17　单频音报警接口

晶体管导通，压电蜂鸣器得电而鸣音；P1.0 输出低电平“0”时，三极管退出导通状态，蜂鸣器停止发音。因此，上述两个接口电路的控制程序可以共用。

下面是一个控制蜂鸣器连续鸣音 30 ms 的控制子程序：

```
#include <reg51.h>
#include <absacc.h>
#define uchar unsigned char
sbit P1_0 = P1^0;
void DL();
void DL1();
void SND();
void DL1()
{
    uchar R6, R7, c, d;
    P1_0 = 1;                          //P1.0 输出高电平，启动鸣音
    R7 = 0x1E;                         //延时 30 ms
   c = R6 -- ;
    d = R7 -- ;
    if(c!= 0)                          //小延时循环 1 ms
    {
        DL1();
}
    if(d!= 0)
    {
        DL();
    }
    P1_0 = 0;                          //P1.0 输出低电平，停止鸣音
    return;
}
void DL()
{
    uchar R6;
    R6 = 0x00F9;
}
void main()
```

```
{
    DL1();
}
```

3. 音乐声报警接口

单频音报警电路简单实用,已能满足音响报警的一般需求,不足之处在于声音单调,而且采用压电鸣音元件,音量也较小,且不可调整。下述音乐声报警电路与单片机系统连接,也很方便易行,而报警的音响又优美动听。

本接口电路由两部分组成:一部分是乐曲发生器电路,由普通的集成电子音乐芯片组成;另一部分是放大电路,也可采用集成放大器组成。图 3-4-18 所示是这种音乐声报警电路与 8031 的接口电路。图中,8031 的 P1.0 与乐曲发生器的输入端相接,当 P1.0 输出"1"电平时,经电阻分压后,7920A 的控制端 MT 得到约+1.5 V 的电压,于是从其乐曲信号输出端 OUT 输出华尔兹乐曲信号,经过放大电路 M51182L 放大后,驱动扬声器发出相应的报警乐曲声,音量的大小可利用调整 10 kΩ 电位器来改变。

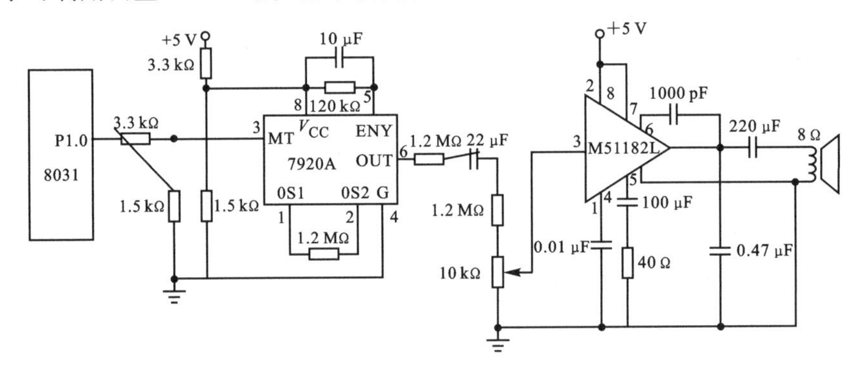

图 3-4-18　音乐声报警电路与 8031 的接口电路

本接口电路的控制程序非常简单,为使用方便,分别提供两个子程序,一个是启动报警子程序,一个是停止报警子程序。调用一次启动子程序,便产生报警乐曲声,直到调用一次停止子程序,乐曲方结束。其程序如下:

启动报警子程序:

```
#include <reg51.h>
Sbit P10 = P1^0;          //定义位变量 P1.0
void START()
{
    P10 = 1;              //P1.0 输出高电平,启动报警
}
```

停止报警子程序:

```
void STOP()
{
    P10 = 0;              //P1.0 输出低电平,停止报警
}
```

3.5　通信接口

通信接口是微型化测控系统的重要组成部分。在自动化测量和控制系统中,微机化仪表之间、计算机和各仪表之间不断地进行各种信息的交换和传输(即数据通信),而这种信息的交换和传输都必须通过通信接口和数据总线进行。所以通信接口和总线是计算机同各测量控制仪器/仪表之间进行信息交换和传输而设立的联络装置。

总线是一条多芯无源电缆线,作信息传输用;接口则由各种逻辑电路组成,有串行和并行两种形式,它对信息进行发送、接收、编码和译码。为使不同厂家生产的任何型号的仪器/仪表都可用一条无源标准总线电缆连接起来,并通过一个合适的接口与微机连接,世界各国都按同一标准来设计微机化仪器/仪表的接口电路。

在这些标准中,应用比较广泛的串行通信接口标准有 RS－232C、RS－422、RS－423 等;并行通信接口标准有 IEEE－488(或 HP－IB GP－IB)、IEEE－583(CAMAC)等。本章将主要介绍串行通信接口。

串行通信是将数据一位一位地传送,它只需要一根数据线,硬件成本低,而且可使用现有的通信通道(如电话、电报等),故在分散型控制系统、计算机终端中(特别在远距离传输数据时)广泛采用了串行通信方式,例如微机化仪表与上位机(IBM－PC 机等)之间,或微机化仪表与 CRT 间均通过串行通信来完成数据的传送。

电子工业协会(EIA)公布的 RS－232C 是用得最多的一种串行通信标准,它是从 CCITT 远程通信标准中导出的,用于数据终端设备(DTE)和数据通信设备(DCE)之间的接口。该标准除包括物理指标外,还包括表明按位串行传送的电气指标。

3.5.1　RS－232C 标准

1. 电气特性和数据传送格式

在电气性能方面,RS－232C 使用负逻辑。逻辑"1"电平在－5～－15 V 范围内,逻辑"0"电平在＋5～＋15 V 范围内。它要求 RS－232C 接收器必须能识别低到＋3 V 的信号作为逻辑"0",识别高到－3 V 的信号作为逻辑"1",即有 2 V 的噪声容限。RS－232C 的主要电气特性如表 3－5－1 所列。

表 3－5－1　RS－232C 的主要电气特性

项　目	参　数	项　目	参　数
最大电缆长度	15 m	驱动器输出短路电流	±500 mA
最大数据率	20 KB/s	接收器输入电阻	3～7 kΩ
驱动器输出电压(开路)	±25 V(最大)	接收器输入门限电压值	－3～＋3 V(最大)
驱动器输出电压(满载)	±5～±25 V(最大)	接收器输入电压	－25～＋25 V(最大)
驱动器输出电阻	300 Ω(最小)		

RS－232C 是位串行方式,传输数据的格式如图 3－5－1 所示,这是微机系统中最通用的格式。7 位 ASCII 码数据的连续传送由最低有效数字位开始,以奇偶校验位结束(RS－232C 标准接口并不限于 ASCII 数据,还可用 5 到 8 个数据位后加一奇偶校验位的传送方式)。

2. 接口信号

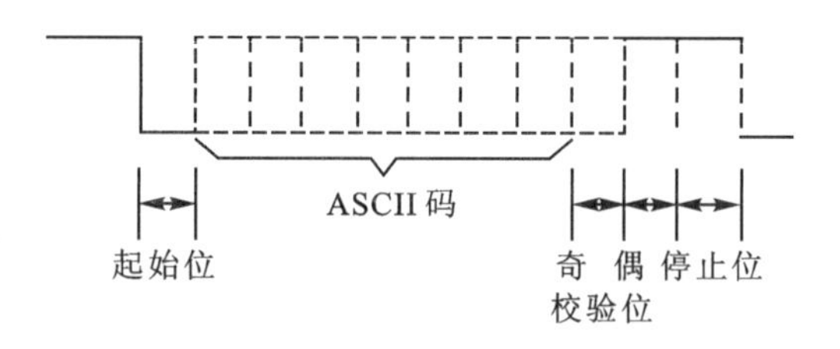

图 3－5－1　串行数据传输格式

完整的 RS－232C 接口有 25 根线，采用 25 芯的插头座。这 25 根线的信号列于表 3－5－2。其中 15 根线组成主信道(表中标 * 号者)，另外有一些未定义的和供辅信道使用的线。辅信道为次要串行通道提供数据控制和通路，但其运行速度比主信道要低得多。除了速度之外，辅信道与主信道相同。辅信道极少使用，若要用的话，主要是向连接于通信线路两端的调制解调器提供控制信息。

表 3－5－2　RS－232C 接口特性

脚　号	电　路	缩写符	名　称	信号地	数据信号		控制信号		定时信号	
					DCE 源	DCE 目标	DCE 源	DCE 目标	DCE 源	DCE 目标
*1	AA		保护地	√						
*2	BA	TXD	发送数据			√				
*3	BB	RXD	接收数据		√					
*4	CA	RTS	请求发送					√		
*5	CB	CTS	清除发送(允许发送)				√			
*6	CC	DSR	数据装置就绪				√			
*7	AB		信号地(公共回线)	√						
*8	CF	DCD	接收线信号检测				√			
9			保留供数据装置测试							
10			保留供数据装置测试							
11			未定义							
12	SCF	DCD	辅信道接收信号检测				√			
13	SCB	CTS	辅信道清除发送				√			
14	SBA	TXD	辅信道发送数据			√				
*15	DB		发送信号定时(DCE 源)						√	
16	SBB	RXD	辅信道接收数据		√					
*17	DD		接收信号定时(DCE 源)						√	
18			未定义							
19	SCA	RTS	辅信道请求发送					√		
*20	CD	DTR	数据终端就绪					√		
*21	CG		信道质量检测				√			
*22	CE		振铃指示				√			
*23	CH		数据信号速率选择					√		
	CI		DTE/DCE 源				√			
*24	DA		发送信号定时(DTE 源)							√
25			未定义							

RS－232C 标准接口的主要信号是“发送数据 TXD”和“接收数据 RXD”，它们用来在两个

系统或设备之间传送串行信息。其传输速率有 50,75,110,150,300,600,1 200,2 400,4 800,9 600 和 19 200 ,单位为 B/s。

RS－232C 标准接口上的信号线基本上可分为 4 类：数据信号(4 根)、控制信号(12 根)、定时信号(3 根)和地(2 根)。

(1) 数据信号

“发送数据(TXD)”和“接收数据(RXD)”信号线是一对数据传输线,用于传输串行的位数据信息。对于异步通信,传输的串行位数据信息的单位是字符。发送数据信号由数据终端设备(DTE)产生,送往数据通信设备(DCE)。在发送数据信息的间隔期间或无数据信息发送时,数据终端设备(DTE)保持该信号为“1”。“接收数据”信号由数据通信设备(DCE)发出,送往数据终端设备(DTE)。同样,在数据信息传输的间隔期间或无数据信息传输时,该信号应为“1”。

对于“接收数据”信号,不管何时,当“接收线信号检测”信号复位时,该信号必须保持“1”态。在半双工系统中,当“请求发送”信号置位时,该信号也保持“1”态。

辅信道中的 TXD 和 RXD 信号作用同上。

(2) 控制信号

数据终端设备 DTE 发出“请求发送 RTS”信号到数据通信设备,要求数据通信设备发送数据。在双工系统中,该信号的置位条件保持数据通信设备处于发送方式。在半双工系统中,该信号的置位条件维持数据通信设备处于发送状态,并且禁止接收;该信号复位后,才允许数据通信设备转为接收方式。在数据通信设备复位“清除发送”信号之前,“请求发送”信号不能重新发生。

数据通信设备发送“清除发送 CTS”信号到数据终端设备,以响应数据终端设备请求发送数据的要求,表示数据通信设备处于发送状态且准备发送数据,数据终端设备作好接收数据的准备。当该控制信号复位时,应无数据发送。

数据通信设备的状态由“数据装置就绪 DSR”信号表示。当设备连接到通道时,该信号置位,表示设备不在测试状态和通信方式,设备已经完成了定时功能。该信号置位并不意味着通信电路已经建立,仅表示局部设备已准备好,处于就绪状态。

“数据终端就绪 DTR”信号由数据终端设备发出,送往数据通信设备,表示数据终端处于就绪状态,并且在指定通道已连接数据通信设备,此时数据通信设备可以发送数据。完成数据传输后,该信号复位,表示数据终端在指定通道上和数据通信设备逻辑上断开。

当数据通信设备收到振铃信号时,置位“振铃指示”信号。当数据通信设备收到一个符合一定标准的信号时,则发送“接收线信号检测 DCD”信号。当无信号或收到一个不符合标准的信号时,“接收线信号检测”信号复位。

确定无数据错误发生时,数据通信设备置位“信号质量检测”信号;若发现数据错误,则该信号复位。在使用双速率的数据装置中,数据通信设备使用“数据信号速率选择”控制信号,以指定两种数据信号速率中的一种。若该信号置位,则选择高速率;否则,选择低速率。该信号源自于数据终端设备或数据通信设备。

辅信道控制信号的作用同上。

(3) 定时信号

数据终端设备使用“发送信号定时”信号指示发送数据线上的每个二进位数据的中心位置;而数据通信设备使用“接收信号定时”信号指示接收数据线上的每个二进位制数据的中心

位置。

(4) 地

“保护地”即屏蔽地；“信号地”是 RS-232C 所有信号公共参考点的地。

3. 通信系统结构

大多数计算机和终端设备仅需要使用 25 根信号线中的 3～5 根线就可工作。对于标准系统需要使用 8 根信号线。图 3-5-2 给出了使用 RS-232C 标准接口的几种系统结构。

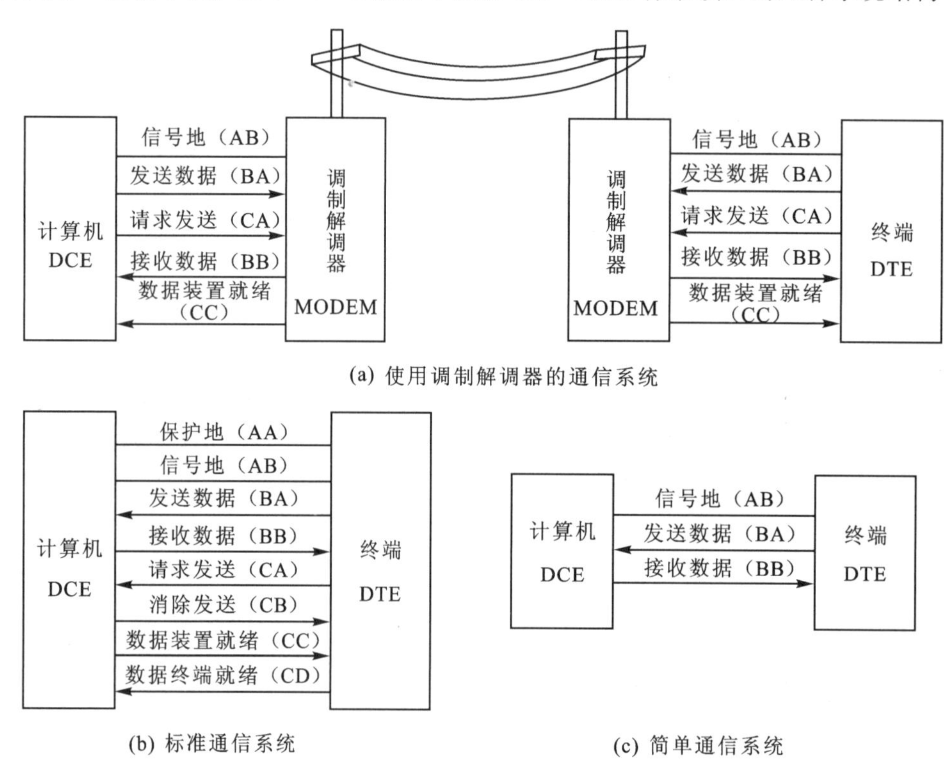

图 3-5-2　RS-232C 数据通信系统的结构

通信系统在工作前需要初始化，即进行一系列控制信号的交互联络。首先由终端发出“请求发送”信号(高电平)，表示终端设备要求通信设备发送数据；数据通信设备发出“清除发送”信号(高电平)予以响应，表示该设备准备发送数据；而终端设备使用“数据终端就绪”信号进行回答，表示它已处于接收数据状态。此后，即可发送数据。在数据传输期间，“数据终端就绪”信号一直保持高电平，直到数据传输结束。“清除发送”信号变低后，可复位“请求发送”信号线。

4. RS-232C 与 TTL 器件接口

因 RS-232C 的逻辑电平与 TTL 电平不兼容，因此要与 TTL 器件连接，必须进行电平转换。1488 驱动器和 1489 接收器是 RS-232C 通用的集成电路转换器件，如图 3-5-3 所示。图(a)为 MC1489 四路 RS-232C 接收器引出线和功能原理图，只要用一个电阻就可编排出每个接收器的门限电平。为了滤除干扰，控制输入端可通过小电容旁路接地。图(b)为 MC1488 RS-232C 驱动器引出线和功能原理图，唯一的外部元件是从每一个输出端到地所接的小电容，用以限制转换速度，有时也不需要。实现这种转换的电路也可用分立元件构成，一种可行的电路如图 3-5-4 所示。

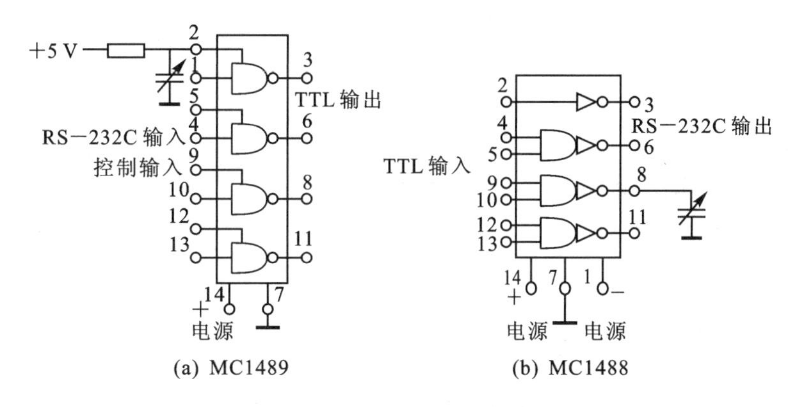

图 3－5－3　总线接收/发送器

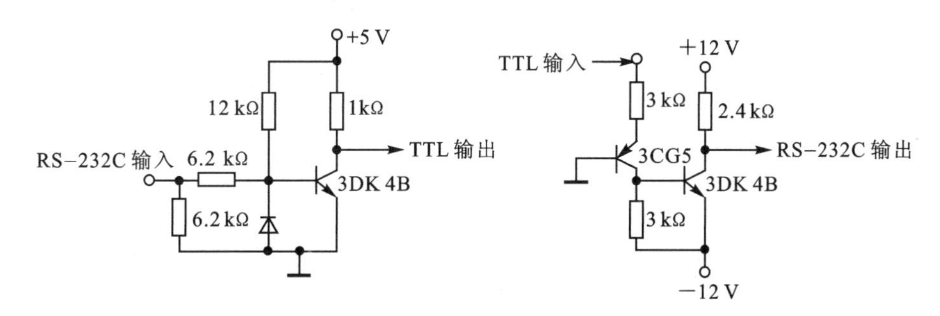

图 3－5－4　分立元件的接收、发送器

MC1488 的供电电压为±12 V 或±15 V，MC1489 的供电电压为+5 V。

3.5.2　串行通信接口电路

串行通信接口常用的标准 LSI 芯片是 Intel 8251A、ZilogSIO、Motorola MC6850 和 INS8250 ACIA 等。无论是哪种芯片，它们的基本功能都是实现串-并转换及发送、接收数据。芯片结构可分为三部分：发送部分、接收部分和控制部分，如图 3－5－5 所示。

下面仅以 Intel 8251A USART（通用同步/异步收发器）为例介绍串行通信接口的使用方法。

8251A 是一种功能较强的串-并转换接口芯片，它既可以用于同步串行通信，也能用于进行异步串行通信。由于 8251A 在异步通信中使用更多，故主要介绍 8251A 的异步通信方式。

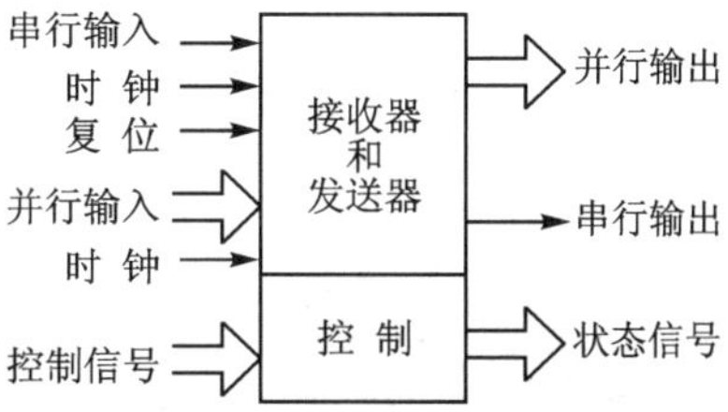

串行输入　时 钟　复 位　并行输入　时 钟　控制信号　接收器和发送器　控 制　并行输出　串行输出　状态信号

图 3－5－5　串行接口芯片结构

1. 8251 基本性能

① 可用于同步、异步串行通信。

② 异步通信：5～8 bit/字符，时钟频率为通信波特率的 1 倍、16 倍或 64 倍。

③ 同步通信：5～8 bit/字符，可设为单同步、双同步或者外同步，可自动插入同步字符。

④ 波特率：DC 为 19.2 KB/s（异步），DC 为 64 KB/s（同步）。

⑤ 完全双工通信，双缓冲器发送和接收器，接收器、发送器独立。

⑥ 可产生中止字符；可产生 1 位、$1\frac{1}{2}$位或 2 位的停止位；可检查假启动位；可自动检测和

处理中止字符。

⑦ 有出错检测功能;具有奇偶、溢出和帧错误等检测电路。

2. 8251A 的结构

8251A 的内部结构框图如图 3-5-6 所示,其由五个部分构成:接收控制和接收器、发送控制和发送器、调制解调控制器、读/写控制逻辑、I/O 缓冲器。8251A 内部由内部数据总线实现相互之间的通信。8251A 对外为 28 条引脚。

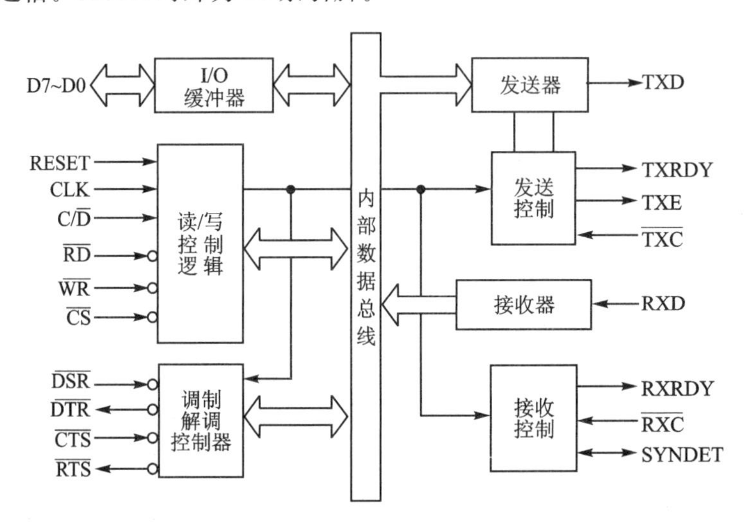

图 3-5-6 8251A 内部结构框图

(1) 接收器

接收器接收到 RXD 脚上的串行数据并按规定格式转换为并行数据,存放在接收数据缓冲器中。

8251A 工作于异步方式且允许接收和准备好接收数据时,它监视 RXD 线。无字符传送时,RXD 线上为高电平。当发现 RXD 线上出现低电平时,则认为它是起始位,就启动一个内部计数器;当计数到一个数据位宽度的一半时,又重新采样 RXD 线,若其仍为低电平,则确认它为起始位,而不是噪声信号。此后,每隔一定时间间隔采样一次 RXD 线作为输入信号,送到移位寄存器经过移位后,再经过奇偶校验和去掉停止位后,获得经转换的并行数据,由 8251A 内部数据总线传送到接收数据缓冲器,同时发出 RXRDY 信号,告诉 CPU 字符已经可用。

(2) 发送器

发送器接收 CPU 送到的并行数据,加上起始位、奇偶校验位和停止位后由 TXD 引脚发送。无论是同步还是异步工作方式,只有当程序设置了允许发送 TXEN 和 $\overline{CTS}$ 有效时,才能发送。

在同步方式时,发送器在数据发送前插入一个或两个同步字符(在初始化时由程序给定)。而在数据中,除了奇偶校验位外,不再插入别的位。当 CPU 来不及送出新的字符时,就自动地由 USART 在 TXD 线上插上同步字符。

(3) I/O 控制

读/写控制逻辑对 CPU 输出的控制信号进行译码,以实现表 3-5-3 所列的读写功能。I/O 控制包含芯片的端口选择和读写控制功能。

表 3-5-3　8251A 的操作表

$\overline{CS}$	C/$\overline{D}$	$\overline{RD}$	$\overline{WR}$	功　能
0	0	0	1	CPU 从 8251A 读数据
0	1	0	1	CPU 从 8251A 读状态字
0	0	1	0	CPU 向 8251A 写数据
0	1	1	0	CPU 向 8251A 写方式/命令字

(4) I/O 缓冲器

与 CPU 互相交换的数据和控制字就存放在 I/O 缓冲器，I/O 缓冲器包括状态缓冲器、发送数据/命令缓冲器和接收数据缓冲器三部分。

接收数据缓冲器：串行口接收到的数据，变成并行字符后存放到 I/O 缓冲器，以供 CPU 读取。

发送数据/命令缓冲器：它是一个分时使用双功能缓冲器，CPU 送来的并行数据存放在这里，准备由串行口向外发送；另外，CPU 送来的命令字也放在这里，以指挥串行接口的工作。由于命令一输入，马上就被执行，不必长期存放，所以不会影响存放发送数据。

状态字缓冲器：存放 8251A 内部的工作状态供 CPU 查询。其中包括状态信息 RXRDY 和 TXRDY 等。

(5) 调制解调控制器

这部分向调制解调器提供四种联络信号，可用来和其他外设联络，也可用于控制远程的串行数据传输。

3. 8251A 接口信号

由于 8251A 是用来作为 CPU 与外设或调制解调器之间的接口（见图 3-5-7），因此它的接口信号分为两组：一组为与 CPU 接口的信号；另一组为与外设（或调制解调器）接口的信号。

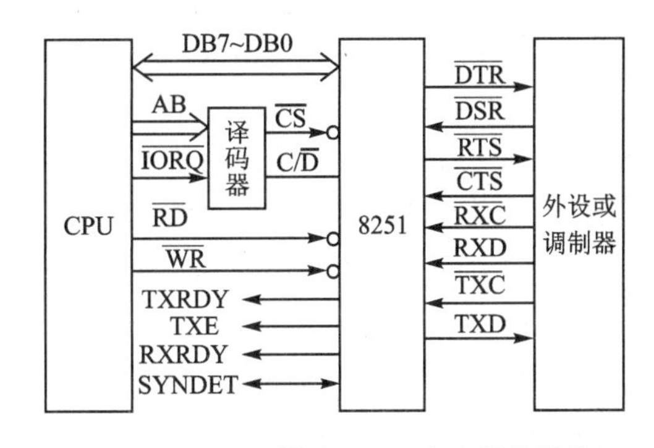

图 3-5-7　CPU 通过 8251A 与串行外设接口

(1) 与 CPU 的接口信号

① DB7～DB0——8251A 的外部三态双向数据总线，它可以连到 CPU 的数据总线。CPU 与 8251A 之间的命令、数据及状态信息都是通过这组数据总线传送的。

② CLK——由 CLK 输入产生 8251A 的内部时序。CLK 的频率在同步方式工作时，必须大于接收器和发送器输入时钟频率的 30 倍；在异步方式工作时，必须大于输入时钟的 4.5 倍。另外，规定 CLK 的周期要在 0.42～1.3 μs 的范围内。

③ $\overline{CS}$——片选信号，应由 CPU 的 $\overline{IORQ}$ 及地址信号经译码后产生。

④ C/$\overline{D}$——控制/数据端。在 CPU 读操作时，此端为高电平，由数据总线读入的是 8251A 的状态信息；低电平时，读入的是数据。在 CPU 写操作时，此端为高电平，CPU 通过数据总线输出的是命令信息；低电平时，输出的是数据。此端通常连到 CPU 的地址总线的 A0。

⑤ $\overline{RD}$——读信号。$\overline{RD}$ 低电平有效时，CPU 读取 8251A 的信息。

⑥ $\overline{WR}$——写信号。$\overline{WR}$ 低电平有效时，CPU 把信息写入 8251A。

⑦ TXRDY——发送器准备好信号。只有当USART允许发送(命令字中的TXEN位为1即允许发送,且外设或调制解调器送来的联络信号$\overline{\mathrm{CTS}}$为0,即外设也准备好接收),且发送命令/数据缓冲器为空时,此信号为高电平有效。当外设不提供$\overline{\mathrm{CTS}}$信号时,可用软件使之为0。TXRDY有效时,它的用法是CPU与8251A之间采用查询方式交换信息时,此信号用做状态信号;当CPU与8251A间采用中断方式交换信息时,此信号用做中断请求信号。

当USART从CPU接收了一个字符时,TXRDY复位。

⑧ TXE——发送器空信号。当TXE为高电平有效时,表示发送器中的并行到串行转换器空,发送器中字符已发送完。

⑨ RXRDY——接收器准备好信号。若命令寄存器的RXE(允许接收)位为1时,当8251A已从其串行输入端接收了一个字符,可以传送给CPU时,该信号有效。查询方式时,该信号作为一个状态信号;中断方式时,可作为一个中断请求信号。当CPU读了一个字符后,此信号复位。

⑩ SYNDET——同步检测信号。可输出或输入,只用于同步方式。当检出同步字符后被置1输出,表示同步已经实现。或者在外同步时,作为同步信号的输入线。在RESET时,此信号复位。

(2) 与外设(或装置)的接口信号

① $\overline{\mathrm{DTR}}$——数据终端准备好。这是一个通用的输出信号,低电平有效,通知外设或调制解调器表示数据终端已经准备好。

② $\overline{\mathrm{DSR}}$——数据装置准备好。输入线,低电平有效,表示外设或调制解调器已经准备好,CPU可读入状态信号,在状态寄存器的bit7检测这个信号。

③ $\overline{\mathrm{RTS}}$——请求传送,输出线,低电平有效,通知外设或调制解调器数据终端准备发送数据,请做好准备。

④ $\overline{\mathrm{CTS}}$——准许传送,是调制器对USART的$\overline{\mathrm{RTS}}$信号的响应,输入线。低电平有效时通知数据终端外设或调制解调器已做好准备,数据终端可以发送。

⑤ $\overline{\mathrm{RXC}}$——接收器时钟,控制USART接收字符的速度。在同步方式中,$\overline{\mathrm{RXC}}$端的信号速率等于波特率,由调制解调器供给。在异步方式中,$\overline{\mathrm{RXC}}$端的信号速率为波特率的1倍、16倍或64倍,由方式控制字选择,USART在$\overline{\mathrm{RXC}}$的上升沿采样数据。

⑥ RXD——接收数据输入线,来自外设或串行通信线路的串行输入信号加在此脚。

⑦ $\overline{\mathrm{TXC}}$——发送器时钟,控制USART发送字符的速度。$\overline{\mathrm{TXC}}$和波特率的关系与$\overline{\mathrm{RXC}}$相同。数据在$\overline{\mathrm{TXC}}$下降沿由USART移位输出。

⑧ TXD——发送数据输出端,由CPU送来的并行数据在TXD线上被串行地发送。

4. 8251编程

8251A是可编程的多功能通信接口,具体使用时必须对它进行初始化编程,确定其具体工作方式,如工作于同步方式还是异步方式,传送的波特率和字符格式等。

初始化编程的过程如图3-5-8所示。初始化编程必须在系统RESET后,USART工作以前进行,即USART无论工作于任何方式,都必须初始化。

(1) 方式控制字

由CPU写一个方式控制字到8251A,以实现按所选择的工作方式进行工作。这个方式控制字的格式如图3-5-9所示。

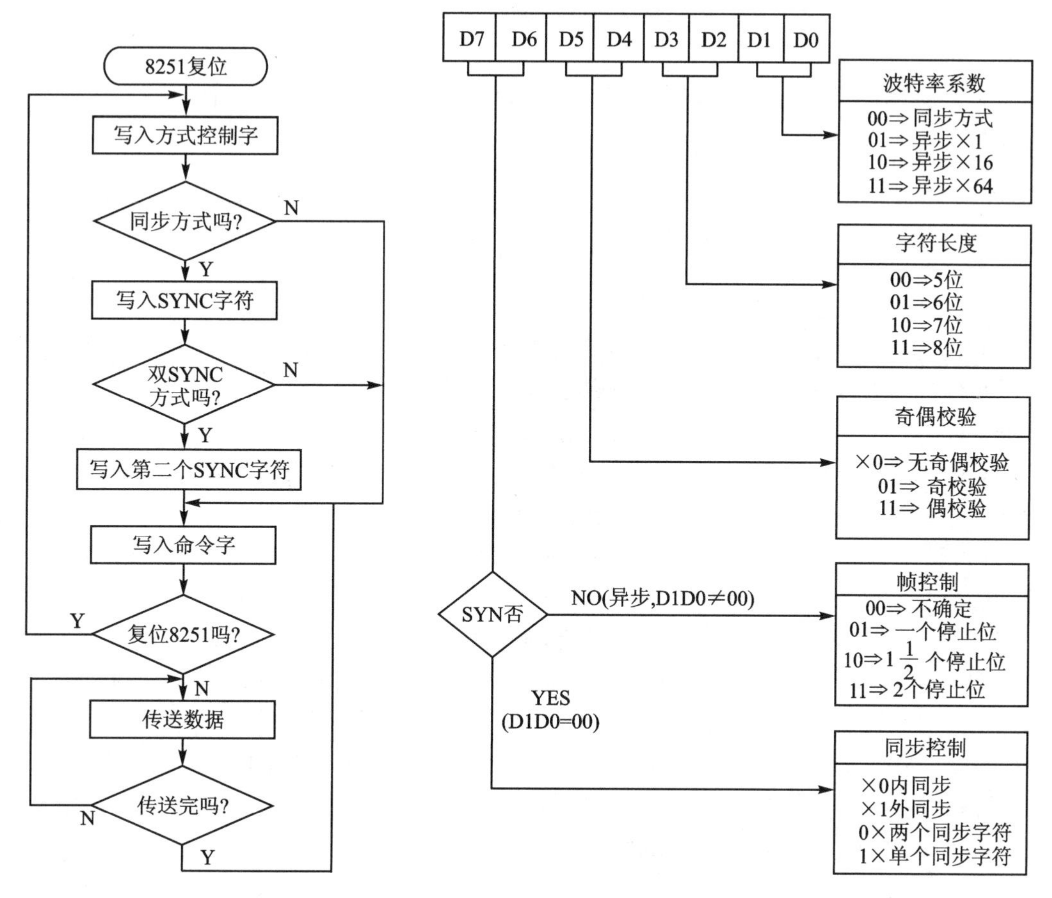

图 3-5-8　8251A 初始化流程　　**图 3-5-9　8251A 方式控制字的格式**

(2) 命令控制字

在输入同步字符后,或者在异步方式时,当写入方式控制字之后,应由 CPU 写一个命令控制字到 8251A 控制端口,以便按所规定的要求进行操作,其格式如下:

D7	D6	D5	D4	D3	D2	D1	D0
EH	IR	RTS	ER	SBRK	RXE	DTR	TXEN

各位的作用如下:

D0 位　发送允许 TXEN。当它为 1 时,表示允许发送;反之,则屏蔽发送。

D1 位　数据终端准备好 DTR。当它为 1 时,将迫使 DTR 输出端为低电平,用于表示本接口准备就绪。

D2 位　接收允许位。当它为 1 时,表示开放 RXRDY 信号;为 0 时,则表示屏蔽 RXRDY 输出端。

D3 位　中止符表示位。当 D3=0 时,表示正常工作;D3=1 时,将迫使 TXD 发送数据输出端为低电平,表示串行传送中止。

D4 位　错误标志复位。当 D4=1 时,使全部错误标志(PE、OE、FE)复位。

D5 位　请求发送位。当 D5=1 时,迫使 $\overline{\text{RTS}}$ 请求发送输出端为低电平。

D6 位　内部复位位。当 D6=1 时,使 8251A 返回到方式控制字格式。

D7位　外部搜索方式位。当D7=1时,起动搜索同步字符。

(3) 状态字

8251A的内部状态,由状态寄存器的内容反映。为了检测其状态,以便进行有效的控制,可由CPU发读操作到8251A的控制端口,将8251A状态字读入CPU。这个状态字格式如下:

D7	D6	D5	D4	D3	D2	D1	D0
DSR	SYNDET	FE	OE	PE	TXE	RX RDY	TX RDY

D0位　发送器准备好位。只要发送数据缓冲器一空就置位,而引脚TXRDY的置位条件是:数据缓冲寄存器空·$\overline{\text{CTS}}$·TXEN满足时才能置位。

D1位、D2位、D6位和D7位的作用与对应的引脚定义相同。

D3位　奇偶校验错位。当检测到奇偶校验错误时,使D3位置位。D3位由命令控制字中的ER位复位。D3位并不禁止芯片8251A工作。

D4位　溢出错误位。8251A接收数据时,接收的串行数据送到接收数据缓冲器,等待CPU来时取走,此时8251A可以接收另一个新的字符。但若接收完下一个字符且要把它送往接收缓冲器时,CPU还未取走上一个数据,则该数据丢失,此时将D4(即OE)位置位。D4位由命令控制字中的ER位复位。D4位不禁止芯片8251A工作,但发生此错误时,上一字符已丢失。

D5位　帧错误位(只用于异步方式)。当任意一个字符的结尾没有检测到规定的停止位时,FE标志置位。FE标志不禁止8251A工作,由命令控制中的ER位复位。

5. 8251A应用实例:8251A与8031单片机接口

8251A与单片机8031的接口逻辑如图3-5-10所示。8251A的C/$\overline{\text{D}}$端接地址线A0。片选线$\overline{\text{CS}}$接P2.7。8031和8251A的数据传送采用中断控制方式,8251A的RXRDY和TXRDY逻辑组合后,作为8031的外部中断请求源。

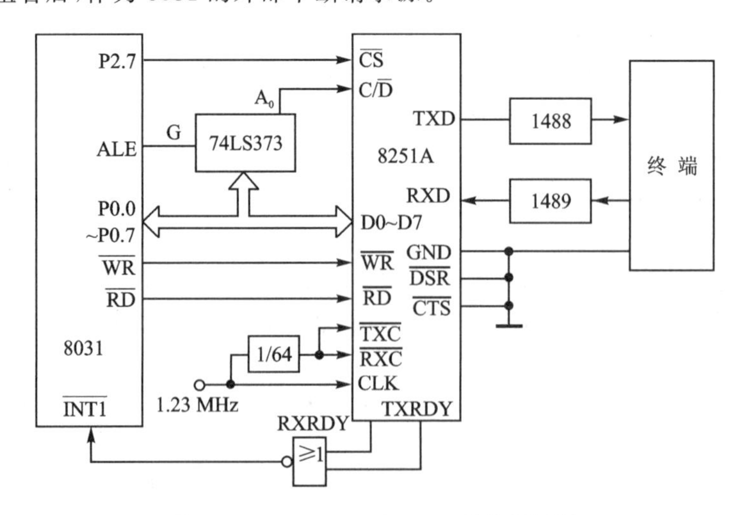

图3-5-10　8251A与8031的接口逻辑

8251A与终端的通信采用RS-232C异步通信方式,由于8251A的I/O线是TTL电平,终端接口为RS-232C电平,故在8251A和终端之间接有电平转换器1488(发送)和1489(接收）。由于不采用调制解调器，故 $\overline{DSR}$、$\overline{CTS}$ 接地。

8251A 的 CLK 端输入 1.23 MHz 频率的时钟信号，该信号经 64 分频后产生 19.2 kHz 的脉冲信号，作为 8251A 的发送、接收时钟。

设波特率为 1 200，字符长度为 8 位，偶校验，1 位停止位，则异步通信程序如下（程序在外部复位后运行）：

初始化程序

```
#include <reg51.h>
#include <absacc.h>
#include <absacc.h>
#define 8251A XBYTE[0x7FFF]                    //定义 8251A 的地址
#define uchar unsigned char
void main()
{
    uchar xdata * add1;                        //定义外部存储器指针
    uchar xdata * add2;
    add1 = &8251A;
    add2 = &8251A;
    * add1 = 0x7E;                             //置方式选择命令字
    * add2 = 0x15;                             //置控制命令字
}
```

中断服务程序

```
#include <reg51.h>
#include <absacc.h>
#define 8251A XBYTE[0x7FFF]                  //定义 8251A 的地址
#define uchar unsigned char
void TRT();
void REV();
sbit ACC_0 = ACC^0;
sbit ACC_1 = ACC^1;
void main()
{
    uchar xdata * add;                       //定义外部存储器指针
    uchar a;
    add = &8251A;
    a = * add;                               //读取状态字
    if(ACC_0 == 1)                           //为 TXRDY 转发送处理
    {
        TRT();
    }
    if(ACC_1 == 1)                           //为 RXRDY 转接收处理
    {
```

```
            REV();
        }
    }
    void TRT()
    {
            ⋮
        CIT1();
    }
    void REV()
    {
            ⋮
        CIT1();
    }
```

3.5.3 MCS－51 单片机与 IBM－PC 计算机的数据通信

以 MCS－51 单片机(8031)为核心的测控系统与上位计算机(例如 IBM－PC 机)之间的数据交换通常采用串行通信的方式。IBM－PC 机内装有异步通信适配器板，其主要器件为可编程的 8250UART 芯片，它使该机有能力与其他具有标准 RS－232C 串行通信接口的计算机或设备进行通信。而 8031 本身具有一个全双工的串行口，因此，只要配以一些驱动、隔离电路就可组成一个简单可行的通信接口。

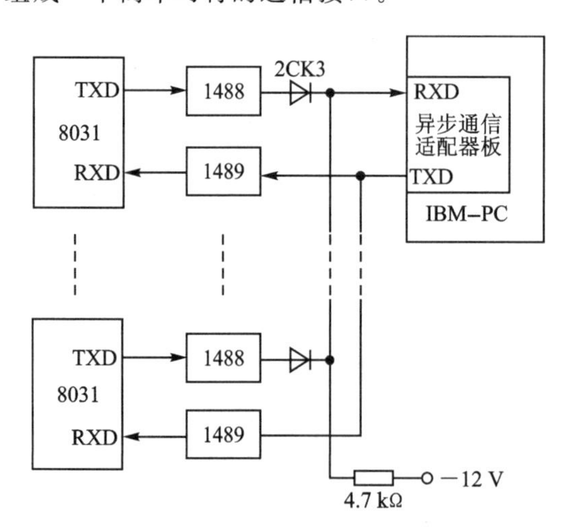

图 3－5－11　单片机与 IBM－PC 机的通信接口

多台单片机和个人计算机的通信接口电路如图 3－5－11 所示。图中 1488 和 1489 分别发送和接收电平转换电路。从个人计算机通信适配器板引出的发送线(TXD)通过 1489 和 8031 接收端(RXD)相连。由于 1488 的输出端不能直接连在一起，故它们均经二极管隔离后才并接在 PC 机的接收端(RXD)上。通信采用主从方式，由个人计算机确定与哪个单片机进行通信。在通信软件中，应根据用户的要求和通信协议规定，对 8250 初始化，即设置波特率(9 600 bit/s)、数据位数(8 位)、奇偶类型和停止位数(1 位)。需要指出的是，这时奇偶校验用做发送地址码(通道号)或数据的特征位(1 表示地址)，而数据通信的校验采用累加和校验方法。

数据传送可用查询方式或中断方式。若采用查询方式，在发送地址或数据时，先用输入指令检查发送器的保持寄存器是否为空。若为空，则用输出指令将一个数据输出给 8250 即可，8250 会自动地将数据一位一位发送到串行通信线上。接收数据时，8250 把串行数据转换成并行数据，并送入接收数据寄存器中，同时把“接收数据就绪”信号置于状态寄存器中。CPU 读到这个信号后，就可以用输入指令从接收器中读入一个数据了。

若采用中断方式，发送时，用输出指令输出一个数据给 8250。若 8250 已将此数据发送完毕，则发出一个中断信号，说明 CPU 可以继续发数据。若 8250 接收到一个数据，则发送一个中断信号，表明 CPU 可以取出数据。

采用查询方法发送和接收数据的程序框图如图 3-5-12 所示。

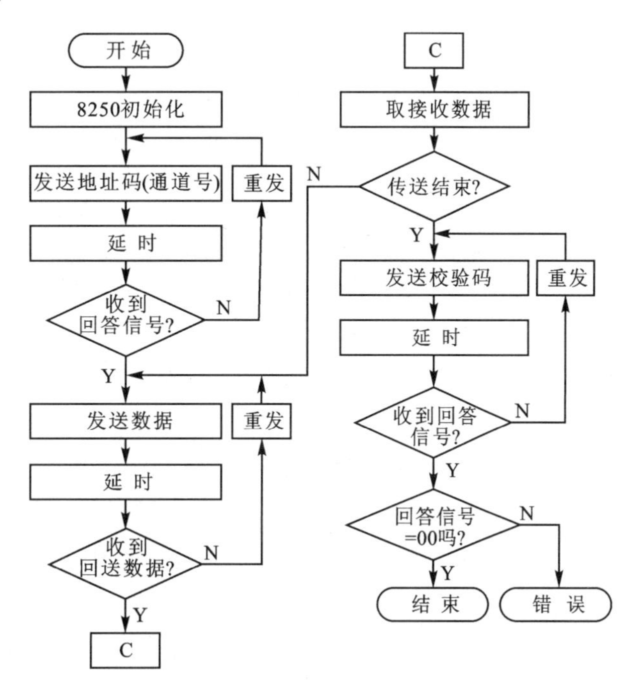

图 3-5-12　计算机通信程序框图

单片机采用中断方式发送和接收数据。串行口设置为工作方式 3，由第 9 位判断地址码或数据。当某台单片机与计算机发出的地址码一致时，就发出应答信号给计算机，而其他几台则不发出应答信号。这样，在某一时刻计算机只与一台单片机传输数据。单片机与计算机沟通联络后，先接收数据，再将机内数据发往计算机。

定时器 T1 作为波特率发生器，将其设置为工作方式 2，波特率同样为 9 600 bit/s。单片机的通信程序框图如图 3-5-13 所示。

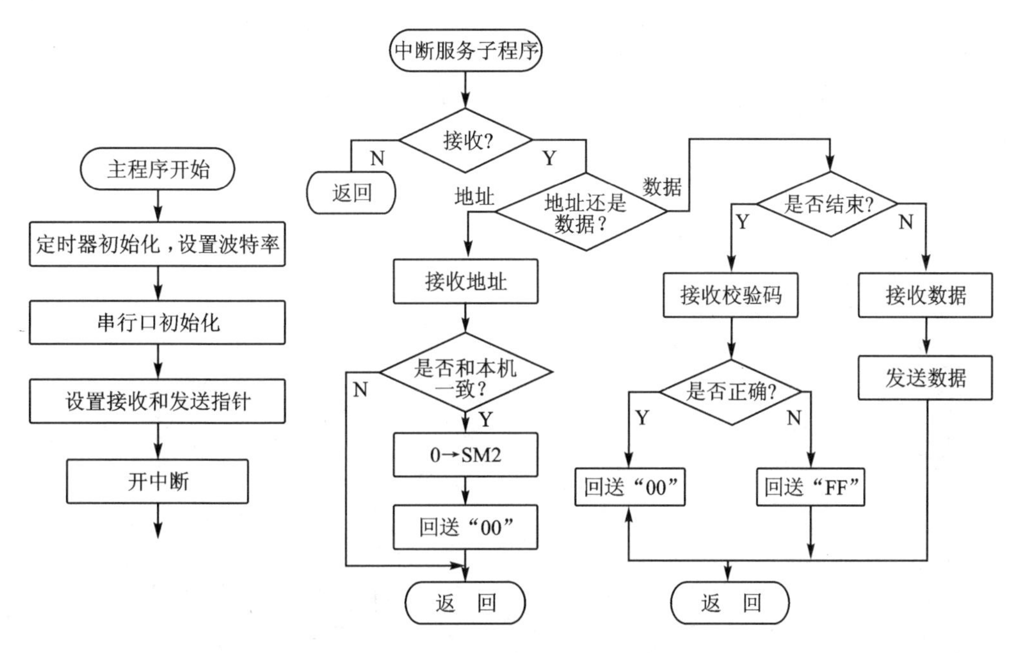

图 3-5-13　单片机通信程序框图

通信程序如下(设某单片机地址为 03H)：

```
#include <reg51.h>
#define uchar unsigned char
uchar Datnum = 0;
uchar Sum = 0;
uchar j;
uchar bdata flagBase _at_ 0x20;
sbit F0 = flagBase^7;
uchar Dat1[3];                                  //设置字长度
void trs() interrupt 4 using 1 (){
    uchar Dat;
    EA = 0;
    if(TI == 0){
        RI = 0;
        if(RB8 == 1){
            Dat = SBUF;
            if(Dat!= 0x03) return;              //若与本机地址不符,返回
            SM2 = 0;F0 = 1;
            SBUF = 0x00;                        //与本机地址符合,回送"00"
        }
        if(F0 == 1){
            Datnum = SBUF;
            F0 = 0;SBUF = 0x00;                 //置正确标志,回送 00
            return;
        }
        if(Datnum == 0){
            Dat = SBUF;
            if((Dat^Sum)!= 0){
                SBUF = 0xff;F0 = 1;return;      //检验不正确,回送 FF
            }
            SBUF = 0x00;F0 = 0;ES = 0;SM2 = 1;
            Sum = 0;j = 0;return;
        }
        Dat1[j] = SBUF;                         //接收数据
        Sum = Sum + Dat1[j];                    //数据累加
        SBUF = 0x00;
        j++;Datnum--;return;
    }
    else TI = 0;
    return;
}
void main(){
    SCON = 0xf8;                                //设置串行口工作方式
    TMOD = 0x20;                                //将 T1 设为工作方式 2
    TH1 = TL1 = 0xfd;                           //设置时间常数,确定波特率
    PCON = 0x80;
```

```
        TR1 = 1;                                        //开中断
        ES = 1;EA = 1;
        while(1);                                       //等待串行口中断
    }
```

3.5.4　RS-422 标准和 RS-423 标准

由 RS-232C 的电气特性表可知，若不采用调制解调器，其传输距离很短，且最大数据传输率也受到限制。因此，EIA（电子工业协会）又公布了适应于远距离传输的 RS-422（平衡传输线）和 RS-423（不平衡传输线）标准。

RS-232C 传送的信号是单端电压，而 RS-422 和 RS-423 是用差分接收器接收信号电压的。图 3-5-14 所示为这几种标准连接方式的比较。

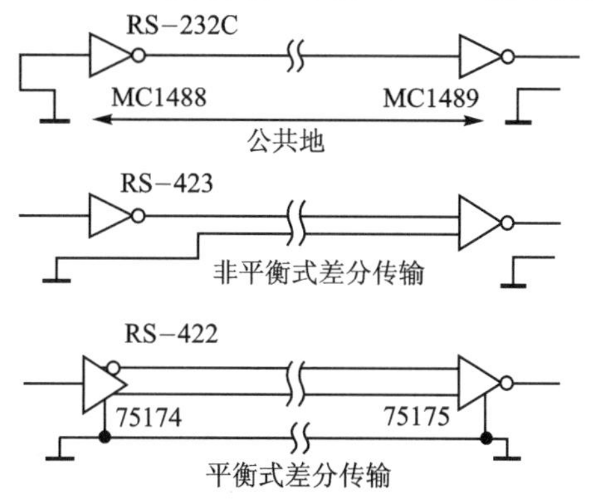

图 3-5-14　RS-232C、RS-422 和 RS-423 连接方式比较

由于差分输入的抗噪声能力强，使得 RS-422、RS-423 可以有较长的传输距离。RS-422 的发送端采用平衡驱动器，因而其传输速率最高，传输距离也最远。表 3-5-4 分别列出了 RS-422 和 RS-423 的电气特性。

表 3-5-4　RS-422 和 RS-423 电气特性

特　性	RS-423	RS-422
最大电缆长度	600 m	1 200 m
最大数据率	300 KB/s	10 MB/s
驱动器输出电压（开路）	±6 V（最大）	6 V（最大）输出端之间
驱动器输出电压（满载）	±3.6 V（最小）	2 V（最小）输出端之间
驱动器输出短路电流	±150 mA（最大）	±150 mA（最大）
接收器输入电阻	≥4 kΩ	≥4 kΩ
接收输入门限电压值	−0.2～+0.2 V（最大）	−0.2～+0.2 V（最大）
接收器输入电压	−12～+12 V（最大）	−12～+12 V（最大）

思考题与习题

1. 为什么常见的小型微机化测控系统大多采用单片机？

2. 指出图 3-1-6 中存储器和 I/O 接口寻址范围。

3. 为什么 8031 单片机的引脚 $\overline{EA}$ 固定接低电平？

4. 假设给图 3-2-2 ADC0809 的模拟输入端加 2.5 V 直流电压，试确定以下两种情况下 8031 单片机 P0.0 和 P0.1 读取的 A/D 转换结果分别是“0”还是“1”？(1)$V_{REF(+)}=+5$ V，$V_{REF(-)}=0$ V；(2)$V_{REF(+)}=+5$ V，$V_{REF(-)}=-5$ V。

5. 在一个由8031单片机与一片ADC0809组成的数据采集系统中，ADC0809的8个输入通道的地址为7FF8H～7FFFH，试画出有关接口的电路图，并写出满足如下条件的程序：每隔1 min轮流采集一次8个通道的数据，共采样50次，其采样值存入片外RAM中以2000H单元开始的存储区中。

6. 图3-2-7所示VFC接口电路所能转换的模拟电压U_x的最大允许值是多少？

7. 仿照图3-3-4设计一个三路同步输出的D/A转换接口电路并写出接口程序。

8. 串行ADC与并行ADC有何异同？串行DAC与并行DAC有何异同？

9. 说明图3-3-8的工作原理及其改进电路。

10. LED显示接口与LCD显示接口有哪些相同点和不同点？

11. LED静态显示和动态显示在硬件和软件上有哪些主要区别？

12. 简述行列式(矩阵式)非编码键盘按键按下的识别原理。

13. 键盘有哪三种工作方式，它们各自的工作原理及特点是什么？

14. 何谓RS-232C的电平转换？

15. RS-232C标准的接口信号有哪几类？说明常用的几根信号线的作用。

16. 试比较RS-232C与RS-422、RS-423连接方式和传输特性的主要差别。

课件

讲稿笔记

习题解答

第4章　测控总线技术

4.1　测控总线概述

4.1.1　总线的基本概念

1. 总线的定义

所谓总线，就是在模块和模块之间或设备与设备之间的一组进行互联和传输信息的信号线的集合。这个集合定义了各引线的信号、电气、机械特性，可以组成系统的标准信息通道，把计算机和测控系统的各组成部分连成一个整体以便彼此间进行信息交换。

在现代测控系统中，各分系统或各单元模块间必然存在着信息的交换，这种信息交换必须借助于总线及总线接口部件。利用总线技术能够大大简化测控系统结构，增加系统的兼容性、开放性、可靠性和可维护性，便于实行标准化及组织规模化的生产，从而显著降低系统成本。

2. 总线的分类

总线的类别很多，分类方法也很多，常见的分类法及类型如下：

① 按其传送数据的方式分，可分为串行总线和并行总线。

② 按应用场合分，可分为芯片总线、板内总线、机箱总线、设备互联总线、现场总线及网络总线等。

③ 按总线的作用域分，可分为全局总线和本地总线(Local Bus)。

④ 按标准化程度分，可分为标准总线和非标准化(专用)总线。

⑤ 按用途分，可分为计算机总线、测控总线和外设总线。

⑥ 按总线传送的信息种类分，可分为地址总线、数据总线、控制总线、电源总线、模拟信号总线及标准信号总线等。

3. 总线的信号线

总线通常有几十条到上百条信号线，大体可分成以下几种主要类型。

(1) 数据线

数据线是传送数据和代码的信号线，一般为双向，可以进行两个方向的数据传送。数据线也采用三态逻辑。

(2) 地址线

地址线是传送地址的信号线。地址线的数目决定了直接寻址的范围。例如，16根地址线可直接寻址64 KB的地址空间，24根地址线可直接寻址16 MB的地址空间。地址总线均为单向、三态总线。

(3) 控制线

控制线是传送控制信号的信号线，用来实现命令、状态传送、中断、直接对存储器存取的控制，以及提供系统使用的时钟和复位信号等。

根据不同的使用条件，控制线有的为单向，有的为双向，有的为三态，有的为非三态。控制线是一组很重要的信号线,它决定了总线功能的强弱和适应性的好坏。好的总线控制功能强,时序简单且使用方便。

(4) 电源线和地线

电源线和地线决定了总线使用的电源种类及地线分布和用法。

(5) 备用线

备用线是厂家和用户作为性能扩充或作为特殊要求使用的信号线。

4. 测控总线

测控总线是指以组成测量和控制系统为主要目标而开发的总线。自数字计算机问世以来,各种总线标准不断推出,如PC总线、ISA总线、PCI总线。虽然在PC总线、ISA总线、PCI总线系统上加入各种I/O功能模块板,也可以组成测控系统,但这并不是这些总线标准设计的主要目的。目前用于测控系统设计的总线主要有CPCI、GPIB、VME、VXI、PXI和LXI等总线。

现代测量及检测系统的发展趋势是标准总线的计算机平台、功能强大的软件,以及应用总线技术的模块化仪器设备的有机结合,这种结合极大地增强了测控系统的功能与性能。在现代测控系统中,总线技术越来越受到重视。

在测控系统研制中,选择恰当的总线不仅可以实现系统的低成本和高性能,而且可以使系统更易于扩展、升级和保护用户的投资利益。

4.1.2 总线的性能和标准

1. 总线的性能指标

虽然总线种类繁多,但总线之间存在许多共同的性能指标可以进行比较,如电气特性、定时与同步特性等。测控总线的性能指标很多,下面对主要的性能指标进行介绍。

(1) 总线宽度

总线宽度主要是指数据总线的宽度,以位(bit)为单位。如16位总线、32位总线,指的是总线具有传送16位数据、32位数据的能力。

(2) 寻址能力

寻址能力主要是指地址总线的位数及所能直接寻址的存储器空间的大小。一般说来,地址线位数越多,所能寻址的地址空间越大。

(3) 总线频率

总线周期是微处理器完成一步完整操作的最小时间单位。总线频率就是总线周期的倒数,它是总线工作速度的一个重要参数。工作频率越高,传输速度越快。总线频率通常用MHz表示。

(4) 数据传输率

总线的数据传输率(也称为总线带宽)是指在某种数据传输方式下,总线所能达到的数据传输速率,即每秒传送的字节数,单位为MB/s,总线传输率用下式计算:

数据传输率(MB/s)=传输频率(MHz)×传输位宽(bit)/8。

(5) 总线的定时协议

在总线上进行信息传送必须遵守定时规则,以使源与目的同步。定时协议主要有以下三种。

① 同步总线定时。同步总线定时是指信息传送由公共时钟控制,公共时钟连接到所有模

块，所有操作都是在公共时钟的固定时间发生，不依赖于源或目的。

② 异步总线定时。异步总线定时是指一个信号出现在总线上的时刻取决于前一个信号的出现，即信号的改变是顺序发生的，且每一操作由源（或目的）的特定跳变所确定。

③ 半同步总线定时。半同步总线定时是前两种总线方式的混合。它在操作之间的时间间隔可以变化，但仅能为公共时钟周期的整数倍。半同步总线具有同步总线的速度及异步总线的通用性。

(6) 热插拔

测控总线的热插拔即允许带电拔插工作中的基于该测控总线的板卡，其最基本的目的是要求带电插拔板卡而不影响系统运行，以便维修故障板卡或重新配置系统。热插拔技术可以提供有计划地访问热插拔板卡、设备，允许在不停机或很少需要操作人员参与的情况下，实现故障恢复和系统重新配置；热插拔技术可以提供高可靠应用，当板卡出现故障时，系统在不间断运行的情况下自动隔离故障板卡。

(7) 即插即用

即插即用（Plug and Play，有时写为 Plug &Play，简称 PnP）是指计算机系统所拥有的自动配置扩展板卡及其他设备的能力。采用即插即用的测控总线设备，用户在不需要手动配置硬件或操作系统的情况下就能进行添加、移除的操作。例如，用户在运行的测控系统中插入带有 USB 接口的测控设备，即插即用系统马上就会检测到这个新设备并为它找到驱动程序并安装好。

(8) 负载能力

负载能力是指总线上所有能挂接的器件个数。由于总线上只有扩展槽能提供给用户使用，故负载能力一般是指总线上的扩展槽个数，即可以连到总线上的扩展电路板的个数。

2. 总线标准

(1) 总线标准的主要规范

总线的类型非常多，但有些类型的总线已标准化，或虽未标准化但由于使用广泛，已成为事实上的标准。为了充分发挥总线的作用，每个总线标准都必须具有具体和明确的规范说明，通常包括如下几个方面的技术规范或特性。

1) 机械特性

主要指连接总线用的接插件，规定模块插件的机械尺寸，总线插头、插座的规格及位置等。

2) 电气特性

主要指信号的电平、驱动能力和驱动方式，规定总线信号的逻辑电平、噪声容限、负载能力及最大额定值、动态转换时间等。

3) 功能特性

主要指各信号的定义及一些逻辑机制，规定各总线信号的名称及功能定义，如数据线、地址线、读/写控制逻辑线、时钟线及电源线、地线等。信号的逻辑机制包括中断机制、总线主控仲裁、应用逻辑等，如握手联络线、复位、自启动休眠维护等。

4) 过程特性

主要指总线的工作时序，规定各总线信号的动作过程及时序关系。

(2) 总线标准的产生

总线标准的产生通常有以下两种途径：

① 某计算机制造厂家（或公司）在研制本公司的微机系统时所采用的一种总线，由于其性

能优越,得到用户普遍接受,逐渐形成一种被业界广泛支持和公认的事实上的总线标准。

② 在国际标准组织或机构主持下开发和制定的总线标准,公布后由厂家和用户使用。随着微处理器及微机技术的发展,总线技术和总线标准也在不断发展和完善,原先的一些总线标准已经或正在被淘汰,新的性能优越的总线标准及技术也在不断产生。新的总线标准以高带宽(即高数据传输率)、实用性和开放性为特点。

(3) 采用标准总线的优点

采用标准总线的设备组建测控系统主要具有下列优点:

① 简化系统设计。

② 简化系统结构,提高系统可靠性。

③ 便于系统的扩展和更新。

④ 能得到多家厂商的支持,便于组织生产,便于维修,经济性好。

4.1.3 常用的测控总线

随着计算机技术和测控技术的发展,计算机已经融入测控系统之中,或者说测控系统融入计算机之中,因此很难将测控系统总线与计算机总线截然分开。例如,在计算机总线插槽中插入一些测控用的功能插件,或在测控机箱中嵌入计算机模块,这样组成的系统是计算机和测控系统合一的系统。

目前常用的测控总线是,与计算机相对独立的测控机箱底板总线、测控机箱与计算机互联总线及连接现场测控设备的现场总线。

1. 测控机箱底板总线

测控机箱底板总线是指组成测控系统各种机箱的底板总线。在测控机箱总线底板插槽上插入模拟量输入/输出插件、数字量输入/输出插件、频率或脉冲量输入/输出等功能插件,可组成具有不同规模和功能的测控系统。除了许多计算机总线可用做这种机箱底板总线之外,还有不少专门为测控系统设计的总线。这些总线可以分成两大类,一类是经有关标准化组织发布的标准总线,另一类是生产厂家自己设计的专用总线。

自1973年以来,先后推出的测控机箱底板总线有以下五种。

(1) STD总线

STD总线是早期(1973年推出)的标准、用得较为普遍的测控机箱内部总线。插件板采用小尺寸板子结构,印制电路板上带有边缘式印制插头。在同类板子结构中,由于其板子尺寸小,因此耐振动、冲击,具有良好的坚固性和可靠性,适合工业测控的应用。由于这种总线标准的机箱、插件板结构简单,成本低,故在一段时间内,STD总线标准的产品在工业测控领域得到普遍的应用。

但是,STD总线插件所用的边缘式印制插头存在接触不良的致命缺点,与其他先进的总线相比,其性能亦已落伍,因此已逐渐被其他总线产品所取代,正处于被淘汰的状态。

(2) CAMAC总线

CAMAC总线是20世纪70年代初推出的一种专门为测控系统设计的标准机箱内部总线。其总线规范完整、严格,在测控领域曾得到广泛的应用。但是,由于其他高性能总线的出现,这种总线的性能已显得落后,现在也处于被淘汰的状态。

(3) VXI总线

VXI(VMEbus eXtension for lnstrumentation)总线是在VME计算机总线的基础上扩展

的测控系统总线，也是当前性能最先进的测控系统机箱内部总线之一。

VXI 总线由美国多家仪器公司组成的 VXI 联盟于 1987 年提出，1992 年正式成为 IEEE 1155 标准。该标准针对测控系统的具体要求，对机箱、印制电路板的结构、通风散热、电磁兼容和信号特性等都做了详细的规定，使不同厂家生产的 VXI 总线产品相互兼容。功能插件与总线底板插槽相连的插头(座)使用接触非常可靠的针孔式连接器，提高了连接的可靠性。

(4) Compact PCI 总线

1993 年推出的外围设备互联(Peripheral Component Interconnect) PCI 总线主要用做计算机总线，1994 年推出的 Compact PCI 总线是 PCI 总线的增强和扩展，在电气上完全与 PCI 总线兼容，更适合于工业测控的应用。Compact PCI 总线采用国际标准的高密度、屏蔽式、针孔式总线信号连接器，提高了连接的可靠性，其数据总线宽度为 32/64 位，最高传输速率可达 528 MB/s。

(5) PXI 总线

PXI 总线是美国 NI(National Instruments)公司于 1997 年推出的用于测控设备机箱内部总线的规范，它也是 PCI 总线的增强与扩展(PCI eXtensions for lnstrumentation)。在机械结构方面与 Compact PCI 总线的要求基本相同，不同的是 PXI 总线规范对机箱和印制电路板的温度、湿度、振动、冲击、电磁兼容性和通风散热等提出了要求，这与 VXI 总线的要求非常相似。在电气方面，PXI 总线完全与 Compact PCI 总线兼容。所不同的是 PXI 总线为适合于测控仪器、设备或系统的要求，增加了系统参考时钟、触发器总线、星型触发器和局部总线等内容。

常见的测控系统机箱底板总线性能对如表 4-1-1 所列。

表 4-1-1　常见的测控系统机箱底板总线性能对比

项　目	STD	CAMAC	VXI	CompactPCI	PXI
推出时间	1973 年	20 世纪 70 年代初	1987 年	1994 年	1997 年
采用标准	IEEE P961	IEEE 583	事实上标准	事实上标准	未标准化
总线连接器形式	边缘式印制插头	边缘式印制插头	针孔式	针孔式	针孔式
总线插座引脚数	56	86	96 96/192 96/192 96/192/288	329	329
数据总线宽度/位	8/16 (复用 8 位地址线)	24 (与地址线复用)	32	32/64 (与地址线复用)	32/64 (与地址线复用)
地址总线宽度/位	16/24 (复用 8 位数据线)	24 (与数据线复用)	32	32/64 (与数据线复用)	32/64 (与数据线复用)
总线带宽	8 M	1 M	20 M	33 M	33 M
相对价格	最低	较高	高	高	高

2. 测控机箱与计算机互联总线

测控机箱与计算机互联总线是指连接测控机箱(或机柜)和计算机的总线,这些测控机箱(或机柜)是独立于计算机的,互联总线的连接组成计算机控制的测控系统或测控网络。这类总线有两大类,即串行总线和并行总线。

(1) 串行总线

串行总线通常是指按位串行传送数据的通路。由于其传送线少,接口简单,成本低,传送距离远,因此广泛用于计算机连接外设和计算机组网。

常见的串行总线有如下几种。

1) RS-232C

测控系统与计算机互联最简单的方法是采用RS-232C串行总线。但它只是一对一的传输,传输速率低,仅用于简单或低速测控系统。

2) USB总线

USB总线是由美国多家公司提出的一种高性能串行总线规范,在1995年发表了第一个版本,虽然目前还未得到标准化组织承认,但已经成为事实上的标准,市场上新推出的微型机不少已配USB总线接口。这种串行总线具有传输速率高、即插即用、热插拔和可利用总线传送电源等特点。

3) IEEE 1394总线

1995年由美国国家标准协会和电子与电气工程师学会制定的IEEE 1394高性能串行总线(俗称火线,Fire Wire),其最高传输速率已达400 MB/s。后来经改进的IEEE 1394b又将传输速率提高到800 MB/s~3.2 GB/s。这是一种应用前景非常广阔的串行总线,可用于连接计算机的高速外部设备,如硬盘、扫描仪、打印机、CD-ROM和多媒体设备,也可用于连接数字电视、DVD等音像设备。在测控系统中,它可作为机箱底板总线的备份总线,以及用作计算机与高速数据采集系统的互联总线。

(2) 并行总线

并行传输优于串行传输的主要特征在于它为CPU与外部设备之间的信息传输提供了类似于访问存储器的工作方式,通过并行输入/输出端口与外部设备进行信息交换,具有较高的速率和简单的协议。并行总线的不足主要是线路条数多,不适合远距离传输。

在集中式测控系统中,计算机与测控系统往往靠得很近。为提高数据传输速率,大多采用并行总线将计算机和测控机箱(柜)连接起来。

并行总线也分为标准和非标准两类。常用的并行标准总线有通用接口总线GPIB和SCSI总线。并行非标准总线也很多。多数厂家自己设计专用的并行总线,再通过总线转换接口将计算机和测试部分连接起来。

常见的并行总线如下:

1) GPIB(IEEE 488)总线

GPIB(General Purpose Interface Bus)是被IEC和IEEE组织正式承认的通用接口总线,又称为IEEE 488总线。该标准总线在仪器、仪表及测控领域得到了最为广泛的应用,至今还是仪器、仪表及测控系统与计算机互联的主流并行总线。随着计算机和测控系统速度的提高,这种总线最高为1 MB/s的传输速率已不能适应要求,不过,在今后一段很长的时间内,它仍将作为中、低速范围内的计算机外设总线来使用。

2）SCSI 总线

SCSI（Small Computer Systems Interface）总线的原型是用于计算机与硬盘驱动器之间传输数据的总线，1986 年正式成为美国国家标准 ANSI X3.131，现已普遍用作计算机的高速外设总线，如连接高速硬盘驱动器。许多高速数据采集系统也用它与计算机互联。目前仍处在发展之中。

3）MXI 总线

MXI(Multisystem eXtension Interface，多系统扩展接口）总线，是美国 NI(National Instruments)公司于 1989 年推出的 32 位高速并行互联总线。它是一种性能先进、具有很好应用前景的非标准并行互联总线。目前，VXI 总线的测控机箱大都用这种总线与计算机互联。它将成为 VXI 总线机箱与计算机互联的事实上的标准总线。

常见测控机箱与计算机互联总线对比如表 4-1-2 所列。

表 4-1-2　常见测控机箱与计算机互联总线对比

总线类型	传输速率 /(MB·s^{-1})	传输距离/m	并行接口		串行接口
			信号线数/条	数据线宽度/位	所用连接器
GP-IB	1	20	16	8	—
SCSI	5	6	18	9	—
MXI	23	20	62	32	—
RS-232C	20	15	—	—	25 线/9 线
USB	12	30	—	—	4 线
Fire Wire	400	72	—	—	6 线

3. 现场总线

所谓现场总线，是指计算机网络与生产过程专用网络或工业控制网络，以及与生产现场基层的自动化设备之间传送信息的公共通路。

自 20 世纪 80 年代以来，现场总线得到了迅速的发展，许多计算机和测控行业的各大公司自己或相互联合推出各自的现场总线标准。其中比较著名或用得较为普遍的现场总线有：Profibus、HART、CAN、ModBus、FIP、FF 和 LonWorks，具体介绍参见 10.1.3 节。

测控系统正向着高效、高速、高精度和高可靠性、自动化、智能化和网络化方向发展，测控总线将为实现这些目标而努力。

随着计算机技术、网络技术和微电子技术的迅速发展，测控总线技术也处于不断发展之中，更高性能的总线将不断涌现。目前已有的总线或网络也将不断改进、提高和进一步标准化，这些都将对测控系统的体系结构变革和性能的提高产生重大影响。

上述测控总线的发展趋势为：

① 在机箱底板总线中，Compact PCI 和 VXI 总线代表着这类总线当前的水平，相应产品正在迅速发展之中。

② 在互联总线中，低速系统中 GPIB 总线使用的时间很长，但在高速系统中，它将被 SCSI 总线所代替。MXI 总线将作为 VXI 机箱与计算机事实上的标准总线；串行总线，如 USB 总线、FireWire 总线等，在传输速率上取得了重要突破，且价格便宜，有可能逐步代替现有的其他并行或串行互联总线，并成为测量和仪器网络总线之一。

现场总线将进一步融合网络新技术，朝着开放统一的方向发展。

4.2 测控机箱底板总线

4.2.1 VXI 总线

1. 什么是 VXI 总线

VXI 总线是 VME 总线在仪器领域的扩展,即 VMEbus eXtension for Instrumentation 的缩写。VME 是在 Motorola 公司的 VERSA 总线和 EUROCARD(欧洲卡)的基础上而形成的,VME 是 VERSA bus Modula European 的缩写。VME 于 1986 年和 1987 年先后被列为 IEEE 1014 和 IEC 821 微机总线标准。VME 总线适应了微机系统宽位、高速、高密度、标准化的要求,在工业上获得了广泛的应用。但是,由于 VME 总线是为微型计算机和数字系统设计的,并没有考虑现代模块化仪器系统的需要,因此不能满足模块化仪器同步、触发、电磁兼容和电源等方面的要求。为了适应仪器系统发展的需要,HP、Tektronix 等 5 家著名的公司于 1987 年 7 月联合推出了 VXI 总线标准。

VXI 总线技术把计算机技术、数字接口技术和仪器测量技术有机地结合起来。它集中了智能仪器、个人仪器和自动测量系统的很多优点,并吸取了 VME 总线高速通信和程控仪器 GPIB 易于组合的优点,把计算机自动测量系统和台式仪器测试特长有效地结合起来。

VXI 总线系统的最大优势在于解决了系统的硬件和软件的标准化。硬件方面形成了真正的开放式系统,软件方面支持标准化的系统软件。VXI 总线出现以后迅速得到了世界范围的承认,并取得了极大的发展,这与 VXI 总线自身的优异性能有关。

VXI 总线系统是一种用于模块化仪器的总线系统,被公认为是 21 世纪仪器总线系统和自动测试系统的优选平台,它几乎可以覆盖大多数传统的电子仪器。VXI 总线和 IEEE488 是目前应用最广泛的仪器总线,它们各有千秋,受到不同用户的欢迎。

2. VXI 系统组成

一个典型的 VXI 系统主要由 VXI 机箱、插在 VXI 机箱内的各 VXI 模块(插件)、计算机及显示器等三部分组成,如图 4-2-1 所示。

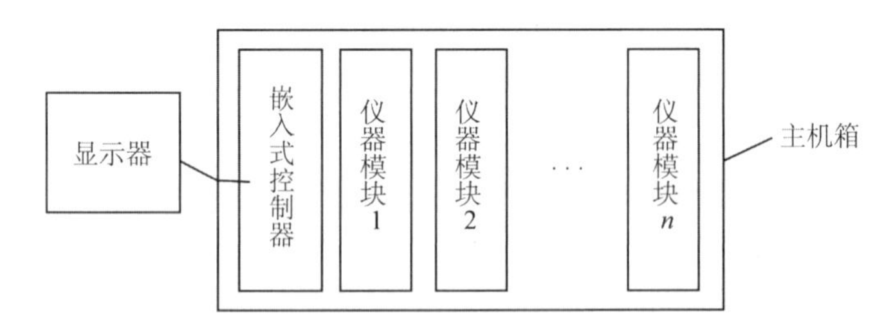

图 4-2-1 一个典型的 VXI 系统的组成

(1) VXI 模块

VXI 总线系统的最小物理单元是组件模块(Assembly Module)。每个模块都要符合一定的尺寸,插入主机箱连接器才能工作。VXI 规定的模块尺寸共有四种,如图 4-2-2(a)所示。A 尺寸的模块面积(高×深)为 10 cm×16 cm,B 尺寸的模块面积为 23.3 cm×16 cm,C 尺寸的模块面积为 23.3 cm × 34 cm,D 尺寸的模块面积为 36.7 cm×34 cm。A、B 尺寸的模块厚度为 2 cm,C、D 尺寸的模块厚度为 3 cm。

各种尺寸的模块所用的连接器(接插件)如图 4-2-2(b)所示,其中 P_1 是各种尺寸模块都必须配备的,B 尺寸和 C 尺寸模块可选择使用 P_2,D 尺寸模块除可选择使用 P_2 外,还可以使用 P_3。每个连接器都是 96 脚的 DIN 接插件,该接插件均为三排,每排 32 个引脚。

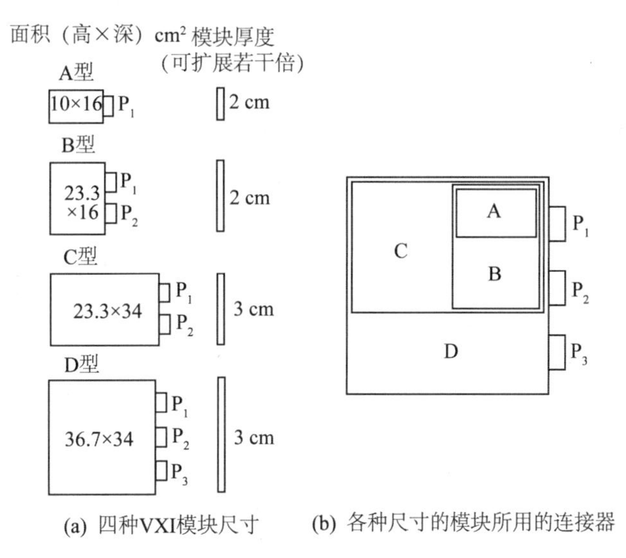

图 4-2-2 VXI 模块尺寸及连接器

(2) VXI 总线主机箱

组件模块的机械载体是主机箱(Mainframe)。VXI 规定,一个主机箱最多有 13 个槽位(0~12 号),其中 0 号槽位于机箱最左边。一个模块一般占一个槽位,系统控制板占 0 号槽位。

模块的互联载体是主机箱的背板(Backplate),背板与模块之间通过总线连接器衔接。VXI 系统的全部总线都印制在主机箱内的背板上,并通过三个 96 芯的连接器 J_1、J_2、J_3 与各模块连接,模块上的连接器对应为 P_1、P_2、P_3。

根据能插放的最大模块尺寸,主机箱也分为 A、B、C、D 四种。只允许插入 A 尺寸模块的主机箱称为 A 尺寸主机箱,最大允许插入 B、C、D 尺寸模块的主机箱分别称为 B 尺寸主机箱、C 尺寸主机箱、D 尺寸主机箱。其中 B、C 两种尺寸的主机箱背板上应装有 P_1、P_2 两种连接器插座,D 尺寸的主机箱应装有 P_1、P_2、P_3 三种连接器插座。

B 尺寸在体积和价格上有明显的优势,特别适合功能和实现都相对简单的模块。由于尺寸限制,实现模块屏蔽比较困难。D 尺寸体积最大,适合于对定时要求特别严格、要求高速对称触发等特殊应用场合。C 尺寸可满足绝大多数高性能模块化仪器的要求,能兼顾体积、成本、性能和产品屏蔽等要求,目前应用最为广泛。

VXI 主机箱还为系统提供适合仪器工作要求的公用电源、冷却、电磁屏蔽环境条件。

3. VXI 总线信号线

VXI 总线是模块间信号的载体,各种命令、数据、地址和其他消息都通过它们进行传递。VXI 总线源于 VME 计算机总线,为适应高速、高性能仪器组件模块的需要,VXI 在保留 VME 总线的基础上,新定义了七种面向仪器应用的信号线:模块识别总线、时钟和同步总线、仪器触发总线、星形总线、模拟相加总线、局部总线、电源总线。这些新定义的信号线位于 P_2 和 P_3 连接器上,而 VME 总线位于 P_1 连接器上。因此,按性质和特点分类,VXI 总线系统共有以下八种总线。

(1) VME计算机总线

VME计算机总线包括数据传输总线(Data Transfer Bus,DTB)、DTB仲裁总线(Data Transfer Bus Arbitration)、优先级中断线(Priority Interrupt Bus)和公用总线(Utility Bus)。

数据传输总线主要供CPU板的主模块和从属于它的存储器板及I/O板上的从模块之间传递消息,也可供中断模块与中断管理模块之间传递状态/识别消息。

VME系统中,在同一时间可能有多个模块请求使用数据传输总线,因此要通过仲裁系统对总线做出安排,以免两个器件同时使用数据传输总线。

VME总线系统可以有多至7级中断,优先级中断总线包括中断请求线、中断应答线、中断应答输入线和中断应答输出线。

VME总线系统的公用总线主要是为系统提供时钟和反映交流电压及其他部分是否出现故障的信号线与复位线。

除了上述四种信号线外,VME总线还包括+5 V及±12 V电源线和地线。

(2) 时钟和同步总线

VXI总线系统有两种系统时钟,即通过连接器P_2提供的10 MHz时钟CLK10及通过连接器P_3提供的100 MHz时钟CLK100,它们源自0槽模块而引至1～12槽模块。CLK10及CLK100均为ECL差分时钟。在P_3上还有一个同步信号SYN100,它用来使多个器件相对于CLK100的上升沿同步,以便在模块间提供非常准确的时间配合,起类似于GPIB系统中群执行触发(GET)命令的作用,但在时间配合性能上较后者有明显提高。

(3) 本地总线

本地总线是一种菊花链总线,提供了相邻模块间的本地通信。由于它采用直通传输,因此,可以得到很高的数据传输速率,在P_2中可达250 MB/s,而在P_3中可达1GB/s。值得注意的是,VXI总线系统中各模块的工作电平可能不同,为防止工作电平不相容的模块通过本地总线直接相连,采用了一些机械锁键来判别模块的工作电平是否相容。

(4) 模块识别总线

模块识别总线用来检测模块的存在并指示它的物理位置。模块识别线从0号槽出发被引至1～12槽,若槽中存在模块,不论模块内部是否存在故障,都可以判别槽中是否插入了模块,检测结果也可用槽口识别灯或其他方法进行指示。

(5) 触发总线

触发总线由8条TTL和6条ECL触发线构成。P_2上有8条TTL和2条ECL触发线,其余4条ECL触发线在P_3上。触发总线可用做触发、挂钩、定时或发送数据。

(6) 星形总线

星形总线处于P_3连接器上,提供模块之间的异步通信。星形总线连接在各模块插槽和0号槽之间,通过程控方式提供任意星形线之间的信号路径。

(7) 模拟相加线

在背板的每个端点,模拟相加线通过50 Ω的电阻连接信号地,任何模块都可以通过模拟电流源驱动此线,也可以通过高输入阻抗的接收器接收信号。该线可以通过叠加来自多模块的模拟信号产生复杂的波形。

(8) 电源总线

除VME总线中原有的+5 V、+12 V和−12 V电源外,另在P_2增加了±24 V电源供模拟电路用，−2 V和−5.2 V电源供高速ECL电路用，共可提供7种电源。VXI总线上所有的电源插针都是相同的。

3. VXI总线的系统结构

(1) VXI系统的器件

器件是VXI总线系统最基本的逻辑单元，它在0～255之间具有唯一的逻辑地址。通常一个器件就是一个插于主机箱内的模块，器件可以是计算机、多种模块式仪器、资源管理者，也可以是接口、多路开关、A/D及D/A变换器或存储器等。由于器件具有唯一的逻辑地址，使它拥有与地址对应的确定配置寄存器和操作寄存器，这样才能作为一个独立的单元被组织在系统中，并与系统的其他器件建立通信联系。

依据器件本身的性质、特点和它支持的通信规程，器件可以分为基于寄存器的器件、存储器器件、基于消息的器件和扩展器件四种。根据在通信中的分层关系，器件可分为命令者和受令者两种。下面简单介绍以第一种方法分类的四种器件。

1) 基于寄存器的器件

基于寄存器的器件简称为寄存器基器件，是一种最简单的VXI总线设备，常用来作为简单仪器和开关模块的基本部分。寄存器基器件的通信是通过对它的寄存器进行读、写来实现的。寄存器基器件一般是用二进制命令与其他的设备进行通信，但由于这种设备也有一个内部微处理器，所以也能进行复杂的测量与控制。寄存器基器件在命令者/受令者分层结构中只能担任受令者。

2) 存储器器件

存储器器件本身就是存储器，具有存储器的某些属性，由于没有通信寄存器，只能靠寄存器的读、写来进行通信。

3) 基于消息的器件

基于消息的器件简称为消息基器件，它具有配置寄存器，还具有通信寄存器来支持复杂的通信协议，以保证与其他消息基器件进行ASCII级的通信，也便于各个厂家的仪器相互兼容。该器件一般都是具有本地智能的较复杂的器件。消息基器件可以担任命令者/受令者分层结构中的命令者，或受令者或两者兼任。

4) 扩展器件

扩展器件是为将来应用所定义的一类VXI总线器件。扩展器件除了配置寄存器外，还有一个子类寄存器。子类寄存器允许由标准和生产厂家来规定。

(2) VXI总线系统的结构和通信协议

VXI总线允许不同厂家生产的各种仪器、接口卡或计算机以模块形式并存于同一主机箱中。为了保证VXI总线系统的开放性与灵活性，VXI总线没有规定某种特定的系统层次结构或拓扑结构，也没有指定操作系统、微处理器类型以及与主机相连的接口类型，VXI总线仅仅规定了保证不同厂商的产品之间具备兼容性的一个基础平台。

VXI总线系统是计算机控制下的一种自动测试系统。VXI总线系统可以是单CPU，也可以是多CPU，主控计算机可以在主机箱外部，也可以在主机箱内部。在很多情况下，主机箱上的各模块由主机箱外的主计算机进行控制。主机箱外的控制计算机可以是个人计算机，也可以通过局域网接受计算机工作站或距离较远的主计算机控制。后一种情况为组成更大的测试网络提供了可能。

VXI总线系统可以采用多种拓扑结构，不同的拓扑结构往往具有不同的通信要求，这些要求由一组分层通信协议来实现。

在VXI总线系统中,每个VXI总线器件均有一组完全可由P_1连接器访问的“配置寄存器”。系统通过这些寄存器来识别器件的种类、型号、生产厂商、所占用的地址空间和存储器需求等。寄存器基器件只具备这些最基本的能力。在单CPU系统中,全部仪器都可以用寄存器基器件来实现。CPU与这些仪器之间用“器件相关通信协议”来进行通信。

对于需要具备更高一级通信能力的系统,可以使用消息基器件。因为消息基器件还有一组可由系统中其他模块访问的通信寄存器,故消息基器件可通过某种特定的通信协议(如“字串行协议”)与其他器件进行通信。在多CPU系统中,每个仪器均是消息基器件,均能从主机或公用主机接口接收命令。由于各生产厂商都遵守了此类通信协议,因此能够保证各厂商生产的仪器之间的兼容性,并可以进一步在其基础上定义更高一级的仪器通信协议。

4.2.2 PCI和CPCI总线

1. PCI总线

(1) PCI总线概述

按总线连接的对象和所处系统的层次来分,计算机中的总线可分为芯片级总线、系统总线、局部总线和外部总线。芯片级总线用于模块内芯片级的互联。系统总线(又称为内部总线)是连接计算机内部各模块的一条主干线。局部总线是直接连接CPU和高速外围设备的传输通道。外部总线(又称为通信总线)用于两个系统之间的连接与通信,如两台微机系统之间、微机系统与其他电子仪器或电子设备之间的通信。

系统总线虽然从PC总线、ISA总线发展到EISA总线,但仍然跟不上软件和CPU的发展速度,在大部分时间内,CPU仍处于等待状态。

随着CPU芯片不断更新换代和各种高速适配卡的出现,加上操作系统及应用程序越来越复杂,ISA/EISA总线已满足不了快速的数据传输,可以说是总线,而不是外设妨碍了系统整体性能的提高,这是单一慢速的系统总线结构限制了系统整体性能的提高。

1991年,出现了局部总线标准VESA,它比EISA性能更完善,传输速率更高,它将外设直接挂接到CPU局部总线上,并以CPU的速度运行,极大地提高了外设的运行速度。

VESA总线的数据宽度为32位,可以扩展到64位,与CPU同步工作,最大运行速度可达66 MHz,VESA的最大传输率达到132 MB/s,是ISA总线传输率的16倍。

但是,VESA总线存在规范定义不严格,兼容性差,总线速度受CPU速度影响等缺陷。比VESA更强的是1992年推出的局部总线——PCI总线。PCI是Peripheral Component Interconnect(外部设备互联)的缩写。PCI比VESA规范定义严格,因而保证了良好的兼容性。

随着高档微型计算机的发展,为了与早期的微型计算机系统兼容,如今微型计算机系统结构多采用不同总线构成的多总线结构,在主机板上留有不同总线的插槽。PCI是作为一种先进的局部总线提出来的,在现代微型计算机的多总线结构中,已成为连接外部设备的主要总线。目前,在工控机上,已普遍应用PCI总线。

PCI总线结构中的关键部件是PCI总线控制器,这是一个复杂的管理部件,用来协调CPU与各种外设之间的数据传输,并提供统一的接口信号。

(2) PCI总线的主要特点

PCI总线的主要特点有:

① 高传输速率。PCI总线宽度为32位,并可升级为64位,所以是一种32位/64位总线;

PCI 总线工作频率为 33 MHz,因而总线最大传输率为 32×33/8 Mbit/s=132 Mbit/s,升级为 64 位后可达 264 Mbit/s,可以满足一般的多媒体接口和网络接口对于传输速率的要求。

② 高效率。PCI 总线控制器中集成了高速缓冲器,当 CPU 要访问 PCI 总线上的设备时,可把一批数据快速写入 PCI 缓冲器。此后,PCI 缓冲器中的数据送入外设时,CPU 可执行其他操作,从而使外设和 CPU 并行运行,所以效率得到很大提高。此外,PCI 总线控制器支持突发数据传输模式,用这种模式可以实现从一个地址开始通过地址加 1 连续快速地传输大量数据,减少了地址译码环节,从而有效利用总线的传输率,这个功能特别有利于高分辨率彩色图像的快速显示以及多媒体传输。

③ 具有即插即用功能。即插即用功能是由系统和适配器两个方面配合实现的。从适配器角度看,为了实现即插即用功能,制造商都要在适配器中增加一个小型存储器存放按照 PCI 规范建立的配置信息。从系统角度看,PCI 总线控制器能够自动测试和调用配置信息中的各种参数,并为每个 PCI 设备配置 256 字节的空间来存放配置信息,支持其即插即用的功能。在系统加电时,PCI 总线控制器通过读取适配器中的配置信息,为每个卡建立配置表,并对系统中的多个适配器进行资源分配和调度,实现即插即用功能。在添加新的扩展卡时,PCI 控制器能够通过配置软件自动选用空闲的中断号,确保 PCI 总线上的各扩展卡不会冲突,从而为新的扩展卡提供即插即用环境。

④ 通用性好。PCI 控制器用独特的与 CPU 结构无关的中间连接件机制设计,这一方面使 CPU 不再需要对外设直接控制,另一方面由于 PCI 总线是一种不依附于某个具体 CPU 的局部总线,不会因为 CPU 的更新换代而失效,从而使 PCI 总线能支持当前和未来的各种 CPU,能够在未来有长久的生命期。

⑤ 负载能力强、易于扩展。PCI 的负载能力比较强,而且 PCI 总线上还可以连接 PCI 控制器,从而形成多级 PCI 总线,每级 PCI 总线可以连接多个设备。

⑥ 兼容各类总线。PCI 总线设计考虑了和其他总线的配合使用,能够通过各种“桥”兼容和连接以往的多种总线。所以在 PCI 总线系统中,往往还有其他总线存在。

PCI 总线控制器像桥梁一样一边连接 CPU 总线,另一边连接 CPU 访问相对频繁、速度也较快的部件,因此,PCI 总线控制器也被称为“PCI 桥”。PCI 桥事实上是一个总线转换部件,其功能是连接两条计算机总线,允许总线之间相互通信交往。

PCI 规范中提出了三类桥的设计:主 CPU 至 PCI 的桥(主桥);PCI 至标准总线(如 ISA、EISA)之间的标准总线桥;PCI 至 PCI 之间的桥。

(3) PCI 总线的系统结构

PCI 总线的系统结构示意图如图 4-2-3 所示。图 4-2-3 不仅表示了 PCI 总线和其他总线的关系,也显示了 PCI 总线本身也可以是一种多级总线的结构,以便连接更多的高速外部设备。

PCI 总线和 CPU 总线由桥接电路(习惯上称为北桥芯片)相连。芯片中除了含方桥接电路外,还有 Cache 控制器和 DRAM 控制器等其他控制电路。PCI 总线上挂接高速设备,如图形控制器、IDE 设备或 SCSI 设备、网络控制器等。

PCI 总线和 ISA/EISA 总线之间也通过桥接电路(习惯上称为南桥芯片)相连,ISA/EISA 上挂接传统的慢速设备,继承原有的资源。

由于 PCI 是从 CPU 系统总线中经过桥接器隔离出来的,因此不会因 CPU 负载过重而产生过热的问题。

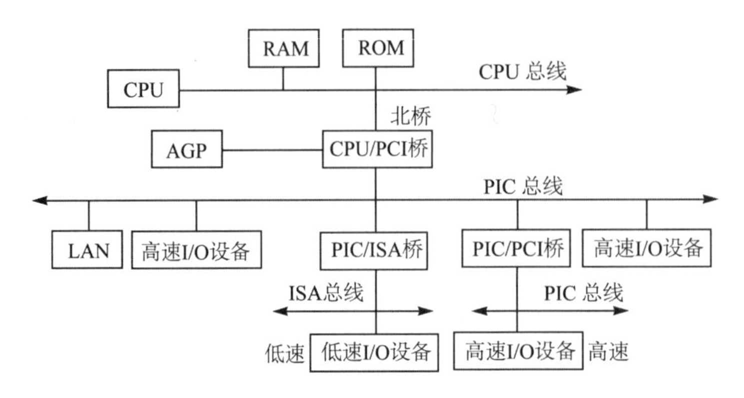

图 4-2-3　PCI 总线的系统结构示意图

从结构上看,PCI 是在 CPU 与原来的系统总线之间插入的一级总线,具体由一个桥接电路实现对这一层的管理,并实现上下之间的接口以协调数据的传送。管理器提供了信号缓冲,使之能支持 10 种外设,并能在高时钟频率下保持高性能。

PCI 总线标准定义了两种设备:目标设备和主设备。主设备是指取得了总线控制权的设备,而被主设备选中以进行数据交换的设备称为从设备或目标设备。目标设备接受主设备的命令和响应主设备的请求,主设备则是智能化的,能独立于总线和其他设备引导运行。总线主设备、处理器和目标设备可以共享总线,主设备也能成为其他主设备的目标设备。

(4) PCI 总线的信号线

PCI 总线的引脚数是 120 个。包括必需信号引脚 49 个,可选信号引脚 51 个,还有电源、地和保留引脚 20 个。必需信号是 32 位 PCI 总线所必须具有的信号线,可选的信号线主要是扩展到 64 位总线后所必需的。

PCI 总线的信号线按功能可分为 9 组:地址/数据信号、接口控制信号、错误报告信号、仲裁信号、系统信号、64 位总线扩展信号、中断信号、支持 Cacher 的信号、测试访问端口/边界扫描信号。利用这些信号便可以传输数据、地址,实现接口控制、仲裁及系统的功能。

2. CPCI 总线

(1) CPCI 总线概述

尽管 20 世纪 90 年代 PCI 总线被广泛用于工控计算机系统中,但它满足不了应用系统鲁棒性(英文 robustness,音译为“鲁棒性”,意译为“抗变换性”)和可靠性方面的苛刻要求,也不能满足高可用性系统对正常运行时间的要求。而且,其主板很难散热,主板边缘接头可靠性低,在更换主板时极易受到损伤;显然,PCI 也无法为现代工业控制提供性能优良的解决方案。工业计算机系统除像台式 PCI 一样需要高速度和高性能以外,还具有台式 PCI 所不及的特殊要求,如坚固、可靠、平均维护时间短、模块化及易于扩展等特点。

为了充分利用 VME 和 PCI 这两个标准的优点,同时避开它们的局限性,包括 SUN 在内的 400 多家计算机供应商和制造商合作开发了 CompactPCI(也简写为 CPCI)标准。CPCI 特别吸取了 VME 的精髓(密集坚固的封装、大型设备的极佳冷却效果),并与 PCI 的优势(廉价、易于采用最新互联和处理能力的快速芯片)巧妙地结合在一起,既保证了高可靠度,又降低了硬件和软件的开发成本。

结合 PCI 总线的电气和软件标准及欧式卡的工业组装标准的 CPCI 总线,使工业控制计算机总线达到了一个新的阶段。CPCI 与 PCI 相同,与处理器无关,适用于任何当今的和将来的微处理器,这种开放的工控计算机总线标准具有广泛的发展前景。目前,CPCI 已经取代 VME 及 STD 工业标准,成为工业领域的新一代标准。

CPCI 总线既具有工业应用的特点,又具有抗恶劣环境的性能,是一种真正意义上的工控机总线,同时还保留了台式 PCI 总线的电气特性、软件标准等。CPCI 总线在 PCI 的基础上主要进行了以下改进:

① CPCI 总线采用了欧式卡的结构,具有更好的机械特性,这一特点增强了 PCI 总线系统在电信或条件恶劣的工业环境中的可靠性和易维护性。

② CPCI 可支持更多的插槽,每个 CPCI 总线段最多可支持 8 个插槽,而不是标准 PCI 的 4 个插槽。

③ 实现了连接器电源和信号引线对热交换规范的支持。

(2) CPCI 总线的特点

CPCI 之所以能在自动化等多个领域得到广泛应用和普遍认可,是因为它具有许多优点,具体而言,CPCI 的优点包括以下几点。

1) 开放性

开放性是 CPCI 最核心的优点。首先,CPCI 总线与 PCI 总线兼容的开放式架构,使得在 PCI 上目前普遍使用的应用软件作业系统都可以移植到 CPCI 上。将一个标准 PCI 插卡转化成 CPCI 插卡几乎不需要重新设计,只要物理上重新分布就行了。这样 CPCI 就可以利用 PCI 技术现成的软件资源进行开发,可明显缩短了产品研制周期,降低了成本。

另外,CPCI 的开放架构允许客户仅升级系统的某一部分(如 CPU、主板),而无须改动其他 I/O 元件即可完成系统升级。这样,升级设备的成本可显著降低,程序也更加简易。

2) 遵从 Eurocard 封装标准

CPCI 板采用经过 20 余年现场使用考验的欧式卡(Eurocard)结构,采用垂直安装和前抽取结构,提高了板卡的散热性、抗震性和易维护性。

3) 支持热插拔

热插拔一直是众多工业自动化系统的渴求。CPCI 连接器的电源和信号引线支持热插拔规范,这对于容错系统是非常重要的,这也是标准 PCI 所不能实现的功能。

4) 高传输速度

CPCI 总线速度普遍较高.32 位 33 MHz 的 CPCI 总线最大传输速度为 132 MB/s,64 位 33 MHz 的为 264 MB/s,64 位 66 MHz 时的峰值速度可达 528 MB/s,而 32 位的 VME 总线最大理论带宽为 40 MB/s,实际仅能达到 15 MB/s,两者的差距不言而喻。

5) 高可扩展性

CPCI 总线易于扩展,透过桥接技术可同时支持多达 256 个标准的 PCI 总线设备。它可在每个子系统中支持 8 个插槽,加上桥接芯片后,CPCI 可轻易扩展支持到 32 个插槽。

6) 高可靠度

CPCI 适用恶劣环境,抗干扰,前插式,易维修,防震,低功耗等,局部故障对服务运行没有影响。

7) 易于管理

CPCI 具有自我侦错、自动配置等简化管理成本的功能。

8) 易散热

CPCI 系统的设计使得畅通及平均气流能通过所有产热的板子,散热能力大有提高。

9) 标准外观

CPCI包括3U和6U两种规格,极易与使用欧式卡结构的设备集成。

(3) CPCI总线的结构

在1994年创建的PICMG组织的主要任务就是制定一个开放的PCI技术标准规范,1995年11月,PICMG发布了第一版CompactPCI规范,以后又陆续发布了一系列补充的标准规范,其中1998年8月发布的CompactPCI热插拔规范对CPCI总线在电信和控制领域的应用起到了积极的推动作用。

Compact PCI简单地说就是PCI specification (PCI电气规范)加上Rugged Eurocard Packaging (欧式卡结构),这样在CPCI系统中就可采用在台式机中广泛使用的PCI技术,降低了新技术的使用成本,系统的整体性能得以提升。基于PCI技术的丰富软件工具,也使得用户在使用中更加便捷,同时欧式卡结构使得系统的可靠性进一步提高。另外,采用IEEE 1101.11后端输出方式,使得对系统的维护更加方便和快捷,大大缩短了系统的平均维护时间。

1) CPCI基本架构

CPCI系统背板和CPCI板卡采用的是标准的2 mm高密度气密性针孔连接器,板卡的尺寸分3U(100 mm×160 mm)和6U(160 mm×233 mm)两种,3U系统只提供32/64位的PCI系统总线,6U系统除了提供32/64位的PCI系统总线外,还有多达315线的用户定义的输入/输出线,非常适用于电信与数据通信等要求高吞吐量的应用。

从结构上看,CPCI总线的特点表明它是一种理想的系统交换平台的载体:

① 提供高传输带宽,同时能够保证数据完整性和准确性。

② 支持多外设,适应系统可扩展性的要求。

③ 采用PCI总线操作规程,适应一般的PCI扩展元件,降低了开发难度。

④ 独特的引脚及外围电路设计集连接紧密牢固、抗干扰、易更换、热插拔等优点于一身。

背板是CPCI总线架构的基础,它为CPCI总线交换提供物理连接、电路保证。典型的CPCI背板有8个插槽,其中1个为系统板插槽,其他7个为外设板插槽,像这样1个系统插槽外带7个外设插槽的单元称为1个CPCI段(CPCI segment)。

系统插槽提供总线仲裁、时钟分配和整个CPCI段的重新启动等功能,系统插槽要通过管理每块外设插槽上板卡的IDREL信号来完成整个系统的初始化。外设插槽上可以安放简单的接口板、智能从属装置或PCI总线的控制装置。

2) CPCI的规范

CPCI是由PCI总线的电气规范及软件标准加上欧式板结构形成的一种全新的工业计算机总线标准,CPCI规范对插卡的类型、底板、连接器、信号组及热切换等都有规定。

4.2.3　PXI总线

1. PXI总线概述

PXI(PCI eXtension for Instrumentation)是PCI在仪器领域的扩展,是与VXI总线并行的另一种模块式仪器总线标准。它由PXI系统联盟在1997年制定,将CompactPCI规范定义的PCI总线技术发展成适合于试验、测量与数据采集场合应用的机械、电气和软件规范,从而产生的一种新的虚拟仪器体系结构。制定PXI规范的目的是将通用PC的性能价格比优势应用到模块化仪器领域,形成一种高性价比的虚拟仪器测试平台。

PXI 满足工业级标准，在机械、电气和软件特性内充分发挥了 PCI 总线的全部优点，由于采用了模块结构，它能够使用紧凑结构的计算机并把它装配到一个坚固的 PXI 机箱中。

这种模块化的构造类似于 VXI 结构，但由于它基于 PCI 总线，因此它的设备成本降低，而运行速度增加，体积更加紧凑。目前，众多的厂商支持的基于 PCI 的插卡、驱动程序、应用软件等都能经济有效地应用于 PXI 系统中，使得 PXI 系统具有极好的兼容性和可扩展性。PXI 在测控系统中将得到越来越广泛的应用。

PXI 是将 PCI 总线扩展到仪器方面而推出的以 PC 为基础的高性能、低价位的模块仪器系统。PXI 的核心是 CPCI 结构与 Microsoft　Windows 软件，即将高速 PCI 总线和 CPCI 模块结构的所有优越性能（如优良的机械性能、易于系统集成及比台式计算机更多的扩展槽等）集中于一身，加上人们在台式 PC 机上所熟悉使用的 Windows 软件，这就构成了 PXI 模块仪器系统。

PXI 和 VXI 分别源于 PCI 总线和 VME 总线，两者有很大的相似性。PXI 的优势在于：模块体积更小，数据传输速率更高（总线最大带宽为 132 Mbit/s），受惠 PC 市场价格更低。但 PXI 在电磁兼容性（EMC）、单机箱插槽数量、电源品种、电源功率、冷却能力等方面均不敌 VXI 总线。

2. PXI 规范的体系结构

PXI 总线规范涵盖了三大方面的内容：机械规范、电气规范和软件规范，如图 4-2-4 所示。在机械规范方面基本上与 CPCI 相似，只是 PXI 增加了系统槽定位、系统冷却和环境测试等内容。在电气规范方面，PXI 包括了 PCI 总线和 CPCI 总线的所有功能，新增了用于仪器设备的触发总线、局部总线、系统参考时钟及星形触发器等内容。在软件规范方面，PXI 系统完全兼容目前流行的 PC 软件系统。

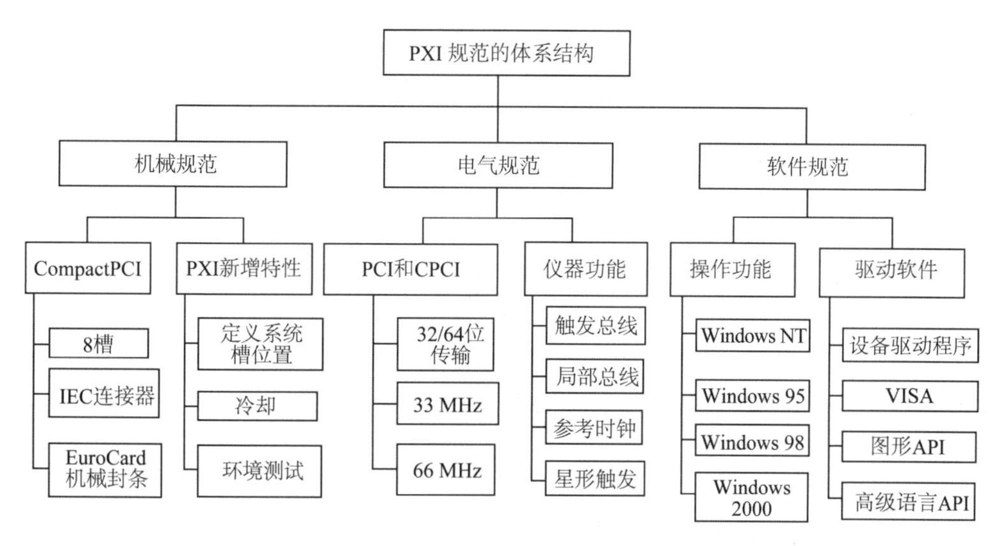

图 4-2-4　PXI 规范的体系结构

（1）机械规范

与 VXI 相似，PXI 规范定义了一个包括电源系统、冷却系统和安插模块槽位的一个标准机箱。PXI 在机械规范方面与 CPCI 的要求基本上相同，采用欧洲卡（Eurocard）规范。PXl 支持两种类型尺寸的模块，即 3U 和 6U。

3U 尺寸的模块有两个连接器，J_1 用来连接 32 位的 PCI 信号，J_2 用来连接 64 位的 PCI 信号和 PXI 的新增信号。

6U 尺寸的模块有 5 个连接器,除了 J_1 和 J_2 以外,J_3、J_4 和 J_5 的信号引脚用于将来的 PXI 扩展。

由 CPCI 规范引入的欧洲卡(Eurocard)坚固封装形式和高性能的 IEC 连接器被应用于 PXI 所定义的机械规范体系中,使得 PXI 系统更适于在工业环境下使用,而且也更易于进行系统集成。

PXI 提供了两条与 CPCI 标准兼容的途径。

第一,IEC 连接器。PXI 应用了与 CPCI 相同的、一直被用在像远距离通信等高性能领域的高级针座连接器系统。这种由 IEC1076 标准定义的高密度(2 mm 间距)阻抗匹配连接器可以在各种条件下提供尽可能好的电器性能。

第二,Eurocard 机械封装与模块尺寸。PXI 和 CPCI 的结构形状完全采用了 ANSI 310－C、IEC297 和 IEEE 1101.1 等在工业环境下具有很长应用历史的 Eurocard 规范。这些规范支持小尺寸(3U＝100 mm×160mm)和大尺寸(6U＝233.35 mm×160 mm)两种结构尺寸。

IEEE 1101.10 和 IEEE 1101.11 等最新 Eurocard 规范中增加了电磁兼容性(EMC),用户可定义的关键技术要素及其他有关封装的条款均被移植到 PXI 规范中。这些电子封装所定义的坚固而紧凑的系统特性使 PXI 产品可以安装在堆叠式标准机柜上,并保证了在恶劣工业环境中应用时的可靠性。

图 4-2-5 所示的是 PXI 仪器模块的两种主要结构尺寸及其接口连接器,其中,J_1 连接器上定义了标准的 32 位 PCI 总线,所有的 PXI 总线性能定义在 J_2 连接器上。PXI 机箱背板上包括可连接 J_1 和 J_2 连接器的所有 PXI 性能总线,对仪器模块来讲,这些总线可以有选择地使用。

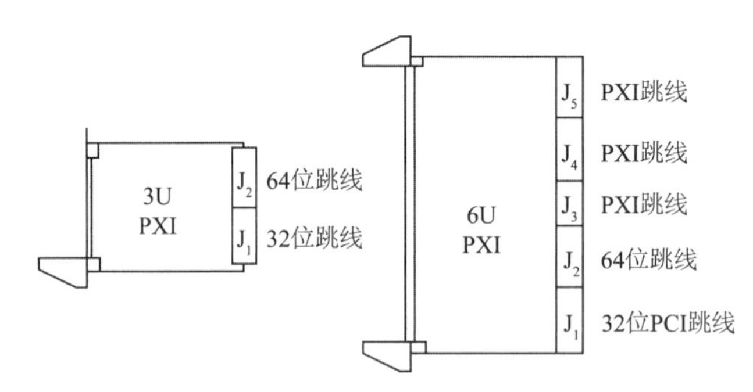

图 4-2-5　PXI 模块结构与连接器

PXI 机械规范中增加了环境测试和主动冷却要求,以保证多厂商产品的互操作性和系统的易集成性。

① 系统槽定位:PXI 定义系统槽位于总线段的左端,这种定义是 CPCI 规范中允许配置的一种。这种为系统定义单独的槽位的方式简化了系统的集成,提高了系统控制模块和机箱的兼容性。

另外,PXI 规范要求在需要的时候,系统控制模块可以向左扩展到系统扩展槽中。PXI 同时规定了用于星形触发器的槽位既可以用于星形触发器,也可以用于外设仪器模块。

② 新增机械规范:所有在 PICMG 2.0 R2.1(CPCI 规范)中定义的机械规范都适用于 PXI 系统,但是 PXI 包含了以下要求以简化系统的集成:

- PXI 机箱中的系统槽必须位于最左端,而且主控机只能向左扩展以避免占用仪器模块插槽。

- PXI 还规定模块所要求的强制冷却气流流向必须由模块底部向顶部流动。
- PXI 规范建议的环境测试包括对所有模块进行温度、湿度、振动和冲击试验。
- PXI 规范还规定了所有模块的工作温度和存储温度范围。

③ 与 CPCI 的兼容性：PXI 的重要特性之一是维护了与标准 CPCI 产品的互操作性。

所有的 PXI 产品都能与 CPCI 产品互用，但某些功能可能就实现不了。例如，若将一 PXI 模块插入标准 CPCI 机箱，用户不能使用 PXI 的专有功能，但 CPCI 的基本功能仍然存在。需要注意的是，当 PXI 模块与 64 位 CPCI 机箱互用时，由于 J_2 信号定义的差异将不能保证完全兼容。

(2) 电气规范

PXI 总线规范是在 PCI 规范的基础上发展而来的，它具有 PCI 总线的所有性能和特点，包括 32/64 位数据传输能力和分别高达 132 MB/s 和 264 MB/s 的数据传输速度，另外还支持 PCI-PCI 桥路扩展和即插即用功能。PXI 在保持 PCI 总线所有这些优点的前提下增加了专门的系统参考时钟、触发总线、星形触发线和模块间的局部总线，以此来满足高精度的定时、同步与数据通信要求。PXI 总线的电气特性如图 4-2-6 所示。

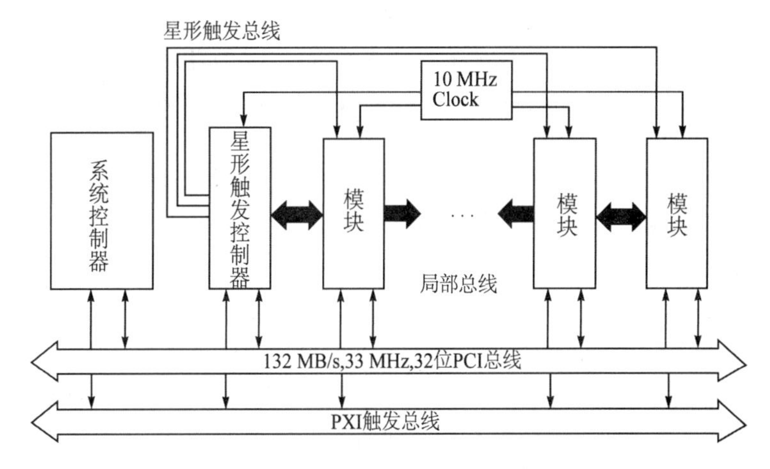

图 4-2-6　PXI 总线的电气特性

许多仪器应用场合需要系统有定时能力，而 ISA 总线、PCI 总线或 CPCI 总线却不具备，PXI 总线通过增加专门的系统参考时钟、触发总线、星形触发总线和模块间的局部总线来满足高精度定时、同步和数据通信的要求。PXI 不仅在保持 PCI 总线所有优点的前提下增加了这些仪器特性，而且可以比台式 PCI 计算机多提供三个仪器插槽，使单个 PXI 总线机箱的仪器模块插槽总数达到 7 个。

PXI 总线与 VXI 总线面向仪器领域的扩展性能比较参见表 4-2-1。

表 4-2-1　PXI 总线与 VXI 总线面向仪器领域的扩展性能比较

类　型	参考时钟	触发总线	星形总线	局部总线	模块识别	模拟和	电　源	连接器标准
VXI	10 MHz ECL 100 MHz ECL	8TTL 6ECL	ECL	12 根	有	有	±5 V，±2 V +12 V，+24 V	DIN41612
PXI	10 MHz TTL	8TTL	TTL	13 根	无	无	±5 V，±12 V +3.3 V	IEC-1076

1) 局部总线

如图 4-2-6 所示,PXI 局部总线是每个仪器模块插槽与左右邻槽相连的链状总线。该局部总线具有 13 线的数据宽度,可用于在模块之间传递模拟信号,也可以进行高速边带通信而不影响 PCI 总线的带宽。局部总线信号的分布范围包括从高速 TTL 信号到高达 42 V 的模拟信号。

2) 系统参考时钟

PXI 系统通过 J_2 连接器实现了 10 MHz 的系统参考时钟。这个参考时钟与 PCI 总线时钟相互独立,并通过背板连接到所有的外设仪器槽,可以用来实现不同仪器模块之间的严格同步。PXI 的系统参考时钟为复杂的总线触发协议提供了理想的解决方案。

3) 触发总线

如表 4-2-1 所列,PXI 不仅将 ECL 参考时钟改为 TTL 参考时钟,而且只定义了 8 根 TTL 触发线,不再定义 ECL 逻辑信号。这是因为保留 ECL 逻辑电平需要机箱提供额外的电源种类,从而显著增加 PXI 的整体成本。

使用触发总线的方式可以是多种多样的。例如,通过触发线可以同步几个不同 PXI 模块上的同一种操作,或者通过一个 PXI 模块可以控制同一系统中其他模块上一系列动作的时间顺序。为了准确地响应正在被监控的外部异步事件,可以将触发从一个模块传给另一个模块。一个特定应用所需要传递的触发数量是随事件的数量与复杂程度而变化的。

4) 星形触发器

星形触发器为用户提供了一种高性能的同步特性。触发器在系统的第一槽(系统槽右边)和其他外设仪器槽之间配置了专门的触发线,用户可以在第一槽安装星形触发控制器来实现外设模块之间精确的同步触发。在不需要该功能的系统中此槽可插外设模块。星形触发器采用触发线等长技术以弥补 PXI 的 J_2 连接器上触发总线的不足。

与触发总线相比,PXI 的星形触发器结构有以下独特的优点:

① 星形触发器不是总线形式,系统中的每个外设模块对应一条独立的触发线。

② 触发线等长技术保证了各个触发点之间的延迟最小。

③ 星形触发器还可返回各外设槽的状态或响应信号给触发控制器。

5) PCI-PCI 性能

PXI 系统具有多达 8 个扩展槽(1 个系统槽和 7 个仪器模块槽),而绝大多数台式 PCI 系统仅有 3 个或 4 个 PCI 扩展槽,除了这点差别之外,PXI 总线与台式 PCI 规范具有完全相同的 PCI 性能。而且,利用 PCI-PCI 桥技术扩展多台 PXI 系统,可以使扩展槽的数量理论上最多扩展到 256 个。其他的 PCI 性能还包括:

① 33 MHz 频率;

② 32 位和 64 位数据宽度;

③ 132 MB/s(32 位)和 264 MB/s(64 位)的峰值数据吞吐率;

④ 通道 PCI-PCI 桥技术进行系统扩展;

⑤ 即插即用功能。

(3) 软件规范

与其他总线规范一样,PXI 定义了标准的硬件接口,以使不同厂商的产品能在同一系统中正常工作。但是,PXI 除了定义总线级的电气要求外,还定义了系统的软件要求以使系统达到最高的集成度。

① 支持标准的操作系统，如 Windows NT、Win32 等；

② 支持 VXI Plug&Play 系统联盟制定的仪器软件标准（VPP 和 VISA）；

③ 所有的外设仪器模块都要求有驱动程序。

显然，目前的 PC 软件技术的发展推动了 PXI 软件规范的发展。

1）通用软件要求

PXI 规范中定义的软件系统包括了 Windows NT 和 Win32，系统的控制器必须支持目前的操作系统和将来的升级，这种要求的好处在于在 PXI 系统中可以使用目前流行的软件开发工具。诸如 Visual C++、Borland C++、Visual Basic、LabVIEW 及 LabWindows/CVI 等。

在 PXI 系统中，所有的外设模块必须要厂商提供必要的设备驱动程序，这为最终的用户提供了极大的方便，免除了用户为自己编写设备驱动程序而消耗的巨大精力和费用。

2）虚拟仪器软件要求

PXI 系统要求通过 VISA 软件标准来定位，控制 GPIB、VXI、串行和 PXI 的仪器模块，这项要求为最终用户减少了在软件上的投资费用。通过 VISA 使得 PXI 系统连接 VXI、GPIB 和串行仪器系统变得简单了。在 PXI 系统中，用户可以通过 VISA 提供的标准机制来定位、配置和控制 PXI 模块。

3）其他软件要求

PXI 系统要求机箱和外设仪器模块的开发商必须配备某些必要的软件说明、定义模块系统的配量情况和性能的初始化信息等，系统控制模块可以利用这些信息来配置正确的系统资源，如用来选通或禁止局部总线的信息等。

归纳起来，PXI 用于测控、数据采集和工业控制的软件由 4 个主要部分组成：

① 系统管理软件；

② 应用程序；

③ 仪器驱动程序；

④ I/O 接口软件。

以往这些需要用户自己去组织或开发，往往是很困难的。而今天，由于有了虚拟仪器软件结构（VISA），使得用户软件开发负担大为减轻。NI 公司已经推出了 PXI 内嵌计算机，并提供了支持 PXI 开发的驱动程序开发包，使用户的应用开发比以往更容易、更快捷。

4.3 测控机箱与计算机互联总线

4.3.1 GPIB 总线

GPIB 源于惠普公司于 1965 年提出的 HP - IB 总线，由于其 1 MB/s 的高传输速率和易用性而逐渐引起人们的重视，以致后来同时被 IEC 和 IEEE 组织正式承认。1975 年，IEEE 将其作为 IEEE 488 总线标准予以推荐。该标准总线在仪器、仪表及测控领域得到了最为广泛的应用，至今还是仪器、仪表及测控系统与计算机互联的主流并行总线。

1. GPIB 系统的结构

典型的 GPIB 系统的硬件主要由计算机、GPIB 卡和若干台（最多 14 台）带有 GPIB 接口的仪器通过标准的 GPIB 母线电缆组成，GPIB 系统结构如图 4 - 3 - 1 所示。挂接在 GPIB 总线上的设备可能是多种多样的，但就其在总线系统中的作用大致可分为讲者（Talker）、听者

(Listener)、控者(Controller)三种。控者是对系统进行控制的设备,它能发出接口消息,如各种命令、地址,也能接收仪器发来的请求和信息。讲者是发出仪器仪表消息的设备。一个系统中可以有一个或几个讲者,但在任一时刻只能有一个讲者工作。听者是接收讲者所发出的仪器仪表消息的设备。一个系统中可以有几个听者,且可以有一个以上的听者同时工作。控者、讲者、听者之间的信息传递,都是通过总线完成的。

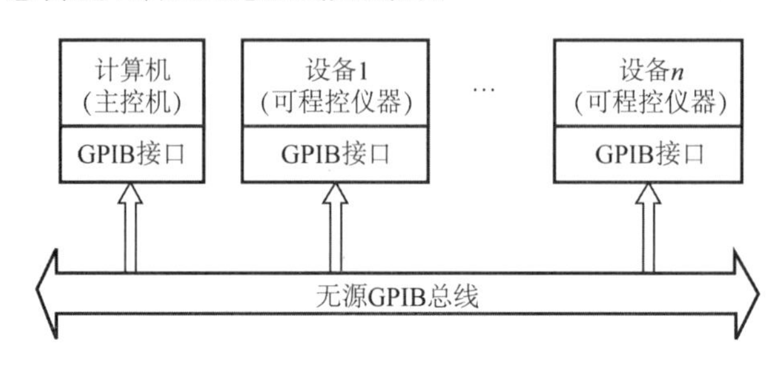

图4-3-1 GPIB系统结构示意图

(1) GPIB线缆及插头

为了便于设备的互联,GPIB标准采用24芯簧片插头座,这种插头座是一种组合插头座,它既有插头又有插座。在插头座上还有锁紧螺栓,用这种方式可将多台设备可靠地连接成系统。

GPIB线缆为两端带有插头的24芯无源屏蔽导线,接头背面带有插座,最多可以连接14台仪器,且运行中必须有不少于2/3的仪器加电。为了保证最大信息传输速率,电缆总长度不能超过20 m,各仪器间平均距离不能超过2 m,最大间隔不超过4 m,但可利用中继器突破这一限制。

GPIB线缆的24芯线包括16根信号线和8根地线,其中信号线包括8根数据线、5根接口管理信号线和3根挂钩信号线。8根双向数据总线由3根传送控制线控制,字节间串行,同一字节的各位并行,采用异步应答方式进行数据传送,使不同速率的各台设备之间可以互传信息。

总线的数据传输采用双向异步传输方式,其最大传输速率为1MB/s。总线的信息逻辑采用负逻辑,即高电平为“0”,低电乎为“1”,电平与TTL电平兼容。

(2) 控制设备、讲设备和听设备

所有的总线操作都必须保证数据的可靠传输,以及不会有多台设备同时使用总线。为了确定设备当前对总线的控制权,将设备划分为:控制设备、讲设备和听设备。当两台设备通信时,一台设备是讲设备,而另一台就是听设备。此外,总线上总是要有一台控制设备。

1) 控制设备

大部分的GPIB系统都是由一台计算机和一系列仪器组成的。在这种系统中,计算机就是典型的系统控制器。如果一个系统中连接了多台计算机,那么就有多台设备具备了控制能力,但是在同一时刻只能有一台控制设备具有系统的控制权,这台设备称为“主控设备”(Controller In Charge,CIC)。当然,系统的控制权也可以由当前的主控设备转移到其他控制设备。

对于每个GPIB系统来说,必须要定义系统控制器。通常可以通过设置GPIB接口卡上的跳线及相应的软件来定义系统控制器。系统控制器接到总线上,可以把自己变为“主控设备”。

控制设备具有下列4项基本功能:

① 定义通信链接。

② 回应设备的服务请求。

③ 发送 GPIB 命令。

④ 转移/接受控制权。

(2) 讲设备和听设备

绝大多数的 GPIB 设备既可以被设置成讲设备,也可以被设置成听设备,但有些设备只能被设置成讲设备或听设备。每台设备使用自己特定的命令设置和结束控制字。

讲设备具有下列特性:受控于系统控制器,在总线上放置数据,在同一时刻只能有一台设备处于讲状态。

听设备具有下列特性:受控于系统控制器,接收讲设备放置在总线上的数据,在同一时刻可以有多台设备处于听状态。

(3) GPIB 器件及地址

每个 GPIB 器件都应具有"听""说""控"功能的一种、两种或全部功能,具有控制属性的器件即控者(一般指计算机),能规定其他器件的听属性或说属性。GPIB 系统中的"主控设备"利用不同地址控制讲者将数据通过接口传送给听者,听者可以同时有多个,达到一点对多点的控制和数据传输。

每个设备(包括计算机接口卡)必须有一个 0～30 的 GPIB 地址。通常将 GPIB 接口卡地址设置为 0,仪器的 GPIB 地址设置为 1～30 中的某一个数。GPIB 系统始终有一个控者来控制总线,通过地址来定位听者,并使之将数据经由总线传递给指定地址的设备。

2. GPIB 总线的结构

GPIB 总线结构如图 4-3-2 所示。GPIB 线缆的 24 芯线包括 16 条信号线和 8 条地(屏蔽)线构成。16 条信号线又分为数据线(8 条)、挂钩线(3 条)、接口管理线(5 条)。

1) 数据线

8 条数据线(DI01～DI08)传输数据和命令信息。由注意线(ATN)的状态确定该信息是数据还是命令。所有的命令和大部分数据都使用 7 位 ASCII 码(美国信息交换标准代码)或 ISO 国际标准化组织代码集,在这种情况下,第 8 位(DI08)闲置或用于奇偶校验。

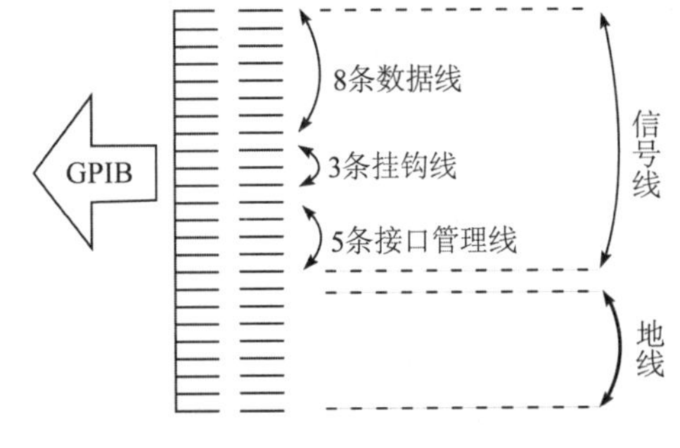

图 4-3-2 GPIB 总线的结构

2) 挂钩线

3 条挂钩线对装置之间的信息字节传输进行异步控制,这一过程称为 3 线内锁定挂钩,以保证数据线上被发送和接收的信息字节没有传输差错。

① DAV(Data Available)数据有效线:当 DIO 线上出现有效数据时,讲者置 DAV 线为低(负逻辑 DAV=1),示意听者从数据总线上接收数据。当 DAV=0 时表示 DIO 线上即使有信息也是无效的。

② NRFD(Not Ready of Data)未准备好接收数据线:当 NRFD=1(低电平)时,表示系统中至少有一个听者未准备好接收数据;当 NRFD=0 时,表示全部听者均已做好接收数据准备,示意讲者可以发出信息。

③ NDAC(Not Data Accept)未收到数据线:当 NDAC=1(低电平)时,表示系统中至少

有一个听者未完成接收数据,讲者暂不要撤掉数据总线上的信息;当 NDAC=0(高电平)时,表示全部听者均已完成接收数据,讲者可以撤销数据总线上的这一信息。

(3) 接口管理线

① ATN(Attention)注意线:由控者使用来指明 DIO 线上信息的类型。当 ATN 线=1(低电平)时,规定 DIO 线上的信息为接口信息(如有关命令、设备地址等),此时其他设备只能接收。当 ATN 线=0(高电平)时,规定 DIO 线上的信息是由讲者发出的器件信息(如设备的控制命令、数据等),其他听者设备必须听,未受命的设备则不予理睬。

② IFC(Interface Clear)接口清除线:由控者使用,将接口系统置为已知的初始状态(IFC=1 为低时),它可作为复位线。

③ REN(Remote Enable)远程允许线:由控者使用,当 REN=1(低)时,所有听者都处于远程控制状态,脱离由面板开关来控制设备的所谓"本地"状态(电源开关除外),即由外部通过接口总线来控制设备的功能;当 REN=0(高电平)时,仪器必定处于本地方式。

④ SRQ(Service Request)服务请求线:用来指出某设备需要控者服务。任何一个具有服务请求功能的仪器或设备,可向控者发出 SRQ=1(低电平)信号,向控者发出服务请求,要求控者对各种异常事件进行处理。控者接受后,通过点名查询,转入相应的服务程序。

⑤ EOI(End or Indentify)结束或识别线:可被讲者用来指示多字节数据传送的结束,又可被控者用来响应 SRQ。该线与 ATN 线配合使用:

当 EOI=1,ATN=0(高电平)时,表示讲者已传递完一组字节的信息;

当 EOI=1,ATN=1(低电平)时,表示控者执行并行点名识别操作。

3. GPIB 接口功能

GPIB 标准接口功能确保系统中各装置之间的正确通信,保证系统正常工作。GPIB 标准规定了 10 种接口功能。

(1) 源挂钩接口功能(SH)

用于源方向收方进行联络,以保证多线消息的正确可靠传输,源功能是讲者和控者必须配置的一种接口功能。

(2) 收方挂钩接口功能(AH)

它赋予仪器能够正确接收多线消息的能力,AH 功能是系统中所有听者必须配置的一种功能。

(3) 讲者功能(T)

它将仪器的测量数据或状态字节、程控命令或控制数据通过接口发送给其他仪器,只有控者指定仪器为讲者时它才具有讲功能。

(4) 听者功能(L)

当仪器被指定为听者时,它从总线上接收来自控者发布的程控命令或由讲者发送的测量数据,系统中所有仪器都必须设冒听功能 C。

(5) 控者功能(C)

该功能担负系统的控制任务,发布通用命令,指定听者、讲者,进行串行或并行点名,产生对系统的管理消息,接收各种仪器的服务请求和状态数据。

(6) 远控/本控功能(RPL)

仪器接收来自总线的命令称为远控,接收来自面板按键的人工操作称为本控。任何仪器在某一时刻只能有一种控制方式,并由控者通过总线配置。

(7) 并行查询功能(PP)

它是为控者快速查询服务而设置的点名功能。

(8) 器件清零功能(DC)

该功能将仪器恢复到预指定的初始状态。

(9) 器件触发功能(DT)

从总线接收触发消息进行触发操作。

(10) 服务请求功能(SR)

该功能允许仪器向控者发服务请求信息,包括存储数据请求和故障处理请求。

总的来说,控者通过 C 寻址并指定讲者,讲者通过 SH 与听者联络,并将仪器测得的数据或状态字节等发送给指定的听者,听者通过 AH 向讲者说明当前状态,并从总线上接收控者的程控命令或讲者的测量数据。一台设备的接口只需配置其中的部分接口功能,除了基本配置 1～5 外,可由设计者按照具体应用自行选择其他功能。在 GPIB 标准中,规定数据字节是按三线挂钩的方式控制传输,因此,控者、讲者和听者的基本功能配置如下:

① 计算机控者:C、T、SH、AH、L。

② 讲者设备:T、SH、AH。

③ 听者设备:L、AH。

4. GPIB 数据传输过程

GPIB 数据以 8 位并行、字节串行的异步双向通信方式传输,最大传输速率为 1 MB/s。也就是说,所有字节都通过总线顺序传送,传送速度由最慢部分决定。GPIB 数据单位是字节,数据一般以 ASCII 码字符串方式传输。

GPIB 在数据传输时采用三线联络(挂钩)技术,它能自动适应测控系统中各仪器不同的数据速率,总能保证所有接收者都全部准备好了才发数据,并且数据一直保持到速率最慢的接收者收到后才撤销或更新。

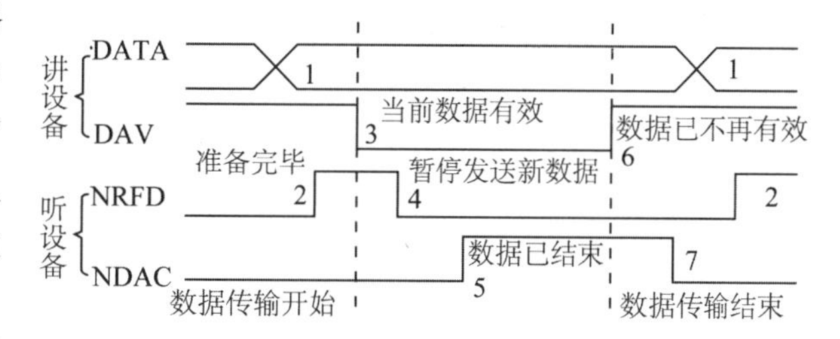

图 4-3-3　三线联络的过程

GPIB 系统内部每传送一个字节信息都有一次三线联络的过程。三线联络的过程如图 4-3-3 所示。

① 讲设备(或控制设备)将数据传递到数据线上。

② 讲设备将等待一定的时间,直到听设备使 NRFD 信号无效,NRFD 信号无效则表明听设备已经能够接收数据。

③ 讲设备使 DAV 信号有效,表示当前数据线上的数据有效。

④ 听设备使 NRFD 信号有效,通知讲设备暂停发送新数据。

⑤ 听设备接收完当前的数据之后,就使 NDAC 信号无效。

⑥ 讲设备使 DAV 信号无效。

⑦ 听设备使 NDAC 信号有效,继而讲设备执行步骤①,开始传送下一个数据。

4.3.2　USB 总线

USB(Universal Serial Bus)是由 Compaq、DEC、IBM、Intel、Microsoft 和 NEC 等多家美

国和日本公司共同开发的一种新的外设连接技术。这些公司于1995年成立了一个称为通用串行总线应用论坛(Universal Serial Bus Implementers Forum,USB-IF)的组织,该组织发布了一种称为通用串行总线的串行技术规范,简称USB。由于微软公司从Windows 98开始加入了对USB的支持,使USB技术得到了飞速发展和极大的普及。现在,USB已成为微型计算机普遍的接口标准,支持这一标准的新产品正在大量涌现。

1. USB总线接口简介

通用串行总线USB是用来连接外围设备与计算机之间的新式标准接口总线。它是一种快速、双向、同步传输、廉价并可以实现热插拔的串行接口。USB与传统的外围接口相比,主要有以下优点。

① 支持热插拔和即插即用。在USB系统中,所有的USB设备可以随时接入和拔离系统,USB主机能够动态识别设备的状态,并自动给接入的设备分配地址和配置参数。这样安装USB设备时,不必打开机箱,甚至在计算机工作时也无须关机和重新启动即可加、减已安装过的设备,也不必用手动跳线或拨码开关来设置新的外设。USB的驱动程序和应用软件可以自动启动,USB设备单独使用自己的保留中断,也不涉及IRQ冲突问题,不会同其他设备争用PC有限的资源,省去了硬件配置的烦恼,为用户带来了极大的方便。

② 数据传输速度快。快速性能是USB技术的突出特点,USB1.1标准有全速12 MB/s和低速1.5 MB/s两种模式,主模式为全速,它比串口快了100倍,比并口快了10多倍。USB 2.0提供高达480 MB/s的数据传输率,可以在其上开发功能更多的电子产品,包括高分辨率的视频摄像机、新一代的扫描仪和打印机,并且在USB 2.0上可同时运行多个高速外设。

③ 易于扩展。通过USB Hub扩展,可连接多达127个外设,且各种外设均采用统一USB接口标准的连接器,大大地简化了安装过程。标准USB电缆长度为3 m(5 m低速),通过Hub或中继器可以使外设距离达到30 m。

④ 独立供电。USB接口提供了内置电源,它能向低压设备提供5 V电源,因此,新的设备就不需要专门的交流电源,从而降低了这些设备的成本,并提高了性价比。

⑤ 使用灵活。为适应各种不同类型外围设备的要求,USB提供了4种不同的数据传输模式:控制(Control)传输、同步(Synchronization)传输、中断(Interrupt)传输、批量(Bulk)传榆。

⑥ 支持多个外设同时工作,USB系统支持多种数据传输的要求。数据带宽可以从几千到480 MB/s,它允许在同一电缆上传输实时和非实时数据,在主机和外设之间可以同时传输多个数据和信流,允许多个外设同时操作,并支持复合设备。

总之,USB是一种电缆总线,支持在主机和各式各样的即插即用的外设之间进行数据传输。按照协议的规定,多个设备分享USB带宽,当主机和其他设备在运行时,总线允许添加、设置、使用和拆除外设。

2. USB系统的结构

(1) USB的物理接口

USB的物理接口包括电气和机械两方面规范。USB的电气接口由四线构成,用以传送信号和提供电源,如图4-3-4所示。USB信号使用分别标记为D+和D-的双绞线传输,它们各自使用半双工差分信号并协同工作,以抵消长导线的电磁干扰;V_{BUS}和

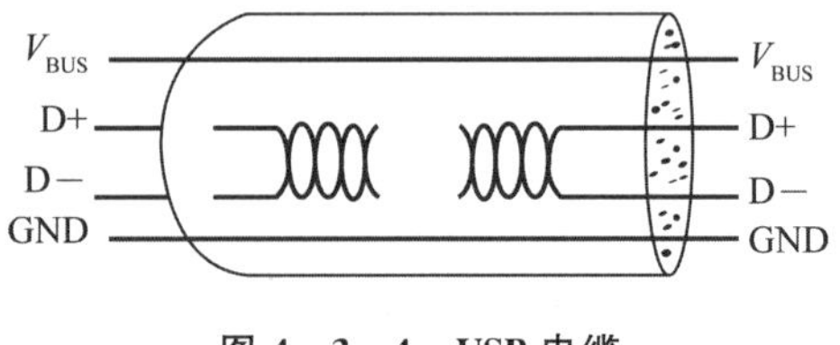

图4-3-4　USB电缆

GND 是电源线，提供+5 V 电源。机械方面，所有的设备都有一个上行或下行的连接。上行和下行连接器在机械上不可以互换使用，这样消除了在 HUB 上非法的回路连接。

(2) USB 的系统组成和拓扑结构

一个典型的 USB 系统包含三类硬件设备：USB 主机(Host)、USB 外设、集线器(Hub)，如图 4-3-5 所示。其物理连接是一种分层的菊花链结构，集线器是每个星形结构的中心，从 USB 的物理拓扑结构可以看出每一段的连接都是点对点的。

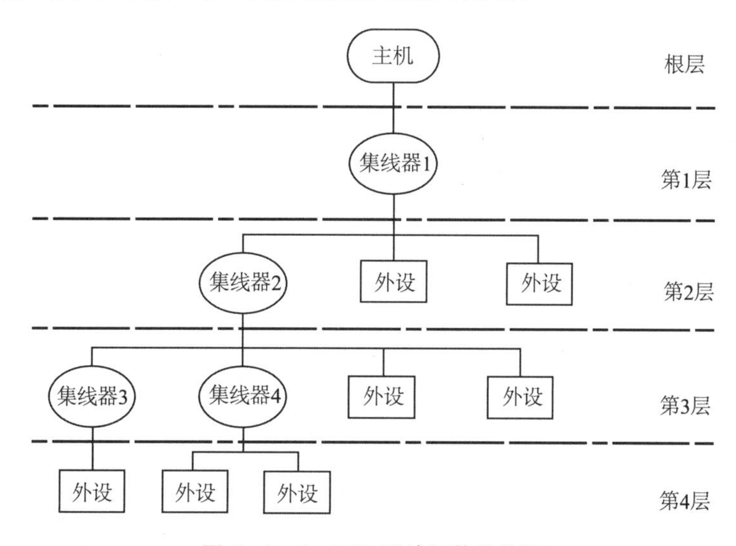

图 4-3-5　USB 系统拓扑结构图

1) USB 主机

在一个 USB 系统中，当且仅当有一个 USB 主机时，主机有以下功能：管理 USB 系统；每毫秒产生一帧数据；发送配置请求对 USB 设备进行配置操作；对总线上的错误进行管理和恢复。

2) USB 外设

在一个 USB 系统中，USB 外设和集线器总数不能超过 127 个。USB 外设接收 USB 总线上的所有数据包，通过数据包的地址域来判断是不是发给自己的数据包：若地址不符，则简单地丢弃该数据包；若地址相符，则通过响应 USB 主机的数据包与 USB 主机进行数据传输。

3) 集线器

集线器用于设备扩展连接，所有 USB 外设都连接在 USB Hub 的端口上。一个 USB 主机总与一个根集线器相连。集线器为其每个端口提供 100 mA 电流供设备使用。同时，集线器可以通过端口的电气变化诊断出设备的插拔操作，并通过响应 USB 主机的数据包把端口状态汇报给 USB 主机。一般来说，USB 设备与集线器间的连线长度不超过 5 m，USB 系统的级联不超过 5 级(包括根集线器)。

3. USB 的传输方式

针对设备对系统资源需求的不同，在 USB 规范中规定了四种不同的数据传输方式。

① 等时传输方式：该方式用来连接需要连续传输，且对数据的正确性要求不高而对时间极为敏感的外部设备。等时传输方式以固定的传输速率连续不断地在主机与 USB 设备之间传输数据，在传送数据发生错误时，USB 并不处理这些错误，而是继续传送新的数据。

② 中断传输方式：该方式传送的数据量很小，但这些数据需要及时处理，以达到实时效果。

③ 控制传输方式：该方式用来处理主机 USB 设备的数据传输。包括设备控制指令、设备

状态查询及确认命令。当USB设备收到这些数据和命令后，将依据先进先出(FIFO)的原则按队列方式处理到达的数据。

④ 批传输方式：该方式用来传输要求正确无误的数据。

在这些数据传输方式中，除等时传输方式外，其他三种方式在数据传输发生错误时，都会试图重新发送数据以保证其准确性。

4. USB系统软件组成

USB系统软件由主控制器驱动程序(Universal Host Controller Driver ,UHCD)、设备驱动程序(USB Device Driver,USBDD)和USB芯片驱动程序(USB Driver,USBD)组成。其中，UHCD完成对USB交换的调度，并通过根Hub或其他的Hub完成对交换的初始化，在主控制器与USB设备之间建立通信信道；USBDD是用来驱动USB设备的程序，通常由操作系统或USB设备制造商提供；USBD在设备设置时读取描述寄存器以获取USB设备的特征，并根据这些特征，在请求发生时组织数据传输。

5. USB总线的协议

USB总线属于一种轮循方式的总线，主机控制端口初始化所有的数据传输。每一次总线执行动作最多传送三个数据包。按照传输前制定好的原则，在每次传送开始时，主机控制器发送一个描述传输运作的种类、方向、USB设备地址和终端号的USB数据包，这个数据包通常称为标志包。USB设备从解码后的数据包的适当位置取出属于自己的数据。数据传输方向不是从主机到设备就是从设备到主机。

传输开始时，由标志包来标志数据的传输方向，然后发送端开始发送包含信息的数据包或表明没有数据传送。

接收端也要相应发送一个握手的数据包表明是否传送成功。发送端和接收端之间的USB数据传输，在主机和设备的端口之间可视为一个通道(pipe)。存在两种类型的通道流和消息。流的数据不像消息的数据，它没有USB所定义的结构，而且通道与数据带宽、传送服务类型、端口特性(如方向和缓冲区大小)有关。

多数通道在USB设备设置完成后即存在。USB中有一个特殊的通道——默认控制通道，它属于消息通道，设备一启动即存在，从而为设备的设置、状况查询和输入控制信息提供一个入口。

事务预处理允许对一些数据流的通道进行控制，从而在硬件级上防止了对缓冲区的高估或低估。通过发送不确认握手信号从而阻塞了数据的传输速度。当不确认握手信号发过后，若总线有空闲，数据传输将再做一次。这种流控制机制允许灵活的任务安排，可使不同性质的流通道同时正常工作，这样多种流通常可在不同间隔进行工作，传送不同大小的数据包。

6. USB总线测控系统的特点

USB总线测控系统主要是利用USB总线的独特优点，在USB虚拟仪器的基础上增加控制模块而实现的一种兼集中控制系统(ICS)和集散控制系统(DCS)优点于一体的测控系统。

与基于PC总线的集中型控制系统相比，因USB总线中的控制模块是外挂式的，为了与USB总线相连，模块中必须有独立工作的CPU，因此，USB总线上的控制模块可设计成既可在主机(PC)的统一管理下协调工作，也可以脱离USB总线独立工作，这一点与DCS的特点是一样的，即不会因为主机或者通信总线的崩溃而导致控制系统瘫痪。因此，USB总线的测控系统的可靠性比PC工业总线系统更高。

USB总线测控系统具有USB总线虚拟仪器的全部特点，而且系统构造的灵活性、所能达到的系统规模和程度、设备资源的可重复利用性、系统结构改变和重组的高效率，以及由此产生的效益是以往任何系统所不及的。

4.3.3　IEEE 1394 总线

IEEE 1394 的前身是 1987 年苹果计算机公司发布的 FireWire(火线)高速串行总线，1995 年获得美国电气电子工程师协会认可，成为正式标准 IEEE 1394。

1. IEEE 1394 的特点

(1) 支持多种总线速率，与系列标准兼容

IEEE 1394 系列标准包括 IEEE 1394、IEEE 1394a、IEEE 1394b，具有向后兼容性。IEEE 1394 和 IEEE 1394a 支持的速率范围为 100 MB/s、200 MB/s 和 400 MB/s 。IEEE 1394b 支持的速率预计达到 3 200 MB/s。

(2) 即插即用，支持热插拔

这就意味着在任何时刻用户均可以将带 IEEE 1394 接口的设备加入到总线中或者从总线中移去而不必关掉电源或者重新启动计算机。总线控制器会自动重新配置总线系统，根据各个设备的不同要求分配系统资源。

(3) 支持异步和等时两种传输方式

① 异步传输方式类似于内存映射方式，此时的总线操作类似于 PCI 总线操作，设备可以在 64 位地址空间内进行读、写操作。异步传输适合应用在对数据的完整性要求较高的场合。

② 等时传输方式下，一个重要的特点是总线管理器为每次传输保证足够的带宽，它不是用地址空间而是使用信道进行数据的传输，每个信道有一个信道号，发送方和接收方在指定信道号的信道上进行数据的读、写操作。等时传输的周期为 125 μs。等时传输适合应用在要求实时传输并对数据完整性要求不严格的场合。

设备可以根据需要动态地选择传输方式，总线管理器负责带宽的分配。

(4) 分层的硬件和软件

IEEE 1394 协议的通信建立在事务层、链路层和物理层协议的基础之上。

(5) 支持 64 个节点

在一条串行总线上，不加 Hub 时最多支持 64 个节点地址(0～63)，节点地址 63 被用做一个所有节点可以辨认的广播地址，从而允许在总线上连接 63 个物理节点。

(6) 支持点对点传输

串行总线设备能自主执行事务，而不需要主机 CPU 的干预。

(7) 支持公平仲裁

实现仲裁以确保等时应用获得一个恒定总线带宽，而异步应用能获得对总线的公平访问。

(8) 错误检测和处理

为验证通过总线的数据传输是否成功而执行 CRC 校验，如果检测到 CRC 错误则可能会导致数据重传。

(9) 线缆电源

通过线缆，可向节点提供电源。特定节点可能使用总线提供的可用电源，也可能向总线供电。

(10) 可扩展总线

可以将新的 IEEE 1394 设备连接入 IEEE 1394 总线节点所提供的端口，从而扩展串行总线。拥有两个或更多端口的结点称为分节点，它可将附加节点以菊花链接入总线；拥有一个端

口的节点称为叶节点,它表示某一串行总线分支的结束点。

IEEE 1394 所具有的这些特点使它顺应了当今数据传输的潮流,尤其是适合了影音产品的需要,成为高速数字音频、视频设备、外部硬盘和其他高速外设的首选接口。

2. IEEE 1394 总线的结构

(1) IEEE 1394 总线的拓扑结构

拓扑结构是 IEEE 1394 最重要的优点之一。在电缆连接中实际上根本不存在总线,只是点到点的连接。

IEEE 1394 串行总线的物理拓扑结构可以分为两种环境:电缆环境和底板环境,不同的环境间总线的连接需要总线桥,如图 4-3-6 所示。

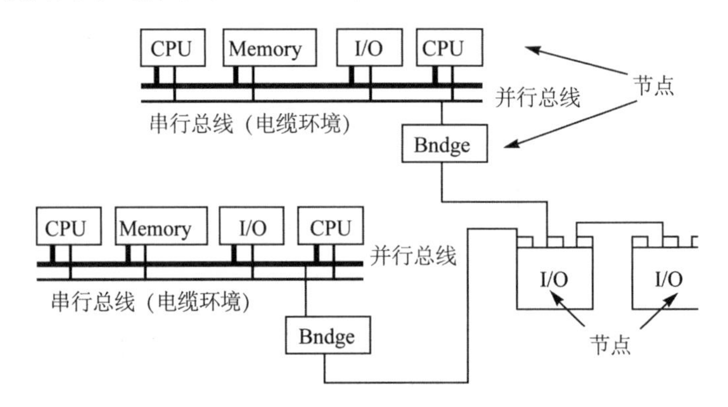

图 4-3-6　IEEE 1394 串行总线的物理拓扑结构

1) 电缆环境

电缆环境中物理拓扑是一个具有有限分支和范围的非环状网络。IEEE 1394 电缆由传送信号用的两对屏蔽双绞线及电源线和地线组成,它们连接到节点的端口上。每个端口由终端接头、收发器和简单的逻辑电路组成。电缆和接口用做两个不同节点间的总线转发器,以此来模拟单一逻辑总线。

为使每个节点都能持续不断地传输信号,电缆内的电源线和地线可以提供电能。这样,即使节点本身的电源关断,IEEE 1394 电缆也可以保证节点的物理层继续工作。IEEE 1394 电缆能提供最大电流 1.5 A、电压 8～40 V 的 DC 电源,实际的电流与系统有关。

2) 底板环境

底板环境中物理拓扑是多点接入的总线,总线上分布着多个连接器,允许节点直接插入,通过仲裁使各节点享用总线。IEEE 1394 串行总线可以和一组标准并行总线并存于设备的底板上,总线通过 IEBE 总线标准中为串行通信保留的两根信号线可以从底板环境扩展为电缆环境。

(2) IEEE 1394 总线的协议结构

IEEE 1394 通信模型具有一个三层的协议栈:物理层、链路层和事务层,另外还有一个总线管理部分。每一层都定义了一套相关的服务,用于支持配置、总线管理及在应用程序和 IEEE 1349 协议层之间的通信。单个节点中各层之间的关系如图 4-3-7 所示。

1) 物理层

物理层主要有以下功能:

① 把链路层的逻辑信号转化成在串行总线上传输的电信号;

② 实现仲裁服务,以保证同一时刻的总线上只有一个节点在发送数据;

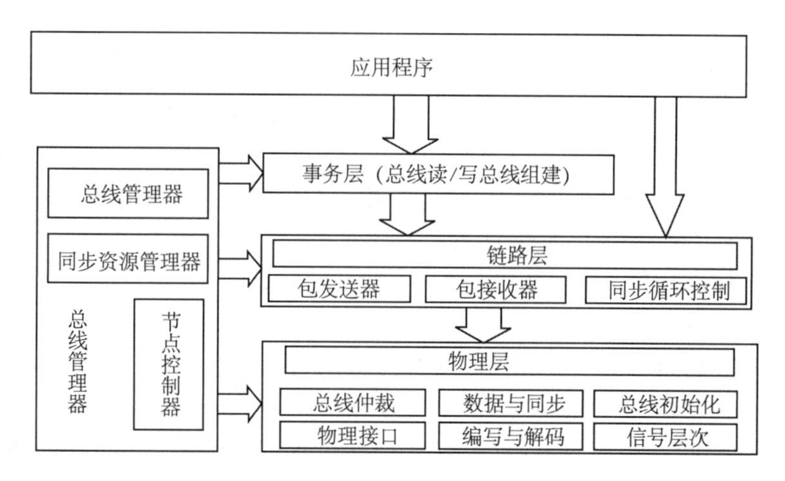

图 4-3-7　单个节点中各层之间的关系

③ 为串行总线定义了物理和机械接口。

物理层还提供了接口与高层总线控制器之间的服务，用来执行所指定的动作并传递与本次操作有关或无关的一些参数。

2）链路层

链路层主要为事务层服务，它实现对等时和异步数据包的寻址、数据校验、分析等功能，链路层还提供了等时传输服务。链路层可以将事务层请求转化为相应的包或者子事务，并发送到总线上。

对于异步事务，链路层提供了事务层和物理层之间的接口，还提供了基于请求、响应模型的各种服务。请求者的链路层将来自事务层请求转换成即将发送到 IEEE 1394 电缆上的数据包。响应者将收到的数据包后进行相应的逆转换并传递给事务层。

对于同步传输，链路层提供软件驱动程序和物理层之间的接口。数据包接收确认、定址数据校验及数据分帧等，都是在链路层中实现的。链路层功能由硬件实现。

3）事务层

事务层支持异步传输的读、写和锁定操作，遵循 CSR 结构的请求/响应协议。事务层只处理异步包，提供三种基本 IEEE 1394 事务类型：读取、写入和锁定。异步事务模型主要用于请求节点和响应节点之间的通信。典型的 IEEE 1394 应用程序对于 IEEE 1394 通信模型的中间各层一无所知，它们只是简单地向事务层发出数据传输请求。产生的事务请求指示了事务类型（读取、写入与锁定），如果事务为写入或者锁定，事务层还应该提供请求所要传输的数据。事务层功能由固件实现。

IEEE 1394 串行总线协议还包括串行总线管理。串行总线管理层以 ISO/IEC 13213 规范为基础，提供了一系列的服务：用以发布能被其他节点访问的拓扑结构，发布能被读取以确定两节点间每个电缆部分最大的速度图，启用循环控制器，总线管理控制和优化总线传输等。

3. IEEE 1394 接口类型

IEEE 1394 接口分为有供电功能的 6 针 A 型接口和无供电功能的 4 针 B 型接口。六角形的接口为 6 针，小型四边形接口为 4 针。最早苹果公司开发的 IEEE 1394 接口是 6 针的，后来，Sony 公司看中了它数据传输速率快的特点，对早期的 6 针接口进行了改良，重新设计成为现在大家所常见的 4 针接口，并且命名为 iLink。

6 针 A 型接口中有 4 针是用于传输数据的信号线,另外 2 针是向所连接的设备供电的电源线,电压一般为 8～40 V,最大电流 1.5 A,设备之间距离最大 4.5 m,链接总长度为 50～100 m。6 针 A 型接口可以通过转接线兼容 4 针 B 型,但是 B 型转换成 A 型后则没有供电的能力。

6 针的 A 型接口,在 Apple 的计算机和周边设备上使用很广,而在消费类电子产品以及 PC 机上多半都是采用简化过的 4 针 B 型接口,需要配备单独的电源适配器。IEEE 1394 接口可以直接当作网卡联机,也可以通过 Hub 扩展出更多的接口。没有 IEEE 1394 接口的主板,也可以通过插接 IEEE 1394 扩展卡的方式获得此项功能。

4. IEEE 1394 与 USB 的比较

USB 和 IEEE 1394 都是串行接口,支持热拔插,但两者有不小区别。首先,USB 要求 CPU 来控制数据的传输,也即有一定的 CPU 占用率,而且只支持异步传输。IEEE 1394 不需要 CPU 控制,CPU 的占用率极低,它不仅支持异步数据传输也支持同步数据传输。IEEE 1394 的每个设备的数据传输率都能够达到 400 MB/s,而且将来要达到 800MB/s,甚至更高的 3.2 GB/s。

IEEE 1394 不需要集线器(Hub)就可连接 63 台设备。IEEE 1394 总线的传输并不一定要通过 PC,可以直接将采用 IEEE 1394 总线的设备连接在一起。在 USB 的拓扑结构中,必须通过 Hub 来实现多重连接,整个 USB 网络中最多可连接 127 台机器,而且一定要有计算机的存在。因为 IEEE 1394 设备有专门的数据传输处理芯片,所以对 CPU 占用率相对要小些。实践证明,USB 2.0 的移动硬盘在传输数据时 CPU 占用率是 IEEE 1394 的 10 倍。

另外,USB 2.0 的传输速率与 IEEE 1394a(400 MB/s)大致相当,但 USB 2.0 的 480 MB/s 传输速率与 IEEE 1394b 的 3.2 GB/s 相比,差距是很明显的。

IEEE 1394 接口现在已经逐渐成为计算机的标准配置,因其兼容性好、高速、数据传输速率可扩展、支持热插拔、支持点对点传输以及拓扑结构灵活多样等许多优点,而迅速占领局域网组建、数字视频、消费者音频以及硬盘等市场。

思考题与习题

1. 何谓总线?在测控系统中应用总线技术有何好处?
2. 测控总线包括哪些类型?
3. 什么是 VXI 总线?
4. 什么是 PXI 总线?
5. 测控机箱与计算机互联的常见串行总线有哪些?
6. 测控机箱与计算机互联的常见并行总线有哪些?
7. GPIB 是什么总线?何谓“讲者”“听者”“控者”?

课件

讲稿笔记

习题解答

第 5 章　测量数据处理

在微机化测控系统中，经 A/D 转换器接口送入微型机的数据，是对被测量进行测量得到的原始数据。这些原始测量数据送入微型机后通常要先进行一定的处理，然后才能输出到显示器的显示数据或控制器的控制数据。本章主要介绍微机化测试系统或测控系统中，微型机对原始测量数据进行处理的常规内容及相应的算法。所谓算法是指为了获得某种特定的处理结果而规定的一套详细的解题方法和步骤。算法是程序设计的核心，在具体编程前总要先确定算法。测量数据处理算法(因直接与测量技术有关，故又称测量算法)及其编程是微机化测试系统或测控系统软件设计的重要内容。

5.1　测量数据的产生过程和影响因素

5.1.1　测量数据的产生过程

通过 2.1 节模拟输入通道的学习，我们知道，微机测控系统中很多测量数据的产生过程可用图 5-1-1 所示的简化框图来说明：被测量通常是非电量模拟信号，它由传感器及其接口电路转换成电压信号，该电压信号由于比较微弱而且伴有干扰，需要先进行前置放大器放大和滤波器滤波，然后经多路切换器进行采样。采样得到的信号子样由主放大器放大、采样保持器采样保持，最后被 A/D 转换器转换成数据信号送往微机。

图 5-1-1 是比较多见的典型情况。有些情况下，测量数据的产生过程可能比图 5-1-1 更简单，也有的可能更复杂一些。但无论怎样，都可以从被测对象或传感器的入口开始，追踪被测物理量从非电量模拟信号变成送往微机的数据信号的整个过程，把这个过程的各道环节串接起来，就可得到一条流水线式的“测量通道”。然后，逐个分析组成这条“测量通道”的各个环节，就能找到影响测量数据的各个因素，从而为测量数据的处理提供依据。

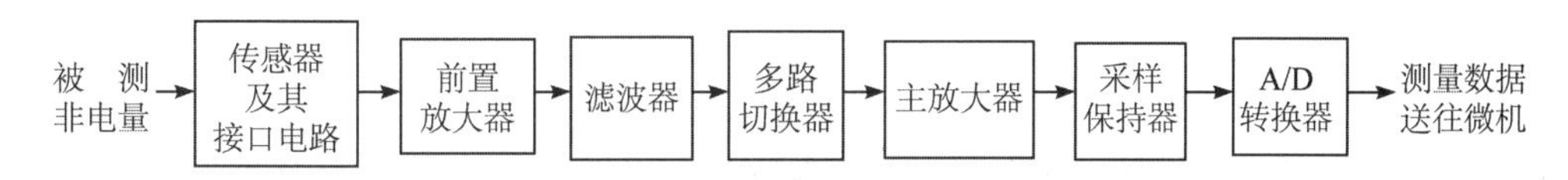

图 5-1-1　测量数据的产生过程

5.1.2　测量数据的影响因素

如果组成图 5-1-1 所示的“测量通道”的各个环节都是线性的，那么，整个测量通道就可视为一个线性系统，被测非电量就是这个系统的输入，送往微机的测量数据就是这个系统的输出，而且系统的输出与系统输入呈线性关系。

一般来说，被测信号在通过滤波器、多路切换器、采样保持器等环节时，信号的幅度都基本上不会发生变化，因此这些环节可认为对测量数据没有什么影响。如果略去这些环节，只考虑对测量数据有影响的环节，则图 5-1-1 所示“测量通道”可简化成图 5-1-2。

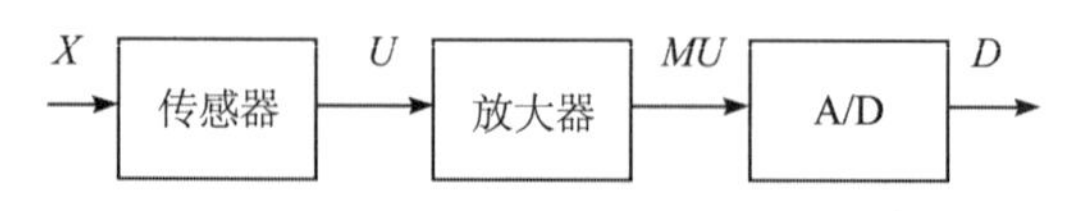

图 5-1-2　影响测量数据的主要因素

设被测非电量为 X,传感器(含其接口电路)的电压转换系数为 $S(U=XS)$,测量通道各个放大器的总放大倍数为 M,A/D 转换器基准电压为 E,A/D 转换器满量程(输入电压达到基准电压)输出数字为 D_{FS},A/D 转换器量化单位为 $q(q=E/D_{FS})$,A/D 转换结果 D 与被测量 X 存在如下关系:

$$D=\frac{MU}{q}=\frac{SXM}{E/D_{FS}} \tag{5-1-1}$$

由式(5-1-1)可见,测量数据主要取决于被测非电量 X、传感器电压转换系数 S、总放大倍数 M、A/D 转换器基准电压 E。在测量过程中,如果系统本身的参数 S、M、E 都始终保持稳定不变,那么,测量数据 D 就只随被测非电量 X 变化而变化,而且变化的比值也为常数。在这种情况下,只要知道标准输入 X_1 产生的测量数据 D_1,就可从任一测量数据 D 准确地推算出其对应的被测非电量 X,即

$$X=\frac{X_1}{D_1}D \tag{5-1-2}$$

然而,实际情况并没有这样简单。系统本身的参数 S、M、E 可能会随时间漂移,传感器电压转换系数 S 还可能随被测非电量变化也有微小变化即存在一定程度非线性,如果我们依然按照式(5-1-2)来简单地从测量数据推算被测非电量就必然产生误差。因此,必须对获得的测量数据进行必要的处理,消除误差因素,或者说进行误差校正,其目的就是尽可能准确地计算出实际的被测非电量。

5.2　零位和灵敏度的误差校正

5.2.1　零位误差和灵敏度误差

通常把一个电路或系统的输出值变化量与输入值变化量之比,称为该电路或系统的灵敏度。由图 5-1-2 和式(5-1-1)可知,图 5-1-1 所示测量系统的灵敏度为

$$K=\frac{SM}{E/D_F S} \tag{5-2-1}$$

对于一个理想的线性系统,其灵敏度可通过实验测得。给系统输入一个已知的标准值 X_1,测量该系统的输出值 D_1,就可按下式计算出该系统的灵敏度

$$K=\frac{D_1}{X_1} \tag{5-2-2}$$

知道了该测量系统的灵敏度 K,就可以由该系统输出读数 D 并按下式计算出其对应的被测量的真值 X,即

$$X=\frac{D}{K} \tag{5-2-3}$$

但是实际的线性测试系统却并非如此。由于温度变化和元器件老化,难免存在零位误差和灵敏度误差,如图 5-2-1(a)所示。所谓“零位误差”就是指输入 X 为零时,而输出 D 不为零而为 D_0;所谓“灵敏度误差”是指实际灵敏度 K 与标称灵敏度 K_0 的偏差,即 $K-K_0=\Delta K$。“零

位误差”和“灵敏度误差”统称“系统误差”。所谓“系统误差”是指在相同条件下，多次测量同一量时，其大小和符号保持不变或按一定规律变化的误差。由图5-2-1(a)可见，在这两项“系统误差”都存在的情况下，被测量真值X所产生的输出读数D为

$$D = X \cdot K + D_0 = X(K_0 + \Delta K) + D_0 \tag{5-2-4}$$

在这种情况下，如果仍然按式(5-2-3)将输出读数D除以标称灵敏度K_0，这样确定出的值就不是被测量的真值X，而是X'，即

$$X' = \frac{D}{K_0} = \frac{X(K_0 + \Delta K) + D_0}{K_0} \tag{5-2-5}$$

X'与X的偏差即测量误差为

$$X' - X = X\frac{\Delta K}{K_0} + \frac{D_0}{K_0} \tag{5-2-6}$$

由式(5-2-6)可见，测量误差是因为灵敏度误差ΔK和零位误差D_0产生的，该测量误差属于“系统误差”。下面讨论这两项系统误差的校正方法。

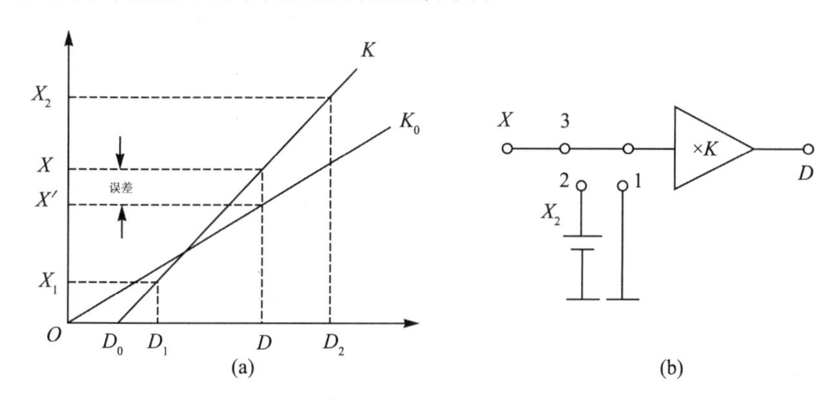

图5-2-1　系统误差及其校正

5.2.2　软件校正方法

为了校正灵敏度和零位误差，就必须导出由输出读数D无误差地确定被测量X的公式，即误差校正后的输入/输出关系式，这项工作就称为建立误差校正模型。为此，按式(5-2-4)导出由D求X的公式得

$$X = \frac{D}{K} - \frac{D_0}{K} \tag{5-2-7}$$

按照式(5-2-7)由D求X，除了需要知道D外，还要知道K和D_0，而K和D_0都需要通过测试才能得知，因此这种计算方法很不方便。

由图5-2-1(a)可见，只要给线性测试系统先后施加两个不同的标准输入X_1和X_2，并记下两次相对应的输出读数D_1和D_2，就可按下式由输出读数D计算出被测量X，即

$$X = X_1 + (D - D_1) - \frac{X_2 - X_1}{D_2 - D_1} \tag{5-2-8}$$

若选取$X_1 = 0$，$D_1 = D_0$则上式简化为

$$X = X_2\frac{D - D_0}{D_2 - D_0} \tag{5-2-9}$$

依据式(5-2-7)可设计出电压测量系统的系统误差校正电路，如图5-2-1(b)所示。测试前

先将开关置于位置“1”使输入接地,测得输出数据为 D_0。再将开关置于位置“2”接已知标准输入电压 X_2,测得输出数据为 D_2。最后将开关置于位置“3”,接未知待测输入电压 X,若测得输出数据为 D,则可按式(5-2-9)由已知的 X_2 和测得的 D_0、D_2 和 D 计算出被测输入电压的真值 X。

按照式(5-2-8),正式开始测量前,需要先后施加两个不同的标准输入 X_1 和 X_2,并记下两次相对应的输出读数 D_1 和 D_2,这项工作称为“误差校准”工作。

校正系统误差的软件方法是按照公式(5-2-8)编写专门的计算子程序,将最近执行“误差校准”操作获得的最新的校准数据(X_1、D_1)、(X_2、D_2)存入内存,每次测量后就调用公式(5-2-8)的计算子程序和调取内存中的校准数据(X_1、D_1)、(X_2、D_2),从输出读数 D 计算出被测量 X。因为零位和灵敏度的变化是非常缓慢的,在短时间内基本上不会变化,而代人公式计算的(X_1、D_1)、(X_2、D_2)正是刚刚才校准过的最新数据,所以,从输出读数 D 计算出的被测量 X 就不会存在零位误差和灵敏度误差。

消除模拟输入通道零位误差和灵敏度误差,除了上述软件方法外,也可采用硬件的方法来实现。下面介绍几种常见的零位调整和灵敏度调整的硬件校正方法。

5.2.3 硬件校正方法

1. 零位调整电路

模拟输入通道的零位调整通常要设置调零电位器和调零电路,常见的调零电路有以下几种。

(1) 传感器调零电路

许多传感器都设置了专门的调零电路,当被测非电量为零而传感器的输出不为零,可调整调零电路中的调零电位器实现调零。

(2) 电桥调零电路

很多传感器采用电桥作为测量电路,为保证被测参数为零时,电桥输出也为零,通常要设置调零电位器和调零电路。例如图 5-2-2 所示铂电阻和二极管测温电路中的电位器 R_{P1} 就是调零电位器,调整它可使温度为 0 ℃时,电桥输出电压为零。

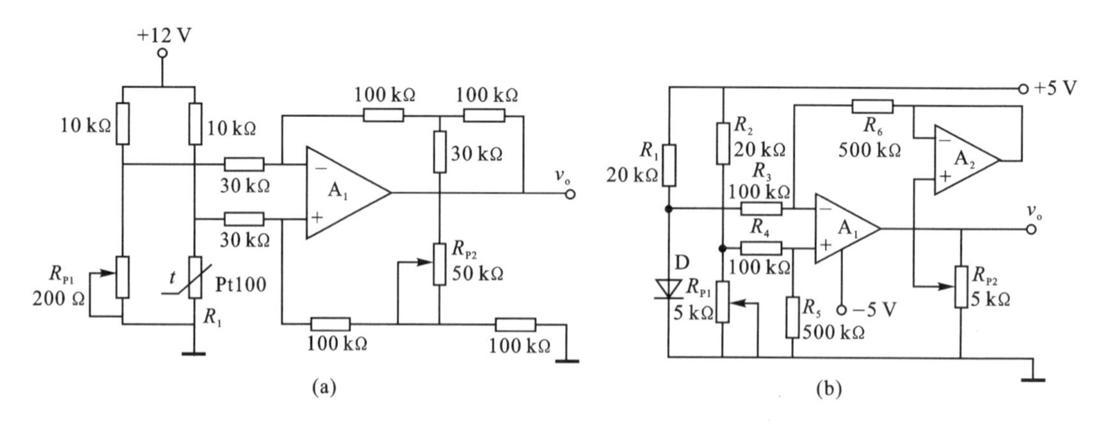

图 5-2-2　铂电阻和二极管测温电路

(3) 放大器输入偏移调零电路

如果被测量 x 为零时,前级电路的输出电压 $U_x=U_a\neq 0$,在 U_x 与 x 成线性关系情况下,可设

$$U_x = U_a + xS_x \tag{5-2-10}$$

式中,U_a 为前级测量电路的零位输出。可以设置如图 5-2-3 所示的电路,通过放大器端的偏移电压或偏移电流的方法来消除零位电压 U_a,即保证放大器输出电压 U_0 在 x=0 时为零。为此

在图(a)中,须调整 U_b,使 $U_b = U_a$;

在图(b)中,须调整 U_b 和 R_2,使 $U_a/R_1 = -U_b/R_2$;

在图(c)中,须调整 U_b 使 $U_b = U_a$。

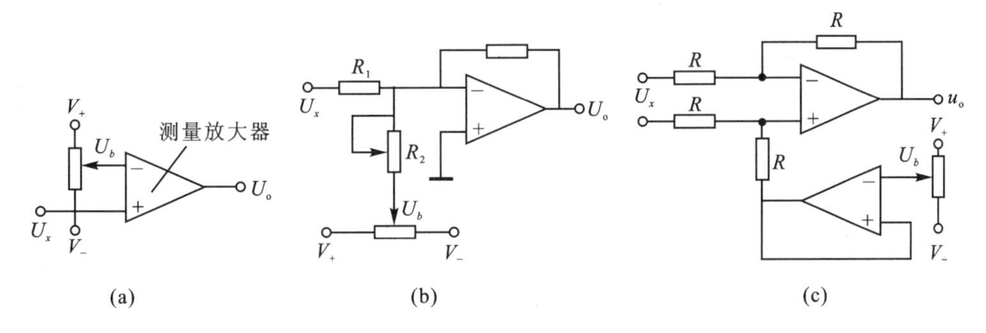

图 5-2-3　放大器输入偏移法调零电路

(4) A/D 转换器调零电路

如果没有在 A/D 转换之前实现调零,也就是说,前级模拟电路输出电压 U_x 在被测量 x 为零时并不为零,而为 U_a,那就应该在 A/D 转换器中实现调零。通常是将前级模拟电路输出电压 U_x 加到 A/D 转换器的输入高端(IN_H),同时在 A/D 转换器的输入低端(IN_L)通过调零电路提供一个偏移电压 U_b,而且使 $U_b = U_a$。这样 A/D 转换器实际转换的模拟电压就是两输入端电压之差,数字转换结果为

$$N = \frac{U_x - U_b}{q} = \frac{U_x - U_a}{q} = \frac{(U_a + S \cdot x) - U_a}{q} = \frac{S \cdot x}{q} \tag{5-2-11}$$

式中,S 为传感器和 A/D 转换之前模拟电路的总灵敏度;q 为 A/D 转换器的量化单位,即 $N=1$ 所对应的模拟电压。

由式(5-2-11)可见,当 $x=0$ 时,数字转换结果 $N=0$,这样就实现了零位调整。例如在图 5-2-4 所示 AD590 数字温度计电路中,当 0 ℃时,$U_x = U_a = 2.73$ V,调整电位器 R_{P2},使 $U_b = U_a = 2.73$ V,即可使数字转换结果 $N=0$。

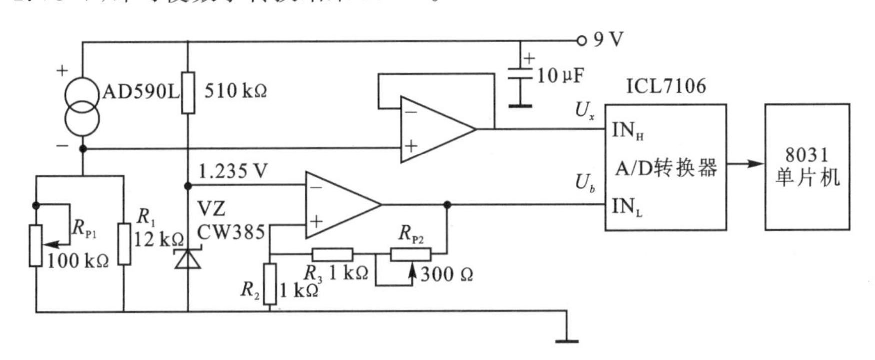

图 5-2-4　AD590 数字温度计电路

2. 灵敏度调整电路

由式(5-2-1)可知,模拟输入通道的总灵敏度实际上是A/D转换结果与被测量的比值,是由传感器灵敏度、放大器放大倍数、A/D转换器的基准电压等主要参数共同决定的。因此,理论上讲只要调整其中一个参数,都可改变整个模拟输入通道的总灵敏度。但是,最常见的灵敏度调整方法是调整决定放大器增益的电阻值。

调零和调满度是检测仪表使用前最基本最常见的两项调试工作。在零点和灵敏度都发生漂移的情况下,通常是先调零。零点调好后,再调灵敏度即调满度。

5.3 量程自动切换

量程是指检测系统测量上限 x_{max} 和测量下限 x_{min} 之代数差,即 $L=|x_{max}-x_{min}|$。为了扩大测量范围并保持一定的测量精度,检测系统大多设置多个量程。普通测量仪表是用手动换挡开关来切换量程,微机化测控系统应能自动进行量程切换。量程自动切换是实现自动测量的重要组成部分,它使测量过程自动迅速地选择在最佳量程上,这样既能防止数据溢出和系统过载,又能保证一定的测量精度。

5.3.1 量程切换的依据

图5-3-1是量程自动切换原理框图,图中略去了模拟输入通道增益为1的环节。也就是说,图中只包含了模拟信号输入通道中导致信号幅度变化因而影响量程选择的三个环节。假设被测量为 x,传感器灵敏度为 S,从传感器到A/D间信号输入通道的总增益(即各放大器放大倍数及衰减器衰减系数的连乘积)为 K,A/D转换器满度输入电压为 E,满度输出数字为 D_{FS}(例如8位自然二进制码A/D满度输出数字为FFH即225,$3\frac{1}{2}$位BCD码A/D满度输出数字为1 999等),A/D转换器量化单位为 q,则被测量 x 对应的输出数字 D_x 为

$$D_x=\frac{U_x}{q}=\frac{xSK}{E/D_{FS}} \tag{5-3-1}$$

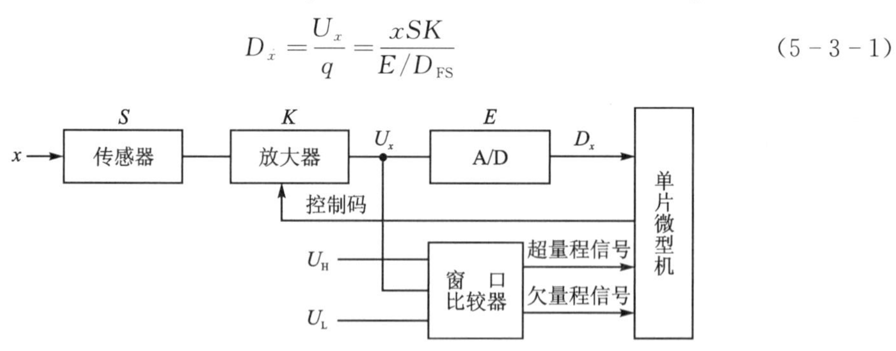

图5-3-1　量程自动切换原理框图

为了不使数据发生溢出,须满足条件

$$D_x<D_{FS} \quad 或 \quad U_x<E \tag{5-3-2}$$

如果上列条件不满足,就称为“超量程”。

因A/D量化最大绝对误差为 q,故相对误差即读数精度为

$$\delta_x=\frac{q}{U_x}=\frac{1}{D_x}=\frac{E/D_{FS}}{xSK} \tag{5-3-3}$$

为了保证一定的测量精度，通常要求读数精度不低于 δ_0，$\delta_x \leqslant \delta_0$，即应满足以下条件

$$D_x > \frac{1}{\delta_0} \quad 或 \quad \frac{E}{\delta_0 D_{FS}} < U_x \tag{5-3-4}$$

如果上例条件不满足，就称为“欠量程”。

为了既不使数据溢出，又保证一定的测量精度，即工作在“最佳量程”，A/D 转换结果必须同时满足以上两个条件，即

$$\frac{1}{\delta_0} < D_x < D_{FS} \tag{5-3-5}$$

或者说，对应的 U_x 必须同时满足以下的条件

$$\frac{E}{\delta_0 D_{FS}} < U_x < E \tag{5-3-6}$$

为了判别是否工作在“最佳量程”，是否需要切换量程和怎样切换量程，就需要先进行逻辑判断。逻辑判断的方法有两种：模拟比较和数字比较。

模拟比较就是依据式(5-3-6)，在图 5-3-1 中，设置一个窗口比较器，其窗口比较电平分别为 U_H 和 U_L，而且须 $U_H < E$，$U_L > \frac{E}{\delta_0 N_{FS}}$。在实际工作中，为避免噪声干扰影响比较结果的稳定，一般取 $U_H = 0.95E$。由于测量结果一般都习惯用十进制数表示，量程也多以十倍率递进。因此窗口下限一般取为窗口上限的 $\frac{1}{10}$，即 $U_L = U_H/10$。窗口比较器比较电平为

$$U_H = 0.95E, \quad U_L = U_H/10 \tag{5-3-7}$$

若 $U_x \geqslant U_H$，则窗口比较器发出“过量程”信号；若 $U_x \leqslant U_L$，则窗口比较器发出“欠量程”信号。微机只须读取窗口比较器给出的比较结果就可判别是否需要切换量程。

由式(5-3-5)可知，为判别是否需要切换量程，也可由微机将 A/D 转换结果 D_x 与 D_{FS} 和 $\frac{1}{\delta_0}$ 进行数字比较，通常简便的办法是读取二进制数码 D_x 的高两位或高三位，若都为“1”，则“过量程”；若都为“0”，则“欠量程”。很多 A/D 转换器自身就有这种判别功能，并有专门的“过量程”和“欠量程”指示信号，微机只须读取这些指示信号就可判别是否需要切换量程。

5.3.2　量程切换的方法

将 $U_x = xSK$ 代入式(5-3-2)得量程(上限)值为

$$x_{max} = \frac{E}{SK} \tag{5-3-8}$$

由式(5-3-8)可见，要改变量程值，可以通过改变 E、S 和 K 三种方法，其中改变总增益 K 的方法最常用。通常是在测量通道中设置由多路开关 MUX 和放大器构成的数控放大器(程控放大器或瞬时浮点放大器)；但如果信号很强，也可在测量通道中，设置由多路开关 MUX 和电阻分压网络构成的程控衰减器，如图 5-3-2 所示。微机根据窗口比较器的比较结果或数字比较结果来控制程控增益放大器或程控衰减器中 MUX 的动作，以改变总增益 K，从而实现量程切换。若量程以十倍率递进，则总增益 K 也应以十倍率递进。例如图 5-3-2 中，微机通过发出两位控制码 C_1C_0 就可实现×1、×10、×100、×1000 或×1、×1/10、×1/100、×1/1000 四个量程的切换。因此图 5-3-2 中 MUX 就是量程切换开关。

如果模拟比较或数字比较结果指示是“欠量程”，微机就应控制量程开关，切换到较小的量

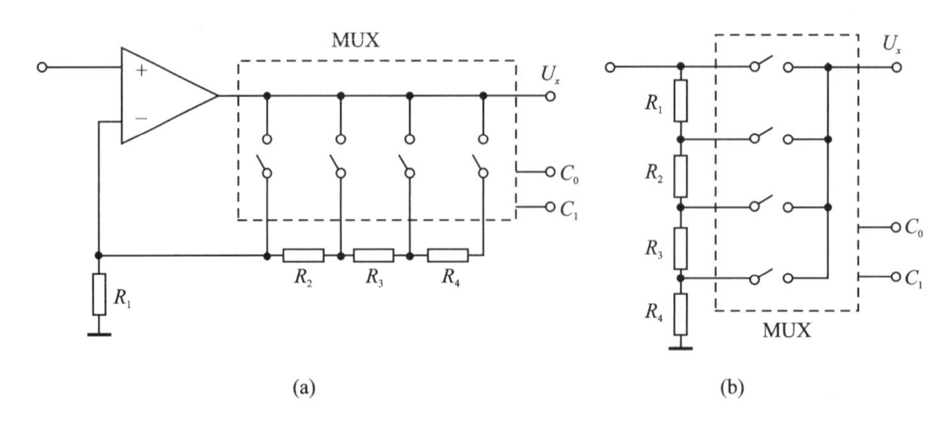

图 5-3-2　程控放大器和程控衰减器

程,即降一个量程;如果指示是“超量程”,则应切换到较大的量程,即升一个量程。如果模拟比较或数字比较结果指示是既不“欠量程”也不“超量程”,那就表明已工作在“最佳量程”,就不必再进行量程切换了。如果指示是“欠量程”或“超量程”,但已经达到最小量程或最大量程,也同样不再进行量程切换了。因此微机控制量程自动切换的程序流程可用图 5-3-3 表示。

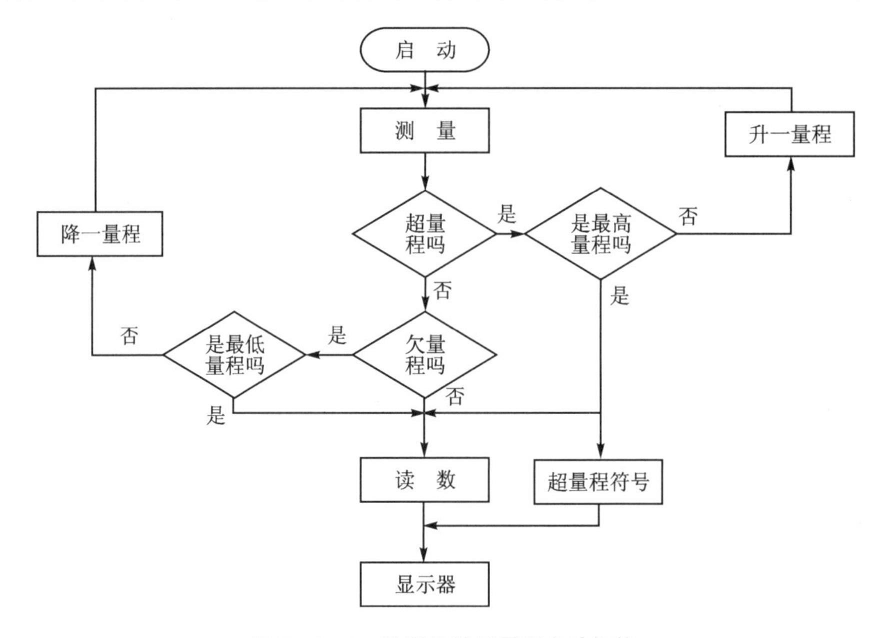

图 5-3-3　微型机控制量程自动切换

为扩大测量范围,一般仪器仪表都设置多挡量程。微机在切换量程时,通常一开始应先选用最大量程进行测量,以避免仪器过载或损坏。如果窗口比较器的比较结果或数字比较结果仍然指示超量程,则微机应在显示器上显示超量程标志。如果窗口比较器的比较结果或数字比较结果指示欠量程,则微型机应改变控制码,降一个量程;如果仍然欠量程,就再降一量程,直到合适或已到最小量程为止。

5.4　超限自动报警

为了安全生产,在微型计算机控制系统中,对于重要的参数一般都设有上下限检查及报警系统，以便提醒操作人员注意或采取紧急措施。例如，在锅炉水位调节系统中，水位的高低是非常重要的参数，水位太高将影响蒸气的产量，水位太低则有爆炸的危险。有些报警系统要求不但能发出声光报警信号，而且还带有打印输出（如记下报警的参数、时间等），并能自动进行处理，如自动换到手动操作等。

报警程序的设计是比较简单的，它主要是采用比较方法，把采样并经数字滤波以及标度变换后的被测参数值与给定的上下限值进行比较，如果大于上限或者小于下限，则输出报警信号或进行自动处理。

5.4.1　超限报警处理程序设计

有些控制系统要求，当测出采样值大于某一最大数值 X 或小于某一最小数值 X 时，应能自动调整参数。若连续调整几次仍不能脱离不正常状态，则说明有某种故障存在应人为排除，并由自动状态切换到手动状态。

该程序的设计思想是首先把上、下限报警值分别存于 XMAX 和 XMIN 单元，然后取本次采样值 X_i 先与上限报警值 X_{max} 进行比较。如果大于上限报警值，再检查上次采样是否正常（由标志位 FLAG 的状态决定，FLAG＝1 表示不正常；FLAG＝0 表示正常）。若不大于上限报警值再与下限报警值进行比较，如果又不小于下限值，则说明本次采样值正常，即将正常值送入 RESULT 单元将标志位置 0，最后返回，等待下一次采样值再进行处理，这是本报警处理程序的主流程。如果大于上限报警值则转 TEST1，小于下限报警值即转 TEST2。

分支程序 TEST1 主要是做上限报警处理。首先判断一下上次采样值是否正常，如果上次采样值正常，则重新置允许重复的连续不正常次数 n，然后转上限报警处理程序；如果上次采样值不正常，则再检查一下是否连续 n 次不正常，若是连续 n 次不正常，则进行报警并转手动操作。如果不是连续 n 次不正常，则再把剩下的允许连续不正常的次数 Z 存入 COUNT2 单元，然后再进行上限报警处理，置本次采样不正常标志并返回主程序。本报警处理程序的中心思想是如果连续采样 n 次都不正常，则进行报警，说明系统可能存在某些故障，应转手动处理。如果只是几次不正常（小于 n 次），则只执行报警处理程序，如对本次采样取一个合适值等，系统并不报警且仍处于自动采样状态，这样可避免系统运行时多次停机。这种思想属于容错技术，即允许系统有 $n-1$ 次不正常采样。

下限报警处理程序与上限报警处理程序思想是完全一样的，读者可自行分析，这里不再赘述。

根据上述思想可以得到如图 5－4－1 所示的报警程序框图。

5.4.2　超限报警系统设计实例

1. 锅炉报警系统及 P1 口各位功能分配

设直接用 8031 单片机的 P1 口构成简单锅炉报警系统，其电路原理如图 5－4－2 所示。

从图中可见 P1 口各端口功能。该报警系统共设计 3 个报警参数：水位（$X1$）、炉温（$X2$）、蒸气压力下限（$X3$）；5 个报警点：水位上、下限，温度上、下限和蒸气下限。

当各参数均正常、无报警时绿灯亮；当某参数过限时发出报警信号，鸣笛并使相应指示灯亮。

P1.7：经反相器接电笛。

P1.6：空。

P1.5：经反相器接绿灯，指示正常工作状态。

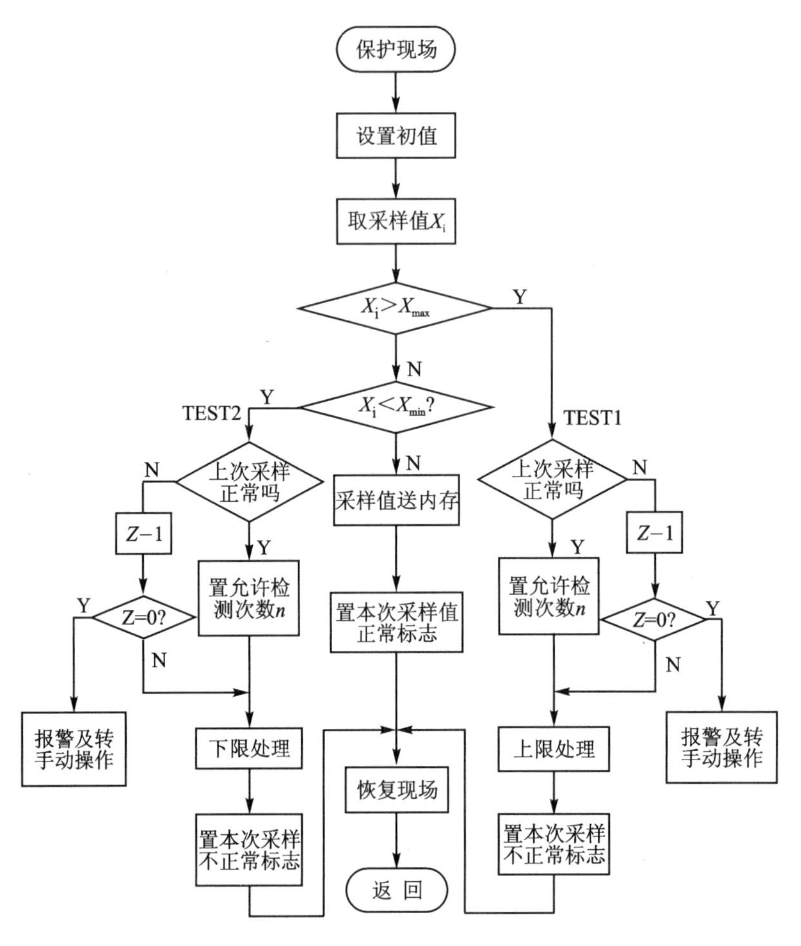

图 5-4-1　上、下限处理程序框图

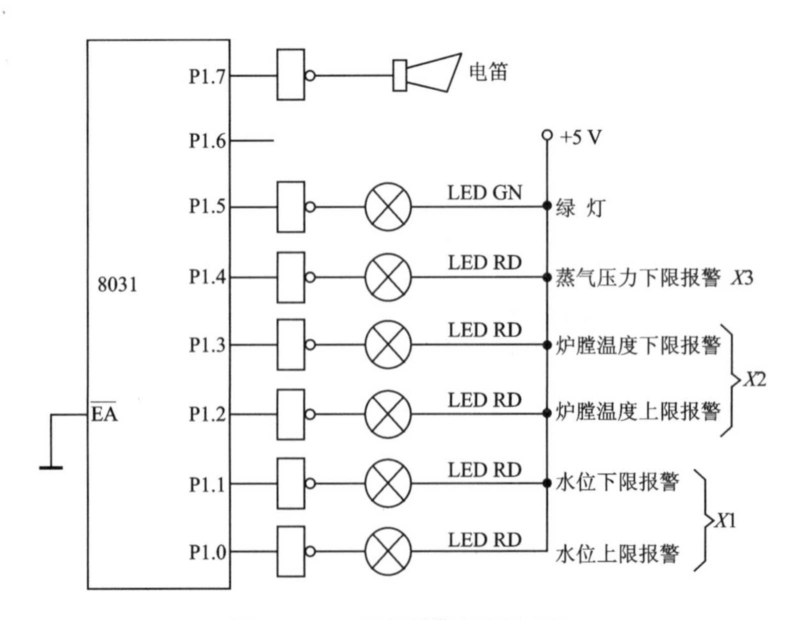

图 5-4-2　锅炉报警电路原理图

P1.4：经反相器接蒸气压力下限报警红灯。

P1.3：经反相器接炉膛温度下限报警红灯。

P1.2：经反相器接炉膛温度上限报警红灯。

P1.1：经反相器接水位下限报警红灯。

P1.0：经反相器接水位上限报警红灯。

2. 锅炉报警系统程序设计

本系统主要由软件控制报警。程序设计思想如下：

① 设一个报警标志单元如 20H，无报警时 20H 清 0，若某一位有报警则把 20H 置“1”；

② 水位、温度、压力 3 个参数采样值分别存放在 SAMP 为首地址的内存单元中；

③ 5 个报警点分别存放在 30H～34H 内部 RAM 中；水位上、下限用 MAX1、MIN1 表示；温度上、下限用 MAX2、MIN2 表示，蒸气压力用 MIN3 表示，依次存于 30H～34H 单元。

报警程序框图如图 5-4-3 所示。

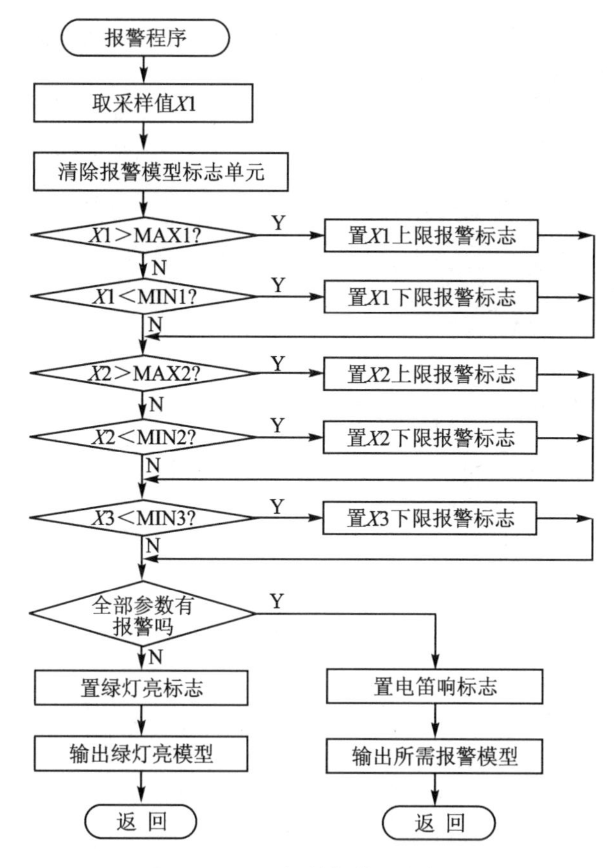

图 5-4-3　锅炉报警程序框图

报警程序属于锅炉控制程序的一部分，故编制成子程序。

```
#include <reg51.h>
sbit Buzzer = P1^7;
sbit GN = P1^5;
sbit PressRd = P1^4;
```

```
sbit TempRd = P1^3;
sbit TempRD = P1^2;
sbit WaterRd = P1^1;
sbit WaterRD = P1^0;
float code Samp[3] = {Water,Temp,Press};                    //存放3个采样值
void Alarm ();
void main(void)
{
    Alarm ();
}
void Alarm()
{
    float WaterMax,WaterMin,TempMax,TempMin,PressMin;       //定义5个报警点
    P1 = 0x00;                                              //清0标志位
    if(Samp[0]> WaterMax)                                   //水位大于上限吗?
    {
        WaterRD = 1;                                        //水位上限报警
        Buzzer = 1;
    }
    else if(Samp[0]< WaterMin)                              //水位小于下限吗?
    {
        WaterRd = 1;                                        //水位下限报警
        Buzzer = 1;
    }
    else
    {
        WaterRD = 0; WaterRd = 0; Buzzer = 0;
    }
    if(Samp[1]> TempMax)                                    //温度大于上限吗?
    {
        TempRD = 1;
        Buzzer = 1;
    }
    else if(Samp[1]< TemprMin)                              //温度小于下限吗?
    {
        TempRd = 1;
        Buzzer = 1;
    }
    else
    {
        TempRD = 0; TempRd = 0; Buzzer = 0;
    }
    if(Samp[2]< PressMin)                                   //压力小于下限吗?
    {
        PressRd = 1;
```

```
            Buzzer = 1;
        }
        else
        {
            PressRd = 0; Buzzer = 0;
        }
        if(P1 = = 0x00)
            GN = 1;                                     //若无报警,置绿灯亮
        else
            Buzzer = 1;                                 //置电笛标志位,输出报警
    }
```

5.5　标度变换

测控系统通常需要在系统面板上显示被测对象的测量结果,以便仪器操作人员观察和了解。被测信号在由测控系统的测量探头探测接收后,要经历很多道环节处理后,才能在系统面板上显示出来。这些环节连成的通道就是被测信号从接收到显示所经历的通道,称之为测量通道。如果忽略那些不影响显示结果的环节,则测量通道可用图 5-5-1 所示的简化框图来表示。

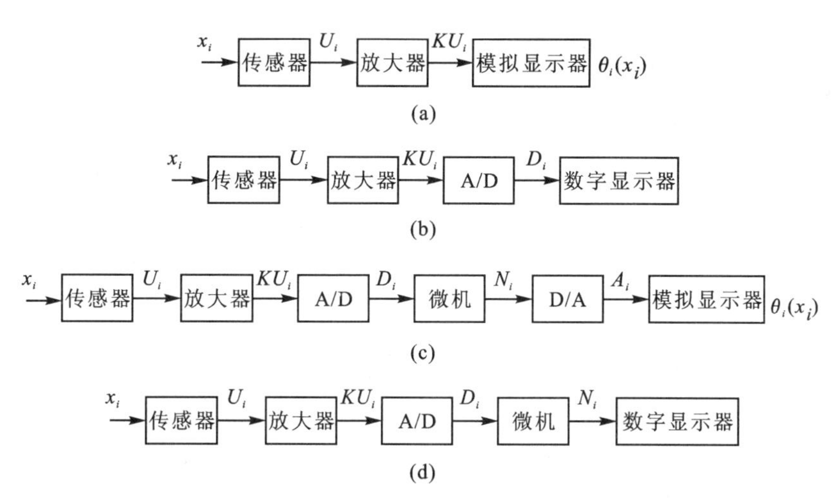

图 5-5-1　测量通道简化框图

图 5-5-1(a)、(b)表示非微机化普通电测仪器仪表的情况,图(c)、(d)表示微机化测控系统的情况。由图可见,测量结果的显示有模拟和数字两种形式。无论是模拟显示还是数字显示,在测量通道中被测量都经历了多次转换,即多次量纲变化。因此,为了使操作人员能从显示器上直接读取带有被测量单位的数值,就必须进行必要的变换,这个变换称为标度变换。

5.5.1　硬件实现方法

1. 模拟显示的标度变换

最常见的模拟显示器是模拟表头(例如 mA 表、mV 表等),表头指针的偏转角 θ 与被测量

x 成对应关系。只要将表头的刻度改换成按被测量刻度就可实现标度变换。通常的做法是在规定条件下依次给仪器施加标准输入量 $x_1, x_2, \cdots, x_n$，在表头指针偏转 $\theta_1, \theta_2, \cdots, \theta_n$ 所指度盘处各刻一刻线，并在刻线处依次标出 $x_1, x_2, \cdots, x_n$ 的值。这样，当指针偏转到 θ_i 处或其附近时，操作员便可从指针所指处读到被测量的值为 x_i。普通万用表上电阻、电流和电压刻度就是这种标度变换的典型实例。

如果图 5-5-1(a)所示模拟测量通道中不包含任何非线性环节，那么表头指针的偏转角 θ 也就与被测量 x 成线性关系，刻度盘的刻度也就可采用线性均匀刻度，这样不仅读数很方便，而且读数误差也比较小。

但是很多传感器的输入/输出特性都不是线性的，如果测量通道中不采取相应的非线性校正措施，那么指针的偏转角与被测量 x 也就不成线性关系。在这种情况下，表头的刻度也就必须采用相应的非线性刻度。这样读数人们既不习惯也不方便，还容易产生较大的读数误差。

在传感器存在非线性情况下，使刻度盘仍采用线性刻度，就必须增设非线性校正电路。例如一个流量测量仪表，采用差压式流量传感器，差压 ΔP 与流量 Q^2 成正比，即 $\Delta P = K_1 Q^2$，后接差压变送器，差压变送器输出 A 与差压 ΔP 成正比，即 $A = K_2 \Delta P$，最后接模拟显示仪表，指针偏转 θ 与模拟输入量 A 成正比，即 $\theta = K_3 A$。于是有

$$\theta = K_3 A = K_3(K_2 \Delta P) = K_3(K_2 K_1 Q^2) = K_3 K_2 K_1 Q^2 \tag{5-5-1}$$

这就是说，指针偏角与流量 Q 成非线性关系。

如果在模拟显示仪表与差压变送器之间增设一个开方器，则有

$$\theta = K_3 \sqrt{A} = K_3 \sqrt{K_2 \Delta P} = K_3 \sqrt{K_2 K_1 Q^2} = K_3 \sqrt{K_2 K_1 Q^2} = Q K_3 \sqrt{K_1 K_2} \tag{5-5-2}$$

可见，增设开方器后，指针偏角 θ 便与流量 Q 成线性关系，该流量仪表就可采用线性刻度了。

2. 数字显示的标度变换

图 5-5-1(b)和(d)所示数字测量通道中，通常要求数字显示器能显示被测量 x_i 的数值 N_i，即

$$N_i = \frac{x_i}{x_0} \tag{5-5-3}$$

式中，x_0 为被测对象的测量单位(如温度的单位℃，质量的单位为 kg 等)。但是 A/D 转换结果 D_i 与被测量的数值 N_i 并不一定相等。例如被测温度为 200 ℃，经热电偶转换成热电势，再经放大和 A/D 转换得到的数字为 15，这个 A/D 转换结果 15 虽然与 200 ℃温度是对应的，但数字上并不是相等的。因此，不能当作温度值去显示或打印，必须把 A/D 转换结果 15 变换成供显示或打印的温度值 200，这个变换就是数字显示的标度变换。

(1) 线性通道的标度变换

对于那些不包含任何非线性环节的数字化测量通道，图 5-5-1(b)和(d)中 A/D 转换结果 D_i 与被测量 $x_i = x_0 N_i$ 存在如下线性关系：

$$D_i = \frac{KU_i}{q} = \frac{KU_i}{E/D_{FS}} = \frac{x_i SK}{E/D_{FS}} = \frac{x_0 N_i SK}{E/D_{FS}} \tag{5-5-4}$$

式中：S 为传感器灵敏度(即被测量转换成电压的转换系数)；

E 为 A/D 转换器满量程输入电压；

D_{FS} 为 A/D 转换器满量程输出数字。

只要适当选择和调整放大器增益 K 使它满足以下条件

$$\frac{x_0SK}{E/D_{FS}}=1 \tag{5-5-5}$$

就可使A/D转换结果D_i与被测量x_i的数值N_i相等。在这种情况下才可将A/D转换结果作为被测量的数值去显示或打印。当然也可以不调整放大增益，而通过调整传感器灵敏度(例如调整应变电桥的供桥电压)或调整A/D转换器基准电压E来使式(5-5-5)的条件得到满足。上述办法都比较简单，一般通过调整线性电位器就可实现。

【例5-1】 图5-5-2所示为采用悬臂梁式称重传感器、测量放大器、3 $\frac{1}{2}$位双积分型A/D转换器MC14433、8031单片机、LED显示器组成的电子秤电路的简化框图，贴在悬臂梁上的应变片接成四臂电桥。请说明应变电桥与A/D转换器共用电源有什么好处？假设图中E=2 V，质量为0和30 kg时，应变电桥输出电压分别为0 mV和10 mV，为保证A/D转换器直接输出千克数，图中测量放大器的增益应调整为多少？

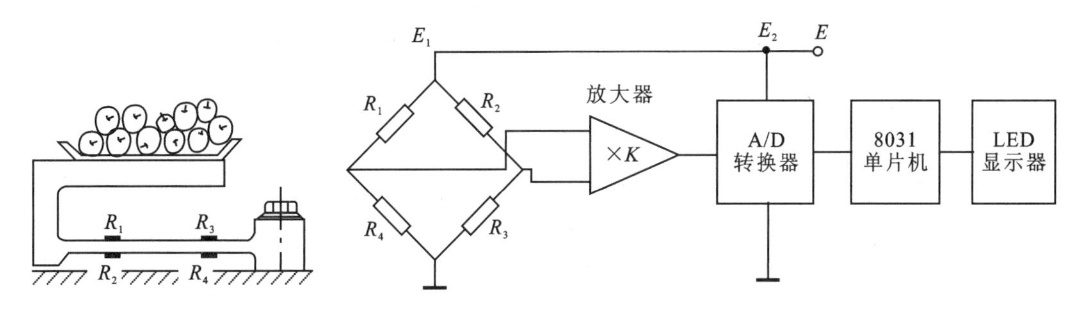

图5-5-2　单片机电子秤简化框图

解　悬臂梁式称重传感器的应变片电阻为$R_1=R_3=R+\Delta R$，$R_2=R_4=R-\Delta R$，应变片的电阻相对变化与被测质量x成正比，即$\frac{\Delta R}{R}=K_0x$，应变电桥输出电压为

$$U_i=E_1\times\frac{\Delta R}{R}=E_1K_0x=E_1K_0x_0N_i \tag{5-5-6}$$

此电压被测量放大器放大K倍后，由A/D转换器转换成数字

$$D_i=\frac{U_iK}{E_2/D_{FS}}=\frac{E_1}{E_2}\times K_0KD_{FS}\times x_0\times N_i \tag{5-5-7}$$

由式(5-5-7)可见，如果应变电桥与A/D转换器各用一个电源，则不仅多用一个电源，而且还要求两个电源的电压都必须是恒定不变的。因为电源电压的波动将使测量结果发生变化。如果应变电桥与A/D转换器共用一个电源($E_1=E_2=E$)，则不仅少用一个电源，而且式(5-5-7)变为

$$D_i=K_0KD_{FS}\times x_0\times N_i \tag{5-5-8}$$

可见，A/D转换结果与电源电压无关，即消除了电源电压波动对测量结果的影响。

为了采用硬件方法实现标度变换，即使$D_i=N_i$，需满足式(5-5-5)条件，故应将测量放大器增益调整为

$$K=\frac{E_2}{D_{FS}E_1K_0x_0}=\frac{E_2}{D_{FS}Sx_0} \tag{5-5-9}$$

由题知，称重传感器的灵敏度为

$$S = E_1 K_0 = \frac{U_i}{x} = \frac{10\ \text{mV}}{30\ \text{kg}}$$

MC14433 的满量程输出数字 $D_{FS}=1\,999 \approx 2\,000$，满量程输入电压 $E_2=2$ V，要求 A/D 转换器直接输出千克数即 $x_0=1$ kg，这些参数连同上式代入式(5-5-9)得

$$K = \frac{2\,000\ \text{mV}}{2\,000 \times \dfrac{10\ \text{mV}}{30\ \text{kg}} \times 1\ \text{kg}} = 3$$

(2) 非线性通道的标度变换

如前所述很多传感器的输入/输出特性都是非线性的，在这种情况下测量通道的 A/D 转换结果 D_i 与被测量 x_i 也就不成线性关系，因此就不能再用上述线性通道的标度变换方法。

硬件方法实现非线性通道标度变换的一种解决方案是在测量通道的非线性环节之后、A/D 转换器之前，串联一个“模拟线性校正电路”，只要该校正电路的输入/输出特性曲线与非线性环节的输入/输出特性曲线成反函数关系，就可使 A/D 转换结果与被测量成线性关系，这样也就可按照线性通道的标度变换方法进行标度变换了。例如在差压式流量测量通道中，差压流量传感器的差压与流量的平方成正比，而平方的反函数是开方，因此增设开方器后，A/D 转换结果与被测流量就成线性关系了。

另一种解决方案是在测量通道的 A/D 转换器之后增设 EPROM 线性化器，如图 5-5-3 所示。首先通过校准实验获得每个标准输入 $x_i = x_0 N_i$ 产生的 A/D 转换数据 D_i，把标准输入值 N_i 写入以 D_i 为地址的 EPROM 存储单元中，这样每当 A/D 转换器产生一个数据 D_i 时，就能以 D_i 作为访问地址从 EPROM 的该地址存储单元中读出与 D_i 相对应的 N_i 值。这种标度变换方案的优点是变换速度快；缺点是需要标准数据太多，因为以一个 n 位的二进制 A/D 转换数据 D_i 作为地址能访问的存储单元有 2^n 个，这就需要获得和存储 2^n 个校准实验数据。

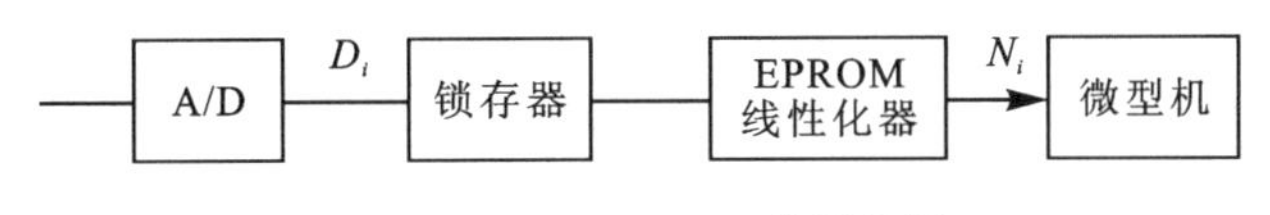

图 5-5-3　EPROM 线性化器

用硬件实现标度变换的方法，其优点是实时性强；缺点是增加硬件开销，在一般不要求进行适时控制的检测系统中，只要时间允许，应尽可能采用软件方法进行标度变换和非线性校正，这样可大大节省硬件开销，而且手段灵活，不同参量的标度变换只须调用不同的变换软件或参数即可。

5.5.2　软件实现方法

1. 线性通道的标度变换

在线性测量通道中，被测量的值 N_i 与 A/D 转换结果 D_i 存在如图 5-5-4 所示的线性关系，由图可得如下标度变换公式

$$N_i = N_L + (D_i - D_L)\frac{N_H - N_L}{D_H - D_L} \tag{5-5-10}$$

式中，N_H，N_L 为线性测量范围的上、下限；

D_H、D_L 为与 N_H、N_L 对应的 A/D 转换结果；

D_i 为与被测量 N_i 对应的 A/D 转换结果。

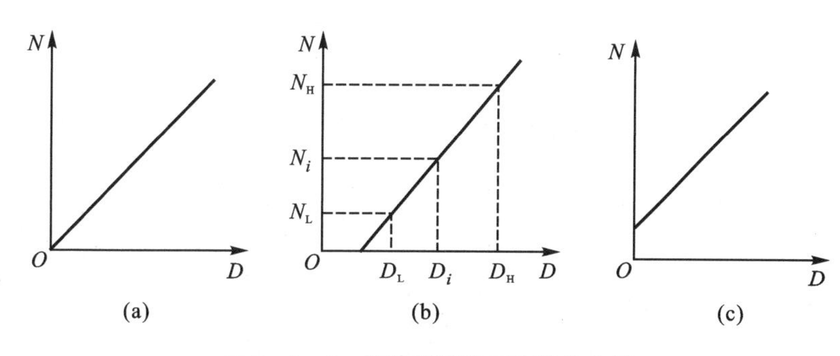

图 5-5-4 线性通道的标度变换曲线

在图 5-5-1(d)所示通道中,可以由微型机按照上列公式从 A/D 转换结果 D_i 计算出被测量的数值 N_i 再送到数字显示器显示。通常在仪器的校准实验中,给仪器输入两个标准的被测量 $x_H=x_0N_H$ 和 $x_L=x_0N_L$ 记下对应的 A/D 转换结果 D_H 和 D_L,把这两对校准实验数据(N_H,D_H)、(N_L,D_L)存在内存中。当 A/D 转换结果 D_i 须进行标度变换时,微机只须按式(5-5-10)编写程序并读取内存中的参数(N_H,D_H)和(N_L,D_L),就可由 A/D 转换结果 D_i 计算出被测量的数值 N_i。计算出的这个数值 N_i 后再由微型机送去显示或打印。

式(5-5-10)也可改写为如下形式:

$$N_i=A\cdot D_i+B \tag{5-5-11}$$

式中,$A=\dfrac{N_H-N_L}{D_H-D_L}$;$B=N_L-AD_L$。

按式(5-5-11)进行标度变换时,只须进行一次乘法和一次加法。在编程前,先根据(N_H,D_H)、(N_L,D_L)求出 A 和 B;然后编出按式(5-5-11)由 D_i 计算 N_i 的程序。如果 A 和 B 允许改变,则将其放在 RAM 中。如果 A 和 B 不变,则 A 和 B 可在编程时写入 EPROM。测量时便可读取 RAM 或 EPROM 中的 A 和 B,调用按式(5-5-11)编写的程序,由 D_i 计算出 N_i。

【例 5-2】 某微机化温度测量仪表的量程为 100~900 ℃,利用单片机 8031 和 ADC0809 进行 A/D 转换。在某一时刻计算机采样并经过数字滤波后的数字量为 0CDH,求此时对应的温度值是多少(设仪表的量程是线性的)?

解 ADC0809 是 8 位 A/D 转换器,最大输出数字是 $2^8-1=255$。由题意可知,仪表量程为 100~900 ℃,对应的 A/D 转换数字为 0~255,即 $N_L=100$ ℃对应 $D_L=0$;$N_H=900$ ℃对应 $D_H=255$。计算机采样并经过数字滤波后的数字量为 $D_i=0$ CDH=205,代入式(5-5-10)计算得,此时对应的温度为

$$N_i=N_L+(D_i-D_L)\frac{N_H-N_L}{D_H-D_L}=100\ ℃+205\times\frac{900\ ℃-100\ ℃}{255-0}=743.1\ ℃$$

根据式(5-5-10),可以编制标度变换的程序。为了保证标度变换的精度,程序采用双字节运算。其中常量 D_L、D_H、N_L、N_H 分别放在以 A0、AM、N0、NM 为起始地址的 RAM 单元中;采样值 D_i 放在以 NX 为起始地址的 RAM 单元中;标度变换结果 N_i 存放在以 AX 为起始地址的 RAM 单元中。每个参数占用两个字节,按先存低 8 位,再存高 8 位的顺序存放数据。标度变换程序如下:

```
#include <reg51.h>
#include <stdio.h>
#define uint unsigned int
#define uchar unsigned char
uint SUB2 (uint L,uint H);                                //双字节减法子程序
uchar DUBDIV(uchar DIV1_H,uchar DIV1_L,uchar L_H,uchar L_L);
//双字节无符号数除法子程序声明
uint DL = 0x00,DH = 0xFF,NL = 0x64,NH = 0x0384;           //5个常量
uint Di;                                                  //采样值Di
uint A0,AM,N0,NM,NX;                                      //5个变量
uint DIFF_H,DIFF_L;
double D1_H,D1_L,H_HH,L_LL;
void main(void)
{
    double AX;
    A0 = DL;                                              //放置4个常量
    AM = DH;
    N0 = NL;
    NM = NH;
    NX = Di;                                              //采样值放在NX中
    SUB2 (DIFF_L,DIFF_H);
    DUBDIV(D1_H,D1_L,H_HH,L_LL);
    AX = N0 + (NX - A0) * DIFF_L/DIFF_H;                  //求 N_L + (D_i - D_L)(N_H - N_L)/(D_H - D_L)
}
```

双字节减法子程序(SUB2):

程序入口：被减数存放在SUB1_H、SUB1_L单元中，减数存放在SUB2_H、SUB2_L单元中。

程序出口：差存放在DIFF_H、DIFF_L单元中。

```
uint SUB2 (uint L,uint H)
{
    double  SUB1_H,SUB1_L;        //设置被减数SUB1_H、SUB1_L单元变量
    double  SUB2_H,SUB2_L;        //设置减数SUB2_H、SUB2_L单元变量
    SUB1_L = DL;
    SUB1_H = DH;
    SUB2_L = NL;
    SUB2_H = NH;
    L = (SUB1_H - SUB1_L);        //低8位相减,差存放在L
    H = (SUB2_H - SUB2_L);        //高8位相减,差存放在H
    return(L,H);
}
```

双字节无符号数除法子程序(DUBDIV):

程序入口：被除数存放在 DIV1_H、DIV1_L 单元中，除数存放在 DIV2_H、DIV2_L 单元中。

程序出口：商存放在 DIV1_H、DIV1_L 单元中，余数存放在 L_L 和 L_H 单元中。

```
uchar DUBDIV(uchar DIV1_H,uchar DIV1_L,uchar L_H,uchar L_L)
{
    uchar DIV2_H,DIV2_L;              //设置无符号除数 DIV2_H、DIV2_L 变量
    uint NX,A0;
    NX = Di;
    A0 = DL;
    L_H = 0x00;                       //余数单元清零
    L_L = 0x00;                       //余数单元清零
    DIV1_H = NX * (NH - NL);
    DIV1_L = (DH - DL);
    DIV2_H = A0 * (NH - NL);
    DIV2_L = (DH - DL);
    DIV1_H = DIV1_H/DIV2_H;           //商存放入 DIV1_H
    DIV1_L = DIV1_L/DIV2_L;           //商存放入 DIV1_L
    L_H = DIV1_H % DIV2_H;            //余数存放在 L_H 单元
    L_L = DIV1_L % DIV2_L;            //余数存放在 L_L 单元
    return(DIV1_H,DIV1_L,L_H,L_L);
}
```

2. 非线性通道的标度变换

如前所述很多传感器的输入/输出特性都是非线性的，在这种情况下测量通道的 A/D 转换结果 D_i 与被测量 x_i 也就不成线性关系，因此就不能再用上述线性通道的标度变换方法。

(1) 非线性函数关系式算法

有些非线性通道的 A/D 转换结果与被测非电量之间能导出明确的数学公式，可按照导出的非线性函数关系式编写出标度变换的计算程序。例如，在差压式流量测量通道中，如果不增设开方器，而直接进行 A/D 转换，则由式(5-5-1)可知，转换结果 D_i 将与被测流量 Q_i 的平方成正比，即

$$D_i = KQ_i^2 \tag{5-5-12}$$

设流量测量上、下限分别为 Q_H、Q_L，对应的 A/D 转换结果为 D_H、D_L，代入式(5-5-12)可得，从 A/D 转换结果 D_i 计算被测流量 Q_i 的公式为

$$Q_i = Q_L + (Q_H - Q_L)\frac{\sqrt{D_i} - \sqrt{D_L}}{\sqrt{D_H} - \sqrt{D_L}} \tag{5-5-13}$$

按照式(5-5-12)编写出计算程序，运行这一程序，就可由 A/D 转换结果 D_i 计算被测流量 Q_i。

(2) 非线性校正算法

但在实际工作中，常常会遇到这样的情况，有些非线性测量通道的 A/D 转换结果与被测量的关系写不出明确的数学公式，有的虽然能导出明确的数学公式，但却不便于计算机计算。这就需要采用其他的便于计算机计算的非线性校正软件算法。5.6 节将专门讨论常用的非线

性校正软件算法。由于非线性通道的标度变换与非线性校正,尽管名称不同,但数学本质是一样的。因此,下一节介绍的非线性校正算法也可认为就是非线性通道标度变换的算法。

5.6 非线性校正算法

微机化测试系统或测控系统的基本任务或基础工作就是“测量”,也就是要准确地测出被测量的“真值”。然而,如前所述,在图 5-5-1 中,A/D 转换结果与被测量的真值虽然是对应的,但它们的量纲并不相同,数值上也不相等。因此,不能把它当作被测量的“真值”送去显示或用做控制。需要通过微型机处理并从 A/D 转换数据,求出被测量的“真值”,这项工作称为“标定”或“校正”。如前所述,非线性测试系统的“标定”,也称为非线性校正。为书写简便起见本节用 x 表示由 A/D 送入微型机的原始测量数据,用 y 表示被测量的“真值”,用 z 表示经过“标定”处理后,微机输出给显示器或控制器的数据,希望非线性校正处理结果能使 $z=y$ 或误差 $\varepsilon=|z-y|$ 在允许范围之内。

在测试系统没有窜入外界干扰的情况下,被测量的输入值 y 与 A/D 转换数据 x 之间存在着一一对应的函数关系 $y=f(x)$。但是对于包含非线性环节的测试系统来说,常常写不出 $y=f(x)$ 的具体计算公式。即便是近似的线性系统实际上也存在一定的非线性。因此,在测试系统制成后,一般都要进行“标定”实验或校准实验,也就是在规定的实验条件下,给测试系统的输入端逐次加入一个个已知的标准的被测量 $y_1,y_2,\cdots,y_n$,并记下对应的输出读数(A/D 转换结果)$x_1,x_2,\cdots,x_n$。这样就获得 n 对输入/输出数据 $(x_i,y_i)(i=1,2,\cdots,n)$,这些“标定”数据就是 $y=f(x)$ 的离散形式描述。

有的测试系统可以推导出 $y=f(x)$ 的数学公式,但公式很复杂不便用计算机进行计算。下面就介绍 $y=f(x)$ 公式复杂和 $y=f(x)$ 只有离散数据两种情况下,由 A/D 转换结果 x 求取显示数据 z(要求 $z=y$ 或 $z\approx y$)的方法——非线性校正(也就是非线性系统标定)的软件算法。

5.6.1 查表法

查表法就是将“标定”实验获得的 n 对数据 $(x_i,y_i)(i=1,2,\cdots,n)$ 在内存中建立一张输入/输出数据表,再根据 A/D 数据 x 通过查这个表查得 y,并将查得的 y 作为显示数据 z。具体步骤如下:

① 在系统的输入端逐次加入一个个已知的标准被测量 $y_1,y_2,\cdots,y_n$,并记下对应的输出读数 $x_1,x_2,\cdots,x_n$。

② 把标准输入值 $y_i(i=1,2,\cdots,n)$ 存储在存储器的某一单元,把 x_i 作为存储器中这个存储单元的地址,把对应的 y_i 值作为该单元的存储内容,这样就在存储器中建立了一张标定数据表。

③ 实际测量时,让微机根据输出读数 x_i 去访问该存储地址,读出该地址中存储的 y_i 即为对应的被测量的真值,将从表中查得的 y_i 作为显示数据 z,应该说是不存在误差的。

④ 若实际测量的输出读数 x 在两个标准读数 x_i 和 x_{i+1} 之间,可按最邻近的一个标准读数 x_i 或 x_{i+1} 去查找对应的 y_i 或 y_{i+1} 作为被测量的近似值。很显然,这个结果带有一定的残余误差。如果要减少误差,那就还要在查表基础上作内插计算来进行误差修正。最简单的内插是线性内插,即按下式从查表查得的 y_i 与 y_{i+1} 计算出作为显示的数据

$$z = y_i + \frac{y_{i+1} - y_i}{x_{i+1} - x_i} \cdot (x - x_i) \approx y \tag{5-6-1}$$

查表法的优点是不需要进行计算或只需简单的计算；缺点是需要在整个测量范围内实验测得很多的测试数据。数据表中数据个数 n 越多，精确度则越高。此外，对非线性严重的测试系统来说按式(5-6-1)计算出的显示值 z 与被测量真值 y 间的误差可能也比较大。

能不能不采用查表法，完全通过公式计算从 A/D 数据 x 求出等于或接近于被测量真值 y 的显示数据 z 呢？回答是肯定的。关键问题是要先确定由 x 计算 z 的数学公式即建立数学模型 $z=\varphi(x)$。下面介绍两种建立这种数学模型的方法。

5.6.2　插值法

插值法是从标定或校准实验的 n 对测定数据 (x_i, y_i) $(i=1,2,\cdots,n)$ 中，求得一个函数 $\varphi(x)$ 作为实际的输出读数 x 与被测量真值 y 的函数关系 $(y=f(x))$ 的近似表达式。这个表达式 $\varphi(x)$ 必须满足两个条件：

第一，$\varphi(x)$ 的表达式比较简单，便于计算机处理。

第二，在所有的校准点(也称插值点) $x_1, x_2, \cdots, x_n$ 上满足

$$\varphi(x_i) = f(x_i) = y_i, \quad i = 1,2,\cdots,n \tag{4-5-2}$$

满足式(5-6-2)的 $\varphi(x)$ 称为 $f(x)$ 的插值函数，x_i 称为插值节点。这种方法不仅适合于从校准数据 (x_i, y_i) 表求得便于计算的近似表达式，而且也适合于从已知的较复杂的解析表达式 $y=f(x)$ 求与其近似的但便于计算的表达式 $z=\varphi(x)$。

在插值法中，$\varphi(x)$ 的选择有多种方法。因为多项式是最容易计算的一类函数，常选择 $\varphi(x)$ 为 m 次多项式，并记 m 次多项式为 $P_m(x)$，即

$$\varphi(x) = P_m(x) = \sum_{i=0}^{m} a_i x^i \tag{5-6-3}$$

一般来说，阶数 m 越高，逼近 $f(x)$ 的精度越高，但阶数的增高将使计算烦冗，计算时间也迅速增加，因此拟合多项式的阶数一般不超过三阶。

例如，热敏电阻的阻值 R(kΩ)与温度 t(℃)的关系式如表 5-6-1 所列。

表 5-6-1　热敏电阻的温度电阻特性标准测试数据

温度 t/℃	阻值 R/kΩ	温度 t/℃	阻值 R/kΩ	温度 t/℃	阻值 R/kΩ	温度 t/℃	阻值 R/kΩ
10	8.000 0	18	6.896 5	26	6.060 6	34	5.405 3
11	7.843 1	19	6.779 6	27	5.970 1	35	5.333 2
12	7.692 3	20	6.667 0	28	5.882 3	36	5.263 0
13	7.547 1	21	6.557 4	29	5.797 0	37	5.194 6
14	7.407 4	22	6.451 6	30	5.714 2	38	5.128 1
15	7.272 7	23	6.349 1	31	5.633 7	39	5.063 1
16	7.142 8	24	6.250 0	32	5.555 4	40	5.000 0
17	7.017 4	25	6.153 8	33	5.479 3		

热敏电阻的阻值 R 与温度 t 之间的关系式是非线性的且无法用解析式表达，可用三阶多项式来逼近，即令

$$t = \varphi(R) = P_3(R) = a_3 R^3 + a_2 R^2 + a_1 R + a_0 \tag{5-6-4}$$

并取$t=10$ ℃,17 ℃,27 ℃,39 ℃这四点为插值点,便可以从表(4-5-1)得到4个方程式

$$a_3\times 8.000^3+a_2\times 8.000^2+a_1\times 8.000+a_0=10$$

$$a_3\times 7.0174^3+a_2\times 7.0174^2+a_1\times 7.0174+a_0=17$$

$$a_3\times 5.9701^3+a_2\times 5.9701^2+a_1\times 5.9701+a_0=27$$

$$a_3\times 5.0631^3+a_2\times 5.0631^2+a_1\times 5.0631+a_0=39$$

解上述方程组,得

$$a_3=-0.2346989,\quad a_2=6.120273,\quad a_1=-59.260430,\quad a_0=212.7118$$

因此,所求的变换多项式为

$$t=-0.2346989R^3+6.120273R^2-59.26043R+212.7118 \tag{5-6-5}$$

将实际测出的电阻值R代入上式,即可求出被测温度t。我们将热敏电阻通过恒定电流时的压降用A/D转换器转换成数据D,并建立一张不同温度下的A/D数据表,就可仿照上面的方法,求出类似于上式的从D计算t的插值方程。

通常,给出的离散点总是多于求解插值方程所需要的离散数,因此,在用多项式插值方法求解离散点的插值函数时,首先必须根据所需要的逼近精度来决定多项式的次数。它的具体次数与所要逼近的函数有关,一般来说,自变量的允许范围越大(即插值区间越大),达到同样精度时的多项式次数也越高。对于无法预先决定多项式次数的情况,可采用试探法,即先选取一个较小的m值,看看逼近误差是否接近所要求的精度,如果误差太大,则把m加1,再试一次,直到误差接近精度要求为止。在满足精度要求的前提下,m不应取得太大,以免增加计算时间。一般最常用的多项式插值是线性插值和抛物线(二次)型插值。

1. 线性插值

线性插值是在一组数据(x_i,y_i)中选取两个有代表性的点(x_0,y_0)、(x_1,y_1),然后根据插值原理,求出插值方程

$$P_1(x)=\frac{x-x_1}{x_0-x_1}y_0+\frac{x-x_0}{x_1-x_0}y_1=a_1x+a_0 \tag{5-6-6}$$

中的待定系数a_1和a_0,则

$$a_1=\frac{y_1-y_0}{x_1-x_0},\quad a_0=y_0-a_1x_0 \tag{5-6-7}$$

$P_1(x)$表示对$f(x)$的近似值。当$x_i\neq x_0$、x_1时,$P_1(x_i)$与$f(x_i)$有拟合误差V_i,其绝对值

$$V_i=|P_1(x_i)-f(x_i)|,\quad i=1,2,\cdots,n$$

在全部x的取值区间$[a,b]$上,若始终有$V_i<\varepsilon$存在,ε为允许的拟合误差,则直线方程$P_1(x)=a_1x+a_0$就是理想的校正方程。实时测量时,每采样一个值,就用该方程计算$P_1(x)$,并把$P_1(x)$当作被测量值的校正值即作为显示值。

显然,对于非线性程度严重或测量范围较宽的非线性特性,采用上述一个直线方程进行校正,往往很难满足仪表的精度要求。这时可采用分段直线方程来进行非线性校正。分段后的每一段非线性曲线用一个直线方程来校正,即

$$P_{1i}(x)=a_{1i}x+a_{0i},\quad i=1,2,\cdots,N \tag{5-6-8}$$

折线的节点有等距与非等距两种取法。

(1) 等距节点分段直线校正法

等距节点的方法适用于非线性特性曲率变化不大的场合。每一段曲线都用一个直线方程

代替。分段数 N 取决于非线性程度和仪表的精度要求。非线性越严重或精度要求越高，则 N 越大。为了实时计算方便，常取 $N=2^m$，$m=0,1,\cdots$。式(5-6-8)中的 a_{1i} 和 a_{0i} 可离线求得。采用等分法，每一段折线的拟合误差 V_i 一般各不相同。拟合结果应保证

$$\max[V_{i,\max}]\leqslant\varepsilon,\quad i=1,2,3,\cdots N \tag{5-6-9}$$

$V_{i,\max}$ 为第 i 段的最大拟合误差。求得 a_{1i} 和 a_{0i} 存入内部 ROM 中。实时测量时只要选用程序判断输入 x 位于折线的哪一段，然后取得该段对应的 a_{1i} 和 a_{0i} 进行计算，即可得到被测量的相应近似值。

下面给出用 C51 语言编写的等距等节点非线性校正实时计算程序。

设采样子程序 SAMP 的采样结果在 R2 中(8 位)，等分四段，a_{1i} 和 a_{0i} 在 KBTAB 开始的单元中，单字节。a_{0i} 为整数，a_{1i} 为小于 0 的小数，校正结果存入 R2、R3 中。

```
#include<stdio.h>
#include<math.h>
#define uint unsigned int
#define uchar unsigned char
void main()
{
    uchar x,y,a1i,a0i;
    uchar up,low;
    uint N;                                  //定义段号 N,共四段
    uchar a0[4] = {2,3,4,1},a1[4] = {-0.1-0.5,-0.3,-0.7};
    uchar SAMP;                              //采样子程序的采样结果
    uchar number,R;
    number = SAMP & 0xC0;                    //0xC0 = 11000000B,
    up = number<<4;                          //将 8 位的 SAMP 左移取高四位,低四位补零
    low = number>>4;                         //将 8 位的 SAMP 右移取低位四位,高四位补零
    R = up + low;                            //高低 4 位交换,
    N = R>>2;                                //求段号 N,右移两位,得 N
    a0i = a0[N];                             //取 a0i
    a1i = a1[N];                             //取 a1i
    x = SAMP;
    y = a1i * x + a0i;                       //"a1i * xi + a0i"
}
```

(2) 非等距节点分段直线校正法

对于曲率变化大和切线斜率大的非线性特性，若采用等距节点的方法进行非线性校正，欲使最大误差满足精度要求，分段数 N 就会变得很大，而误差分配却很不均匀。同时，N 增加，使 a_{1i} 和 a_{0i} 的数目相应增加，占用内存较多，这时宜采用非等距节点分段直线校正法。即在线性较好的部分节点间距离取得大些，反之则取得小些，从而使误差达到均匀分布，如图 5-6-1 所示，用不等分的三段折线达到了校正精度。若采用等距节点方法，很

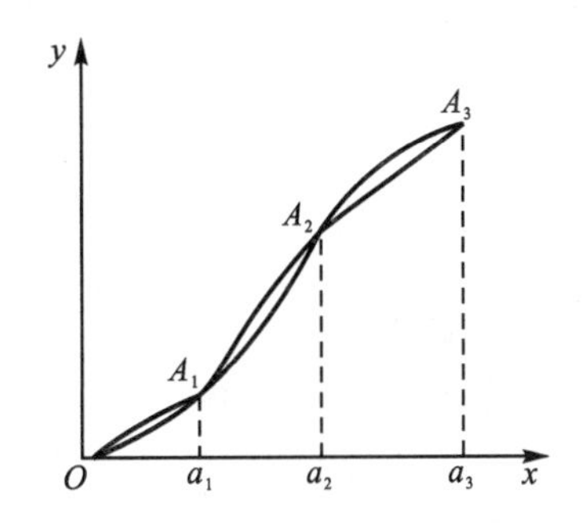

图 5-6-1　非等距节点分段直线校正

可能要4段、5段。

$$P_1(x)=\begin{cases}a_{11}x+a_{01}, & 0\leqslant x<a_1\\ a_{12}x+a_{02}, & a_1\leqslant x<a_2\\ a_{13}x+a_{03}, & a_2\leqslant x\leqslant a_3\end{cases} \tag{5-6-10}$$

设双字节采样值在SAMP开始的单元中。a_{1i} 为双字节小数，a_{0i} 为双字节整数。MULT22为双字节乘法子程序，R7、R6内为被乘数，R5、R4内为乘数，积在PRODT开始的四个单元中，R0指出积的PRODT+2地址。线性化结果(双字节)存于DATA和DATA+1单元中。C51程序如下：

```
#include<stdio.h>
#include<math.h>
void main()
{
    double a1 = 0x0A0F,a2 = 0x0CAC,a3 = 0x0F1C;
    double a11,a12,a13,a01,a02,a03;
    double x,y;
    double SAMP;
    /*可根据采样SAMP子函数,此处为定义变量,采样子程序的采样结果*/
    x = SAMP;
    if(x> = 0 & x<a1 )                    //判断采样值是否在(0,a1),再第一段处理
        {
            a11 = 0x0E1C;
            a01 = 0x0A4C;
            y = a11 * x + a01;
            }
    else if(x> = a1 & x<a2)               //判断采样值是否在(a1,a2),再第二段处理
        {
            a12 = 0x0F2C;
            a02 = 0x0CFF;
            y = a12 * x + a02;
        }
    else if(x> = a2 & x< = a3)            //第三段处理
    {
        a13 = 0x0BFF;                     //取a13
        a02 = 0x0DC1;                     //取a03
        y = a13 * x + a03;
    }
}
```

2. 抛物线插值

若输入/输出特性很弯曲，而测量精度又要求比较高，可考虑采用抛物线插值。

如图5-6-2所示的曲线可以把它化分成Ⅰ、Ⅱ、Ⅲ、Ⅳ四段，每一段都分别用一个二阶抛物线方程 $y=a_ix^2+b_ix+c_i(i=1,2,3,4)$ 来描绘。其中，抛物线方程的系数 a_i,b_i,c_i 可通过下述方法获得：每一段找出三点 x_{i-1},x_{i1},x_i(含两分段点)，例如在线段Ⅰ中找出 x_0,x_{11},x_1

点及对应 y 值 y_0, y_{11}, y_1，在线段Ⅱ中找出 x_1, x_{21}, x_2 点及对应 y 值 y_1, y_{21}, y_2 等。然后解联立方程

$$\left.\begin{aligned} y_{i-1} &= a_i x_{i-1}^2 + b_i x_{i-1} + c_i \\ y_{i1} &= a_i x_{i1}^2 + b_i x_{i1} + c_i \\ y_i &= a_i x_i^2 + b_i x_i + c_i \end{aligned}\right\} \tag{5-6-11}$$

求出系数 $a_i, b_i, c_i (i=1,2,3,4)$。编程时应将系数 a_i, b_i, c_i 以及 x_0, x_1, x_2, x_3, x_4 值一起存放在指定的 ROM 中。进行校正时，先根据测量值 x 的大小找到所在分段，再从存储器中取出对应段的系数 a_i, b_i, c_i，最后运用公式 $z=a_i x^2+b_i x+c_i$ 进行计算就可求得 z 值。具体流程图如图 5-6-3 所示。

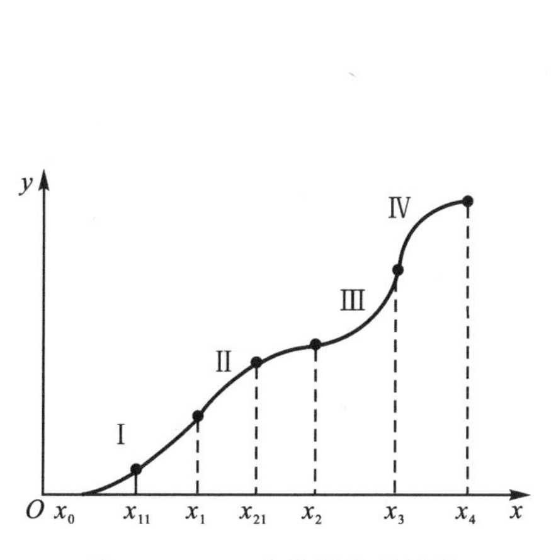

图 5-6-2　分段抛物线插值

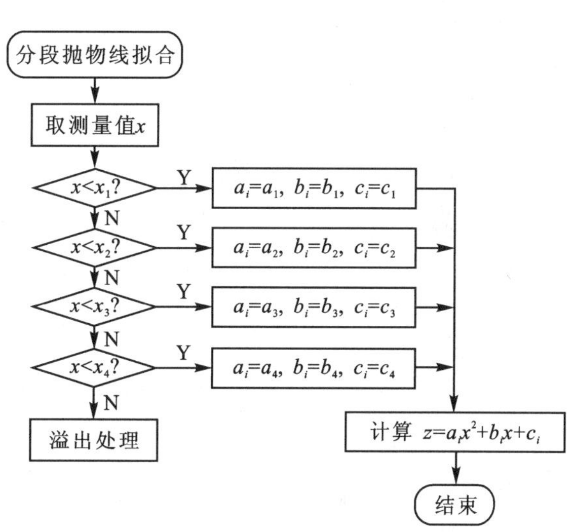

图 5-6-3　分段抛物线拟合程序流程

多项式插值的关键是决定多项式的次数，需根据经验描点观察数据的分布或凑试。在决定多项式次数 n 后，应选择 $n+1$ 个自变量 x 和函数值 y。由于一般给出的离散数组函数关系对的数目均大于 $n+1$，故应选择适当的插值节点 x_i 和 y_i。插值节点的选择与插值多项式的误差大小有很大关系，在同样的 n 值的条件下，选择适合的 (x_i, y_i) 值，可减小误差。在开始时，可先选择等分值的 (x_i, y_i)，以后再根据误差的分布情况，改变 (x_i, y_i) 的取值。考虑到实时计算，多项式的次数一般不宜选得过高。对于一般难以靠提高多项多次数来提高拟合精度的非线性特性，可采用分段插值的方法加以解决。

5.6.3　拟合法

上述插值法的特点是 $z=\varphi(x)$ 曲线通过校准点 (x_i, y_i)，即 $z_i=\varphi(x_i)=f(x_i)=y_i$，而拟合法并不要求标定曲线 $z=\varphi(x)$ 通过校准点，而是要求 $z=\varphi(x)$ 逼近 $y=f(x)$，即两者误差最小或在允许范围之内。因此，曲线 $z=\varphi(x)$ 被称为拟合曲线。

1. 最小二乘法

运用 n 次多项式或 n 个直线方程（代数插值法）对非线性特性进行逼近，可以保证在 $n+1$ 个节点上校正误差为零，即逼近曲线（或 n 段折线）恰好经过这些节点。但是如果这些数据是实验数据，含有随机误差，则这些校正方程并不一定能反映出实际的函数关系，即使能够实现，

往往次数太高,使用起来不方便。因此,对于含有随机误差的实验数据的拟合,通常选择“误差平方和为最小”这一标准来衡量逼近结果,使逼近模型比较符合实际关系,在形式上也尽可能地简单,这一逼近想法的数学描述是:设被逼近函数为 $f(x_i)$,逼近函数 $\varphi(x_i)$,x_i 为 x 上的离散点,逼近误差为

$$V(x_i)=|f(x_i)-\varphi(x_i)|$$

记

$$\varphi=\sum_{i=1}^{n}V^2(x_i) \tag{5-6-12}$$

令 $\varphi\to\min$,即在最小二乘意义上使 $V(x)$ 最小化,这就是最小二乘法原理。为了使逼近函数简单起见,通常选择 $\varphi(x)$ 为多项式。

下面介绍用最小二乘法实现直线拟合和曲线拟合。

(1) 直线拟合

设有一组实验数据如图 5-6-4 所示。现在要求一条最接近于这些数据点的直线。直线可有很多,关键是找一条最佳的。设这组实验数据的最佳拟合直线方程(回归方程)为

$$z=a_0+a_1x$$

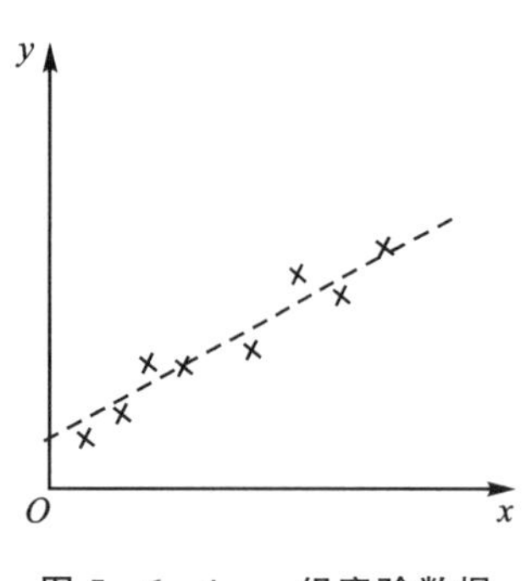

图 5-6-4 一组实验数据

式中,a_1 和 a_0 称为回归系数。

$$\varphi_{a_0,a_1}=\sum_{i=1}^{n}V_i^2=\sum_{i=1}^{n}[y_i-(a_0+a_1x_i)]^2$$

根据最小二乘原理,要使 φ_{a_0,a_1} 为最小,按通常求极值的方法,取对 a_0,a_1 的偏导数,并令其为 0,得

$$\frac{\partial\varphi}{\partial a_0}=\sum_{i=1}^{n}[-2(y_i-a_0-a_1x_i)]=0$$

$$\frac{\partial\varphi}{\partial a_1}=\sum_{i=1}^{n}[-2x_i(y_i-a_0-a_1x_i)]=0$$

又可得如下方程组(称之为正则方程组)

$$\sum_{i=1}^{n}y_i=na_0+a_1\sum_{i=1}^{n}x_i$$

$$\sum_{i=1}^{n}x_iy_i=a_0\sum_{i=1}^{n}x_i+a_1\sum_{i=1}^{n}x_i^2$$

解得

$$a_0=\frac{\left(\sum_{i=1}^{n}y_i\right)\left(\sum_{i=1}^{n}x_i^2\right)-\left(\sum_{i=1}^{n}x_iy_i\right)\left(\sum_{i=1}^{n}x_i\right)}{n\left(\sum_{i=1}^{n}x_i^2\right)-\left(\sum_{i=1}^{n}x_i\right)^2} \tag{5-6-13}$$

$$a_1=\frac{n\left(\sum_{i=1}^{n}x_iy_i\right)-\left(\sum_{i=1}^{n}x_i\right)\left(\sum_{i=1}^{n}y_i\right)}{n\left(\sum_{i=1}^{n}x_i^2\right)-\left(\sum_{i=1}^{n}x_i\right)^2} \tag{5-6-14}$$

只要将各测量数据(校正点数据)代入正则方程组,即可解得回归方程的回归系数 a_0 和 a_1,从而得到这组测量数据在最小二乘意义上的最佳拟合直线方程。

(2) 曲线拟合

为了提高拟合精度,通常对 n 个实验数据对$(x_i,y_i)(i=1,2,\cdots,n)$选用 m 次多项式

$$z=\varphi(x)=a_0+a_1x+a_2x^2++a_mx^m=\sum_{j=0}^{m}a_jx^j \qquad (5-6-15)$$

来作为描述这些数据的近似函数关系式(回归方程)。如果把(x_i,y_i)的数据代入多项式,就可得 n 个方程

$$V_i=y_i-\sum_{j=0}^{m}a_jx_i^j(i=1,2,\cdots,n)$$

式中,V_i 为在 x_i 处由回归方程式(5-6-15)计算得到的值与测量得到的值之间的误差。由于回归方程不一定通过该测量点(x_i,y_i),所以,V_i 不一定为零。

根据最小二乘原理,为求取系数 a_j 的最佳估计值,应使误差 V_i 的平方之和为最小,即

$$\varphi(a_0,a_1,\cdots,a_m)=\sum_{i=1}^{n}V_i^2=\sum_{i=1}^{n}[y_i-\sum_{j=0}^{m}a_jx_i^j]^2\rightarrow\min$$

由此可得如下正则方程组:

$$\frac{\partial\varphi}{\partial a_k}=-2\sum_{i=1}^{n}[(y_i-\sum_{j=0}^{m}a_jx_i^j)x_i^k]=0,\qquad k=0,1,2,\cdots,m$$

亦即计算 $a_0,a_1,\cdots,a_m$ 的线性方程组为

$$\begin{bmatrix} n & \sum x_i & \cdots & \sum x_i^m \\ \sum x_i & \sum x_i^2 & \cdots & \sum x_i^{m+1} \\ \cdots & \cdots & \cdots & \cdots \\ \sum x_i^m & \sum x_i^{m+1} & \cdots & \sum x_i^{2m} \end{bmatrix}\begin{bmatrix} a_0 \\ a_1 \\ \cdots \\ a_m \end{bmatrix}=\begin{bmatrix} \sum y_i \\ \sum x_iy_i \\ \cdots \\ \sum x_i^my_i \end{bmatrix} \qquad (5-6-16)$$

式中,$\sum$ 为$\sum\limits_{i=1}^{n}$。

求解式(5-6-16)可得 $m+1$ 个未知数 a_j 的最佳估计值。

拟合多项式的次数越高,拟合结果越精确,但计算烦冗,所以,一般取 $m<7$。

除用 m 次多项式来拟合外,也可以用其他函数如指数函数、对数函数、三角函数等来拟合。另外,拟合曲线还可用这些实际数据点作图,从各个数据点的图形(称之为散点图)的分布形状来分析,选配适当的函数关系或经验公式来进行拟合。当函数类型确定后,函数关系中的一些待定系数,仍常用最小二乘法来确定。

2. 最佳一致逼近法

插值法要求逼近函数 $z=\varphi(x)$与被逼近函数 $y=f(x)$在节点处具有相同的函数值(甚至导数值);但在非节点处 $\varphi(x)$不能保证很好地逼近 $f(x)$。而实际问题往往是要求 $\varphi(x)$在整个测量区间的每一点上都很好地逼近 $f(x)$,这样用插值法就不能取得满意的效果。针对这种要求,可采用最佳一致逼近法来满足这一要求和求取逼近模型。

最佳一致逼近就是保证 $f(x)$与 $\varphi(x)$之间最大误差小于给定精度 ε,即保证下列不等式成立:

$$\max|\varphi(x)-f(x)|<\varepsilon \qquad (5-6-17)$$

式中,$a\leqslant x\leqslant b$,a、b 为测量区间的端点。

取 $\varphi(x)$为多项式,记作 $P_n(x)$。数学分析已经证明,对于在区间$[a,b]$上的连续函数 $f(x)$,对任意给定的误差 ε,总存在多项式 $P_n(x)$,使式(5-6-17)成立。同时,也已证明,在固定多项式次数 n 的前提下,对于在$[a,b]$上的连续函数 $f(x)$,其一致逼近的 n 次多数式 $P_n(x)$的集合中,存在且唯一存在一个最佳一致的逼近多项式 $P_n^*(x)$。

但是,通常要求取某一连续函数的最佳一致逼近多项式 $P_n^*(x)$ 是十分困难的。下面介绍比较简单的线性最佳一致逼近的求法。

(1) 线性最佳一致逼近

线性最佳一致逼近就是找到这样一条直线 $P_1^*(x)=a_0+a_1x$,$P_1^*(x_i)$ 与所有相应于 x_i 点的纵坐标 $y_i(f(x_i))$ 之差的绝对值,与其他任一直线相比,$\max[|P_1^*(x_i)-f(x_i)|]$ 为最小。式中 a_0 和 a_1 待定。

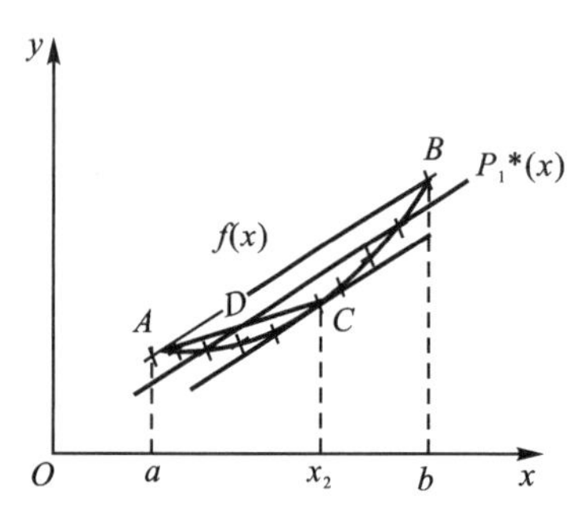

图 5-6-5 线性最佳一致逼近

线性最佳一致逼近的几何意义是:作一条平行于弦 AB 并与 $f(x)$ 相切的直线,切点为 C。取 AC 之中点 D,过 D 点作 AB 的平行线 $P_1^*(x)$,即为 $f(x)$ 的线性最佳一致逼近直线方程,如图 5-6-5 所示。

下面介绍线性最佳一致逼近方程中待定系数 a_0 和 a_1 的求法。

设被逼近函数 $f(x)$ 单调上凸或下凹,其线性最佳一致逼近方程为

$$P_1^*(x)=a_0+a_1x \tag{5-6-18}$$

则可以证明,式(5-6-18)中的待定系数 a_0 和 a_1 可由下列两式求得

$$a_1=\frac{f(b)-f(a)}{b-a} \tag{5-6-19}$$

$$a_0=\frac{f(a)+f(x_2)}{2}-a_1\frac{a+x_2}{2} \tag{5-6-20}$$

式中,x_2 为满足 $P_1^*(x_2)-f'(x_2)=0$ 的 x 值,即 x_2 是图 5-6-5 切点 C 的横坐标。另外,既然线性最佳一致逼近的数学模型是直线方程,那么离线求出 a_0 和 a_1 后,用 C51 语言实现实时校正计算就十分简单了。

(2) 分段线性最佳一致逼近

与分段折线校正法相似,当用单个线性最佳一致逼近方程无法满足非线性校正的精度要求时,可采用分段线性最佳一致逼近方法,其节点的选取也有等距与不等距两种。一旦节点确定,每两个节点之间的曲线(或离散点)就可以用一个直线方程来逼近。若连同两端点共有 $N+1$ 个节点,就有 N 个逼近直线方程,如图 5-6-6 所示。

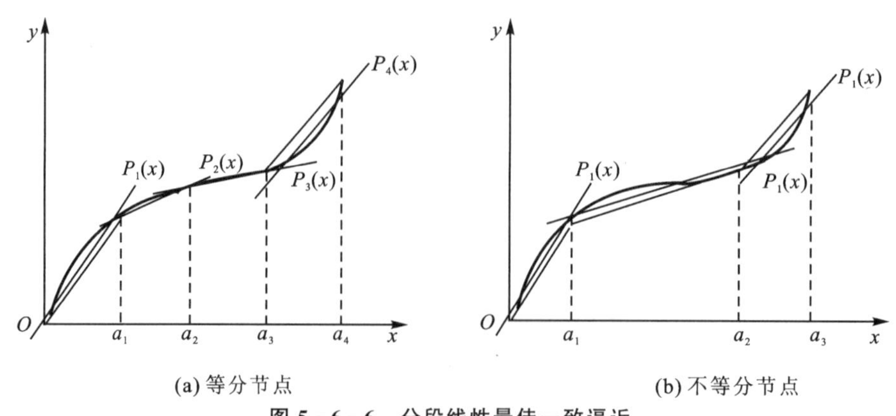

图 5-6-6 分段线性最佳一致逼近

对于单调上凸或下凹的非线性特性，完全可以套用分段线性插值的求法。只要在编程时把原来的判断条件 $V_{max}>\varepsilon$ 改成 $V_{max}>2\varepsilon$，然后在所求得的直线方程的截距上加(或减)ε 即可。至于非单调上凸或下凹的非线性特性，情况要复杂得多，不能简单地套用上述方法求节点，故这里不再介绍。

5.7　数字滤波

在微机化测控系统的测量通道中总难免窜入这样或那样的随机干扰，从而使 A/D 送入微机的数据中存在误差。这种因随机干扰而引入的误差称为随机误差。就一次测量而言，随机误差没有规律，不可预测。但当测量次数足够多时，其总体服从统计规律，大多数随机误差服从正态分布。

为了克服随机干扰引入的随机误差，可以采用硬件抗干扰的方法(见 7.2 节)，也可按统计规律用软件方法来实现，即采用数字滤波方法来抑制有效信号中的干扰成分，消除随机误差。

所谓数字滤波，即通过一定的计算程序，对采集的数据进行某种处理，从而消除或减弱干扰噪声的影响，提高测量的可靠性和精度。

采用数字滤波克服干扰，具有如下优点：

① 节省硬件成本。数字滤波只是一个滤波程序，无须添加硬件，而且一个滤波程序可用于多处和许多通道，无须每个通道专设一个滤波器，因此，大大节省硬件成本。

② 可靠稳定。软件滤波不像硬件滤波需要阻抗匹配而且容易产生硬件故障。

③ 功能强。数字滤波可以对频率很高或很低的信号进行滤波，这是模拟滤波器难以实现的。数字滤波的滤波手段有很多种，而模拟滤波只局限于频率滤波，即利用干扰与信号的频率差异进行滤波。

④ 方便灵活。只要适当改变软件滤波程序的运行参数，即可方便地改变滤波功能。

⑤ 不会丢失原始数据。在模拟信号输入通道中使用的频率滤波难免滤去频率与干扰相同的有用信号，使这部分有用信号不能被转换成数据而存储或记录下来，即在原始数据记录上永久消失。在要求不失真地记录信号波形的现场数据采集系统中，为了更多地采集有用信号，最好尽可能不在 A/D 转换之前进行频率滤波。虽然这样在采集有用信号的同时，会把一部分干扰信号也采集进来；但是可以在采集之后用数字滤波的方法把干扰消除。由于数字滤波只是把已采集存储到存储器中的数据读出来进行数字滤波，只“读”不“写”就不会破坏采集得到的原始数据。

下面介绍几种常用的数字滤波算法。

5.7.1　限幅滤波和中位值滤波

1. 限幅滤波

测控系统中常常存在随机脉冲干扰，对于这种随机干扰，限幅滤波是一种有效的方法。其基本方法是比较本次采样值和上一次采样值，如果它们的差值未超过允许的最大偏差值，则认为本次采样值有效而保留。如果它们的差值超过允许的最大偏差值，则认为本次采样值无效而用上一次采样值替代。限幅滤波算法的算式为

$$若|x_n-y_{n-1}|\leqslant a，则取 y_n=x_n；若|x_n-y_{n-1}|>a，则取 y_n=y_{n-1}$$

式中，x_n 为第 n 次采样值，y_n 为第 n 次限幅滤波值，a 为允许的最大偏差值。

在应用这种方法时,关键在于 a 的选择。过程的动态特性决定其输出参数的变化速度。因此,通常按照参数可能的最大变化速度 V_{max} 及采样周期 T 决定 a 值,即

$$a = V_{max} \cdot T$$

下面举一个用C51程序实现限幅滤波算法的实例。

```
/* A值可根据实际情况调整,value为上次滤波值 y_{n-1},new_value为本次采样值 x_n */
#define a 10
char value;                                  //value为上次滤波值
uchar get_ad()                               //采样数据子程序get_ad()
{
    static uchar i;
    return i++;
}
char filter()
{
    char new_value;                          //定义本次采样值变量
    new_value = get_ad();                    //读入本次采样值
    if ((new_value - value>a)||((value - new_value > a))     //是否|x_n - y_{n-1}|>a
        return value;                        //返回上次滤波值
    else
        return new_value;                    //若|x_n - y_{n-1}|≤a,返回本次采样值
}
```

2. 中位值滤波

中位值滤波是对某一被测参数连续采样 n 次(一般 n 取奇数),然后把 n 次采样值按大小排列,取中间值为本次采样值。中位值滤波能有效地克服偶然因素引起的波动或采样器不稳定引起的误码等脉冲干扰。对温度、液位等缓慢变化的被测参数采用此法能收到良好的滤波效果;但对于流量、压力等快速变化的参数一般不宜采用中位值滤波。

设SAMP为存放采样值的内存单元首地址,DATA为存放滤波值的内存单元地址,N 为采样值个数,中位值滤波程序如下:

```
/* N值可根据实际情况调整,排序采用冒泡法 */
#define N 11                                 //设置连续采样值次数
void delay(void)                             //延迟子函数
    {
        unsigned char i = 0;
        while(1)
        {
            i++;
        if(i>20)
            return;
        }
    }
char filter()
```

```
{
    char value_buf[N];                      //缓存 N 个采样值的存储变量
    char count,i,j,temp;
    for (count = 0;count<N;count ++ )       //连续读入 N 个采样值
    {
        value_buf[count] = get_ad();
        delay();
    }
    for (j = 0;j<N - 1;j ++ )               //N 个采样值按由小到大排列
    {
        for (i = 0;i<N - j;i ++ )
        {
            if (value_buf[i]>value_buf[i + 1] )
            {
                temp = value_buf[i];
                value_buf[i] = value_buf[i + 1];
                value_buf[i + 1] = temp;
            }
        }
    }
return value_buf[(N - 1)/2];                //计算中值,返回滤波值结果
}
```

5.7.2　平均滤波

1. 算术平均滤波

算术平均滤波是要按输入的 N 个采样数据 $x_i(i=1\sim N)$,寻找这样一个 y,使 y 与各采样值之间的偏差的平方和最小,即使

$$E=\min\left[\sum_{i=1}^{N}(y-x_i)^2\right]\tag{5-7-1}$$

由一元函数求极值的原理,可得

$$y=\frac{1}{N}\sum_{i=1}^{N}x_i\tag{5-7-2}$$

式(5-7-2)即为算术平均滤波的基本算式。

设第 i 次测量的测量值包含信号成分 S_i 和噪声成分 n_i,则进行 N 次测量的信号成分之和为

$$\sum_{i=1}^{N}S_i=N\cdot S$$

噪声的强度是用均方根来衡量的,当噪声为随机信号时,进行 N 次测量的噪声强度之和为

$$\sqrt{\sum_{i=1}^{N}n_i^2}=\sqrt{N}\cdot n$$

上述 S、n 分别表示进行 N 次测量后信号和噪声的平均幅度。

这样对 N 次测量进行算术平均后的信噪比可提高 $\sqrt{N}$ 倍,即

$$\frac{N \cdot S}{\sqrt{N} \cdot n} = \sqrt{N} \cdot \frac{S}{n} \tag{5-7-3}$$

算术平均滤波法适用于对一般具有随机干扰的信号进行滤波。这种信号的特点是有一个平均值,信号在某一数值范围附近做上下波动,在这种情况下仅取一个采样值做依据显然是不准确的。算术平均滤波法对信号的平滑程度完全取决于 N。当 N 较大时,平滑度高,但灵敏度低;当 N 较小时,平滑度低,但灵敏度高。应视具体情况选取 N,以便既少占用计算时间,又达到最好的效果。对于一般流量测量,常取 $N=12$;若为压力,则取 $N=4$。

算术平均滤波程序可直接按式(5-7-2)编制,只需要注意两点:一是 x_i 的输入方法,对于定时测量,为了减少数据的存储容量,可对测得的 x 值直接按公式(5-7-2)进行计算;但对于某些应用场合,为了加快数据测量的速度,可采用先测量数据,并把它们存放在存储器中,测量完 N 点后,再对测得的 N 个数据进行平均值计算。二是选取适当的 x_i,y 的数据格式,即 x_i,y 是采用定点数还是浮点数。采用浮点数计算比较方便,但计算时间较长;采用定点数可加快计算速度,但是必须考虑累加时是否会产生溢出。

设 N 为采样值个数。

```
#define N 10                                    //置累加次数
char filter()
{
    int sum = 0;
    char count;
    for (count = 0;count<N;count ++ )           //连续读入 N 个采样值,并累加和送入 sum
    {
        sum += get_ad();
        delay();
    }
    return (char)(sum/N);                       //除法,求滤波值,并返回
}
```

2. 去极值平均滤波

算术平均滤波对抑制随机干扰效果较好;但对脉冲干扰的抑制能力弱,明显的脉冲干扰会使平均值远离实际值。而中值滤波对脉冲干扰的抑制却非常有效,因而可以将两者结合起来形成去极值平均滤波。去极值平均滤波的算法是:连续采样 N 次,去掉一个最大值,去掉一个最小值,再求余下 $N-2$ 个采样值的平均值。根据上述思想可作出去极值平均滤波程序框图如图5-7-1所示。

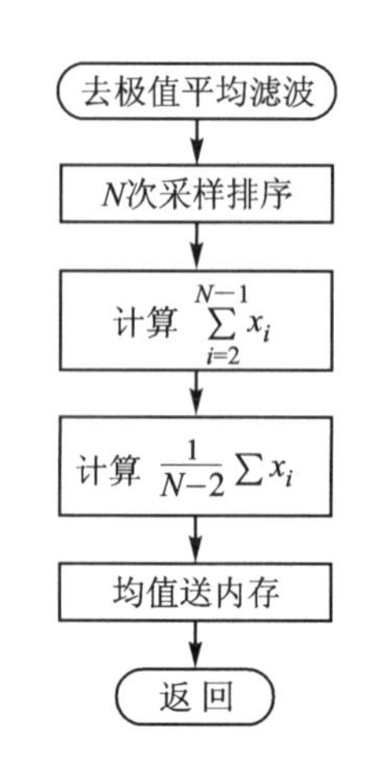

图5-7-1　去极值平均滤波程序框图

3. 移动平均滤波(递推平均滤波)

算术平均滤波需要连续采样若干次后,才能进行运算而获得一个有效的数据,因而速度较慢。为了克服这一缺点,可采用移动平均滤波。即先在RAM中建立一个数据缓冲区,依顺序存放 N 次采样数据,然后每采进一个新数据,就将最早采集的数据去掉,最后再求出当前RAM缓冲区中的 N 个数据的算术平均值。这样,每进行一次采样,就可计算出一个新的平均值,即测量数据取一丢一,测量一次便计

算一次平均值，大大加快了数据处理的能力。

这种数据存放方式可以采用环形队列结构来实现。设环形队列地址为 40H～4FH 共 16 个单元，用 R0 作队尾指示，其程序流程图如图 5-7-2 所示。程序清单如下所列：

```
#define N 16
char value_buf[N];                    //缓存 N 次采样值的存储变量?
char i = 0;
char filter()
{
    char count,A;
    int sum = 0;                      //求和变量,用于存储采样值的累加值
    value_buf[i++] = get_ad();        //读入采样值
    if ( i == N )
        i = 0;                        //若 get_ad()再采进一个新数据,最早的一个采集数据被去掉
    for ( count = 0;count<N;count++ )
        sum += value_buf[count];      //累加
        A = sum/N;
    return (char)(A);                 //返回结果 A
}
```

这种移动（递推）平均滤波算法的数学表达式为

$$y_n = \frac{1}{N}\sum_{i=0}^{N-1} x_{n-i}$$

式中：y_n 为第 n 次采样值经滤波后的输出；

x_{n-i} 为未经滤波的第 $n-i$ 次采样值；

N 为递推平均项数。

即第 n 次采样的 N 项递推平均值是 $n, n-1, \cdots, n-N+1$ 次采样值的算术平均，与算术平均法相似。

递推平均滤波法对周期性干扰有良好的抑制作用，平滑度高，灵敏度低；但对偶然出现的脉冲性干扰的抑制作用差，不易消除由于脉冲干扰所引起的采样值偏差。因此它不适用于脉冲干扰比较严重的场合，而适用于高频振荡的系统。通过观察不同 N 值下递推平均的输出响应来选取 N 值，以便既少占用计算机时间，又能达到最好的滤波效果。其工程经验值列于表 5-7-1 中。

表 5-7-1　工程经验值

参　数	流　量	压　力	液　面	温　度
N 值	12	4	4～12	1～4

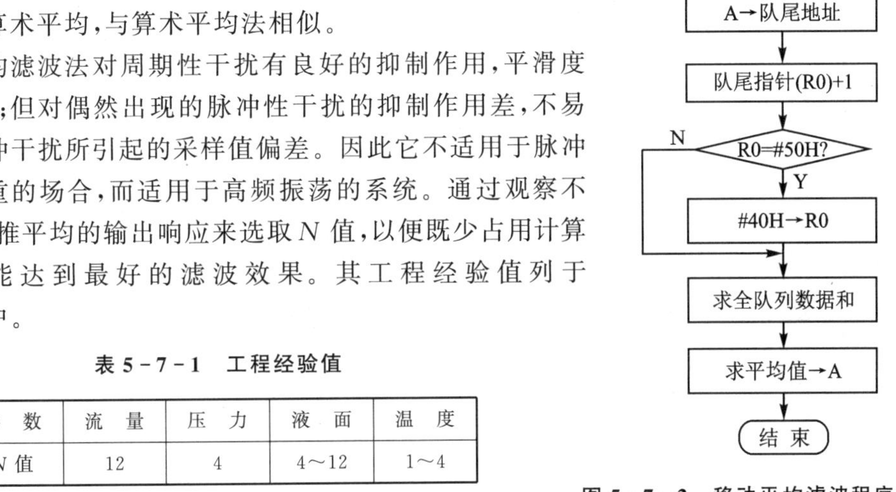

图 5-7-2　移动平均滤波程序框图

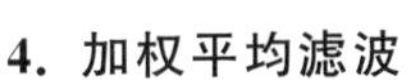

4. 加权平均滤波

在算术平均滤波法和递推平均滤波法中，N 次采样值在输出结果中的权重是均等的，即 $1/N$。用这样的滤波算法，对于时变信号会引入滞后。N 越大，滞后越严重。为了增加新采

样数据在递推平均中的权重，以提高系统对当前采样值中所受干扰的灵敏度，可采用加权递推平均滤波算法。它是递推平均滤波算法的改进，即不同时刻的数据加以不同的权，通常越接近现时刻的数据，权取得越大。N 项加权递推平均滤波算法为

$$y_n = \frac{1}{N}\sum_{i=0}^{N-1} C_i x_{n-i} \tag{5-7-4}$$

式中，$C_0, C_1, \cdots, C_{N-1}$ 为常数，且满足如下条件：

$$\begin{cases} C_0 + C_1 + \cdots + C_{N-1} = 1 \\ C_0 > C_1 > \cdots > C_{N-1} > 0 \end{cases}$$

常数 $C_0, C_1, \cdots, C_{N-1}$ 选取有多种方法，其中最常用的是加权系数法。设 τ 为对象的纯滞后时间，且

$$\delta = 1 + \mathrm{e}^{-\tau} + \mathrm{e}^{-2\tau} + \cdots + \mathrm{e}^{-(N-1)\tau}$$

则

$$C_0 = \frac{1}{\delta},\quad C_1 = \mathrm{e}^{-\tau}/\delta \cdots C_{N-1} = \mathrm{e}^{-(N-1)\tau}/\delta \tag{5-7-5}$$

因为 τ 越大，δ 越小，则给以新的采样值的权系数就越大，而给以先前采样值的权系数就越小，从而提高了新的采样值在平均过程中的地位。故加权递推平均滤波算法适用于有较大纯滞后时间常数 τ 的对象和采样周期较短的系统。而对于纯滞后时间常数较小、采样周期较长、缓慢变化的信号，则不能迅速反应系统当前所受干扰的严重程度，滤波效果差。

加权平均滤波 C51 程序如下：

```
#define N 12
char code coe[N] = {1,2,3,4,5,6,7,8,9,10,11,12};              //coe数组为加权系数表
char code sum_coe = 1 + 2 + 3 + 4 + 5 + 6 + 7 + 8 + 9 + 10 + 11 + 12;   //加权系数和
char filter()
{
    char count;
    char value_buf[N];
    int sum = 0;                                              //求和变量,清结果单元,
    for(count = 0;count<N;count ++ )                          //连续读入N个采样值,
    {
        value_buf[count] = get_ad();                          //读入采样值
        delay();
    }
    for (count = 0,count<N;count ++ )
    sum += value_buf[count] * coe[count];                     //累加采样值和系数(Ck·Yk)的乘积
    return (char)( sum/sum_coe);
}
```

5.7.3　低通滤波

将描述模拟 RC 低通滤波器特性的微分方程用差分方程来表示，也可以用软件算法来实现模拟滤波器的功能。

最简单的一阶 RC 低通模拟滤波器，描述其输入 $x(t)$ 与输出 $y(t)$ 的微分方程为

$$RC \cdot \frac{dy(t)}{dt} + y(t) = x(t) \tag{5-7-6}$$

以采样周期 T 对 $x(t)$、$y(t)$ 进行采样得

$$y_n = y(nT), \quad x_n = x(nT)$$

如果 $T \ll RC$，则由微分方程可得差分方程

$$RC \frac{y_n - y_{n-1}}{T} + y_n = x_n \tag{5-7-7}$$

令

$$a = \frac{T}{T + RC} \tag{5-7-8}$$

式(5-7-7)可化为

$$y_n = ax_n + (1-a)y_{n-1} \tag{5-7-9}$$

式中：x_n 为未经滤波的第 n 次采样值；y_n 为第 n 次采样值经滤波后输出。

该滤波器截止频率为

$$f_c = \frac{1}{2\pi RC} = \frac{1}{2\pi T} \times \frac{a}{1-a} \tag{5-7-10}$$

当 $T \ll RC$ 时，$a \ll 1$，式(5-7-10)简化为

$$f_c = \frac{a}{2\pi T} \tag{5-7-11}$$

a 由实验确定，只要使被测信号不产生明显的纹波即可。a 常用 2 的负幂次方，这样计算 ax_n 只要把 x_n 向右移若干位即可，可加快计算速度。

一阶低通滤波算法对周期性干扰具有良好的抑制作用，适用于波动频繁的参数滤波；其不足之处是带来了相位滞后，灵敏度低。滞后的程度取决于 a 值的大小。同时，它不能滤除频率高于采样频率二分之一(称为奈奎斯特频率)的干扰信号。例如，采样频率为 100 Hz，则它不能滤去 50 Hz 以上的干扰信号。对于高于奈奎斯特频率的干扰信号，应该采用模拟滤波器。

低通滤波 C51 程序如下：

```
#define a 0.25                                  //取 a = 0.25
char value;                                     //value 为上次采样值 y(n-1)
char filter()
{
    char new_value;                             //设置本次采样值变量
    new_value = get_ad();                       //读入采样值 x(n)
return a * value + (1 - a) * new_value;         //(x(n) + y(n-1)) × 0.25 + 0.5 × y(n-1),返回滤波值
}
```

5.7.4　复合滤波

在实际应用中，所面临的随机扰动往往不是单一的，有时既要消除脉冲干扰，又要作数据平滑处理。因此，常把前面所介绍的两种以上的方法结合起来使用，形成复合滤波。例如，防脉冲扰动平均值滤波算法就是一种应用实例。这种算法的特点是先用中位值滤波算法滤掉采样值中的脉冲性干扰，然后把剩余的各采样值进行递推平均滤波。其基本算法如下：

如果 $x_1 \leqslant x_2, \cdots, \leqslant x_n$，其中 $3 \leqslant n \leqslant 14$($x_1$ 和 x_n 分别是所有采样值中的最小值和最大

值),则

$$y_n = \frac{x_2 + x_3 + \cdots + x_{n-1}}{n-2}$$

由于这种滤波算法兼容了递推平均滤波算法和中值滤波算法的优点,所以,无论是对缓慢变化的过程变量,还是对快速变化的过程变量,都能起到较好的滤波效果(这种算法程序是相对两种算法程序的组合,故省略)。

上面介绍了几种使用较普遍的克服随机干扰的软件算法。在一个具体的微机化测控系统中究竟选用哪些滤波算法,取决于其使用场合及过程中所含有的随机干扰情况。

在微机化测控系统中,一般都要求显示的数据和用于数字PID控制运算的实测数据是准确代表被测量的"真值"。因此,经A/D送入微机的原始测量数据通常要进行本章所介绍的常规处理。处理流程一般是:先数字滤波,消除随机干扰引入的误差;再进行标度变换和非线性校正;最后才送去显示器显示或用于数字PID控制中实测值与给定值的偏差运算。

思考题与习题

1. 测控系统中为什么要对A/D转换得到的测量数据进行处理?
2. 试述零位误差和灵敏度误差的校正方法。
3. 为什么要切换量程?怎样实现量程切换?
4. 在图5-5-1(d)中,什么情况下,A/D转换数据可以直接送去显示?什么情况下不可以?为什么?
5. 温度传感器量程范围是200~800 ℃,在某一时刻微处理器取样并经数字滤波后的数字量为CDH,求此时的温度。
6. 图5-5-1(d)中采用线性传感器和采用非线性传感器两种情况下,从A/D转换数据计算出显示数据的方法一样吗?为什么?
7. 与硬件滤波器相比较,采用数字滤波方法来克服随机误差有何优点?
8. 常用的数字滤波算法有哪些?它们各自对哪种干扰有效?

课件

讲稿笔记

习题解答

第 6 章　PID 控制算法

控制算法是微机化控制软件系统的一个重要组成部分，整个系统的控制功能主要由控制算法来实现。目前提出的控制算法有很多种。根据偏差的比例(P)、积分(I)、微分(D)进行控制，称为 PID 控制。实际运行经验和理论分析都表明 PID 控制能满足相当多的工业对象的控制要求，至今仍是一种应用最广的控制算法。所以本章着重研究 PID 控制算法。

6.1　PID 控制原理与程序流程

6.1.1　过程控制的基本概念

采用模拟或数字控制方式对生产过程的某一或某些物理参数进行自动控制的过程称为过程控制。

在模拟过程控制系统中，基本控制回路是简单的反馈回路，如图 6-1-1 所示。被控量的值由传感器或变送器检测，这个值与给定值进行比较，得到偏差，模拟调节器依一定控制规律使操作变量变化，以使偏差趋近于零，其输出通过执行器作用于过程。

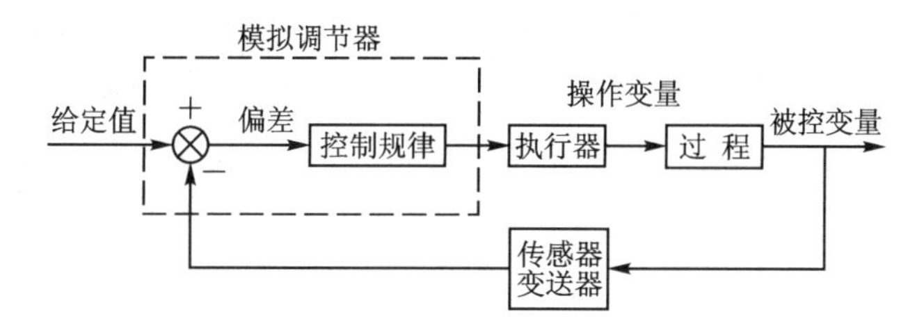

图 6-1-1　基本模拟反馈控制回路

控制规律通常采用比例、积分、微分(PID)关系或由此做出的简化形式。过去，这些关系的实现必须通过相应的硬件来完成。控制回路的功能和实现这些功能的硬件几乎是一一对应的关系。因此，设计方案必须能用现有的模拟硬件来实现，控制规律的修改需要更换模拟硬件。这些局限性使模拟控制系统缺乏灵活性。对于较复杂的工业控制过程，这类系统在控制规律的实现、系统最优化、可靠性等方面难以满足更高的要求。

在模拟控制系统中，以微型计算机来代替模拟调节器，就构成了微机过程控制系统。微机过程控制系统基本框图如图 6-1-2 所示。

控制系统中引入计算机，可以充分利用计算机在对采集数据加以分析并根据所得结果做出逻辑判断等方面的能力，编制出符合某种技术要求的控制程序、管理程序，实现对被控参数的控制与管理。在计算机控制系统中，控制规律的实现是通过软件来完成的。改变控制规律，只要改变相应的程序即可，这是模拟控制系统所无法比拟的。

DDC(Direct Digital Control)系统是计算机用于过程控制的最典型的一种系统，其构成如图 6-1-3 所示。微型计算机通过过程输入通道对一个或多个物理量进行检测，并根据确定的控制规律(算法)进行计算，通过输出通道直接去控制执行机构，使各被控量达到预定的要

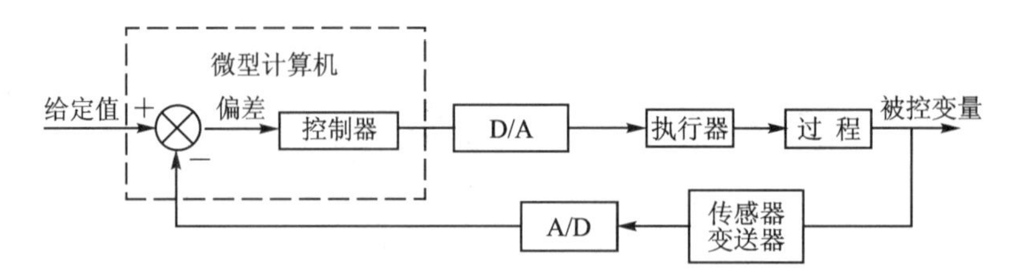

图 6-1-2　微机过程控制系统基本框图

求。由于计算机的决策直接作用于过程,故称为直接数字控制。

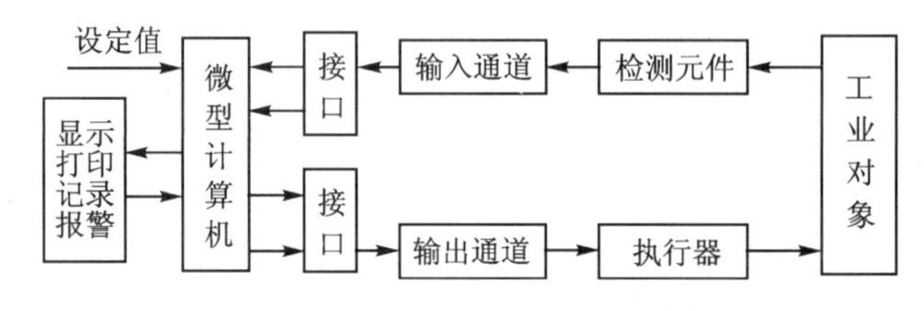

图 6-1-3　DDC 系统构成框图

DDC 系统中的微型计算机参加闭环控制,它不仅能完全取代模拟调节器,实现多回路的 PID 调节;而且通过改变程序能有效地实现较复杂的控制,如前馈控制、串级控制、非线性控制、自适应控制和最优控制等。因而 DDC 系统也是计算机在工业应用中最普遍的一种系统。

6.1.2　模拟 PID 调节器

在模拟控制系统中,调节器最常用的控制规律是 PID 控制。模拟 PID 控制系统原理框图如图 6-1-4 所示,系统由模拟 PID 调节器、执行机构及控制对象组成。

PID 调节器是一种线性调节器。它根据给定值 $r(t)$ 与实际输出值 $c(t)$ 构成的控制偏差,即

$$e(t)=r(t)-c(t) \tag{6-1-1}$$

将偏差的比例(P)、积分(I)、微分(D)通过线性组合构成控制量,对控制对象进行控制,故称其为 PID 调节器。在实际应用中,常根据对象的特征和控制要求,将 P、I、D 基本控制规律进行适当组合,以达到对被控对象进行有效控制的目的。例如,P 调节器、PI 调节器和 PD 调节器等。

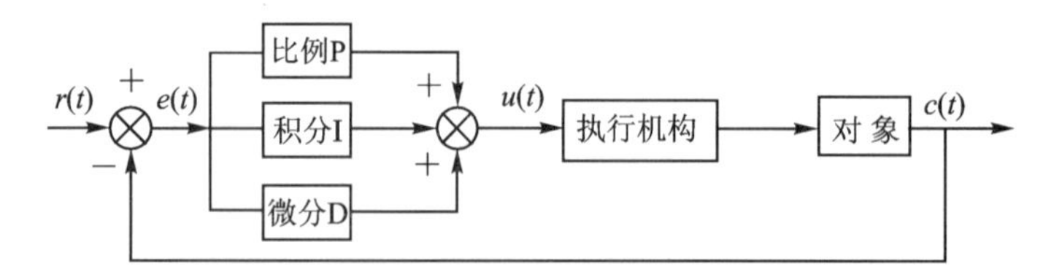

图 6-1-4　模拟 PID 控制系统原理框图

PID 调节器的控制规律为

$$u(t)=K_{P}\left[e(t)+\frac{1}{T_{I}}\int_{0}^{t}e(t)\mathrm{d}t+T_{D}\frac{\mathrm{d}e(t)}{\mathrm{d}t}\right] \tag{6-1-2}$$

式中,K_P 为比例系数,T_I 为积分时间常数,T_D 为微分时间常数。

简单来说,PID 调节器各校正环节的作用是:

① 比例环节：即时成比例地反映控制系统的偏差信号 $e(t)$，偏差一旦产生，调节器立即产生控制作用以减小偏差。

② 积分环节：主要用于消除静差，提高系统的无差度。积分作用的强弱取决于积分时间常数 T_I。T_I 越大，积分作用越弱，反之则越强。

③ 微分环节：能反映偏差信号的变化趋势（变化速率），并能在偏差信号的值变得太大之前，在系统中引入一个有效的早期修正信号，从而加快系统的动作速度，减少调节时间。

由式(6-1-2)可得，模拟 PID 调节器的传递函数为

$$D(S)=\frac{U(S)}{E(S)}=K_P\left(1+\frac{1}{T_IS}+T_DS\right) \tag{6-1-3}$$

6.1.3　数字 PID 控制器

在 DDC 系统中，用计算机取代了模拟调节器，控制规律的实现是由计算机软件完成的。因此，系统中数字控制器的设计实际上是计算机算法的设计。

由于计算机只能识别数字量，不能对连续的控制算式直接进行运算，故在计算机控制系统中，必须首先对控制规律进行离散化的算法设计。

为将模拟 PID 控制规律按式(6-1-2)离散化，可把图 6-1-4 中的 $r(t)$，$e(t)$，$u(t)$，$c(t)$在第 n 次采样时刻的数据分别用 $r(n)$，$e(n)$，$u(n)$，$c(n)$表示，于是式(6-1-1)变为

$$e(n)=r(n)-c(n) \tag{6-1-4}$$

当采样周期 T 很小时，dt 可用 T 近似代替，$de(t)$可用 $e(n)-e(n-1)$近似代替，“积分”用“求和”近似代替，即可作如下近似：

$$\frac{de(t)}{dt}\approx\frac{e(n)-e(n-1)}{T} \tag{6-1-5}$$

$$\int_0^t e(t)dt\approx\sum_{i=0}^{n}e(i)T \tag{6-1-6}$$

这样，式(6-1-2)便可离散化成为以下差分方程式：

$$u(n)=K_P\left\{e(n)+\frac{T}{T_I}\sum_{i=0}^{n}e(i)+\frac{T_D}{T}[e(n)-e(n-1)]\right\}+u_0 \tag{6-1-7}$$

式(6-1-7)中，u_0 是偏差为 0 时的初值，式中的第一项起比例控制作用，称为比例(P)项 $u_P(n)$，即

$$u_P(n)=K_Pe(n) \tag{6-1-8}$$

第二项起积分控制作用，称为积分(I)项 $u_I(n)$，即

$$u_I(n)=K_P\frac{T}{T_I}\sum_{i=0}^{n}e(i) \tag{6-1-9}$$

第三项起微分控制作用，称为微分(D)项 $u_D(n)$，即

$$u_D(n)=K_P\frac{T_D}{T}[e(n)-e(n-1)] \tag{6-1-10}$$

这三种作用可单独使用（微分作用一般不单独使用）或合并使用，常用的组合有

P 控制：
$$u(n)=u_P(n)+u_0 \tag{6-1-11}$$

PI 控制：
$$u(n)=u_P(n)+u_I(n)+u_0 \tag{6-1-12}$$

PD 控制：
$$u(n)=u_P(n)+u_D(n)+u_0 \tag{6-1-13}$$

PID 控制：
$$u(n)=u_P(n)+u_I(n)+u_D(n)+u_0 \tag{6-1-14}$$

式(6-1-7)的输出量 $u(n)$ 为全量输出，它对应于被控对象的执行机构(如调节阀)每次采样时刻应达到的位置(如阀门的开度)。因此，式(6-1-7)又称为位置型 PID 算式。

由式(6-1-7)可看出，位置型控制算式不够方便。这是因为要累加偏差 $e(i)$，不仅要占用较多的存储单元，而且不便于编写程序，为此对式(6-1-7)进行改进。

根据式(6-1-7)不难写出 $u(n-1)$ 的表达式，即

$$u(n-1)=K_P\left[e(n-1)+\frac{T}{T_I}\sum_{i=0}^{n-1}e(i)+T_D\frac{e(n-1)-e(n-2)}{T}\right] \tag{6-1-15}$$

将式(6-1-7)和式(6-1-15)相减，即得数字 PID 增量型控制算式为

$$\Delta u(n)=u(n)-u(n-1)=K_P[e(n)-e(n-1)]+K_Ie(n)+K_D[e(n)-2e(n-1)+e(n-2)] \tag{6-1-16}$$

式中，K_P 称为比例增益；$K_I=K_P\dfrac{T}{T_I}$ 称为积分系数；$K_D=K_P\dfrac{T_D}{T}$ 称为微分系数。

为了编程方便，可将式(6-1-16)整理成如下形式：

$$\Delta u(n)=a_0e(n)+a_1e(n-1)+a_2e(n-2) \tag{6-1-17}$$

式中，

$$\left.\begin{aligned}a_0&=K_P\left(1+\frac{T}{T_I}+\frac{T_D}{T}\right)\\a_1&=-K_P\left(1+\frac{2T_D}{T}\right)\\a_2&=K_P\frac{T_D}{T}\end{aligned}\right\} \tag{6-1-18}$$

在控制系统中，如果执行机构采用调节阀，则控制量对应阀门的开度，表征了执行机构的位置，此时控制器应采用数字 PID 位置型控制算法，如图 6-1-5 所示。如执行机构采用步进电动机，每个采样周期控制器输出的控制量是相对于上次控制量的增加，此时控制器应采用数字 PID 增量型控制算法，如图 6-1-6 所示。

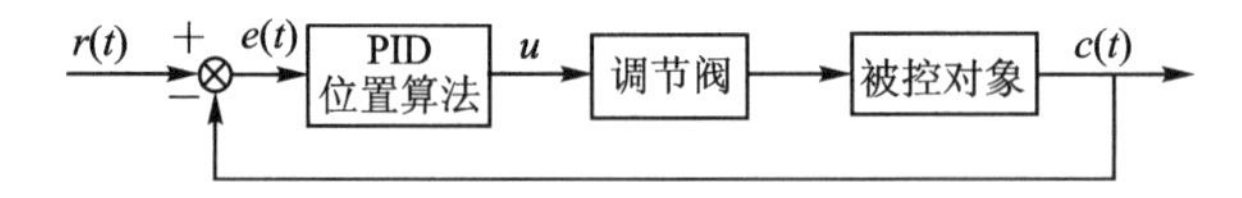

图 6-1-5　数字 PID 位置型控制示意图

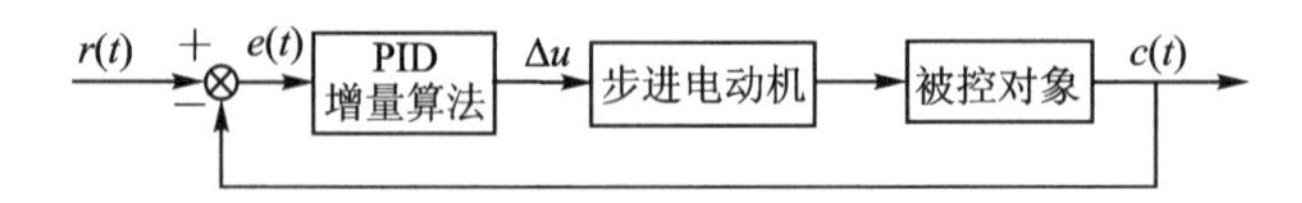

图 6-1-6　数字 PID 增量型控制示意图

增量型算法与位置型算法相比，具有以下优点：

① 增量型算法不需要做累加，控制量增量的确定仅与最近几次误差采样值有关，计算误差或计算精度问题对控制量的计算影响较小；而位置型算法要用到过去的误差累加值，容易产生大的累加误差。

② 增量型算法得出的是控制量的增量，例如阀门控制中，只输出阀门开度的变化部分，误差动作影响小，必要时通过逻辑判断限制或禁止本次输出，不会严重影响系统的工作。

③ 采用增量型算法，易实现手动到自动的无冲击切换。

利用增量型控制算法式(6-1-17)，也可得出位置型控制算法的递推形式，即

$$u(n)=u(n-1)+\Delta u(n)=u(n-1)+a_0e(n)+a_1e(n-1)+a_2e(n-2) \tag{6-1-19}$$

式中，a_0，a_1，a_2 的含义同式(6-1-18)。

【例 6-1】 设有一个温度控制系统，温度测量范围是 0～600 ℃，温度采用 PID 控制，控制指标为 450 ℃±2 ℃。已知比例系数 $K_P=4$，积分时间 $T_I=60$ s，微分时间 $T_D=5$ s，采样周期 $T=5$ s。当测量值 $c(n)=448$，$c(n-1)=449$，$c(n-2)=442$ 时，计算增量输出 $\Delta u(n)$。若 $u(n-1)=1\ 860$，计算第 n 次阀位输出 $u(n)$。

解　将题中给出的参数代入有关公式计算得

$$K_I=K_P\frac{T}{T_I}=4\times\frac{5}{60}=\frac{1}{3},\qquad K_D=K_P\frac{T_D}{T}=4\times\frac{15}{5}=12$$

由题知，给定值 $r=450$，将题中给出的测量值代入式(6-1-4)计算得

$$e(n)=r-c(n)=450-448=2$$

$$e(n-1)=r-c(n-1)=450-449=1$$

$$e(n-2)=r-c(n-2)=450-452=-2$$

代入式(6-1-16)计算得

$$\Delta u(n)=4\times(2-1)+\frac{1}{3}\times 2+12\times[2-2\times 1+(-2)]\approx -19$$

代入式(6-1-19)计算得

$$u(n)=u(n-1)+\Delta u(n)\approx 1\ 860+(-19)=1\ 841$$

6.1.4　PID 算法的程序流程

1. 增量型 PID 算法的程序流程

由式(6-1-17)可见，按增量型 PID 算法计算 $\Delta u(n)$ 只须保留现时刻及以前的 2 个偏差值(即 $e(n)$、$e(n-1)$ 和 $e(n-2)$)。初始化程序置初值 $e(n-1)=e(n-2)=0$，由中断服务程序对过程变量进行采样，并根据参数 a_0，a_1，a_2 以及 $e(n)$、$e(n-1)$ 和 $e(n-2)$ 计算 $\Delta u(n)$。图 6-1-7 给出了完全微分增量型 PID 算法的程序流程。MCS-51 单片机的内存地址分配如图 6-1-8 所示，所有参数均以补码形式存入。

C51 程序如下：

```
/*基于△Uk = A * e(k) + B * e(k-1) + C * e(k-2)的 PID 控制*/
typedef struct PID
{
    float SP;                          //设定目标
    float PC;                          //比例常数
    float IC;                          //积分常数
    float DC;                          //微分常数
    float Error_next;                  //定义上一个偏差值
    float Error_last;                  //定义上前的 2 个偏差值
} PID;
    static PID sPID;
```

```
    static PID * sptr = &sPID;
/* PID参数初始化 */
void IncPIDInit(void)
{
    sptr->Error_next = 0;                //误差 Error[-1]
    sptr->Error_last = 0;                //误差 Error[-2]
    sptr->PC = 0;                        //比例常数
    sptr->IC = 0;                        //积分常数
    sptr->DC = 0;                        //微分常数
    sptr->SP = 0;
}
/* 增量式PID计算部分 */
int PID_realize (float NextPoint)
{
    register int iError, iIncpid;        //当前误差
    iError = sptr->SP - NextPoint;       //增量计算
    iIncpid = sptr->PC * iError          //E[k]项
        - sptr->IC * sptr->Error_next    //E[k-1]项
        + sptr->DC * sptr->Error_last;   //E[k-2]项
//存储误差,用于下次计算
    sptr->Error_last = sptr->Error_next;
    sptr->Error_next = iError;
//返回增量值
    return(iIncpid);
}
```

其余程序略。

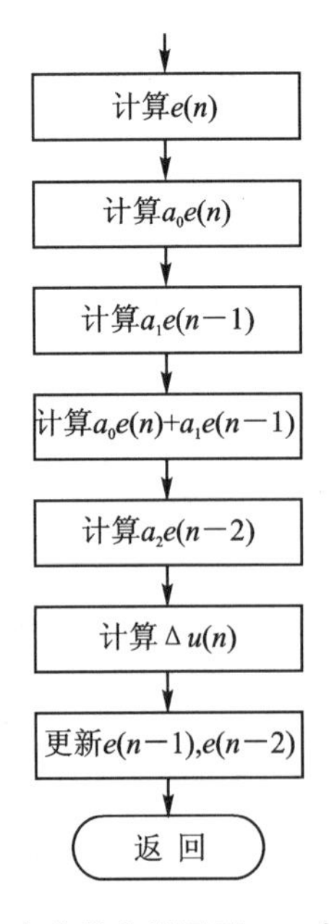

图 6-1-7　完全微分增量型 PID 算法程序流程

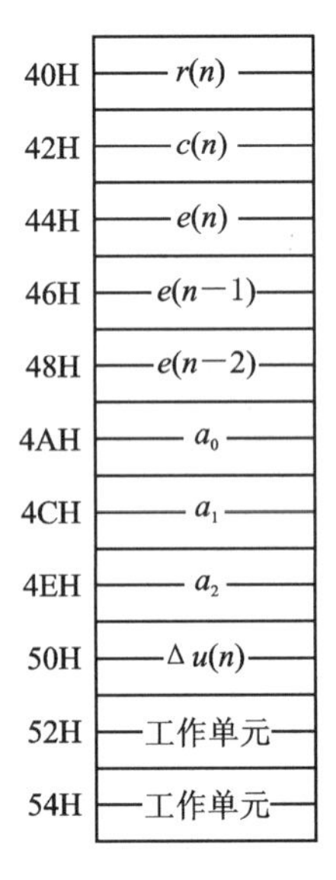

图 6-1-8　参数内存分配

2. 位置型 PID 算法的程序流程

由式(6-1-19)可见，因 $u(n)=u(n-1)+\Delta u(n)$，所以位置型 PID 算法的程序流程只须在增量型 PID 算法的程序流程基础上增加一次加运算 $\Delta u(n)+u(n-1)=u(n)$ 和更新 $u(n-1)$ 即可，如图 6-1-9 所示。

在执行按图 6-1-7 和图 6-1-9 所示程序流程编写程序时必须先在内存中的指定地址填写 PID 运算所需的数据，如图 6-1-8 所示。除固定常数 a_0，a_1，a_2 以外，其他数据都要每个采样周期更新一次。其中，$c(n)$ 是被控变量在第 n 个采样周期的测量值，$r(n)$ 是按照预定的控制要求，被控变量在第 n 个采样期应该达到的数值，称为给定值。如果要求被控变量始终保持恒定，那么 $r(n)$ 就是一个常数，由键盘输入后存入内存即可。如果要求被控变量随时间变化，那么 $r(n)$ 就是时间函数 $r(t)$ 在第 n 个采样周期的瞬时值 $r(n)=r(nT)$。因此，$r(n)$ 一般要每次通过计算求出后存入内存。

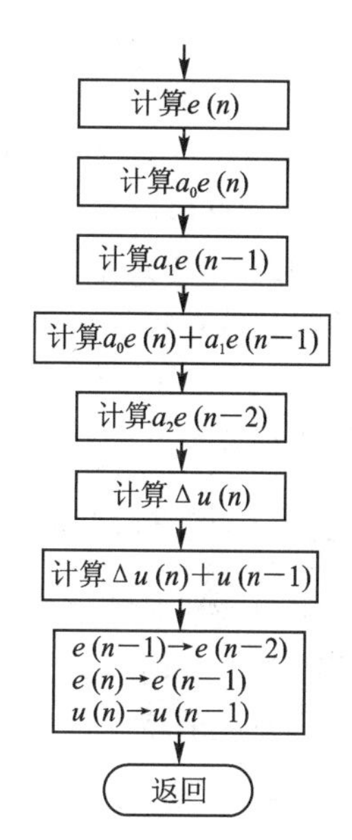

图 6-1-9　位置型 PID 算法程序流程

在计算偏差 $e(n)=r(n)-c(n)$ 时，要求 $r(n)$ 与 $c(n)$ 应具有相同的量纲和单位。对一个温度控制系统来说，图 6-1-2 中被控变量为温度值，温度给定值 $Tr(n)$ 与温度实测值 $Tc(n)$ 之差 $\Delta T=Tr(n)-Tc(n)$ 即为温度偏差。在 PID 运算时通常把图 6-1-2 中 A/D 输出的数据作为 $c(n)$。由于 $c(n)$ 只是实测温度值 $Tc(n)$ 的转换数据，因此，在按预定的温度程控曲线或公式计算出温度给定值 $Tr(n)$ 后，必须按照图 6-1-2 中被测温度与其转换数据之间的标度变换关系求出与 $Tr(n)$ 对应的转换数据 $r(n)$，然后再将 A/D 输出数据 $c(n)$ 和给定值转换数据 $r(n)$ 存入内存，PID 运算时计算二者之差 $e(n)=r(n)-c(n)$ 作为 PID 控制的依据。

在 PID 控制过程中必须有一个计时模块，每隔 T（采样周期）产生一次定时中断，主机响应后，即执行中断服务程序。依次执行顺序是：取当前采样值、数字滤波、标度变换和非线性处理、计算当前给定值、计算偏差、超限报警、PID 运算以及输出处理等模块。图 6-1-7 或图 6-1-9 所示的 PID 运算程序流程只是第 n 次定时中断服务程序中的一个模块而已。每个周期 PID 运算的结果 $u(n)$ 或 $\Delta u(n)$ 就是图 6-1-2 中的 D/A 转换器的输入数据。

应该指出，不论按哪种 PID 算法求取控制量 $u(n)$（或 $\Delta u(n)$），都可能使执行机构的实际位置达到上（或下）极限而控制量 $u(n)$ 还在增加或（减小）。另外，测控系统内的控制算法总是受到一定运算字长的限制，如对 8 位 D/A 转换器，其控制量的最大数值就限制在 0～255 之间。大于 255 或小于 0 的控制量 $u(n)$ 是没有意义的，在算法上应对 $u(n)$ 进行限幅，即

$$u(n)=\begin{cases} u_{\min}, & u(n)\leqslant u_{\min} \\ u(n), & u_{\min}<u(n)<u_{\max} \\ u_{\max}, & u(n)\geqslant u_{\max} \end{cases} \tag{6-1-20}$$

在有些系统中，即使 $u(n)$ 在 $u_{\min}$ 与 $u_{\max}$ 范围之内，但系统的工作情况不允许控制量过大，此时，不仅应考虑极限位置的限幅，还要考虑相对位置的限幅。限幅值一般通过键盘设定和修改。在软件上，只要用上、下限比较的方法就能实现。

6.2　标准PID算法的改进

用数字控制器对系统进行控制，一般来说控制质量不如模拟调节器。这是因为

① 模拟调节器进行的控制是连续的；而数字控制器采用的是采样控制，在保持器作用下，控制量在一个采样周期内是不变化的。

② 由于数值运算和输入/输出需要一定时间，控制作用在时间上有延迟。

③ 计算机的有限字长和A/D、D/A转换器的转换精度使控制有误差。

因此，若单纯地用数字控制器去模仿模拟调节器，并不能获得理想的控制效果。必须发挥计算机运算速度快、逻辑判断功能强、编程灵活等优势，建立许多模拟调节器难以实现的特殊控制算法，才能在控制性能上超过模拟调节器。

下面介绍几种常用的PID控制算法的改进措施。

6.2.1　微分项的改进

微分作用是按偏差的变化趋势进行控制的，因此，微分作用的引入有利于改善高阶系统的调节品质。同时微分作用会带来相位超前。每引入一个微分环节，相位就超前90°，从而有利于改善系统的稳定性。但微分作用对输入信号的噪声很敏感，因此对一些噪声比较大的系统(如流量、液位控制系统)，一般不引入微分作用，或在引入微分作用的同时，先对输入信号进行滤波。

另外，理想的微分作用会由于偏差的阶跃变化而引起输出的大幅度变化，从而引起执行机构在全范围内剧烈动作，这对控制过程往往是不利的。因此，对上述微分作用必须作适当的改进。

1. 不完全微分型PID控制算法

前面介绍的PID控制算法称为完全微分型PID算法。完全微分(理想D)作用对控制过程不一定有益，因此，在实际控制系统中，往往采用不完全微分型PID算法。

不完全微分，即用实际PD环节来代替理想PD环节。这样，在偏差变化较快时，微分作用不致太强烈，且其作用可保持一段时间。在PID算法中，P、I和D三个作用是独立的，故可在比例积分作用的基础上串接一个$\frac{T_D S+1}{(T_D/K_D)S+1}$环节($K_D$为微分增益，通常取5～10)，如图6-2-1所示。

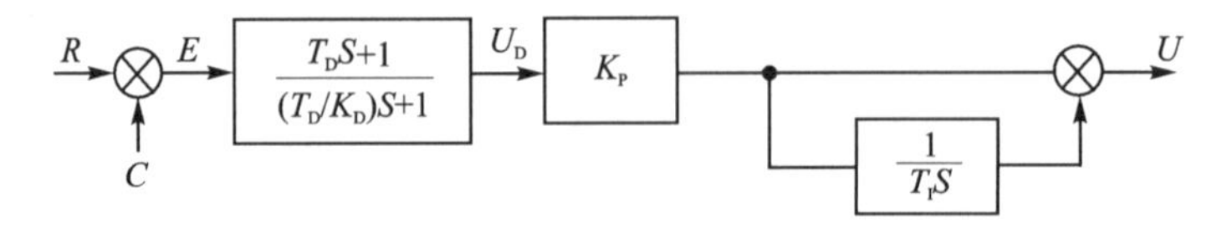

图6-2-1　不完全微分型PID算法传递函数框图

因此，不完全微分型PID算法的传递函数为

$$G_C(S)=\left(\frac{T_D S+1}{\frac{T_D}{K_D}S+1}\right)\left(1+\frac{1}{T_I S}\right)K_P \tag{6-2-1}$$

完全微分和不完全微分作用的区别可用图6-2-2来表示。引入不完全微分项后，系统

的响应得到了改善。

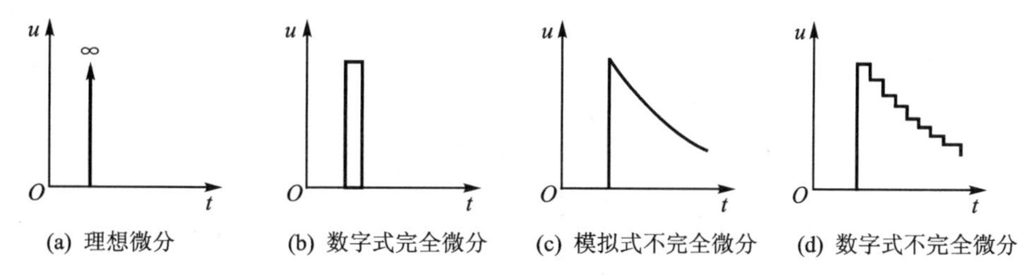

图 6-2-2　完全和不完全微分的作用

同完全微分型一样，不完全微分型的数字 PID 算式也有位置型和增量型。下面介绍常用的增量型算式。

由图 6-2-1 所示，不完全微分的连续 PID 算式可用以下两式表示，即

$$U_D(S)=\frac{T_DS+1}{(T_D/K_D)S+1}E(S) \tag{6-2-2}$$

$$U(S)=K_P\left(1+\frac{1}{T_IS}\right)U_D(S) \tag{6-2-3}$$

将式(6-2-2)化为微分方程得

$$\frac{T_D}{K_D}\frac{du_D(t)}{dt}+u_D(t)=T_D\frac{de(t)}{dt}+e(t)$$

再将其差分化简得

$$\frac{T_D}{K_D}\frac{u_D(n)-u_D(n-1)}{T}+u_D(n)=T_D\frac{e(n)-e(n-1)}{T}+e(n)$$

$$u_D(n)=\frac{\frac{T_D}{K_D}}{\frac{T_D}{K_D}+T}u_D(n-1)+\frac{T_D}{\frac{T_D}{K_D}+T}[e(n)-e(n-1)]+\frac{T}{\frac{T_D}{K_D}+T}e(n)=$$

$$u_D(n-1)+\frac{T_D}{\frac{T_D}{K_D}+T}[e(n)-e(n-1)]+\frac{T}{\frac{T_D}{K_D}+T}[e(n)-u_D(n-1)]$$

设 $K_{d1}=\frac{T_D}{\frac{T_D}{K_D}+T}$，$K_{d2}=\frac{T}{\frac{T_D}{K_D}+T}$，则上式可变为

$$u_D(n)=u_D(n-1)+K_{d1}[e(n)-e(n-1)]+K_{d2}[e(n)-u_D(n-1)] \tag{6-2-4}$$

同样，将式(6-2-3)化为微分方程，即

$$T_I\frac{du(t)}{dt}=K_PT_I\frac{du_D(t)}{dt}+K_Pu_D(t)$$

再将其差分化简得

$$T_I\frac{u(n)-u(n-1)}{T}=K_PT_I\frac{u_D(n)-u_D(n-1)}{T}+K_Pu_D(n)$$

$$\Delta u(n)=K_P\frac{T}{T_I}u_D(n)+K_P[u_D(n)-u_D(n-1)] \tag{6-2-5}$$

将式(6-2-4)的 $u_D(n)$ 值代入式(6-2-5)即可得到不完全微分型数字 PID 算式输出的

增量值。图6-2-3给出了不完全微分型数字PID算法的程序框图。

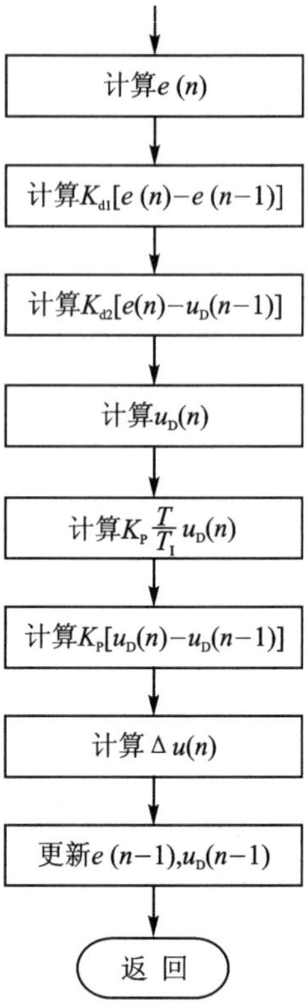

2. 微分先行和输入滤波

微分先行是把对偏差的微分改为对被控量的微分,这样在给定值变化时,不会产生输出的大幅度变化。而且由于被控量一般不会突变,即使给定值已发生改变,被控量也是缓慢变化的,从而不致引起微分项的突变。微分项的输出增量为

$$\Delta u_{\mathrm{D}}(n)=\frac{K_{\mathrm{P}}T_{\mathrm{D}}}{T}[\Delta c(n)-\Delta c(n-1)] \tag{6-2-6}$$

按式(6-2-6)求取 $\Delta u_{\mathrm{D}}(n)$ 值并不困难,只是在基本PID算式中把求微分时的变量内容换一下。

克服偏差突变引起微分项输出大幅度变化的另一种方法是输入滤波。所谓输入滤波就是在计算微分项时,不是直接应用当前时刻的误差 $e(n)$,而是采用滤波值 $\bar{e}(n)$,即用过去和当前4个采样时刻的误差的平均值,即

$$\bar{e}(n)=\frac{1}{4}[e(n)+e(n-1)+e(n-2)+e(n-3)] \tag{6-2-7}$$

然后再通过加权求和形式近似构成如下微分项:

$$u_{\mathrm{D}}(n)=\frac{K_{\mathrm{P}}T_{\mathrm{D}}\Delta\bar{e}(n)}{T}=\frac{K_{\mathrm{P}}T_{\mathrm{D}}}{4}\left[\frac{e(n)-\bar{e}(n)}{1.5T}+\frac{e(n-1)-\bar{e}(n)}{0.5T}+\frac{e(n-2)-\bar{e}(n)}{-0.5T}+\frac{e(n-3)-\bar{e}(n)}{-1.5T}\right]=$$

$$\frac{K_{\mathrm{P}}T_{\mathrm{D}}}{6T}[e(n)+3e(n-1)-3e(n-2)-e(n-3)] \tag{6-2-8}$$

其增量式为

$$\Delta u_{\mathrm{D}}(n)=\frac{K_{\mathrm{P}}T_{\mathrm{D}}}{6T}[\Delta e(n)+3\Delta e(n-1)-3\Delta e(n-2)-\Delta e(n-3)] \tag{6-2-9}$$

或

$$\Delta u_{\mathrm{D}}(n)=\frac{K_{\mathrm{P}}T_{\mathrm{D}}}{6T}[e(n)+2e(n-1)-6e(n-2)+2e(n-3)+e(n-4)] \tag{6-2-10}$$

计算 $e(n)$

计算 $K_{\mathrm{d1}}[e(n)-e(n-1)]$

计算 $K_{\mathrm{d2}}[e(n)-u_{\mathrm{D}}(n-1)]$

计算 $u_{\mathrm{D}}(n)$

计算 $K_{\mathrm{P}}\frac{T}{T_{\mathrm{I}}}u_{\mathrm{D}}(n)$

计算 $K_{\mathrm{P}}[u_{\mathrm{D}}(n)-u_{\mathrm{D}}(n-1)]$

计算 $\Delta u(n)$

更新 $e(n-1)$, $u_{\mathrm{D}}(n-1)$

返回

图6-2-3　不完全微分型PID算法程序流程

6.2.2　积分项的改进

1. 抗积分饱和

积分作用虽能消除控制系统的静差,但它也有一个副作用,即会引起积分饱和,确切地说是积分过量。这是由于在偏差始终存在的情况下,输出 $u(n)$ 将达到上、下极限值。此时虽然对 $u(n)$ 进行了限幅,但积分项 $u_{\mathrm{I}}(n)$ 仍在累加,从而造成积分过量。当偏差方向改变后,因积分项的累积值很大,超过了输出值的限幅范围,故须经过一段时间后,输出 $u(n)$ 才能脱离饱和区。这样就造成调节滞后,使系统出现明显的超调,恶化调节品质。这种由积分项引起的过积分作用称为积分饱和现象。

下面介绍几种克服积分饱和的方法。

(1) 积分限幅法

消除积分饱和的关键在于不能使积分项过大。积分限幅法的基本思想是当积分项输出达到输出限幅值时,即停止积分项的计算,这时积分项的输出取上一时刻的积分值,其算法流程如图 6-2-4 所示。

(2) 积分分离法

积分分离法的基本思想是在偏差大时不进行积分,仅当偏差的绝对值小于一个预定的门限值 ε 时才进行积分累积。这样既防止了偏差大时有过大的控制量,也避免了过积分现象。其算法流程如图 6-2-5 所示。由流程图可以看出,当偏差大于门限值时,该算法相当于比例微分(PD)控制器,只有在门限范围内,积分部分才起作用,以消除系统静差。

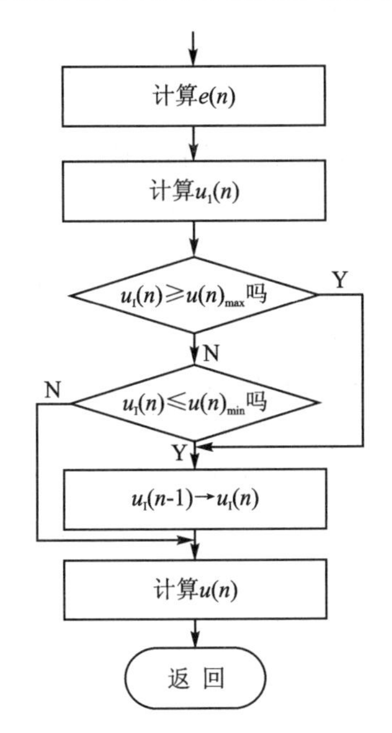

图 6-2-4　积分限幅 PID 算法程序流程

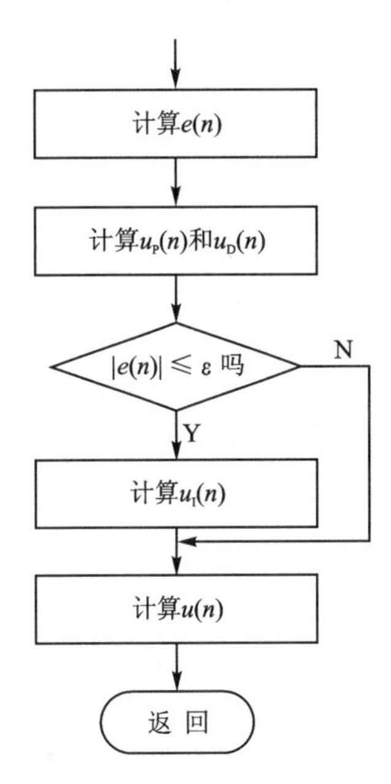

图 6-2-5　积分分离 PID 算法程序流程

(3) 变速积分法

积分的目的是为了消除静差。因此要求在偏差较大时积分慢一些,作用相对弱一些;而在偏差较小时,积分快一些,作用强一些,以尽快消除静差。基于这种想法的一种算法是对积分项中的 $e(n)$ 作适当变化,即用 $e'(n)$ 来代替 $e(n)$,其式为

$$e'(n)=f(|e(n)|)e(n)$$

$$f(|e(n)|)=\begin{cases}\dfrac{A-|e(n)|}{A}, & |e(n)|<A\\ 0, & |e(n)|>A\end{cases}$$

式中,A 为一个预定的偏差限。

这种算法实际是积分分离法的改进。

2. 消除积分不灵敏区

由式(6-1-16)知,数字 PID 的增量型控制算式中的积分项输出为

$$\Delta u_I(n)=K_I e(n)=K_P \frac{T}{T_I}e(n) \qquad (6-2-11)$$

由于计算机字长的限制,当运算结果小于字长所能表示的数的精度时,计算机就作为“0”将此数丢掉。由式(6-2-11)可知,当计算机的运行字长较短,采样周期 T 也较短,而积分时间 T_I 又较长时,$\Delta u_I(n)$ 容易出现小于字长的精度而丢数,此积分作用消失,这就称为积分不灵敏区。

例如,某温度控制系统,温度量程为 0～1 275 ℃,A/D 转换为 8 位,并采用 8 位字长定点运算。设 $K_P=1$,$T=1$ s,$T_I=10$ s,$\Delta T=50$ ℃,根据式(6-2-11)得

$$\Delta u_I(n)=K_P \frac{T}{T_I}e(n)=\frac{1}{10}\left(\frac{255}{1\ 275}\times 50\right)=1$$

这就说明,如果偏差 $\Delta T<50$ ℃,则 $\Delta u_I(n)<1$,计算机就作为“0”将此数丢掉,控制器就没有积分作用了。只有当偏差达到 50 ℃时,才会有积分作用。这样,势必造成控制系统的残差。

通常采用以下措施消除积分不灵敏区:

① 增加 A/D 转换位数,加长运算字长,这样可以提高运算精度。

② 当积分项 $\Delta u_I(n)$ 连续 N 次出现小于输出精度 ε 的情况时,不要把它们作为“0”舍掉,而是把它们一次次累加起来,即

$$S_I=\sum_{i=1}^{N}\Delta u_I(i) \qquad (6-2-12)$$

直到累加值 S_I 大于 ε 时,才输出 S_I,同时把累加单元清零,其程序流程如图 6-2-6 所示。

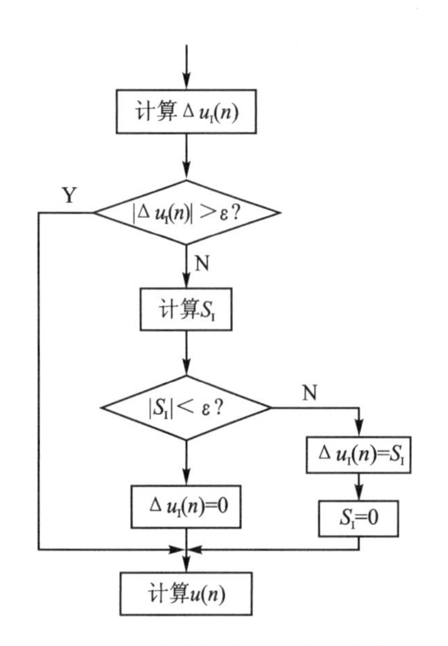

图 6-2-6 消除积分不灵敏区的程序流程

6.3 数字 PID 的参数整定

对于一个采用数字 PID 控制的系统来说,其控制效果的好坏与数字控制器的参数紧密相关,正确选择数字 PID 的有关参数是提高控制效果的一项重要技术措施。

数字控制系统就其本质来说是一种采样控制系统,一般连续生产过程的控制回路都有较大的时间常数;在大多数情况下,数字控制器的采样周期,相对系统的时间常数来说是很短的,故其参数选择可沿用模拟调节器的方法来整定,但数字控制器还必须考虑附加参数——采样周期。

6.3.1 采样周期的选择

数字 PID 控制是建立在用计算机对连续 PID 控制进行数字模拟基础上的,是一种准连续控制。显然,采样周期越小,数字模拟越精确,控制效果越接近连续控制。对大多数算法,缩短采样周期可使控制回路的性能得到改善,但采样周期缩短时,频繁的采样必然会占用较多的计算机工作时间,同时也会增加计算机的计算负担;而对有些变化缓慢的受控对象无须很高的采样频率即可满意地进行跟踪,过多的采样反而没有多少实际意义。由于由理论计算来确定实

际的采样周期还存在一定的困难，在实际应用中，常按一定的原则，结合经验来选择采样周期。

采样定理给出了采样周期的上限值，即

$$T_{max} = \frac{1}{2f_{max}} \tag{6-3-1}$$

式中，T_{max} 为最大采样周期，f_{max} 为信号频率组分中最高频率分量。

若采样周期 T 大于此上限值 T_{max}，便会丢失部分信息，从而使控制质量变差。

采样定理未给出采样周期的下限值。一般来说，最小采样周期 T_{min} 应是微型机执行控制程序所需的时间。

实际采样周期 T 应在 T_{min} 与 T_{max} 之间选择，即

$$T_{min} \leqslant T \leqslant T_{max} \tag{6-3-2}$$

T 的选择应综合考虑这样一些因素：

(1) 给定值的变化频率

加到被控对象上的给定值变化频率越高，采样频率应越高，以使给定值的改变通过采样迅速得到反映，而不致在随动控制中产生大的时延。

(2) 被控对象的特性

对被控对象的特性应从两个方面予以考虑：一是对象变化的缓急，若对象是慢速的热工或化工对象，T 一般取得较大。例如，温度反应慢，滞后大时，不宜过于频繁地控制，因此，T 要求长些。在对象变化较快的场合，T 应取得较小，如流量反应快、波动大时，T 要短一些。另外尚须考虑干扰的情况，从系统抗干扰的性能要求来看，要求采样周期短，使扰动能迅速得到校正。

3. 使用的算式和执行机构的类型

PID 算式中的积分和微分作用都与采样周期的选择有关。采样周期太短，会使积分作用、微分作用不明显。如积分增益 T/T_I，当 T 很小时，这个增益也很小。同时，因受微机计算精度的影响，当采样周期小到一定程度时，前后两次采样的差别反映不出来，因此调节作用减弱。此外，因为执行机构的动作惯性大，所以采样周期的选择要与之适应，否则执行机构来不及反映数字控制器输出值的变化。例如，当通过数模转换带动步进电机时，输出信号通过保持器达到所要求的控制幅度需要一定时间，在这段时间内，要求计算机的输出值不发生变化，因此采样周期必须大于这一时间。

(4) 控制的回路数

一般来讲，考虑到计算机的工作量和各个调节回路的计算成本，要求在控制回路较多时，相应采样周期越长，以使每个回路的调节算法都有足够的时间来完成。控制的回路数 n 与采样周期 T 有如下关系：

$$T \geqslant \sum_{j=1}^{n} T_j \tag{6-3-3}$$

式中，T_j 是第 j 个回路控制程序的执行时间。

表 6-3-1 所列是常见被控量的经验采样周期。实践中，可以表中的数据为基础，通过试验最后确定最合适的采样周期。

表6-3-1　常见被控量的经验采样周期

被控量	采样周期/s	备　注
流量	1～5	优选1～2
压力	3～10	优选6～8
液位	6～8	
温度	15～20	可取纯滞后时间,对串级系统,副环采样周期 T 应为(1/4～1/5)主环采样周期

6.3.2　数字PID控制的参数整定

如何选择控制算法的参数,要根据具体过程的要求来考虑。一般来说,要求被控过程是稳定的,能迅速和准确地跟踪给定值的变化,超调量小,在不同干扰下系统输出应能保持在给定值,操作变量不宜过大,在系统与环境参数发生变化时控制应保持稳定。显然,要同时满足上述各项要求是困难的,必须根据具体过程的要求,满足主要方面,并兼顾其他方面。

PID调节器的参数整定方法较多,但可归结为理论计算法和工程整定法两种。用理论计算法设计调节器的前提是能获得被控对象的准确数学模型,这在工业过程中一般较难做到。因此,实际用得较多的还是工程整定法。这种方法的最大优点是整定参数时不依赖对象的数学模型,而是直接在控制系统中进行现场整定,简单易行。当然,这是一种近似的方法,有时可能略显粗糙,但相当适用,可解决一般实际问题。下面介绍几种常用的简易工程整定法。

1. 扩充临界比例度法

这种方法适用于有自平衡特性的被控对象。使用这种方法整定数字调节器参数的步骤是:

① 选择一个足够短的采样周期:具体地说就是选择采样周期为被控对象纯滞后时间的十分之一以下。

② 用选定的采样周期使系统工作:工作时,去掉积分作用和微分作用,使调节器成为纯比例调节器,逐渐增大比例系数 K_P,直至系统对阶跃输入的响应达到临界振荡状态(稳定边缘),记下此时的临界比例系数 K_K 及系统的临界振荡周期 T_K。

③ 选择控制度:所谓控制度就是以模拟调节器为基准,将DDC的控制效果与模拟调节器的控制效果相比较。控制效果的评价函数通常用误差平方面积 $\int_0^\infty e^2(t)$ 表示。

$$控制度=\frac{\left[\int_0^\infty e^2(t)\mathrm{d}t\right]_{\mathrm{DDC}}}{\left[\int_0^\infty e^2(t)\mathrm{d}t\right]_{模拟}} \tag{6-3-4}$$

实际应用中并不需要计算出两个误差平方面积,控制度仅表示控制效果的物理概念。通常,当控制度为1.05时,就可以认为DDC与模拟控制效果相当;当控制度为2.0时,DDC比模拟控制效果差。

④ 根据选定的控制度,查表6-3-2求得 T,K_P,T_I,T_D 的值。

表 6-3-2　扩充临界比例度法整定参数

控制度	控制规律	T/T_K	K_P/K_K	T_I/T_K	T_D/T_K
1.05	PI	0.03	0.53	0.88	
	PID	0.014	0.63	0.49	0.14
1.20	PI	0.05	0.49	0.91	
	PID	0.043	0.047	0.47	0.16
1.50	PI	0.14	0.42	0.99	
	PID	0.09	0.34	0.43	0.20
2.00	PI	0.22	0.36	1.05	
	PID	0.16	0.27	0.40	0.22

2. 二、扩充响应曲线法

这一方法是模拟 PID 参数的响应曲线整定方法的推广。参数整定步骤如下：

① 数字调节器不接入控制系统，让系统处于手动操作状态，将被调量调到给定值附近，并使之稳定下来，然后突然改变给定值，给对象一个阶跃输入信号。

② 用记录仪表记录被调量在阶跃输入下的整个变化过程曲线，如图 6-3-1 所示。

③ 在曲线最大斜率处作切线，求得滞后时间 τ，被控对象时间常数 T_τ 及它们的比值 T_τ/τ。

④ 由求得的 τ，T_τ 及 T_τ/τ 查表 6-3-3，即可求得数字调节器的有关参数 K_P，T_I，T_D 及采样周期 T。

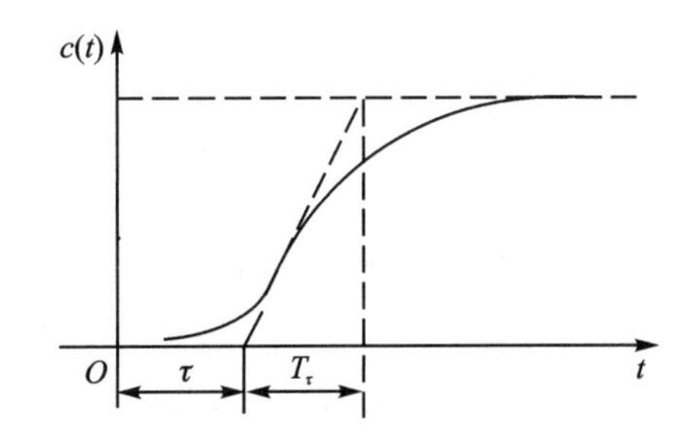

图 6-3-1　被调量在阶跃输入下的变化过程曲线

表 6-3-3　按扩充响应曲线法整定参数

控制度	控制规律	T	K_P	T_I	T_D
1.05	PI	0.1τ	$0.84T_\tau/\tau$	0.34τ	
	PID	0.05τ	$1.15T_\tau/\tau$	2.00τ	0.45τ
1.20	PI	0.20τ	$0.78T_\tau/\tau$	3.6τ	
	PID	0.16τ	$1.00T_\tau/\tau$	1.90τ	0.55τ
1.50	PI	0.50τ	$0.68T_\tau/\tau$	3.90τ	
	PID	0.34τ	$0.85T_\tau/\tau$	1.62τ	0.65τ
2.00	PI	0.80τ	$0.57T_\tau/\tau$	4.20τ	
	PID	0.60τ	$0.60T_\tau/\tau$	1.50τ	0.82τ

3. 归一参数整定法

除了上面讲的一般的扩充临界比例度法外，Roberts PD 在 1974 年提出了一种简化扩充临界比例度整定法。由于该方法只须整定一个参数，故称其为归一参数整定法。

据式(6-1-16)增量型 PID 控制的公式为

$$\Delta u(n)=K_P\left\{e(n)-e(n-1)+\frac{T}{T_I}e(n)+\frac{T_D}{T}[e(n)-2e(n-1)+e(n-2)]\right\}$$

如令 $T=0.1T_K$，$T_I=0.5T_K$，$T_D=0.125T_K$(式中，T_K 为纯比例作用下的临界振荡周期)，则有

$$\Delta u(n)=K_P[2.45e(n)-3.5e(n-1)+1.25e(n-2)]$$

这样，整个问题便简化为只要整定一个参数 K_P。改变 K_P，观察控制效果，直到满意为止。该法为实现简易的自整定控制带来方便。

本章介绍的闭环控制只着眼于一个物理量的期望指标，控制系统是只含有一台变送器、一台控制器及一台执行器的单回路系统。单回路控制系统由于结构简单，获得了广泛的应用，在大多数情况下都能满足生产的要求。随着生产发展，工艺革新，操作条件变得越来越严格，参数间的关系也愈加复杂，此时单回路控制系统就显得无能为力了，因而出现了一些新的控制方案。这些方案，较一般 PID 控制，在算式结构和回路的相互关系上更为复杂，故统称为复杂控制系统。常见复杂控制系统有串级、比值、前馈等数种形式。有兴趣的读者可进一步参阅有关书籍和文献。

6.4　数字 PID 控制的工程实现

数字控制器的算法程序可被所有的控制回路公用，只是各控制回路提供的原始数据不同。因此，必须为每个回路提供一段内存数据区(即线性表)，以便存放参数。既然数字控制器是公共子程序，那就应该在设计时，考虑各种工程实际问题，并含有多种功能，以便用户选择。数字控制器算法的工程实现可分为 6 部分，如图 6-4-1 所示。此外，为了便于数字控制器的操作显示，通常给每个数字控制器配置一个回路操作显示器，它与模拟调节器的面板操作显示相类似。下面以数字 PID 控制器为例说明数字控制器的工程实现。

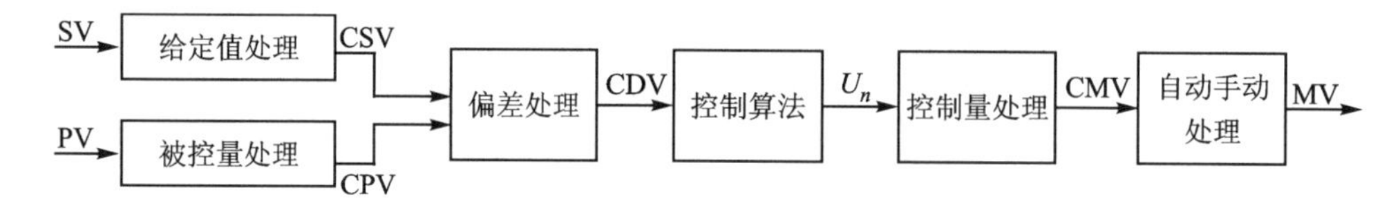

图 6-4-1　数字控制器(PID)的控制模块

6.4.1　给定值和被控量处理

1. 给定值处理

给定值处理包括选择给定值 SV 和给定值变化率限制 SR 两部分，如图 6-4-2 所示。通过选择软开关 CL/CR，可以构成内给定状态或外给定状态；通过选择软开关 CAS/SCC，可以构成串级控制或 SCC 控制。

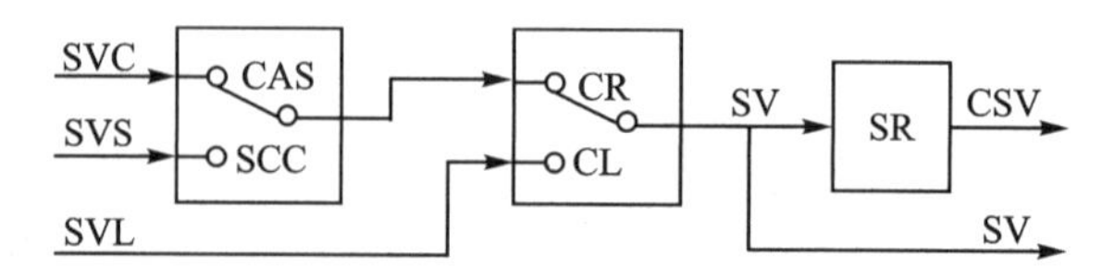

图 6-4-2　给定值处理

① 内给定状态。当软开关 CL/CR 切向 CL 位置时，选择操作员设置的给定值 SVL。这时系统处于单回路控制的内给定状态，利用给定值键可以改变给定值。

② 外给定状态。当软开关 CL/CR 切向 CR 位置时，给定值来自上位计算机、主回路或运算模块。这时系统处于外给定状态。在此状态下可以实现以下两种控制方式。

- SCC 控制：当软开关 CAS/SCC 切向 SCC 位置时，接收来自上位计算机的给定值 SVS，以便实现二级计算机控制。
- 串级控制：当软开关 CAS/SCC 切向 CAS 位置时，给定值 SVC 来自主调节模块，实现串级控制。

③ 给定值变化率限制。为了减少给定值突变对控制系统的扰动，防止比例、微分饱和，以实现平稳控制，需要对给定值的变化率 SR 加以限制。变化率的选取要适中，过小会使响应变慢，过大则达不到限制的目的。

综上所述，在给定值处理框图 6-4-2 中，共具有 3 个输入量(SVL，SVC，SVS)，2 个输出量(SV，CSV)，2 个开关量(CL/CR，CAS/SCC)，1 个变化率(SR)。为了便于 PID 控制程序调用这些量，需要给每个 PID 控制模块提供一段内存数据区，用来存储以上变量。

2. 被控量处理

为了安全运行，需要对被控量 PV 进行上下限报警处理，其原理如图 6-4-3 所示，即

当 PV＞PH(上限值)时，上限报警状态(PHA)为“1”；

当 PV＜PL(下限值)时，下限报警状态(PLA)为“1”。

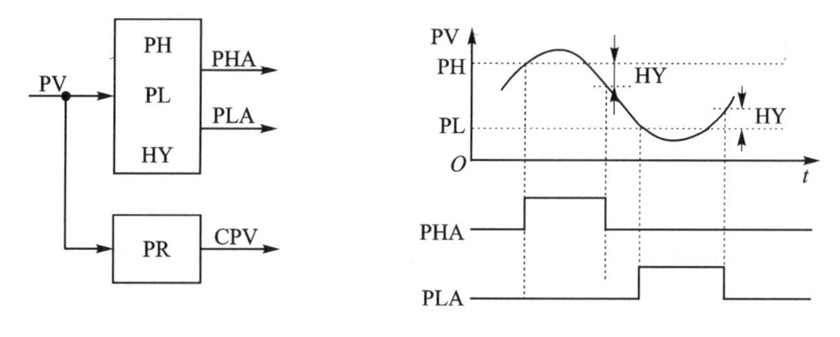

图 6-4-3　被控量处理

当出现上下限报警状态(PHA，PLA)时，它们通过驱动电路发出声或光，以便提醒操作员注意。为了不使 PHA/PLA 的状态频繁改变，可以设置一定的报警死区(HY)。为了实现平稳控制，需要对参与控制的被控量的变化率 PR 加以限制。变化率的选取要适中，过小会使响应变慢，过大则达不到限制的目的。

被控量处理数据区存放 1 个输入量 PV，3 个输出量 PHA、PLA 和 CPV，4 个参数 PH、PL、HY 和 PR。

6.4.2　偏差处理

偏差处理分为计算偏差、偏差报警、非线性特性和输入补偿四部分，如图 6-4-4 所示。

1. 计算偏差

根据正/反作用方式(D/R)计算偏差 DV，即

当 D/R=0，代表正作用，此时偏差 $DV_+ = CPV - CSV$；

当 D/R=1，代表反作用，此时偏差 $DV_- = CSV - CPV$。

2. 偏差报警

对于控制要求较高的对象,不仅要设置被控制量PV的上下限报警,而且要设置偏差报警。当偏差绝对值|DV|>DL时,则偏差报警状态DLA为"1"。

3. 输入补偿

根据输入补偿方式ICM的状态,决定偏差DVC与输入补偿量ICV之间的关系,即

当ICM=0时,无补偿,此时CDV=DVC;

当ICM=1时,加补偿,此时CDV=DVC+ICV;

当ICM=2时,减补偿,此时CDV=DVC−ICV;

当ICM=3时,置换补偿,此时CDV=ICV。

利用加、减输入补偿可以分别实现前馈控制和纯滞后补偿(smith)控制。

4. 非线性特性

为了实现非线性PID控制或带死区的PID控制,设置了非线性区$-A \sim +A$和非线性增益K,非线性特性如图6-4-5所示,即

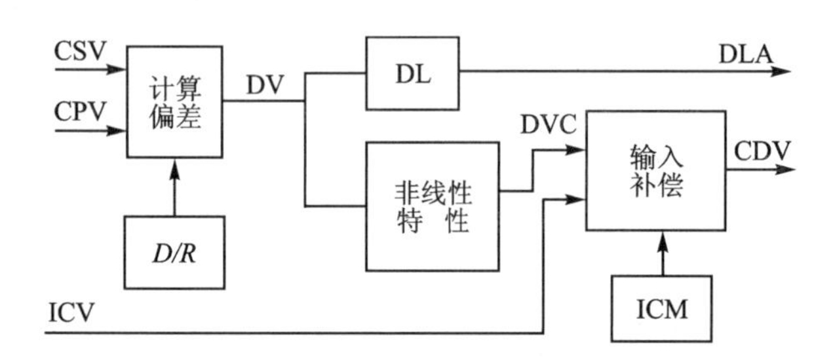

图6-4-4　偏差处理

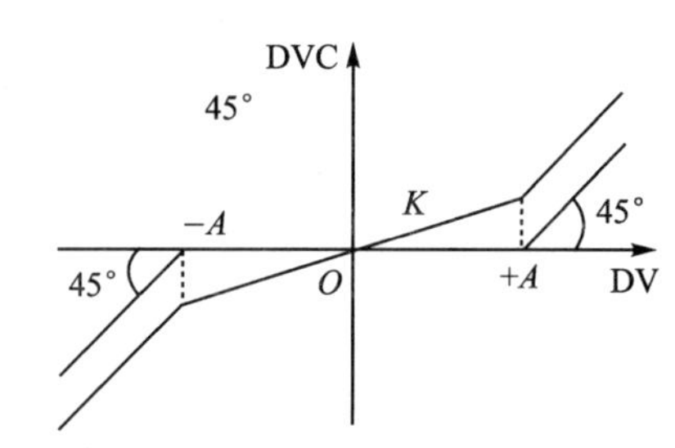

图6-4-5　非线性特性

当$K=0$时,为带死区的PID控制;

当$0<K<1$时,为非线性PID控制;

当$K=1$时,为正常的PID控制。

偏差处理数据区共存放1个输入补偿量ICV,2个输出量DLA和CDV,2个状态量D/R和ICM,以及4个参数DL、−A、+A和K。

6.4.3　控制算法的实现

在自动状态下需要进行控制计算,即按照各种控制算法的差分方程计算控制量U,并进行上下限限幅处理,如图6-4-6所示。以PID控制算法为例,当软开关DV/PV切向DV位置时,选用偏差微分方式;当软开关DV/PV切向PV位置时,选用被控量微分方式。

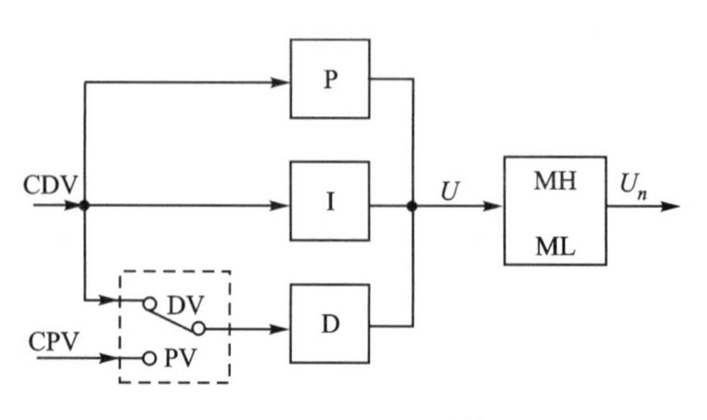

图6-4-6　PID计算

在PID计算数据区,不仅要存放PID参数和采样控制周期T,还要存放微分方式DV/PV、积分分离值ε、控制量上限值MH和下限值ML,以及控制量U_n。为了进行递推运算,还应保存历史数据,如$e(n-1)$,$e(n-2)$和$u(n-1)$。

6.4.4　控制量处理

一般情况下，在输出控制量 U_n 以前，还应经过图 6－4－7 所示的各项处理和判断，以便扩展控制功能，实现安全平稳操作。

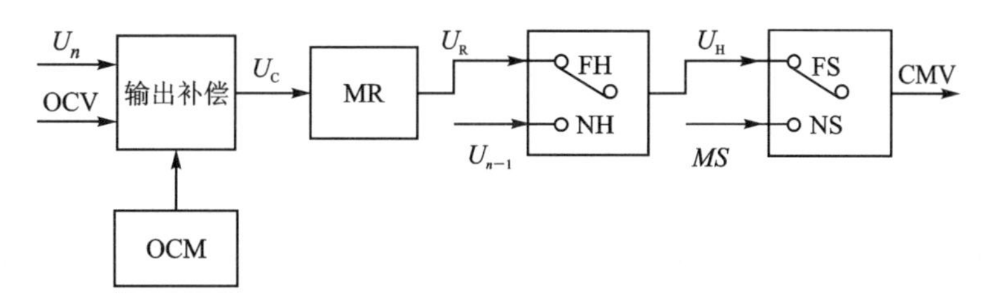

图 6－4－7　控制量处理

1. 输出补偿

根据输出补偿方式 OCM 的状态，决定控制量 U_n 与输出补偿量 OCV 之间的关系，即

当 OCM＝0 时，无补偿，此时 $U_C=U_n$；

当 OCM＝1 时，加补偿，此时 $U_C=U_n+\text{OCV}$；

当 OCM＝2 时，减补偿，此时 $U_C=U_n-\text{OCV}$；

当 OCM＝3 时，置换补偿，此时 $U_C=\text{OCV}$。

利用输出和输入补偿可以扩大实际应用范围，灵活组成复杂的数字控制器，以便组成复杂的自动控制系统。

2. 变化率限制

为了实现平稳操作，需要对控制量的变化率 MR 加以限制。变化率的选取要适中，过小会使操作缓慢，过大则达不到限制的目的。

3. 输出保持

当软开关 FH/NH 切向 NH 位置时，现时刻的控制量 $u(n)$ 等于前一时刻的控制量 u，即 $u(n-1)$。也就是说，输出控制量保持不变。当软开关 FH/NH 切向 FH 位置时，又恢复正常输出方式。软开关 FH/NH 状态一般来自系统安全报警开关。

4. 安全输出

当软开关 FS/NS 切向 NS 位置时，现时刻的控制量等于预置的安全输出量 MS。当软开关 FS/NS 切向 FS 位置时，又恢复正常输出方式。软开关 FS/NS 状态一般来自系统安全报警开关。

控制量处理数据区需要存放输出补偿量 OCV 和补偿方式 OCM，变化率限制值 MR、软开关 FH/NH 和 FS/NS、安全输出量 MS 以及控制量 CMV。

6.4.5　自动/手动切换

在正常运行时，系统处于自动状态；而在调试阶段或出现故障时，系统处于手动状态。图 6－4－8 所示为自动/手动切换处理框图。

1. 软自动/软手动

当软开关 SA/SM 切向 SA 位置时，系统处于正常的自动状态，称为软自动(SA)；反之，切向 SM 位置时，控制量来自操作键盘或上位计算机，此时系统处于计算机手动状态，称为软手动(SM)。一般在调试阶段，采用软手动(SM)方式。

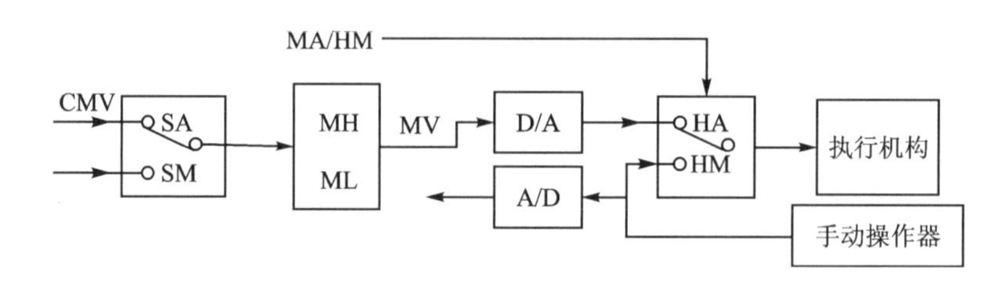

图6-4-8　自动/手动切换

2. 控制量限幅

为了保证执行机构工作在有效范围内,需要对控制量MV进行上下限限幅处理,使得MH≤MV≤ML,再经D/A转换器输出0～10 mA(DC)或4～20 mA(DC)。

3. 自动/手动

一般的计算控制系统可采用手动操作器作为计算机的后备操作。当切换开关处于HA位置时,控制量MV通过D/A输出,此时系统处于正常的计算机控制方式,称为自动状态(HA)状态);反之,若切向HM位置,则计算机不再承担控制任务,由运行人员通过手动操作器输出0～10 mA(DC)直流或4～20 mA(DC)信号,对执行机构进行远方操作,这称为手动状态(HM状态)。

4. 无平衡、无扰动切换

无平衡、无扰动切换是指在进行手动到自动或自动到手动的切换之前,无须由人工进行手动输出控制信号与自动输出控制信号之间的对位平衡操作,就可以保证切换时不会对执行机构的现有位置产生扰动。为此,应采取以下措施。

为了实现从手动到自动的无平衡无扰动切换,在手动(SM或HM)状态下,尽管并不进行PID计算,但应使给定值(CSV)跟踪被控量(CPV),同时也要把历史数据(如$e(n-1)$和$e(n-2)$)清零,还要使$u(n-1)$跟踪手动控制量(MV或VM)。这样,一旦切向自动而$u(n-1)$又等于切换瞬间的手动控制量,这就保证了PID控制量的连续性。当然,这一切需要有相应的硬件电路配合。

当从自动(SA与HA)切向软手动(SM)时,只要计算机应用程序工作正常,就能自动保证无扰动切换。当从自动(SA与HA)切向手动(HM)时,通过手动操作器电路,也能保证无扰动切换。

从输出保持状态或安全输出状态切向正常的自动工作状态时,同样需要进行无扰动切换,为此可采取类似的措施,不再赘述。

自动/手动切换数据区需要存放软手动控制量SMV、软开关SA/SM状态、控制量上限值(MH)和下限值(ML)、控制量MV、切换开关HA/HM状态以及手动操作器输出VM。

以上讨论了PID控制程序的各部分功能及相应的数据区。完整的PID控制模块数据区除了上述各部分外,还有被控量量程上限RH和量程下限RL、工程单位代码、采样(控制)周期等。该数据区是PID控制模块存在的标志,可把它看作是数字PID控制器的实体。只有正确填写PID数据区,才能实现PID控制。

思考题与习题

1. 试述 P、PI、PD 控制规律的特点以及连续 PID 算式离散化的方法。

2. 位置型 PID 和增量型 PID 有什么区别和联系？增量型 PID 有什么优点？

3. 已知某模拟控制器的传递函数 $D(S)=\frac{1+0.15S}{0.05S}$，欲用数字 PID 实现之，设采样周期 $T=1$ s，试分别写出相应的位置型和增量型 PID 算法表达式。

4. 完全微分型 PID 算式有何不足之处？为什么可采用不完全微分型算式来克服？

5. 何谓积分饱和？其影响如何？具体说明防止积分饱和的方法。

6. 在数字 PID 中，采样周期是如何确定的？选择采样周期应考虑哪些因素？

课件

讲稿笔记

习题解答

第7章　监控程序设计

微机化测控系统可分为硬件和软件两大部分。软件按其功能来说，又可分为两部分，即用于管理整个系统正常工作的监控程序和用于执行所要求任务的功能程序。由于整个测控系统是在监控程序的控制下进行工作的，因此监控程序的设计是软件设计的核心问题。

7.1　监控程序的功能和组成

监控程序的主要作用是能及时地响应来自系统或仪器内部的各种服务请求，有效地管理测控系统自身软、硬件及人-机联系设备，与系统中其他设备交换信息，并在系统一旦出现故障时，及时做出相应的处理。监控程序的功能具体可归纳为：

① 进行键盘和显示管理，按键入的命令转入相应的键服务；

② 接收因过程(输入/输出)通道或时钟等引起的中断请求信号，区分优先级，实现中断嵌套，并转入相应的实时测量、控制功能子程序；

③ 实现对硬件定时器的处理及由此形成的软件定时器的管理；

④ 实现对系统自身的诊断处理；

(5) 初始化、自动/手动切换和掉电保护等。

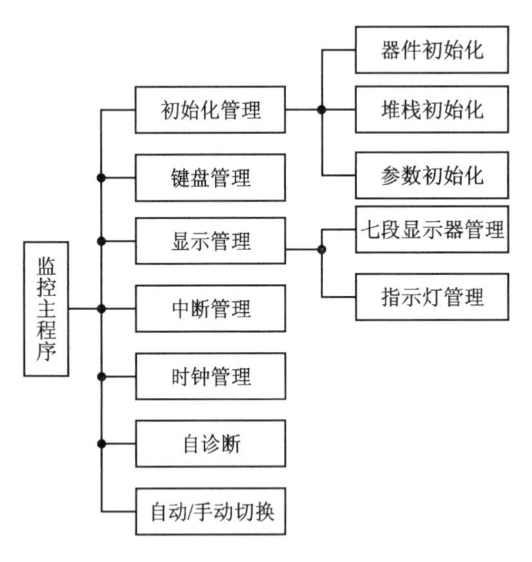

图7-1-1　监控程序的基本组成

监控程序的组成主要取决于测控系统的组成规模，以及系统的硬件配备与功能。通常由监控主程序、初始化管理、键盘管理、显示管理、中断管理、时钟管理、自诊断和自动/手动切换等模块组成，如图7-1-1所示。

由图7-1-1可见，监控主程序调用各模块，并将它们联系起来，形成一个有机整体，从而实现对系统的全部管理功能。

测控算法程序主要实现测量与控制功能，它由描述一种或几种测控算法(如数字滤波、PID算法等)的功能模块构成，通常为实时中断程序或监控程序所调用。

各功能模块又由各种下层模块(子程序)所支持。微机化测控系统中常用模块如下所示：

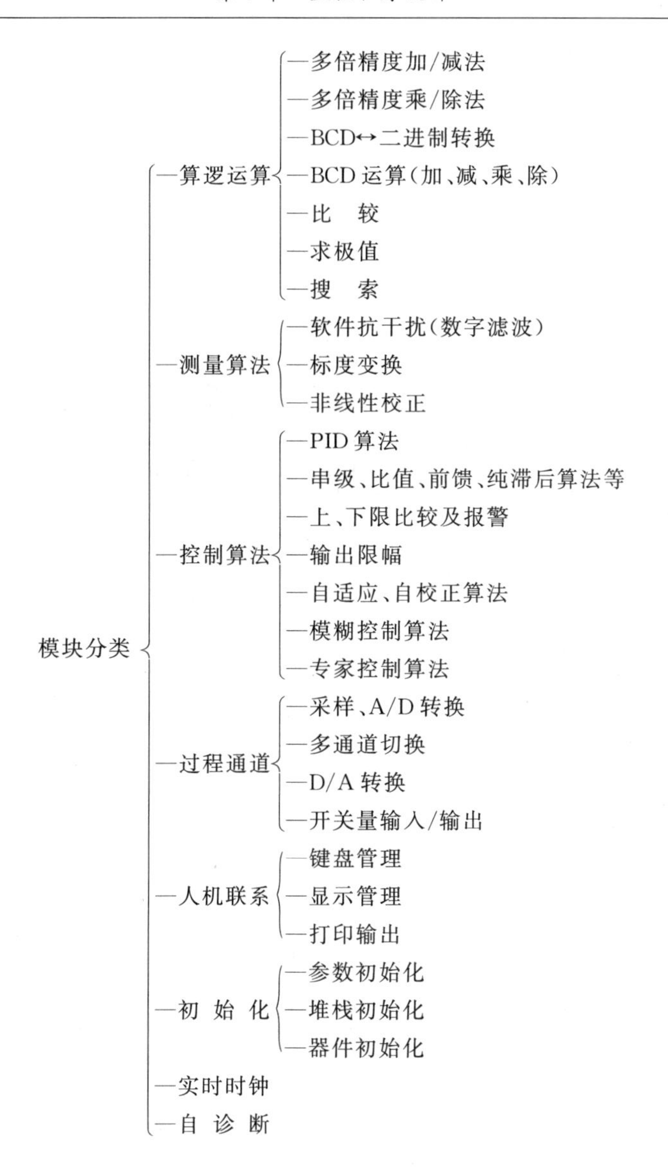

7.2　监控主程序和初始化管理

7.2.1　监控主程序

监控主程序是整个监控程序的一条主线,上电复位后首先进入监控主程序。监控主程序一般都放在 0 号单元开始的 ROM 中,它的任务是识别命令、解释命令并获得完成该命令的相应模块的入口。如果把整个软件比作一棵树,则监控主程序就是树干,相应的处理模块就是树枝和树叶。监控主程序引导测控系统进入正常运行,并协调各部分软、硬件有条不紊地工作。

监控主程序通常包括可编程器件、输入/输出端口和参数的初始化,自诊断管理模块,键盘显示管理模块以及实时中断管理和处理模块等,是"自顶向下"结构化设计中的第一层次。除了初始化和自诊断外,监控主程序一般总是把其余部分连接起来,构成一个无限循环圈,测控系统的所有功能都在这一循环圈中周而复始地或有选择地执行,除非掉电或按复位(RESET)

键,否则测控系统不会跳出这一循环圈。由于各个微机化测控系统的功能不同,硬件结构不同,程序编制方法不同,因而监控主程序没有统一的模式。图7-2-1给出一个微机温控仪监控主程序流程示例。

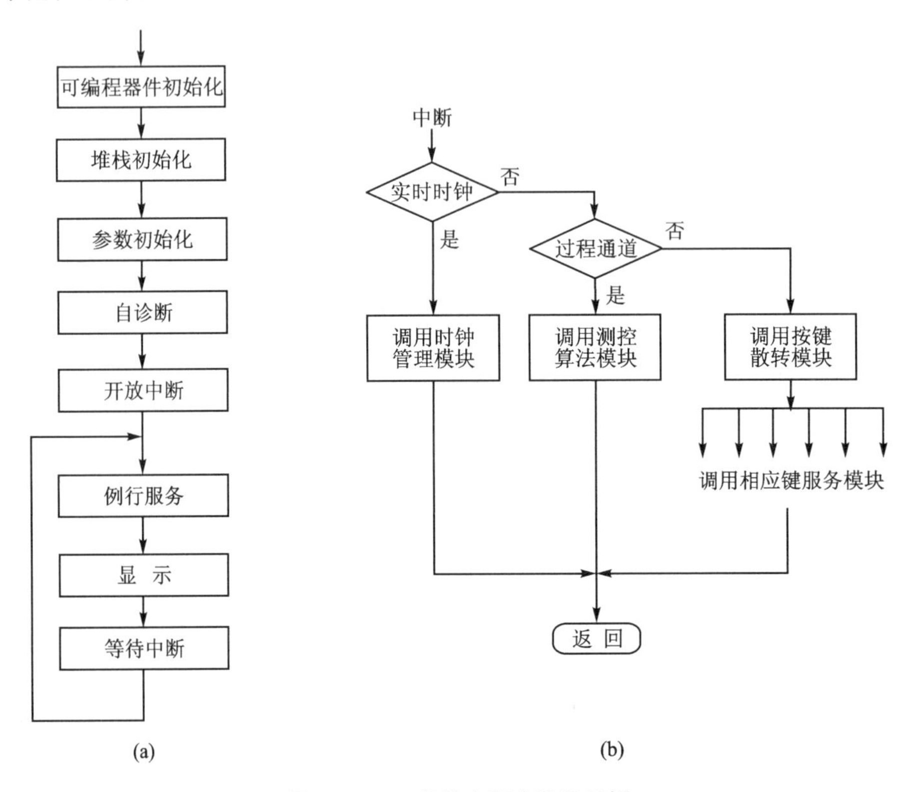

图7-2-1 监控主程序流程示例

在这个示例中,仪器上电或按复位键后,首先进入初始化,接着对各软、硬件模块进行自诊断;自诊断后即开放中断,等待实时时钟、过程通道及按键中断(这里键盘也是以中断方式向主机提出服务请求)。一旦发生了中断,则判明中断源后进入相应的服务模块。若是时钟中断,则调用相应的时钟处理模块,完成实时计时处理;若是过程通道中断,则调用测控算法;若是面板按键中断,则在识别键码后,进入散转程序,随之调用相应的键服务模块。无论是哪一个中断源产生中断,执行完相应的程序后,均返回监控主程序,必要时修改显示内容,并开始下一轮循环。值得指出的是,在编写各种功能模块时,必须考虑到模块在运行时可能遇到的所有情况,使在运行了本模块后均能返回主程序中的规定入口,特别要考虑到可能出现的各种意外情况。例如,做乘法时结果溢出,做除法时除数为零等,使程序不致陷入不应有的死循环或进入不该进入的程序段,导致程序无法正常运行。

7.2.2 初始化管理

初始化管理主要包括可编程器件初始化、堆栈初始化和参数初始化三部分。

可编程器件初始化是指对可编程硬件接口电路的工作模式的初始化。微机化测控系统中常用的可编程器件有键盘显示管理接口8279、I/O和RAM扩展接口8155、并行输入/输出接口8255、定时计数器接口8253等。这些器件的初始化都有固定的格式,只是格式中的初始化参数随应用方式不同而异。因此,都可编成一定的子程序模块,随时调用。

堆栈初始化就是复位后首先在用户 RAM 中确定一个堆栈区域。堆栈是微处理器中一个十分重要的概念，它是实现实时中断处理的必不可少的一种数据结构。大多数微处理器允许设计人员在用户 RAM 中任意开辟堆栈区域并采用向上或向下生长的堆栈结构，由堆栈指示器 SP 来管理。

参数初始化是指对测控系统的整定参数（如 PID 算法的 K_p、T_I 和 T_D三个参数的初值）、报警值以及过程输入通道的数据与过程输出通道的数据初始化。系统的整定参数初值由被控对象的特性确定。对于过程输入通道的数据初值，例如采样初值、偏差初值、多路电子开关的初始状态、滤波初值等，一般由测量控制算法决定。对于过程输出通道，通常都置模拟量输出为 0 状态或其他预定状态；置开关量输出为无效状态，如继电器处于释放状态等。

根据结构化思想，通常把这些可调整初始化参数集中在一个模块中，以便集中管理，也有利于实现模块独立性。初始化管理模块作为监控程序的第二层次，通过分别调用上述三类初始化功能模块（第三层次），实现对整个测控系统中有关器件的初始化。

7.3　键盘管理

微机化测控系统的键盘可以采用编码式键盘，如 8279 可编程键盘显示管理接口，也可采用软件扫描（非编码）方式；但不论采用哪一种方法，在获得当前按键的编码后，都要设法转入相应键服务程序的入口，以便完成相应的功能。各键所应完成的具体功能，由设计者根据总体要求，兼顾软、硬件，从合理、方便、经济等因素出发来确定。

7.3.1　一键一义的键盘管理

微机化测控系统的按键定义都比较简单，属一键一义，即一个按键代表一个确切的命令或一个数字，编程时只要根据当前按键的编码把程序直接分支到相应的处理模块的入口，而无须知道在此以前的按键情况。

键盘信号的获得有三种方法：第一种是单纯查询法。主程序用扫描键盘等手段来获取键盘信息。微处理器（机）周而复始地扫描键盘，当发现按键时，首先判别是命令键还是数字键。若是数字键，则把按键读数读入存储器，通常还进行显示；若是命令键，则根据按键读数查阅转移表，以获得处理子程序的入口。处理子程序执行完后继续扫描键盘，如图 7-3-1(a)所示。进行一键一义的键盘管理的核心是一张一维的转移表，如图 7-3-1(b)所示，在转移表内顺序登记了各个处理子程序的转移指令。

下面是一段 C51 语言编写的查询法处理的一键一义监控程序。进入该程序时，累加器 A 内包含了键盘的某按键编码，当键码小于 10H 时为数字键，等于或大于 10H 时为命令键，全部按键编码小于 20H。

```
#include <reg51.h>
#include<stdio.h>
#define uchar unsigned char
sbit CY = PSW^7;
//数字缓冲器显示
void DIGIT()
{……}
```

```
//功能选项
void keyfunc()
{
    uchar temp;
    temp = a;                                    //功能选项
    switch (temp)                                //功能选择并转移
    {
        case a: … PROG1(); … break;
        case 2a: … PROG2(); … break;
            ⋮
        case na: … PROGn(); … break;
    }
}
void main()
{
    uchar a, b, * num;
    b = a;
    CY = 0;
    a -= 0x10;                                   //判断何种功能
    if(CY = 1)                                   //判断数字键,并转 DIGIT
    {
        DIGIT();
    }
    else
    {
        a = b;
        a = a&0x0f;                              //得出功能键的键码
        a += a;                                  //将输入的键码加倍
        keyfunc ();
}
```

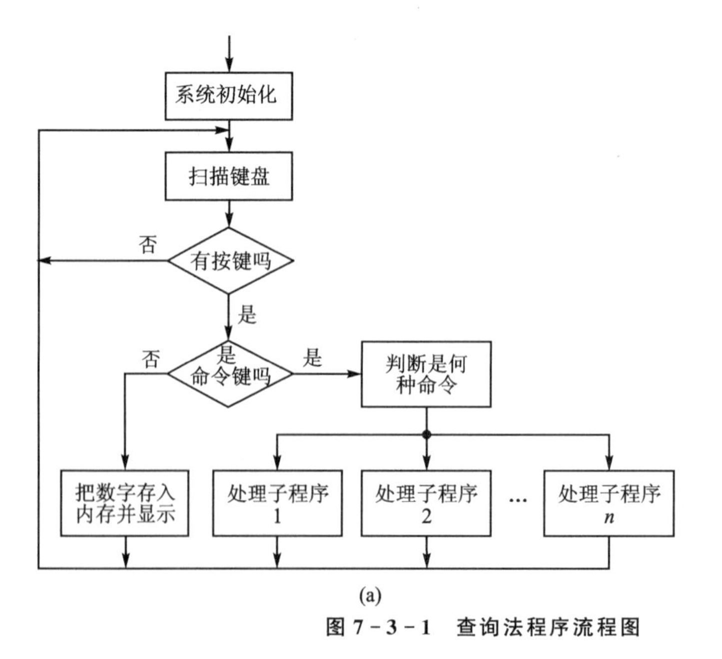

图 7-3-1　查询法程序流程图

第二种办法是中断方法，按下任何键都引起一个中断请求，键码分析过程放在中断子程序中。这种方法需独自占用一个外部中断源，其监控程序结构如图 7-3-2(a)所示。

第三种办法是定时查询方法，每隔一定时间查询一次键盘，由于时间间隔通常很短，对于操作者来说键盘的响应是实时的，键盘的查询过程安排在定时中断程序中完成，其监控程序的结构框图如图 7-3-2(b)所示。

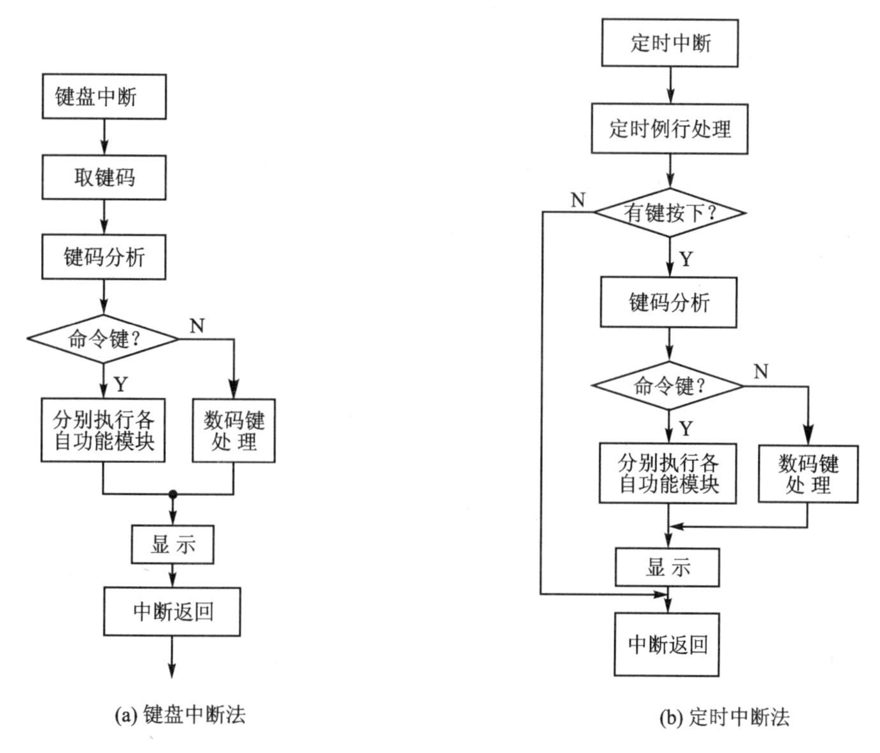

图 7-3-2　中断法和定时法程序框图

7.3.2　一键多义的键盘管理

对于功能复杂的微机化系统，若仍采用一键一义，则按键使用往往过多，这非但增加了费用，且使面板难以布置，操作也不方便。因此，有些键盘设计成一键多义，一个按键有多种功能，既可作多种命令键，又可作数字键。

在一键多义的情况下，一个命令不是由一次按键，而是由一个按键序列所组成。换句话说，对一个按键含义的解释，除了取决于本次按键外，还取决于以前按了些什么键。因此对于一键多义的监控程序，首先要判断一个按键序列（而不是一次按键）是否已构成一个合法命令。若已构成合法命令，则执行命令，否则等待新按键输入。

一键多义的监控程序仍可采用转移表法进行设计，不过这时要用多张转移表，组成一个命令的前几个按键起着引导的作用，把控制引向某张合适的转移表，根据最后一个按键编码查阅该转移表，就找到要求的子程序入口。按键的管理，可以用查询法也可以用中断法。由于有些按键功能往往需执行一段时间，例如，修改一个参数，采用单键递增（或递减）方法，当参数的变化范围比较大时，运行时间就比较长。这时若用查询法处理键盘，会影响整个系统的实时处理功能。此外，微机化系统监控程序具有实时性，一般按键中断不应干扰正在进行的控制运算（控制运算一般比按键具有更高的优先级，除非是“停止运行”等一类按键）。考虑到这些因素，常常把键服务设计成比过程通道中断低一级的中断源。下面举一个例子来说明一键多义键服务处理方法。

设一个8回路微机温控仪有6个按键：C(回路号1～8,第8回路为环境温度补偿,其余为控温点)、P(参数号,有设定值,实测值,P、I、D参数值,上、下限报警值,输出控制值等8个参数)、Δ(加1)、▽(减1)、R(运行)和S(停止运行)。显然,这些按键都是一键多义的。C键对应了8个回路,且第8回路(环境温度补偿回路)与其余7个回路不同,它只有实测值一个参数,没有其他参数。P键对应了每一回路(除第8回路外)的8个参数。这些参数,有的能执行±1功能,如设定值,P、I、D参数,上、下限报警值;有的不能修改,如实测温度值。Δ和▽键的功能执行与否,取决于在它们前面按过的C和P键;R键的功能执行与否,则取决于当前的C值。为完成这些功能所设计的键服务流程如图7-3-3所示。

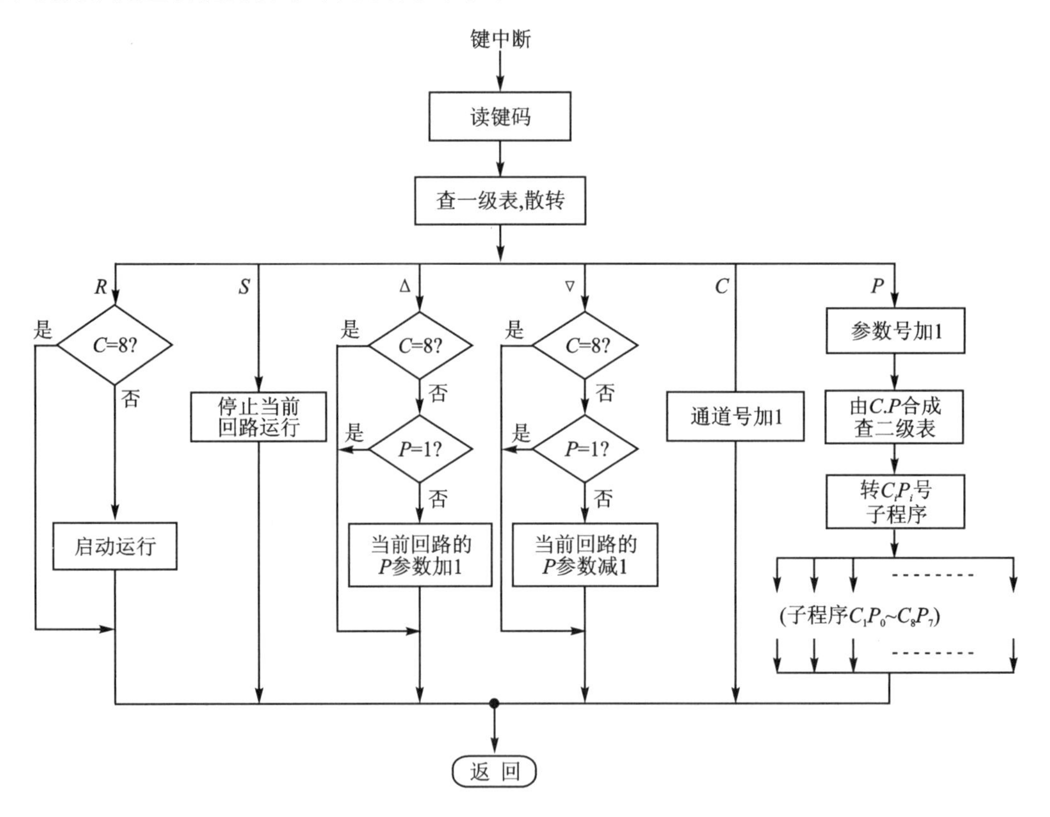

图7-3-3 一键多义键服务程序流程

根据图7-3-3流程,可用C51指令编制如下的程序。因无特定对象,各按键服务子程序略。

设键编码R：00H;S：01H;Δ：02H;▽：03H;C：04H和P：05H。内存RAM 20H中高4位为通道(回路)号标记,低4位为参数号标记。假设8279命令口地址为7FFFH,数据口地址为7FFEH。程序中保护现场部分略。

```
#include <reg51.h>
#include <absacc.h>
#define uchar unsigned char
```

```
#define uint unsigned int
sbit CY = PSW^7;
uchar P[8];                                    //8 个参数
uchar C[8];                                    //8 个回路
uchar a[7][8];
void main(){
uchar keyval,i,j;                              //第 j 通道号,第 i 个参数
    XBYTE[0x7fff] = 0x40;                      //获取键值,写入读 FIFO 命令
    keyval = XBYTE[0x7ffe];                    //获取键编码
    if(keyval == 0x00){
        if(j!= 7)  Run();
    }
    if(keyval == 0x01){
        Stop();
    }
    if(keyval == 0x02){
        if(j!= 7){
            if(i!= 0) P[i]++;
        }
    }
    if(keyval == 0x03){
        if(j!= 7){
            if(i!= 0) P[i]--;
        }
    }
    if(keyval == 0x04){
        if(j == 7) j = 0;
        else j++;
    }
    if(keyval == 0x05){
        if(i == 7) i = 0;
        else i++;
        switch(a[7][8])
        {
            case a[0][0]: C0P0();break;        //调用 C0P0 子程序,即第 1 通道第一参数
            case a[0][0]: C0P0();break;
            ……
            case a[7][8]: C6P7();break;
            default:break;
        }
        if(j == 7)  C7();                      //补偿回路处理
    }
}
```

上面的程序只是一键多义按键管理程序的一个示例。按排列规律,7 个回路(1～7),每个

回路 8 个参数,共有 56 个转移入口,分别由 56 个键服务功能模块所支持。第 8 回路无参数,由其独立子程序 C8 单独处理。但实际上,针对一个具体的测控系统,往往不同回路的同一参数的服务功能是相同的,只是服务对象的地址(参数地址、I/O 地址等)不一样。因此在处理时,并不真的需要 56 个功能模块,可视实际情况予以合并。

7.3.3 自动/手动切换

与常规控制系统一样,自动/手动切换是微机化控制系统必须具备的一个功能。微机化控制系统的基本工作方式是自动控制。但在系统调试、测试和系统投运时,往往要用手动操方式来调整输出控制值。自动/手动切换控制的基本功能是:

① 在手动操作方式时,能通过一定的手动操作来方便、准确地调整输出值;

② 能实现手动/自动的无扰动切换。

实现手动操作,有硬件方法和软件方法两种。目前大多数微机化系统采用软件方法,由操作面板上的几个按键来实现。这几个键分别是:手动/自动切换键;手操输出加和手操输出键。

监控程序通过判断手动/自动切换键的状态来判断是否进入手操方式。在手操方式时,系统的自动控制功能暂停,改由面板上的输出加、减两键来调整输出值。应当指出的是,在进行手动/自动切换时,必须保证无扰动,这一点在微机化系统中是很容易实现的。软件设计人员只要在用户 RAM 区中开辟一个输出控制值单元(若输出数字量超过 8 位则用两个单元),作为当前输出控制量的映像,无论是手操还是自动控制,都是对这一输出值的映像单元进行加或减,在输出模块程序作用下,输出通道把此值送到执行机构上去。这样就用极其简单的方法实现了无扰动切换。因为手动和自动是针对同一输出控制量单元进行操作,因此当从自动切换到手动时,手操的初值就是切换前自动调节的结果;而从手动切换到自动时,自动调节的初值就是原来手操时的结果,无须作任何特别的处理。这种手动/自动切换方案比硬件方法要简单得多,不增加硬件,是一种切实可行的方案。其缺点是当主机、输出通道等硬件电路发生故障时,手动控制也就无法实现了。

7.4 显示、中断与时钟管理

7.4.1 显示管理

显示是实现人—机联系的主要途径。微机化系统的显示方式目前主要有模拟指示、数字显示和模拟数字混合显示三种。

对于选用模拟表头作为显示手段的,一般只要在过程输入通道的模拟量部分取出信号送入指示表即可,无须软件管理。

对于数字式显示,随着硬件方案的不同,软件显示管理方法也不同。例如,采用可编程显示接口电路与采用一般锁存电路(用静态或动态扫描法),其显示驱动方式大不相同,软件管理方法自然也不一样。

对于大多数微机化测控系统来说,显示管理软件的基本任务有如下三个方面。

① 显示更新的数据。当输入通道采集了一个新的过程参数,或操作人员键入一个参数,或测控系统出现异常情况时,显示管理软件应及时调用显示驱动程序模块,以更新当前的显示

数据或显示特征符号。

为了使过程信息、按键内容与显示缓冲器相衔接，设计人员可在用户 RAM 区开辟一个参数区域，作为显示管理模块与其他功能模块的数据接口。

② 多参数的巡测和定点显示管理。对于一个多路测控系统，每一路都有一个实测值。由于测控系统不可能为每一路的参数都设计一组显示器，因此，通常都采用巡回显示的方法辅以定点显示功能，即在一般情况下作巡回显示，而当操作人员对某一参数特别感兴趣时，可中止巡回方式，进入定点跟踪方式。方式的切换由面板按键控制。

在定点显示方式中，显示管理软件只是不断地把当前显示参数的更新值送出显示，而不改换通道或参数。

在巡回显示方式的显示管理软件中，每隔一定时间（例如 2 s）改换一个新的显示参数，并显示该值。值得指出的是，延时时间一般不采用软件延时的方法，因为在软件延时期间，主机不能做其他事。因此，要采用一定的软件技巧来解决这一问题，这部分将在实时时钟部分介绍。

③ 指示灯显示管理。为了报警或使按键操作参数显示醒目，微机化测控系统常在面板上设置一定数量的指示灯（发光二极管）。指示灯的管理很简单，通常可由与某一指示灯有关的功能模块直接管理，例如，上下限报警模块直接管理上下报警指示灯，也可在用户 RAM 中开辟一个指示灯状态映像区，由各功能模块改变映像区的状态，该模块由监控主程序中的显示管理模块来管理。

7.4.2　中断管理

为了能及时处理各种可能事件，提高实时处理能力，所有的微机化测控系统几乎都具有中断功能，即允许被控过程的某一状态或实时时钟或键操作中断正在进行的工作，转而处理该过程的实时问题。当这一处理工作完成后，再回去执行原先的任务，即监控程序中确认的工作。一般说来，未经事先“同意”（开放中断），不允许过程或实时时钟申请中断。能够发出中断请求信号的外设或事件称为中断源。微机化测控系统中常见的中断源有过程通道、实时时钟、面板按键、通信接口和系统故障。

通常，微机化测控系统开机时，处于自动封锁中断状态，初始化结束后，监控主程序执行一条“开放中断”命令，使测控系统在一旦发现中断后，即能进入中断工作方式。

中断过程如下：

① 必须暂时保护程序计数器的内容，以便使 CPU 在服务程序执行完时能回到它在产生中断之前所处的状态。

② 必须将中断服务程序的入口地址送入程序计数器。这个服务程序能够准确地完成申请中断的设备所要求的操作。

③ 在服务程序开始时，必须将服务程序需要使用的 CPU 寄存器（例如累加器、进位位、专用的暂存寄存器等）的内容暂时地保护起来，并在服务程序结束时再恢复其内容。否则，当服务程序由于自身的目的而使用这些寄存器时，可能会改变这些寄存器的内容。那么当 CPU 回到被中断的程序时就会发生混乱。

④ 对于引起中断而将 $\overline{INT}$ 变为低电平的设备，系统必须进行适当的操作使 $\overline{INT}$ 再次变为高电平。

⑤ 如果允许发生中断，则必须将允许中断触发器再次置位。

⑥ 最后,恢复程序计数器原先保存的内容,以便返回到被中断的程序。

以上仅介绍了只有一个中断源的情况。事实上,在实际系统中往往有两个以上的中断源。因此设计者要根据测控系统的功能特点,确定多个中断源的优先级,在软件上作出相应处理。运行时,当多个中断源同时提出申请时,主机要识别出哪些中断源在申请中断,辨别和比较它们的优先级,优先响应级别高的中断请求。另外,当 CPU 在处理中断时,还要能响应更高级的中断请求,而屏蔽掉同级或较低级的中断请求。这就要求设计者精心安排多中断源的级别及响应时间,使次要工作不致影响主要工作。

中断是一个十分重要的概念。不同的微处理器(机)的中断结构不同,处理方法也不同。软件设计人员应充分掌握所选用的微处理器(机)的中断结构,以设计相应的中断程序模块。中断模块分中断管理模块和中断服务模块两部分。微处理器(机)一旦响应中断后所执行的具体服务内容,由各测控系统的功能所决定,所编写的程序无论在结构上,还是在处理方法上与非中断服务程序无特别的不同,故无须作特别的介绍。

与前面的中断过程相对应,中断管理软件模块,通常应包括以下功能:断点现场保护,识别中断源和判断优先级;如果允许中断嵌套,则再次开放中断(单片机除外),中断服务结束后恢复现场,如图 7-4-1 所示。

通常,系统掉电总是作为最高级中断源。至于其他中断源的优先级,则由设计人员根据系统的功能特点来确定。MCS-51 单片机有自己管理中断优先级的一套方法,能很方便实现中断优先级管理。

下面以 MCS-51 单片机为例,说明多中断源中断管理模块的设计。

MCS-51 单片机有两个外部中断输入端,当有两个以上中断源时,可以采用如下两种方法:

① 利用定时器/计数器的外部事件计数输入端(T0 或 T1),作为边沿触发的外部中断输入端,这时定时器/计数器应工作于计数器方式,计数寄存器应预置满度数。

② 每个中断源都接在同一个外部中断输入端($\overline{\mathrm{INT0}}$ 或 $\overline{\mathrm{INT1}}$)上,同时利用输入口来识别某装置的中断请求,具体线路如图 7-4-2 所示。

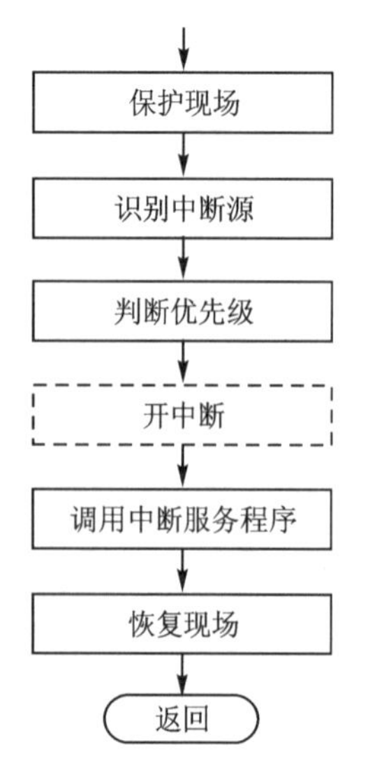

图 7-4-1　中断流程

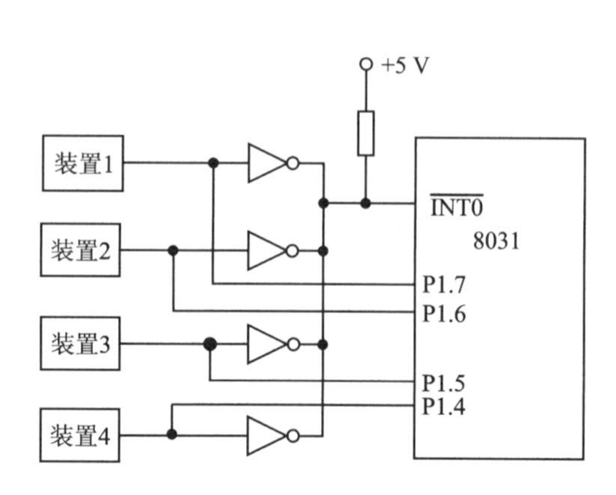

图 7-4-2　多中断源识别电路

图7-4-2的外部中断输入引脚$\overline{INT0}$上接有4个中断源，集电极开路的非门构成或非电路，无论哪个外部装置提出中断请求，都会使$\overline{INT0}$引脚电平变低。究竟是哪个外部装置申请的中断，可以查询P1.4～P1.7的逻辑电平获知，这4个中断源的优先级由软件排定。下面是有关的程序片断，中断优先级按装置1至装置4由高到低的顺序排列。

中断管理：

```
# include <reg51.h>
#include<stdio.h>
#include<absacc.h>
sbit P1_4 = P1^4;            //位定义
sbit P1_5 = P1^5;
sbit P1_6 = P1^6;
sbit P1_7 = P1^7;
void exint0_inr() interrupt 0
{
    if (P1_7 == 1)      {.../*装置1中断服务程序*/}
    else if (P1_6 == 1) {.../*装置2中断服务程序*/}
    else if (P1_5 == 1) {.../*装置3中断服务程序*/}
    else if (P1_4 == 1) {.../*装置4中断服务程序*/}
}
```

7.4.3 时钟管理

时钟是微机化测控系统中不可缺少的组成部分，主要作为定时器，并用于以下7个方面：

① 过程输入通道的数据采样周期定时；

② 过程输出通道控制周期的定时；

③ 参数修改按键改变数字增减速度的定时(对一些采用+/-两个按键来修改参数的测控系统，通常总是先慢加减几步，然后快加减或呈指数速度变化)；

④ 多参数巡回显示时的显示周期定时；

⑤ 动态保持方式输出过程通道的动态刷新周期定时；

⑥ 电压-频率型A/D转换器定时电路；

⑦ 故障监视电路(watch dog)的定时信号。

实现上述各种定时，不外乎使用硬件、软件两种方法。

硬件方法是采用可编程定时/计数器接口电路(如CTC 8253)以及单片机内的定时电路。使用时，只要在监控主程序的初始化程序或时钟管理程序中，对它进行工作方式预置和时间常数预置即可。但由于受到硬件上的限制，这种定时方法的定时间隔不可能做得太长，也难以用1～2个定时器实现多种不同时间的定时。软件延时方案虽然简单，仅编写一段程序而无须硬件成本，但要占用大量CPU时间，且实时性差，定时精度低，是一种不可取的方法。因此，在微机化测控系统中广泛采用的定时方法是软件与硬件相结合的方法。这种方案几乎不影响测控系统的实时响应，而且能实现多种时间间隔的定时。

在软件与硬件相结合的定时方法中，首先由定时电路产生一个基本的脉冲。硬件定时时间到，产生一中断。监控主程序随即转入时钟中断管理模块。在设计软件结构时，可串行或并行地设置几个软件定时器(在用户 RAM 区)。若一个定时间隔是另一个的整数倍,软件定时器可设计成串行的;若不是整数倍,则可设计成并行的。当硬件定时中断一到,这些软件时钟分别用累加或递减方法计时,并由软件来判断是否溢出或回零(即定时时间到),这一程序段一般不会很长,故对测控系统的实时性影响极小。采用这一方法,可方便地实现多个定时器功能。时钟管理模块的任务仅是在监控主程序中对各定时器预置初值和在响应时钟中断过程中判断是否时间到。一旦时间到,则重新预置初值,并建立一个标志,以提示应该执行前述 7 种功能中的某项服务程序。服务程序的执行一般都安排在时钟中断返回以后进行。由查询中断中建立的标志状态来决定是否执行该功能。

7.5 硬件故障的自检

7.5.1 自检方式

自检就是利用事先编制的程序对测控系统的主要部件进行自动检测,以确定是否有故障以及故障的内容和位置。自检是微机化测控系统应具备的基本功能之一,也是提高可靠性和可维护性的重要手段之一。

一般地讲,故障诊断的基本原理是对被测部件输入一串数据——试验数据,然后观察相应的输出数据,并对观察结果进行分析,确定故障的内容和位置。试验数据、观察到的结果数据和故障的对应关系应在故障诊断前准备好。

微机化测控系统的自检方式可分为三种类型:

① 开机自检。开机自检在电源接通或系统复位之后进行。自检中如果没发现问题,就进入测控程序,如果发现问题,则及时报警,以避免测控系统带病工作。开机自检是对测控系统正式投入运行之前所进行的全面检查。

② 周期性自检。周期性自检是指在测控系统运行过程中,间断插入的自检操作,这种操作可以保证测控系统在使用过程中一直处于正常状态。周期性自检不影响测控系统的正常工作,因而只有当出现故障给予报警时,用户才会觉察。

③ 键盘自检。具有键盘自检功能的测控系统面板上应设有“自检”按键,当用户对系统的可信度发出怀疑时,便通过该键来启动一次自检过程。

自检过程中,如果检测到系统出现某些故障,应该以适当的形式发出指示。微机化测控系统一般都借用本身的显示器,以文字或数字的形式显示“出错代码”,出错代码通常以“Error *X*”字样表示,其中“*X*”为故障代号,操作人员根据“出错代码”,查阅操作手册便可确定故障内容。除了给出故障代号之外,往往还给出指示灯的闪烁或者音响报警信号,以提醒操作人员注意。

微机化测控系统的自检项目与其功能、特性等因素有关。一般来说,自检内容包括 ROM、RAM、总线、显示器、键盘以及测控电路等部件的检测。测控系统能够进行自检的项目越多,使用和维修就越方便,但相应的硬件和软件也越复杂。

7.5.2 自检算法

1. ROM 或 EPROM 的检测

由于 ROM 中存在着测控系统控制软件,因而对 ROM 的检测是至关重要的。ROM 故障的检测常用“校验和”方法，具体做法是：在将程序机器码写入 ROM 的时候，保留一个单元（一般是最后一个单元），此单元不写程序机器码而是写“校验字”，“校验字”应能满足 ROM 中所有单元的每一列都具有奇数个 1。自检程序的内容是：对每一列数进行异或运算，如果 ROM 无故障，各列的运算结果应都为“1”，即校验和等于 FFH，这种算法如表 7-5-1 所列。

表 7-5-1　校验和算法

ROM 地址	ROM 中的内容								备　注
0	1	1	0	1	0	0	1	0	—
1	1	0	0	1	1	0	0	1	—
2	0	0	1	1	1	1	0	0	—
3	1	1	1	1	0	0	1	1	—
4	1	0	0	0	0	0	0	1	—
5	0	0	0	1	1	1	1	0	—
6	1	0	1	0	1	0	1	0	—
7	0	1	0	0	1	1	1	0	校验字
—	1	1	1	1	1	1	1	1	校验和

理论上，这种方法不能发现同一位上的偶数个错误，但是这种错误的概率很小，一般可以不予考虑。若要考虑，须采用更复杂的校验方法。

2. RAM 的检测

数据存储器 RAM 是否正常可通过校验其“读写性能”的有效性来体现的。通常选用特征字 55H(01010101B)和 AAH(10101010B)，分别对 RAM 中每一个单元进行先写后读的操作，其自检流程图如图 7-5-1 所示。

判别读/写内容是否相符的常用方法是“异或法”，即把 RAM 单元的内容求反并与原码进行“异或”运算，如果结果为 FFH，则表明该 RAM 单元读写功能正常；否则，说明该单元有故障。最后再恢复原单元内容。上述检验属于破坏性检验，只能用于开机自检。若 RAM 中已存有数据，在不破坏 RAM 中原有内容的前提下进行检验就相对麻烦一些。

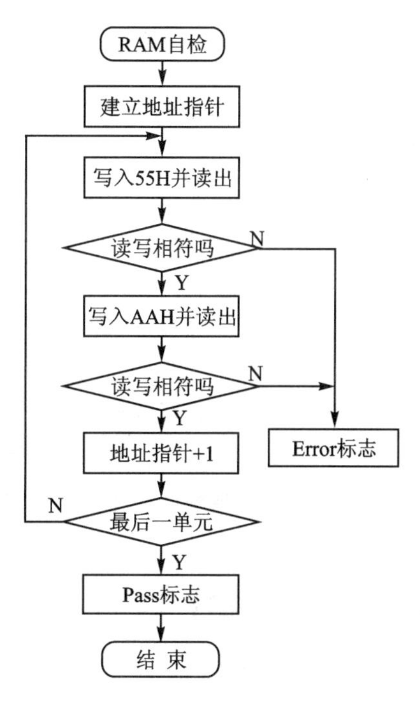

图 7-5-1　RAM 自检流程图

3. 总线的自检

许多微机化测控系统中的微处理器总线都是经过缓冲器再与各 I/O 器件和插件等相连接，这样即使缓冲器以外的总线出了故障，也能维持微处理器正常工作。这里所谓总线的自检是指对经过缓冲器的总线进行检测。由于总线没有记忆能力，因此设置了两组锁存触发器，用于分别记忆地址总线和数据总线上的信息。这样，只要执行一条对存储器或 I/O 设备的写操作指令，地址线和数据线上的信息便能分别锁存到这两组 8D 触发器(地址锁存触发器和数据锁存触发器)中，通过对这两组锁存触发器分别进行读操作,便可判知总线是否存在故障,实现原理如图7-5-2所示。

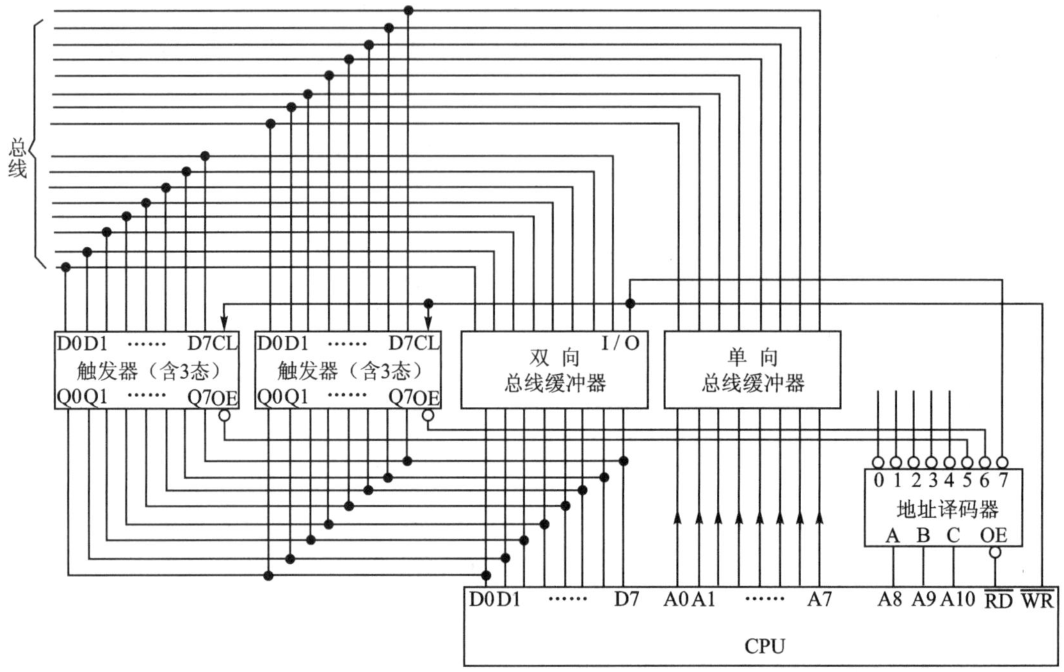

图7-5-2　总线检测电路

总线自检程序应该对每一根总线分别进行检测。具体做法是使被检测的每根总线依次为1态,其余总线为0态。如果某总线停留在0态或1态,说明有故障存在。

总线故障一般是由于印刷线路板工艺不佳使两线相碰等原因而引起的。需要指出的是,存在自检程序的ROM芯片与CPU的连线应不通过缓冲器;否则,若总线出现故障便不能进行自检。

4. 显示器与键盘的检测

显示器、键盘等I/O设备的检测往往采用与操作者合作的方式进行。检测程序的内容为:先进行一系列预定的I/O操作,然后操作者对这些I/O操作的结果进行验收,如果结果与预先的设定一致,就认为功能正常;否则,应对有关I/O通道进行检修。

键盘检测的方法是,CPU每取得一个按键闭合的信号,就反馈一个信息。如果按下某单个按键无反馈信息,往往是该键接触不良;如果按某一排键均无反馈信号,则一定与对应的电路或扫描信号有关。

显示器的检测一般有两种方式,一种是让各显示器全部发亮,即显示出888…,当显示表明显示器各发光段均能正常发光时,操作人员只要按任意键,显示器应全部熄灭片刻,然后脱离自检方式进入其他操作。第二种方式是让显示器显示某些特征字,几秒钟后自动进入其他操作。

7.5.3　自检软件

上面介绍的各自检项目一般应该分别编成子程序,以便需要时调用。设各段子程序的入口地址为TST_i(i=0,1,2 …),序号(即故障代号)为TNUM(0,1,2 …)。编程时,由序号通过表7-5-2所列的测试指针表(TSTPT)来寻找某一项自检子程序入口,若检测有故障发生,便显示其故障代号 TNUM。对于周期性自检，由于它是在测量间隙进行，为不影响测控系统的正常工作，有些周期性自检项目不宜安排，例如，显示器周期性自检、键盘周期性自检、破坏性 RAM 周期性自检等。而对开机自检和键盘自检则不存在这个问题。

表 7－5－2　测试指针表

测试指针	入口地址	故障代号	偏　移　量
TSTPT	TST0	0	偏移＝TNUM
	TST1	1	
	TST2	2	
	TST3	3	
	⋮	⋮	

一个典型的含有自检在内的微机化测控系统的操作流程如图 7－5－3 所示。其中开机自检被安排在初始化之前进行，检测项目尽量多选。周期性自检 STEST 被安排在两次测量循环之间进行，由于两次测量循环之间的时间间隙有限，所以，一般每次只插入一项自检内容，多次测量之后才能完成全部自检项目。图 7－5－4 示出了能完成上述任务的周期性自检子程序的操作流程图。根据指针 TNUM 进入 TSTPT 表取得子程序 TSTi 并执行之。如果发现有故障，就进入故障显示操作。故障显示操作一般首先熄灭全部显示器，然后显示故障代号 TNUM，提醒操作人员系统已有故障。当操作人员按下任一键后，系统就退出故障显示(有的设计在故障显示一定时间之后自动退出)。无论故障发生与否，每进行一项自检，就使 TNUM 加 1，以便在下一次测量间隙中进行另一项自检。

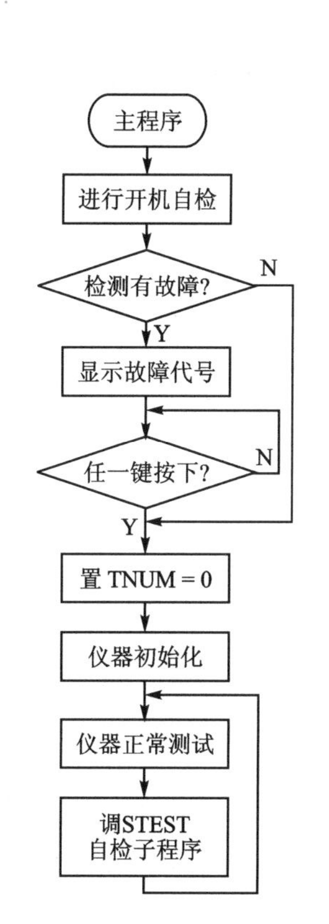

图 7－5－3　含自检的操作流程

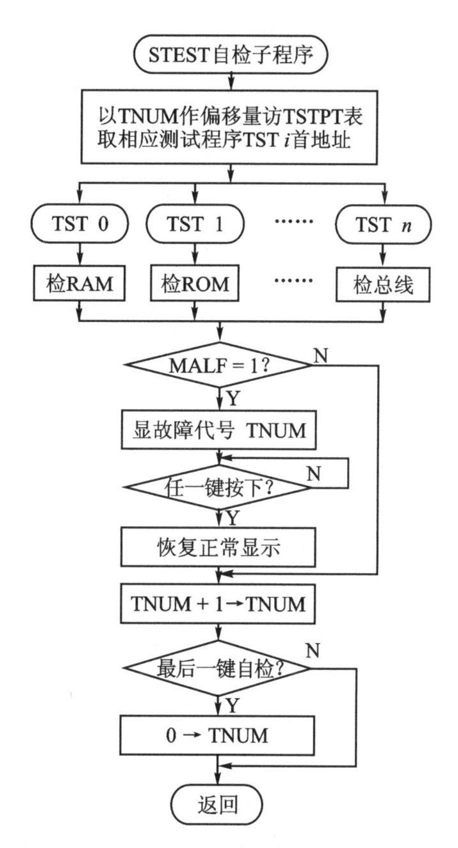

图 7－5－4　周期性自检子程序的操作流程

上述自检软件的编程方法具有一般性，由于各类测控系统功能及性能差别很大，一个测控系统或仪器实际自检软件的编程应结合各自的特点来考虑。

思考题与习题

1. 监控程序主要由哪些模块组成?

2. 试述一键一义键盘管理的实现方法。

3. 何谓中断?何谓中断源?单片机测控系统中常见的中断源有哪些?设置中断优先级的目的是什么?

4. 在微机化测控系统中实现定时的方法有哪几种?

5. 如何实现手动操作以及手—自动之间的无扰动切换?

6. 为什么微机化测控系统要具备自检功能?自检方式有哪几种?常见自检内容有哪些?

课件

讲稿笔记

习题解答

第8章　抗干扰技术

在理想情况下，一个电路或系统的性能仅由该电路或系统的结构及所用元器件的性能指标来决定。然而在许多场合，用优质元件构成的电路或系统却达不到额定的性能指标，有的甚至不能正常工作。究其原因，常常是噪声干扰造成的。所谓噪声是指电路或系统中出现的非期望的电信号。噪声对电路或系统产生的不良影响称之为干扰。在检测系统中，噪声干扰会使测量指示产生误差；在控制系统中，噪声干扰可能导致误操作。因此，为使测控系统正常工作，必须研究抗干扰技术。

8.1　噪声干扰的形成

形成噪声干扰必须具备三个要素：噪声源、对噪声敏感的接收电路及噪声源到接收电路间的耦合通道。因此，抑制噪声干扰的方法也相应地有三个：降低噪声源的强度，使接收电路对噪声不敏感，抑制或切断噪声源与接收电路间的耦合通道。多数情况下，须在这三个方面同时采取措施。

8.1.1　噪声源

电路或系统中出现的噪声干扰，有的来源于系统内部，有的来源于系统外部。

1. 内部噪声源

（1）电路元器件产生的固有噪声

电路或系统内部一般都包含有电阻、晶体管、运算放大器等元器件，这些元器件都会产生噪声。例如电阻的热噪声、晶体管闪烁噪声、散弹噪声等。

（2）感性负载切换时产生的噪声干扰

在控制系统中通常包含许多感性负载，如交、直流继电器、接触器、电磁铁和电动机等。它们都具有较大的自感。当切换这些设备时，由于电磁感应的作用，线圈两端会出现很高的瞬态电压，由此会带来一系列的干扰问题。感性负载切换时产生的噪声干扰十分强烈，单从接收电路和耦合介质方面采取被动的防护措施难以取得切实的效果，必须在感性负载上或开关触点上安装适当的抑制电路，使产生的瞬态干扰尽可能减小。

常用的干扰抑制电路有图8-1-1所示的几种。这些抑制电路不仅经常用在有触点开关控制的感性负载上，也可用在无触点开关（晶体管、可控硅等）控制的感性负载上。

（3）接触噪声

接触噪声是由于两种材料之间的不完全接触而引起导电率起伏所产生的噪声。例如，晶体管焊接处接触不良（虚焊或漏焊），继电器触点之间、插头与插座之间、电位器滑臂与电阻丝之间的不良接触都会产生接触噪声。

2. 外部噪声源

（1）天体和天电干扰

天体干扰是由太阳或其他恒星辐射电磁波所产生的干扰。天电干扰是由雷电、大气的电

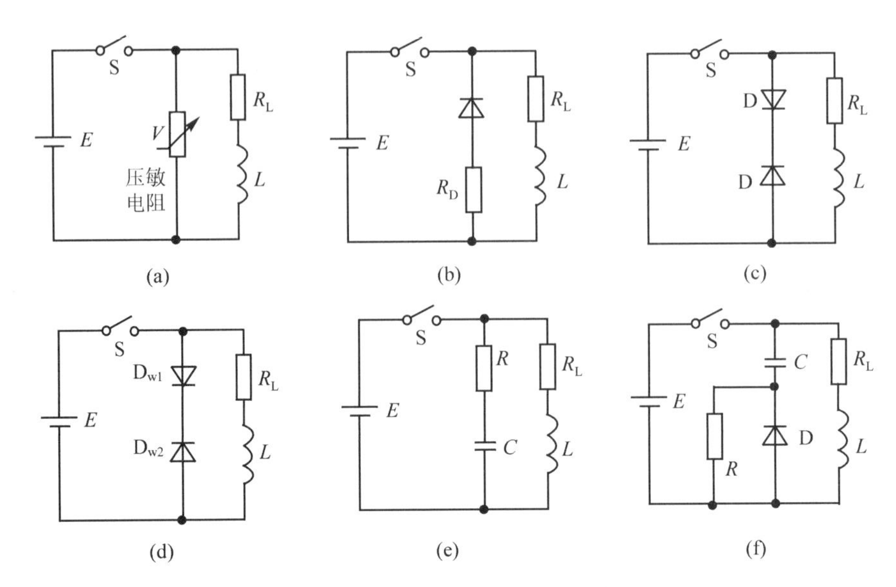

图 8-1-1　感性负载的干扰抑制电路

离作用、火山爆发及地震等自然现象所产生的电磁波和空间电位变化所引起的干扰。

(2) 放电干扰

电动机的电刷和整流子间的周期性瞬间放电,电焊、电火花加工机床、电气开关设备中的开关通断,电气机车和电车导电线与电刷间的放电等。

(3) 射频干扰

电视广播、雷达及无线电收发机等,对邻近电子设备的干扰。

(4) 工频干扰

大功率输、配电线与邻近测试系统的传输线通过耦合产生的干扰。

8.1.2　噪声的耦合方式

1. 静电耦合(电容性耦合)

由于两个电路之间存在寄生电容,产生静电效应而引起的干扰,如图 8-1-2 所示。图中导线 1 是干扰源,导线 2 为测试系统传输线,C_1、C_2 分别为导线 1、2 的寄生电容,C_{12} 是导线 1 和 2 之间的寄生电容,R 为导线 2 被干扰电路的等效输入阻抗。根据电路理论,此时干扰源 $\dot{U}_1$ 在导线 2 上产生的对地干扰电压为

$$\dot{U}_N=\frac{j\omega C_{12}R}{1+j\omega(C_{12}+C_2)R}\dot{U}_1 \tag{8-1-1}$$

通常

$$\omega(C_{12}+C_2)R\ll 1$$

则

$$\dot{U}_N\approx j\omega C_{12}R\dot{U}_1$$

$$U_N\approx \omega C_{12}RU_1 \tag{8-1-2}$$

从式(8-1-2)可以看出,当干扰源的电压 U_1 和角频率 ω 一定时,要降低静电电容性耦合效应就必须减小电路的等效输入阻抗 R 和寄生电容 C_{12}。

小电流、高电压噪声源对测试系统的干扰主要是通过这种电容性耦合。

2. 电磁耦合(电感性耦合)

电磁耦合是由于两个电路间存在互感,如图 8-1-3 所示。图中导线 1 为干扰源,导线 2

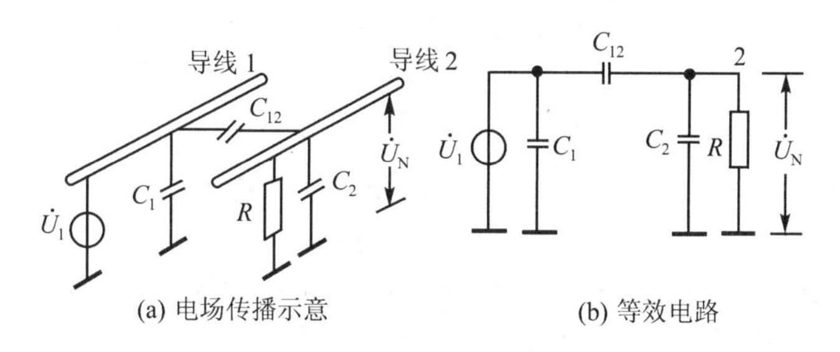

图 8-1-2　静电电容耦合示意图

为测试系统的一段电路，设导线 1、2 间的互感为 M。当导线 1 中有电流 I_1 变化时，根据电路理论，则通过电磁耦合产生的互感干扰电压为

$$\dot{U}_N = j\omega M\dot{I}_1 \tag{8-1-3}$$

从式(8-1-3)可以看出：干扰电压 $\dot{U}_N$ 正比于干扰源角频率 ω、互感系数 M 和干扰源电流 $\dot{I}_1$。大电流、低电压干扰源，干扰耦合方式主要为这种电感性耦合。

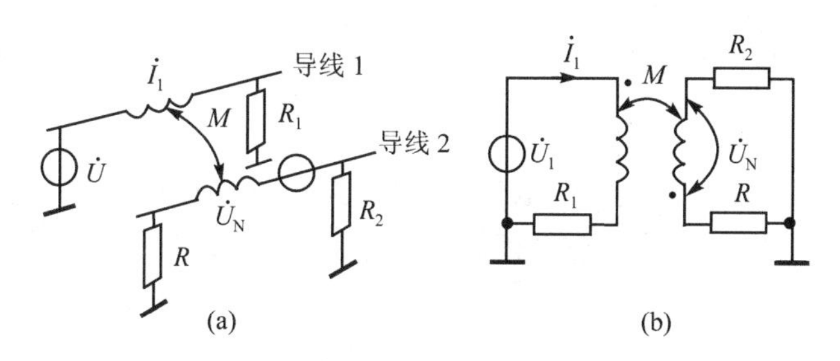

图 8-1-3　两个电路之间的互感

3. 漏电流耦合(电阻性耦合)

测试时由于绝缘不良，流经绝缘电阻 R 的漏电流使电测装置引起干扰。例如，用应变片测量时，通常要求应变片与结构之间的绝缘电阻在 100 MΩ 以上，其目的就是使漏电电流干扰的影响尽量减少。图 8-1-4 是电阻耦合的等效电路。干扰电压为

$$\dot{U}_N = \frac{Z_i}{Z_i + R}\dot{U}_1 \approx \frac{Z_i}{R}\dot{U}_1 \tag{8-1-4}$$

式中，$\dot{U}_1$ 为干扰源电压；Z_i 为被干扰测量电路的输入阻抗；R 为漏电阻。

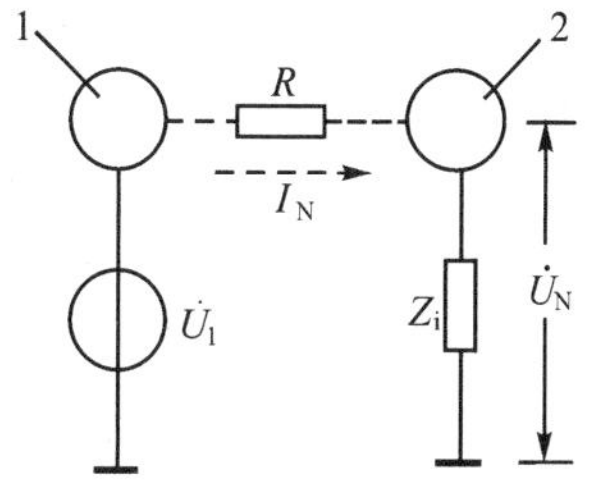

1、2—平行线

图 8-1-4　电阻耦合等效电路

4. 共阻抗耦合

共阻抗耦合是指两个或两个以上电路有公共阻抗时，一个电路中的电流变化在公共阻抗上产生的电压。这个电压会影响与公共阻抗相连的其他电路的工作，成为其干扰电压。

共阻抗耦合的主要形式有以下几种：

(1) 电源内阻抗的耦合干扰

当用一个电源同时对几个电路供电时，电源内阻 R_0 和线路电阻 R 就成为几个电路的公共阻抗，某一电路中电流的变化，在公共阻抗上产生的电压就成了对其他电路的干扰源，如图 8-1-5 所示。

为了抑制电源内阻抗的耦合干扰，可采取如下措施：① 减小电源的内阻；② 在电路中增加电源退耦滤波电路。

(2) 公共地线耦合干扰

由于地线本身具有一定的阻抗，当其中有电流通过时，在地线上必产生电压，该电压就成为对有关电路的干扰电压。图 8-1-6 画出了通过公共地线耦合干扰的示意图。图中 R_1、R_2、R_3 为地线电阻，A_1、A_2 为前置电压放大器。A_3 为功率放大器。A_3 级的电流 I_3 较大，通过地线电阻 R_3 时产生的电压为 $U_3=I_3R_3$，U_3 就会对 A_1、A_2 产生干扰。

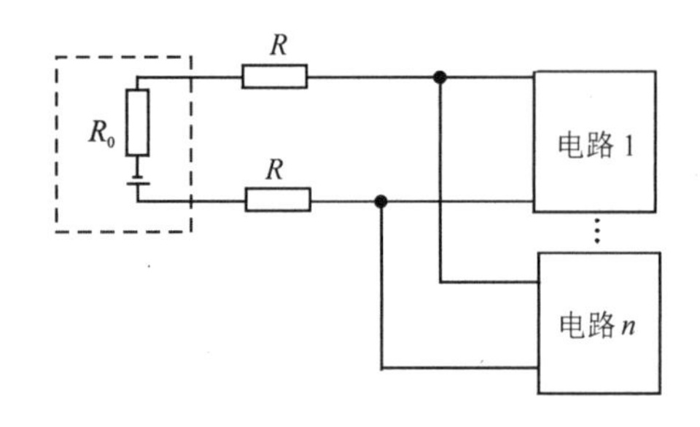

图 8-1-5　电源共阻抗耦合干扰

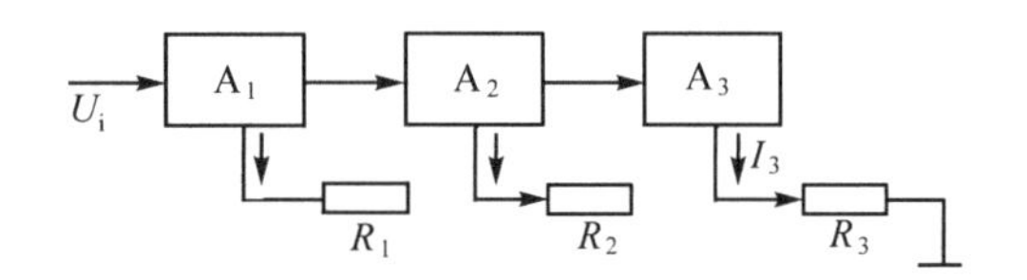

图 8-1-6　公共地线耦合干扰

(3) 输出阻抗耦合干扰

当信号输出电路同时向几路负载供电时，任何一路负载电压的变化都会通过线路公共阻抗(包括信号输出电路的输出阻抗和输出接线阻抗)耦合而影响其他路的输出，产生干扰。

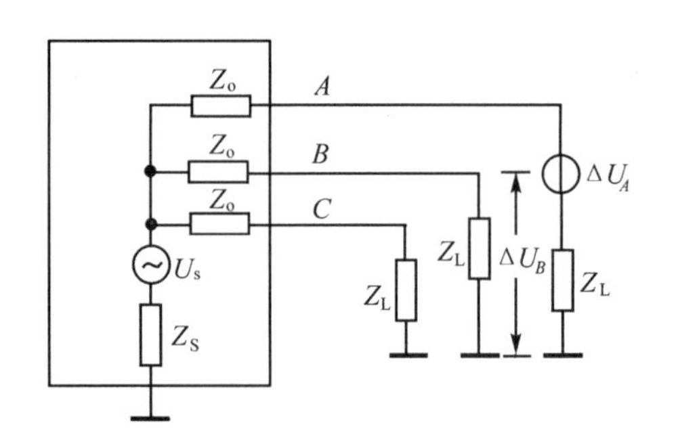

图 8-1-7　输出阻抗耦合干扰

图 8-1-7 表示一个信号输出电路同时向三路负载提供信号的示意图。图中 Z_S 为信号输出电路的输出阻抗，Z_O 为输出接线阻抗，Z_L 为负载阻抗。

如果 A 路输出电压产生变化 ΔU_A，它将在负载 B 上引起 ΔU_B 的变化，ΔU_B 就是干扰电压。一般 $Z_L \gg Z_S \gg Z_O$，故由图 8-1-7 所示可得

$$\Delta U_B \approx \frac{Z_S}{Z_L}\Delta U_A \qquad (8-1-5)$$

式(8-1-5)表明，减小输出阻抗 Z_S，可以减小由输出阻抗耦合产生的干扰 ΔU_B。

8.1.3　噪声的干扰模式

噪声源产生的噪声通过各种耦合方式进入系统内部，造成干扰。根据噪声进入系统电路的存在模式可将噪声分为两种形态，即差模噪声和共模噪声。

1. 差模噪声

差模噪声是指能够使接收电路的一个输入端相对于另一输入端产生电位差的噪声。由于这种噪声通常与输入信号串联，因此也称之为串模噪声。这种干扰在测量系统中是常见的。例如在热电偶温度测量回路的一个臂上串联一个由交流电源激励的微型继电器时，在线路中就会引入交流与直流的差模噪声，如图 8-1-8 所示。

2. 共模噪声

共模噪声是相对于公共的电位基准点，在系统的接收电路的两个输入端上同时出现的噪声。当接收器具有较低的共模抑制比时，也会影响系统测量结果。例如，用热电偶测量金属板的温度时，金属板可能对地有较高的电位差 U_C，如图 8-1-9 所示。

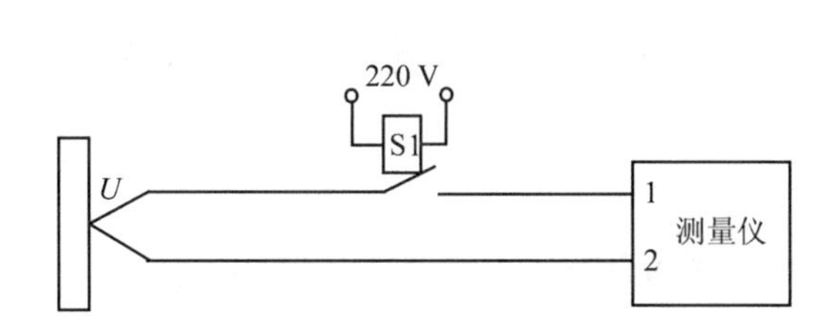

图 8-1-8　热电偶线路中的差模噪声

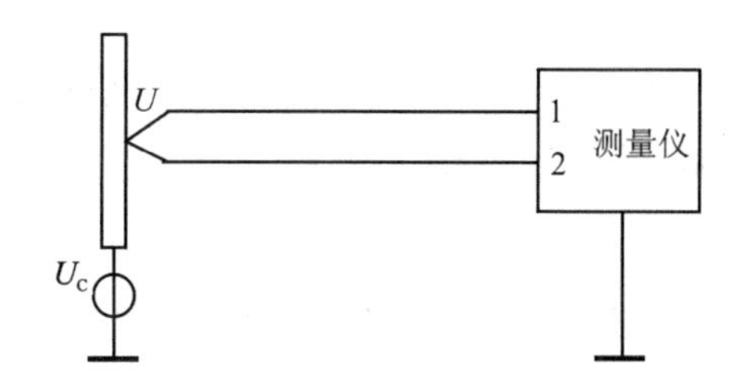

图 8-1-9　热电偶测温线路的共模噪声

在电路两个输入端对地之间出现的共模噪声电压 U_{cm}，只是使两输入端相对于接地点的电位同时一起涨落，并不改变两输入端之间的电位差。因此，对存在于两输入端之间信号电压本来不会有什么影响，但在电路输出端情况就不一样了。由于双端输入电路总存在一定的不平衡性，输入端存在的共模噪声 U_{cm}，将在输出端形成一定的电压 U_{on}（见图 8-1-10），即

$$U_{on} = U_{cm} K_c \tag{8-1-6}$$

式中，K_c 为电路的共模增益。

因为 U_{on} 与输出信号电压存在的形式相同，因此，就会对输出信号电压形成干扰，其干扰效果相当于在两输入端之间存在的如下差模干扰电压：

$$U_{dm} = \frac{U_{on}}{K_d} = U_{cm}\frac{K_c}{K_d} = \frac{U_{cm}}{\text{CMRR}} \tag{8-1-7}$$

式中：K_d 为电路的差模增益；

CMRR 为电路的共模抑制比，其值为

$$\text{CMRR} = \frac{K_d}{K_c} \tag{8-1-8}$$

或

$$\text{CMRR} = \frac{U_{cm}}{U_{dm}} \tag{8-1-9}$$

作为图 8-1-10(a)的实例，图 8-1-11 画出常见的双线传输电路。图中 r_1，r_2 分别为两传输线的内阻，R_1、R_2 分别为两传输线输出端即后接电路的两输入端对地电阻。由图可见

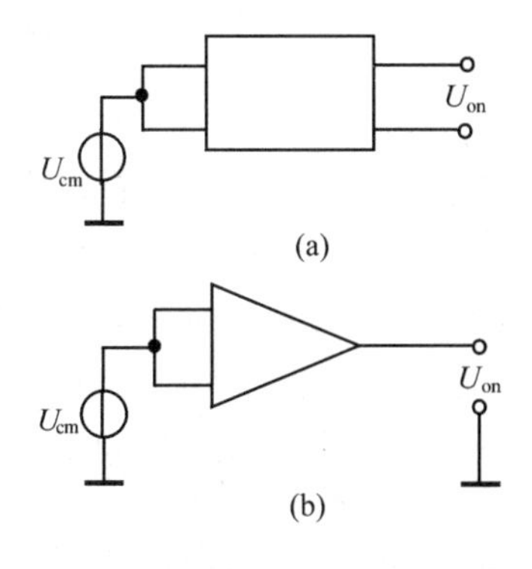

图 8-1-10　共模噪声电压 U_{cm} 的影响

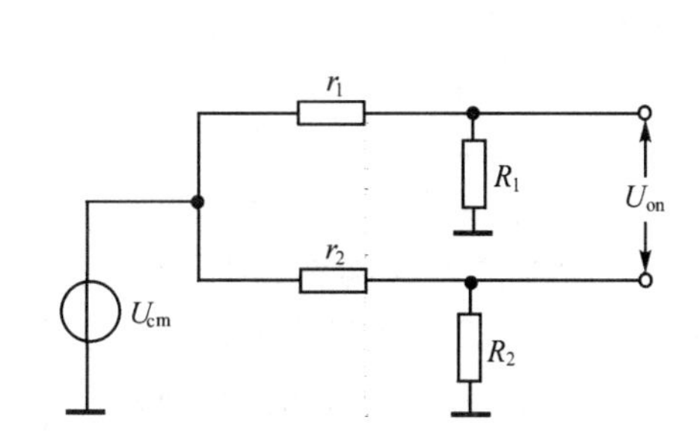

图 8-1-11　双线传输电路

$$U_{on}=U_{cm}\left(\frac{R_1}{r_1+R_1}-\frac{R_2}{r_2+R_2}\right) \tag{8-1-10}$$

当电路满足平衡条件,即

$$r_1=r_2 \tag{8-1-11}$$

$$R_1=R_2 \tag{8-1-12}$$

时,$U_{on}=0$,即U_{cm}不在输出端对信号形成干扰;但不满足平衡条件时,$U_{on}\neq 0$,U_{cm}将在输出端对信号形成干扰电压U_{on}。

8.2 硬件抗干扰技术

8.2.1 接地技术

1. 接地的基本概念

“地”是电路或系统中为各个信号提供参考电位的一个等电位点或等电位面。所谓“接地”就是将某点与一个等电位点或等电位面之间用低电阻导体连接起来,构成一个基准电位。

(1) 测控系统中的地线种类

测控系统中的地线有以下几种:

① 信号地。在测试系统中,原始信号是用传感器从被测对象获取的,信号(源)地是指传感器本身的零电位基准线。

② 模拟地。模拟信号的参考点,所有组件或电路的模拟地最终都归结到供给模拟电路电流的直流电源的参考点上。

③ 数字地。数字信号的参考点,所有组件或电路的数字地最终都与供给数字电路电流的直流电源的参考点相连。

④ 负载地。是指大功率负载或感性负载的地线。当这类负载被切换时,它的地电流中会出现很大的瞬态分量,对低电平的模拟电路乃至数字电路都会产生严重干扰,通常把这类负载的地线称为噪声地。

⑤ 系统地。为避免地线公共阻抗的有害耦合,模拟地、数字地、负载地应严格分开,并且要最后汇合在一点,以建立整个系统的统一参考电位,该点称为系统地。系统或设备的机壳上的某一点通常与系统地相连接,供给系统各个环节的直流稳压或非稳压电源的参考点也都接在系统地上。

(2) 共地和浮地

如果系统地与大地绝缘,则该系统称为浮地系统。浮地系统的系统地不一定是零电位。如果把系统地与大地相连,则该系统称为共地系统,共地系统的系统地与大地电位相同。这里所说的“大地”就是指地球。众所周知,地球是导体,而且体积非常大,因而其静电容量也非常大,电位比较恒定,所以人们常常把它的电位作为绝对基准电位,也就是绝对零电位。为了连接大地,可以在地下埋设铜板或插入金属棒或利用金属排水管道作为连接大地的地线。

常用的工业电子控制装置宜采用共地系统,它有利于信号线的屏蔽处理,机壳接地可以免除操作人员的触电危险。如采用浮地系统,要么使机壳与大地完全绝缘,要么使系统地不接机壳。在前一种情况下,当机壳较大时,它与大地之间的分布电容和有限的漏电阻使得系统地与大地之间的可靠绝缘非常困难。而在后一种情况下,贴地布线的原则(系统内部的信号传输线、电源线和地线应贴近接地的机柜排列，机柜可起到屏蔽作用）难以实施。

在共地系统中有一个如何接大地的问题，需要注意的是，不能把系统地连接到交流电源的零线上，也不应连到大功率用电设备的安全地线上，因为它们与大地之间存在着随机变化的电位差，其幅值变化范围从几十 mV 至几十 V。因此共地系统必须另设一个接地线。为防止大功率交流电源地电流对系统地的干扰，建议系统地的接地点和交流电源接地点间的最小距离不应小于 800 m，所用的接地棒应按常规的接地工艺深埋，且应与电力线垂直。

(3) 接地方式——单点接地与多点接地

两个或两个以上的电路共用一段地线的接地方法称为串联单点接地，其等效电路如图 8-2-1 所示。图中 R_1、R_2 和 R_3 分别是各段地线的等效电阻，I_1、I_2 和 I_3 分别是电路 1、2 和 3 的入地（返回）电流。因地电流在地线等效电阻上会产生压降，所以三个电路与地线的连接点的对地电位具有不同的数值，它们分别是

$$V_A = (I_1 + I_2 + I_3)R_1$$
$$V_B = V_A + (I_2 + I_3)R_2$$
$$V_C = V_B + I_3 R_3$$

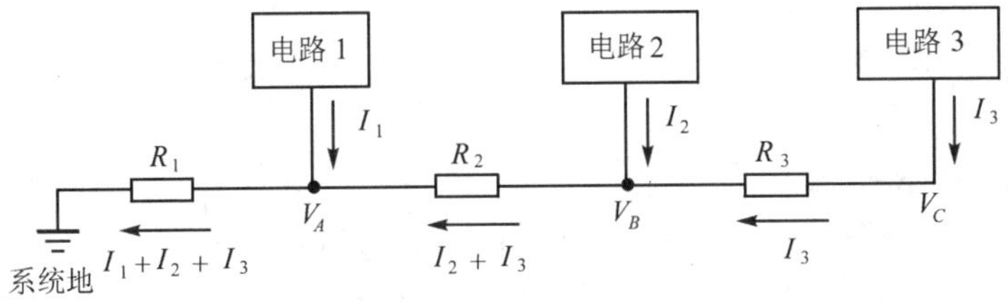

图 8-2-1　串联单点接地方式

显然，在串联接地方式中，任一电路的地电位都受到别的电路地电流变化的调制，使电路的输出信号受到干扰。这种干扰是由地线公共阻抗耦合作用产生的。离接地点越远，电路中出现的噪声干扰越大，这是串联接地方式的缺点。但是，与其他接地方式相比，串联接地方式布线最简单，费用最省。

串联接地通常用来连接地电流较小且相差不太大的电路。为使干扰最小，应把电平最低的电路安置在离接地点（系统地）最近的地方与地线相接。

另一种接地方式是并联单点接地，即各个电路的地线只在一点（系统地）汇合（见图 8-2-2），各电路的对地电位只与本电路的地电流和地线阻抗有关，因而没有公共阻抗耦合噪声。

这种接地方式的缺点在于所用地线太多。对于比较复杂的系统，这一矛盾更加突出。此外，这种方式不能用于高频信号系统。因为这种接地系统中地线一般都比较长，在高频情况下，地线的等效电感和各个地线之间杂散电容耦合的影响是不容忽视的。当地线的长度等于信号波长（光速与信号频率之比）的奇数倍时，地线呈现极高阻抗，变成一个发射天线，将对邻近电路产生严重的辐射干扰。一般应把地线长度控制在 1/20 信号波长之内。

上述两种接地都属于一点接地方式，主要用于低频系统。在高频系统中，通常采用多点接地方式（见图 8-2-3）。在这种系统中各个电路或元件的地线以最短的距离就近连到地线汇流排（ground plane，通常是金属底板）上，因地线很短（通常远小于 25 mm），底板表面镀银，所以它们的阻抗都很小。多点接地不能用在低频系统中，因为各个电路的地电流流过地线汇流

排的电阻会产生公共阻抗耦合噪声。

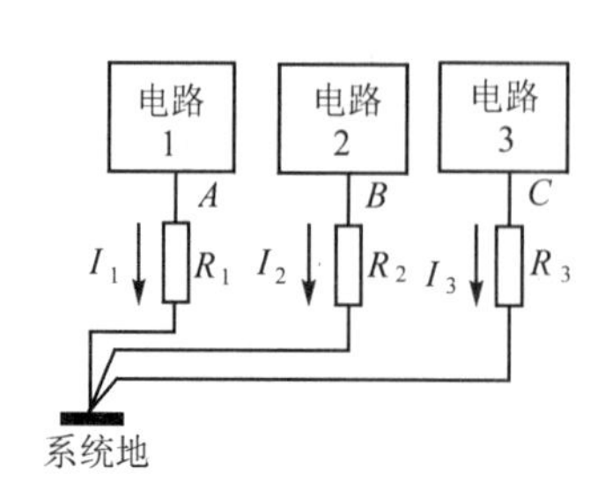

图 8-2-2　并联单点接地方式

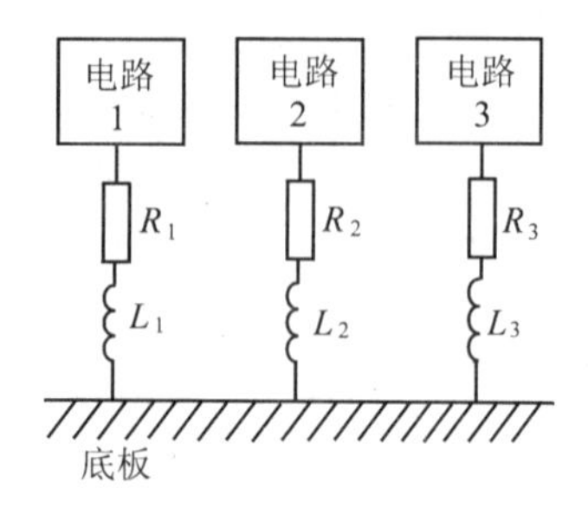

图 8-2-3　多点接地方式

一般的选择标准是,在信号频率低于 1 MHz 时,应采用单点接地方式;而当信号频率高于 10 MHz 时,多点接地系统是最好的。对于频率处于 1～10 MHz 之间的系统,可以采用单点接地方式,但地线长度应小于信号波长的 1/20;如不能满足这一要求,应采用多点接地。

在实际的低频系统中,一般都采用串联和并联相结合的单点接地方式,这样既兼顾了抑制公共阻抗耦合噪声的需要,又不致使系统布线过于复杂。为此,需把系统中所有地线根据电流变化的性质分成若干组,性质相近的电路共用一根地线(串联接地),然后将各组地线汇集于系统地上(并联接地)。

2. 接地环路与共模干扰

当信号源和系统地都接大地时,两者之间就构成了接地环路。由于大地电阻和地电流的影响,任何两个接地点的电位都不相等。通常信号源和系统之间的距离可达数米至数十米,此时这两个接地点之间的电位差的影响将不能忽视。在工业系统中,这个地电压常常是一个幅值随机变化的 50 Hz 的噪声电压。在图 8-2-4(a)所示的系统中,信号源 V_i 通过两根传输线与系统中的单端放大器的输入端相接。由于地电压 V_G 的存在,改变了放大器输入电压。设两根传输线的电阻分别是 R_1 和 R_2,信号源内阻为 R_i。放大器输入电阻为 R_L,两个接地点间的地电阻为 R_G,由等效电路(见图 8-2-4(b))可以求得放大器输入端 A、B 之间出现的噪声电压 V_N,其值为

$$V_N = \frac{R_2 \ /\!/ \ (R_i + R_1 + R_L)}{R_G + R_2 \ /\!/ \ (R_i + R_1 + R_L)} \cdot \frac{R_L}{R_i + R_1 + R_L} \cdot V_G$$

通常 $R_L \gg R_i \gg R_1 \gg R_G$,所以

$$V_N = \frac{R_2}{R_G + R_2} \cdot \frac{R_L}{R_i + R_1 + R_L} \cdot V_G \tag{8-2-1}$$

如 $R_1 = R_2 = 10\ \Omega$, $R_i = 1\ \text{k}\Omega$, $R_L = 10\ \text{k}\Omega$, $R_G = 0.1\ \Omega$, $V_G = 1\ \text{V}$,则 $V_N = 899\ \text{mV}$,V_G 几乎全部加到了系统的输入端。

V_N 与 V_i 相串联作为放大器输入信号的一部分,形成了噪声干扰。这个干扰是由于两个信号输入电路上所加的共模电压 V_G 引起的,故称为共模干扰。但是,电路中的共模电压不一定都能产生共模干扰,它必须通过信号电路的不平衡阻抗转化成差模(常模)电压之后,才构成干扰。在图 8-2-4 所示的极端情况下,因放大器采用单端输入,故共模电压几乎全部转化成差模电压。

在信号源和放大器两端(直接或间接)接地的情况下,共模电压 V_G 由下列因素产生:两个接地点之间存在电位差,信号源对地存在某一电压(例如应变电阻电桥等平衡供电式传感器就

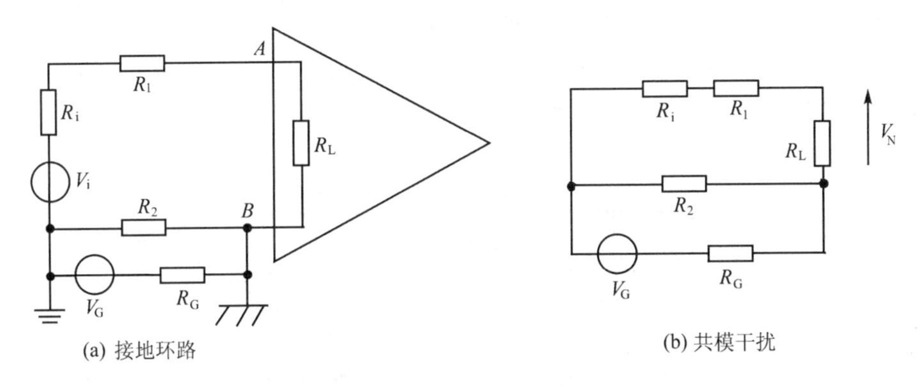

图 8-2-4　接地环路与共模干扰

是这样)，低频噪声磁场在接地闭合回路中产生的感性耦合以及噪声对两根信号传输线的容性和感性耦合。

由上面讨论可以看到两点接地所造成的共模干扰。如果改为一点接地，并保持信号源与地隔离(见图 8-2-5)。图中 R_{sg} 为信号源对地的漏电阻，一般 $R_{sg} \gg R_2 + R_G$，$R_2 \ll R_s + R_1 + R_i$，因此放大器输入端的干扰电压为

$$U_N = \frac{R_i}{R_i + R_1 + R_s} \cdot \frac{R_2}{R_{sg}} \cdot U_G \ll U_G \tag{8-2-2}$$

可见比信号源接地时的干扰电压大有改善。

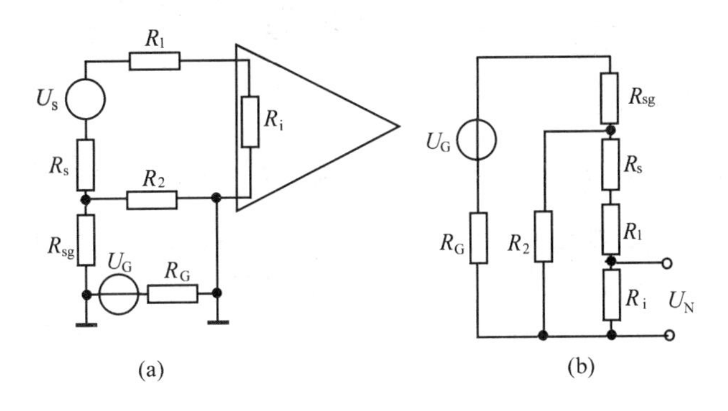

图 8-2-5　测试装置一点接地

3. 系统接地设计

接地设计的两个基本要求是：

① 消除各电路电流流经一个公共地线阻抗时所产生的噪声电压；

② 避免形成接地环路，引进共模干扰。

一个系统中包括多种地线，每一个环节都与其中的一种或几种地线发生联系。处理这些地线的基本原则是尽量避免或减少由接地所引起的各种干扰，同时要便于施工，节省成本。系统接地设计通常包括以下几个主要方面。

(1) 输入信号传输线屏蔽接地点的选择

信号传输线屏蔽层必须妥善接地，才能有效地抑制电场噪声对信号线的电容性耦合；但同时又必须防止通过屏蔽层构成低阻接地环路。当放大器接地而信号源浮地时，屏蔽层的接地点应选在放大器的低输入端(见图 8-2-6(a)中的 C 处连接)，此时出现在放大器输入端 1、2

之间的噪声电压$V_{12}=0$，如图8-2-6(c)所示；如在B处连接，噪声电压$V_{12}=(V_{G1}+V_{G2})C_1/(C_1+C_2)$，如图8-2-6(b)所示；如在$D$处连接，$V_{12}=V_{G1}C_1/(C_1+C_2)$，如图8-2-6(d)所示；若在$A$处把信号源低端与屏蔽层相连，因屏蔽不接地，则没有屏蔽效果。

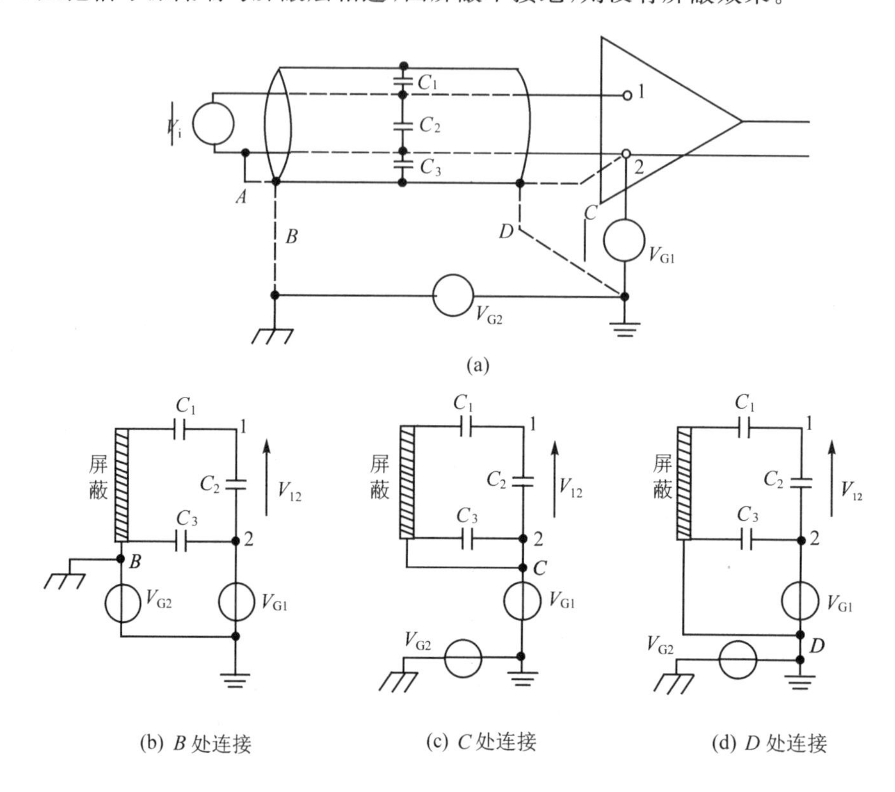

图8-2-6 浮地信号源和接地放大器的输入信号线屏蔽层的连接

当信号源接地而放大器浮地时，信号传输线的屏蔽应接到信号源的低端(见图8-2-7(a)中的A处连接)，此时出现在放大器输入端1、2之间的噪声电压$V_{12}=0$，如图8-2-7(b)所示；若把屏蔽在B处接地，$V_{12}=V_{G1}C_1/(C_1+C_2)$，如图8-2-7(c)所示；如屏蔽在$D$处接地，则$V_{12}=(V_{G1}+V_{G2})C_1/(C_1+C_2)$，如图8-2-7(d)所示；如把屏蔽连接到放大器的低端2(见图8-2-7(a)中的C处)，因它不接地，所以，没有屏蔽效果。

在以上两图中，C_1、C_3和C_2分别为信号线1、2与屏蔽之间以及信号线之间的杂散电容。V_{G1}为信号源或放大器低端与地之间可能存在的电压，V_{G2}为地电位差。

(2) 电源变压器静电屏蔽层的接地

系统中的电源变压器初、次级绕组间设置的静电屏蔽层(此为习惯名称，其实它主要用来抑制交流电源线中检测的高频噪声对次级绕组的电容性耦合)的屏蔽效果与屏蔽层的接地点的位置直接相关。在共地系统中，为更好地抑制电网中高频噪声，屏蔽层应接系统直流电源地，如图8-2-8(a)所示。在浮地系统中，如仍按这种接法，则因高频噪声不能入地而失去屏蔽作用，此时应将屏蔽层改接到交流电源地上，如图8-2-8(b)所示。

(3) 直流电源接地点的选择

一个系统通常需要多种直流电源，有供给模拟电路工作用的和供给数字电路工作用的电源，它们都是稳压电源；此外可能还需要某些非稳压直流电源，以供显示、控制等用。不同性质的电源地线不能任意互联，而应分别汇集于一点，再与系统地相接。

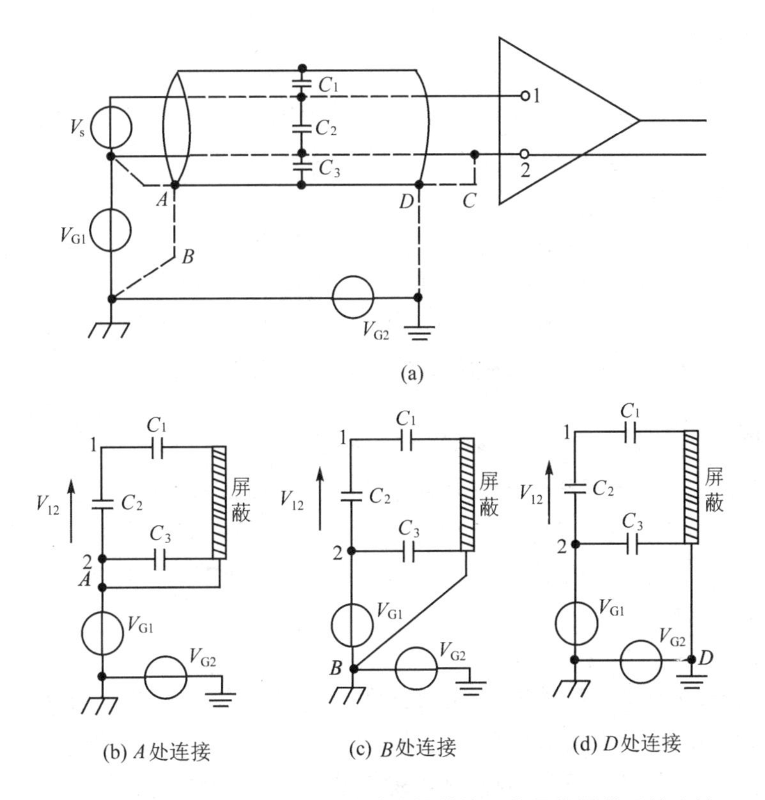

图 8-2-7　接地信号源和浮地放大器的输入信号线屏蔽层的连接

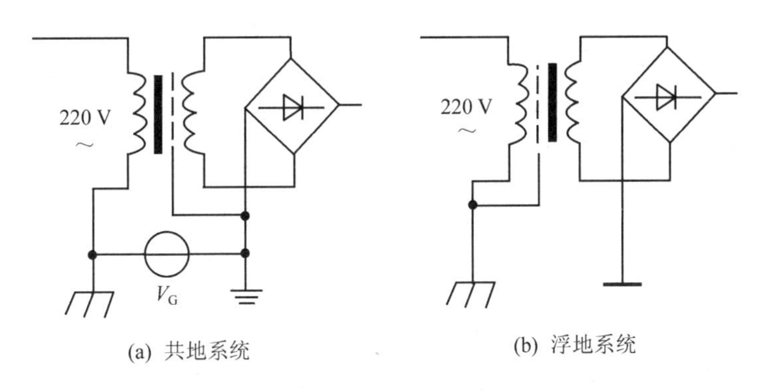

图 8-2-8　电源变压器静电屏蔽层的接地点

（4）印刷电路板的地线布局

在包含 A/D 或 D/A 转换器的单元印刷电路板上，既有模拟电源，又有数字电源，处理这些电源地线的原则是：

① 模拟地和数字地分设，通过不同的引脚与系统地相连，各个组件的模拟地和数字地引脚分别连到电路板上的模拟地线和数字地线上。

② 尽可能减少地线电阻，因此地线宽度要选取大一些（支线宽度通常不小于 2～3 mm，干线宽度不小于 8～10 mm）；但又不能随意增大地线面积，以免增大电路和地线之间的寄生电容。

③ 模拟地线可用来隔离各个输入模拟信号之间以及输出和输入信号之间的有害耦合。通常可在需要隔离的两个信号线之间增设模拟地线。数字信号亦可用数字地线进行隔离。

(5) 机柜地线的布局

在中、低频系统中,地线布局须采用单点接地方案,其原则是:

① 各个单元电路的各种地线不得混接,并且与机壳浮离(直至系统地才能相会)。

② 单元电路板不多时,可采用并联单点接地方案。此时可把各单元的不同地线直接与有关电源参考端分别相接。

③ 当系统比较复杂时,各印刷板一般被分装在多层框架上,此时则应采取串联单点接地方案。可在各个框架上安装几个横向汇流排,分别用以分配各种直流电源,沟通各个印刷板的各种地线;而各个框架之间安装若干纵向汇流排连接所有的横向汇流排。在可能情况下要把模拟地、数字地和噪声地的汇流排适当拉开距离,以免产生噪声干扰。

8.2.2 屏蔽技术

由于检测仪表或控制系统的工作现场往往存在强电设备,这些设备的磁力线或电力线会干扰仪表或系统的正常工作。为了防止这种干扰,可利用低电阻的导电材料或高导磁率的铁磁材料制成容器,对易受干扰的部分实行屏蔽,以达到阻断或抑制各种场干扰的目的。

1. 屏蔽的类型和原理

(1) 静电屏蔽

根据电学原理,在静电场作用下,空心导体如果腔内没有静电荷,导体内和空腔内任何一点处的场强都等于零,剩余电荷只能分布在外表面。因此,如果把某一物体放入空心导体的空腔内,该物体就不受任何外电场的影响,这就是静电屏蔽的原理。

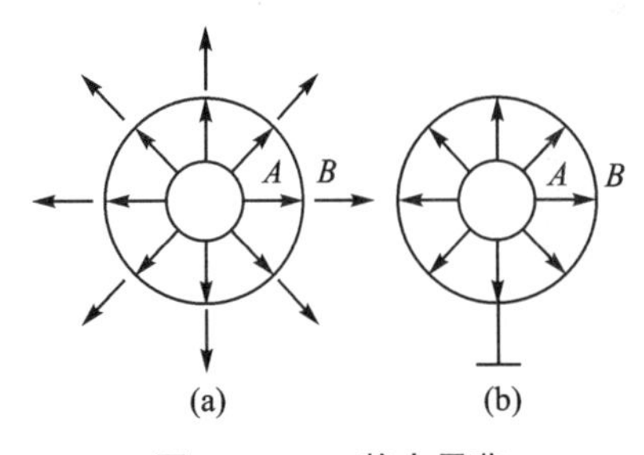

图 8-2-9　静电屏蔽

如果空心导体(例如金属盒)B 的空腔内放有一个带电体 A(见图 8-2-9),由于静电感应,在金属盒 B 的内外表面将分别出现等量异号的感应电荷,B 外表面的电荷所产生的电场就会对外界产生影响,如图(a)所示。为了消除这种影响,可将金属盒 B 接地,则外表面的感应电荷将因接地而消失,相应的电场也随之消失,这就解决了金属盒内带电体对盒外的影响,如图(b)所示。

通过以上分析可知,用一个金属屏蔽盒罩住被干扰的电路,且将金属盒接地,则可消除外部的静电干扰;如果用一个金属盒罩住干扰源,且将金属盒接地,则可抑制干扰源对外部的干扰。

为了达到较好的静电屏蔽效果,应选用低电阻材料作屏蔽盒,一般以铜或铝为佳。屏蔽盒都应有良好的接地,伸出屏蔽盒以外的导线应越短越好。

(2) 电磁屏蔽

电磁屏蔽主要是抑制高频电磁场的干扰。高频电磁场能在导电性能良好的金属导体内产生涡电流,人们利用涡电流产生的反磁场来抵消高频干扰磁场,从而达到电磁屏蔽的目的。

电磁屏蔽的材料也应选用低内阻的金属材料,例如铜、铝或镀银铜板等。为了兼顾静电屏蔽的作用,屏蔽罩应接地。

(3) 磁屏蔽

磁屏蔽主要用来防止低频磁场干扰,因为电磁屏蔽对低频磁场干扰的屏蔽效果很差。人们利用高导磁材料(例如玻莫合金)制成屏蔽罩,使低频磁场干扰的磁力线大部分在屏蔽罩内构成回路，泄漏到屏蔽罩外的干扰磁通就很少，从而达到抑制低频磁场干扰的目的。

2. 屏蔽的结构形式

屏蔽结构形式主要有屏蔽罩、屏蔽栅网、屏蔽铜箔、隔离仓和导电涂料等。屏蔽罩一般用无孔隙的金属薄板制成。屏蔽栅网一般用金属编制网或有孔金属薄板制成。既有屏蔽作用，又有通风作用。屏蔽铜箔一般是利用多层印制电路板的一个铜箔面作为屏蔽板。隔离仓是将整机金属箱体用金属板分隔成多个独立的隔仓，从而将各部分电路分别置于各个隔仓之内，用以避免各个电路部分之间的电磁干扰与噪声影响。导电涂料是在非金属的箱体内、外表上喷一层金属涂层。

此外，还有编织网做成的电缆屏蔽线，用金属喷涂层覆盖密封电子组件屏蔽等。

在某些应用场合，单一材料的屏蔽不能在强磁场下保证有足够高的磁导率，不能满足衰减磁场干扰的要求，此时可采用两种或多种不同材料作成多层屏蔽结构，低磁导率、高饱和值的材料安置在屏蔽罩的外层，而高磁导率、低饱和值的材料则放在屏蔽罩的内层，且层间用空气隔开为佳。

8.2.3　长线传输的干扰及抑制

在进行测量或控制时，被测(或被控)对象与测控系统往往相距较远，可能是几十米、几百米甚至上千米，在这样长的距离上进行信号传输，抗干扰问题尤为突出。有必要研究长线传输中常见的干扰及其抑制措施。

1. 长线感应干扰及抑制

由传感器来的信号线有时长达数百米甚至上千米，干扰源通过电磁或静电耦合在信号线上的感应电压数值是相当可观的。例如，一路输电线与信号线平行敷设时，信号线上的电磁感应电压和静电感应电压分别都可达到毫伏级，然而来自传感器的有效信号电压常仅有几十毫伏甚至可能比感应的干扰电压还小些；除此之外，同样由于被测对象与测控系统相距甚远的缘故，信号地与系统地这两个接地点之间的电位差即地电压 U_m 有时可达几伏至十几伏甚至更大。因此在远距离信号传输的情况下，如果采取如图 8-2-10(a)所示单线传输单端对地输入的方式，那么传输线上的感应干扰电压 U_n 和地电压 U_m 都会与被测信号 U_s 相串联，形成差模干扰电压，其中 U_n 形成的差模干扰电压为

$$U_{Nn}=U_n\frac{R}{r_s+r_m+r+R} \tag{8-2-3}$$

U_m 形成的差模干扰电压为

$$U_{Nm}=U_m\frac{R}{r_s+r_m+r+R} \tag{8-2-4}$$

式中 r_s、r_m、r、R 分别为信号源内阻、两地之间的地电阻、传输线电阻和系统输入电阻，一般有 $r_m\ll r\ll r_s\ll R$，代入上两式得，$U_{Nn}\approx U_n$，$U_{Nm}\approx U_m$。由此可见，地电压和感应干扰电压几乎全都无抑制地成为对信号的干扰电压，两者之和可能会相当大，甚至可能超过信号电压，使信号电压被干扰电压淹没。为了避免这种后果，通常远距离信号传输不采取图 8-2-10(a)所示的单线传输单端对地输入的方式，而是采取图 8-2-10(b)所示双线传输双端差动输入的方式。对比图 8-2-10(a)和(b)可见，由于增设一条同样长度的传输线，两根传输线上拾取的感应干扰电压相等即 $U_{n1}=U_{n2}=U_n$；同时又由于输入端采取双端差动输入方式，而且一般有 $r_m\ll r\ll r_s\ll R$，因此 U_m 形成的差模干扰电压减小为

$$U_{Nm}=U_m\left(\frac{R}{r+R}-\frac{R}{r_s+r+R}\right)\ll U_m \tag{8-2-5}$$

U_n 形成的差模干扰电压减小为

$$U_{Nn}=U_n\left[\left(1-\frac{r_m}{r+R}\right)\frac{R}{r_s+r+R+r_m}-\frac{R}{r+R+r_m}\left(1-\frac{r_m}{r_s+r+R}\right)\right]\approx 0 \tag{8-2-6}$$

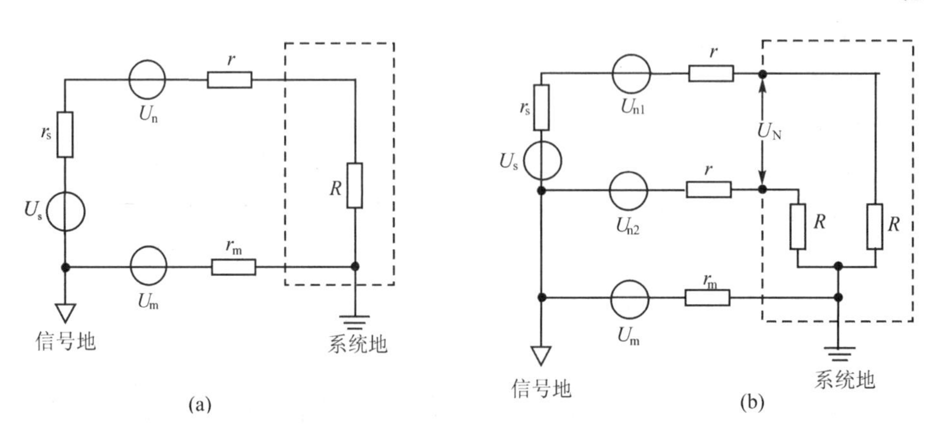

图 8-2-10　被测信号传输与输入方式

在前面的讨论中,需要假定两根传输线完全处于相同的条件,即产生的感应干扰电压完全相同——纯共模电压;而且两根传输线内阻相同,对地分布电容和漏电阻也相同。满足这些条件的双线传输称为“平衡传输”。为了实现双线平衡传输,通常采用双绞线。双绞线由于双线绞合较紧,各方面处于基本相同的条件,因此有很好的平衡特性。而且双绞线对电感耦合噪声有很好的抑制作用。

同样是采用双线传输信号,但被传输信号的形式不同,抗干扰的效果是不一样的。一般来说,数字信号抗干扰能力比模拟信号抗干扰能力强。因此,数字信号传输优于模拟信号传输。频率信号是一种准数字信号,抗干扰性能也很好,也适于应用双绞线远距离传输。此外,长线传输时,用电流传输代替电压传输,也可获得较好的抗干扰能力,特别是在过程控制系统中,常常采用变送器或电压/电流转换器产生 4～20 mA 的电流信号,经长线传送到接收端,再用一个精密电阻或电流/电压转换器转换成电压信号,然后送入 A/D 转换器。电流传送方式不会受到传输导线的压降、接触电阻、寄生热电偶和接触电势的影响,也不受各种电压性噪声的干扰。所以,它常被用作抑制噪声干扰的一种手段。

2. 反射干扰及抑制

数字信号的长线传输不仅容易耦合外界噪声,而且还会因传输线两端阻抗不匹配而出现信号在传输线上反射的现象,使信号波形发生畸变。这种影响称为“非耦合性干扰”或“反射干扰”。抑制这种干扰的主要措施是解决好阻抗匹配和长线驱动两个问题。

(1) 阻抗匹配

为了避免因阻抗不匹配产生反射干扰,就必须使传输线始端的源阻抗等于传输线的特性阻抗(称始端阻抗匹配)或使传输线终端的负载阻抗等于传输线特性阻抗(称终端阻抗匹配)。常用的双绞线的特性阻抗 R_P 在 100～200 Ω 之间,绞距越小则阻抗越低。双绞线的特性阻抗可用示波器观察的方法大致测定。测定电路如图 8-2-11 所示,调节可变电阻 R,当 R 与 R_P 相等(匹配)时,A 门的输出波形畸变最小,反射波几乎消失,这时的 R 值可认为是该传输线的

特性阻抗 R_P。传输线的阻抗匹配有下列四种形式，如图 8－2－12 所示。

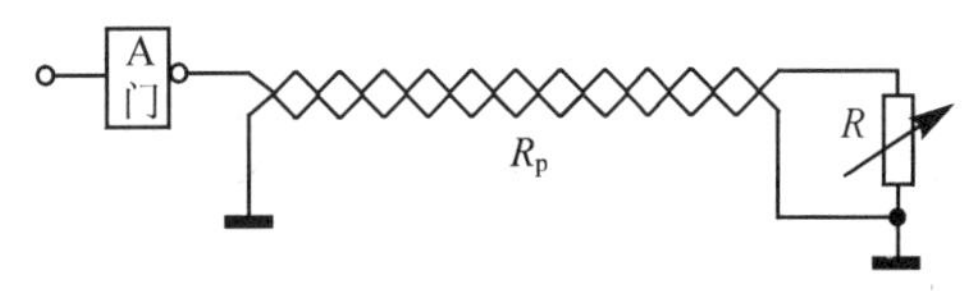

图 8－2－11　传输线特性阻抗测试

① 终端并联阻抗匹配。如图 8－2－12(a)所示，终端匹配电阻 R_1、R_2 的值按 $R_P=R_1//R_2$ 的要求选取。一般 R_1 为 220～330 Ω，而 R_2 可在 270～390 Ω 范围内选取。这种匹配方法由于终端阻值低，相当于加重负载，使高电平有所下降，故高电平的抗干扰能力有所下降。

② 始端串联阻抗匹配。如图 8－2－12(b)所示，匹配电阻 R 的取值为 R_P 与 A 门输出低电平时的阻抗 R_{SOL}(约 20 Ω)之差值。这种匹配方法会使终端的低电压抬高，相当于增加了输出阻抗，降低了低电平的抗干扰能力。

③ 终端并联隔直流匹配。如图 8－2－12(c)所示，因电容 C 在较大时只起隔直流作用，并不影响阻抗匹配，所以只要求匹配电阻 R 与 R_P 相等即可。它不会引起输出高电平的降低，故增加了高电平的抗干扰能力。

④ 终端接钳位二极管匹配。如图 8－2－12(d)所示，利用二极管 D 把 B 门端低电平钳位在 0.3 V 以下，可以减小波的反射和振荡，提高动态抗干扰能力。

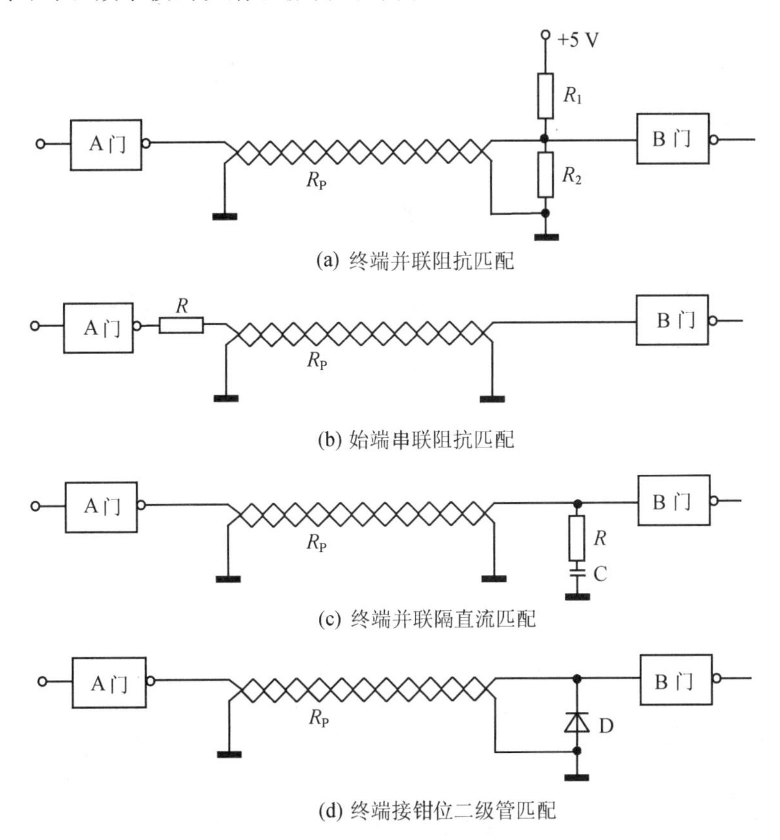

图 8－2－12　四种阻抗匹配方式

(2) 长线驱动

长线如果用 TTL 直接驱动，有可能使电信号幅值不断减小，抗干扰能力下降及存在串扰和噪声，结果使电路传错信号。因此，在长线传输中，须采用驱动电路和接收电路。

图8-2-13为驱动电路和接收电路组成的信号传输线路的原理图。

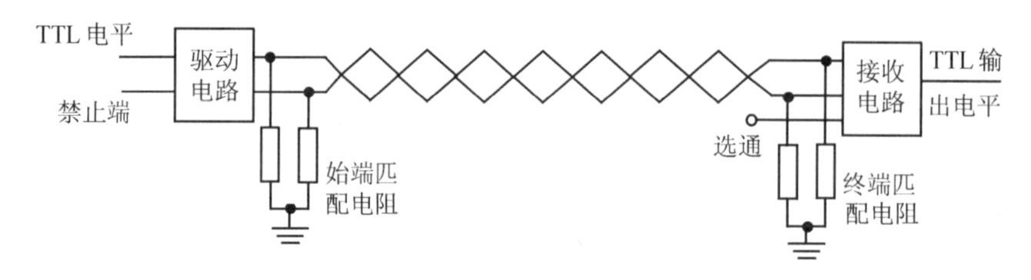

图8-2-13 长线驱动示意图

驱动电路:它将TTL信号转换为差分信号,再经长线传至接收电路。为了使多个驱动电路能共用一条传输线,一般驱动电路都附有禁止电路,以便在该驱动电路不工作时,禁止其输出。

接收电路:它具有差分输入端,把接收到的信号放大后,再转换成TTL信号输出。由于差动放大器有很强的共模抑制能力,而且工作在线性区,所以容易做到阻抗匹配。

8.2.4 共模干扰的抑制

由式(8-1-7)可见,要抑制共模干扰,必须从两方面着手,一方面要设法减少共模电压U_{cm},另一方面要设法减少共模增益K_c或提高共模抑制比CMRR。接地和屏蔽是减少U_{cm}的主要方法,下面介绍其他抑制共模干扰的措施。

1. 隔离技术

由图8-2-4可见,当信号源和系统地都接大地时,两者之间就构成了接地环路。两个接地点之间的电位差即地电压(等于大地电阻与大地电流的乘积),随两者的距离增大而增大。尤其在高压电力设备附近,大地的电位梯度可以达到每米几伏甚至几十伏。地电压U_G经过图中信号源R_S、连线电阻R_1和负载电阻R_L产生地环流,并在R_L上形成干扰电压U_N,如式(8-2-1)。如果把图8-2-14(a)中的连线断开接入"隔离器",如图8-2-14所示。该"隔离器"对差模信号是"畅通"的,而对"共模信号"却表现出很大的电阻,相当于使式(8-2-1)中R_1增为无穷大即断开地环路,那么由式(8-2-1)可见,共模干扰电压U_N将大大减小,同时流过信号源的漏电流也大大减小。

(1) 隔离变压器

图8-2-14(a)表示在两根信号线上加入一只隔离变压器,由于变压器的次级输出电压只与初级绕组两输入端的电位差成正比,因此,它对差模信号是"畅通"的,对共模信号则是个"陷阱"。采取隔离变压器断开地环路适用于50 Hz以上的信号,在低频,特别是超低频时非常不合适。因为变压器为了要能传输低频信号,必然要有很大电感和体积,初次级之间圈数很多就会有较大的寄生电容,共模信号就会通过变压器初次级间的寄生电容而在负载上形成干扰。隔离变压器的初次级绕组间要设置静电屏蔽层,并且接地,这样就可减少初次级寄生电容,以达到抑制高频干扰的目的。当信号频率很低,或者共模电压很高,或者要求共模漏电流非常小时,常在信号源和检测系统输入通道之间(通常在输入通道前端)插入一个隔离放大器。

(2) 纵向扼流圈

图8-2-14(b)表示在两根信号线上接入一只纵向扼流圈(也称中和变压器)。

由于扼流圈对低频信号电流阻抗很小,对纵向的噪声电流却呈现很高的阻抗。因此,这种做法特别适用于超低频。在两根导线上流过的信号电流是方向相反、大小相等。而流经两根

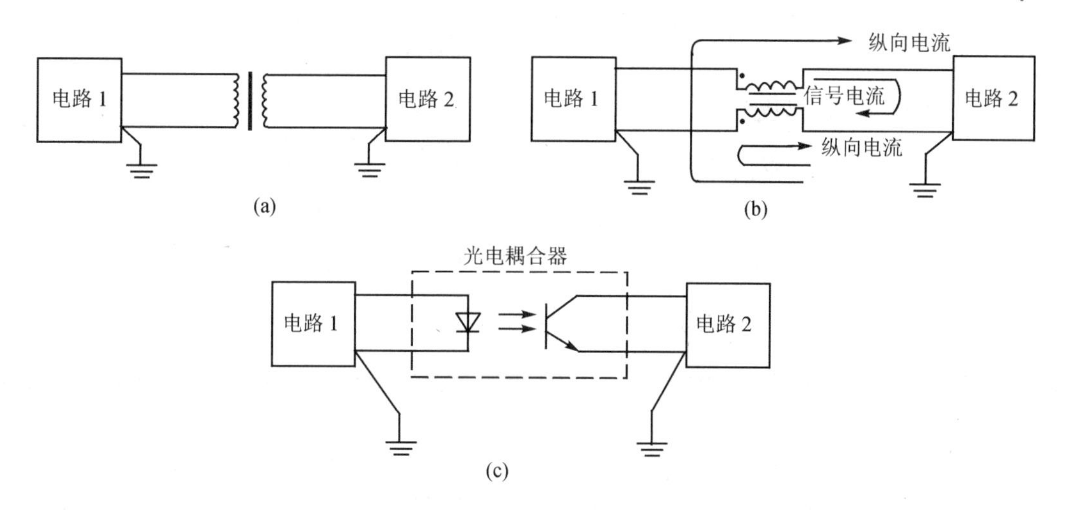

图 8－2－14　隔离原理

导线的噪声电流则是方向相同、大小相等。这种噪声电流叫纵向电流，也叫共模电流。

图 8－2－15 是图 8－2－14(b)的等效电路。U_S 为信号源电源电压，R_{C1}、R_{C2} 为连接线电阻，R_L 为电路 2 的输入电阻，纵向扼流圈由电感 L_1、L_2 和互感 M 表示。若扼流圈的两个线圈完全相同，而且并绕在同一铁芯上耦合紧密，则 $L_1=L_2=M$。U_G 为地线环路经磁耦合或者由地电位差形成的共模电压。下面就电路对 U_S 和 U_G 的响应加以简单分析。若 $U_G=0$，根据基尔霍夫定律，可得

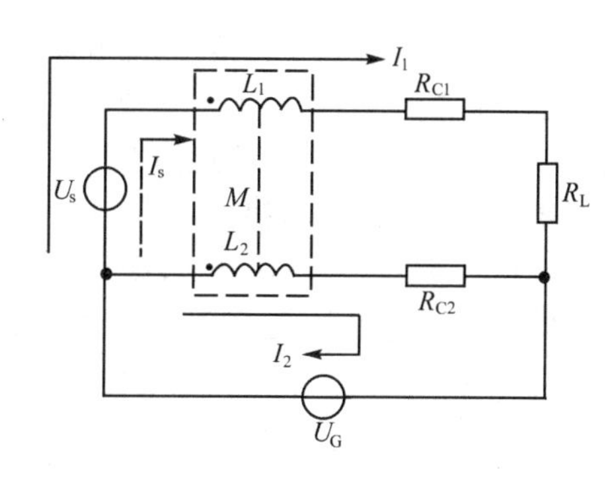

图 8－2－15　纵向扼流圈等效电路

$$U_S=\mathrm{j}\omega L_1I_1+\mathrm{j}\omega MI_2+(R_L+R_{C1})I_1 \tag{8-2-7}$$

$$0=\mathrm{j}\omega L_2I_2+\mathrm{j}\omega MI_1+R_{C2}I_2 \tag{8-2-8}$$

将式(8－2－7)与(8－2－8)式相减，并将 $L_1=L_2=M$ 代入得

$$U_S=I_1R_L+I_1R_{C1}-I_2R_{C2} \tag{8-2-9}$$

因 $R_{C1}=R_{C2}$，故有

$$U_S=I_1R_L+R_{C1}(I_1-I_2) \tag{8-2-10}$$

因$(I_1-I_2)<I_1$ 且 $R_{C1}\ll R_L$ 故有

$$U_S\approx I_1R_L=I_S\cdot R_L \tag{8-2-11}$$

可见，扼流圈的加入对信号传输没有影响。

再来看扼流圈对共模噪声电压 U_G 的响应。令 $U_S=0$，由图 8－2－15 得

$$U_G=\mathrm{j}\omega L_1I_1+\mathrm{j}\omega MI_2+I_1(R_L+R_{C1}) \tag{8-2-12}$$

$$U_G=\mathrm{j}\omega L_2I_2+\mathrm{j}\omega MI_1+I_2R_{C2} \tag{8-2-13}$$

将式(8－2－12)、式(8－2－13)相减并使 $L_1=L_2=M$ 代入可得

$$I_2=I_1\cdot\frac{R_L+R_{C1}}{R_{C2}}$$

将上式代入式(8－2－13)得

$$U_G = I_1\left[\frac{R_L + R_{C1}}{R_{C2}}(j\omega L_2 + R_{C2}) + j\omega M\right]$$

I_1 在 R_L 上形成的干扰电压 U_N 为

$$U_N = I_1 \cdot R_L = \frac{U_G \cdot R_{C2}}{\frac{R_L + R_{C1}}{R_L}(j\omega L_2 + R_{C2}) + \frac{R_{C2}}{R_L}j\omega M} \tag{8-2-14}$$

因为 $L_2 = M$，$R_L \gg R_{C1}$，$R_L \gg R_{C2}$，故式(8－2－14)近似为

$$U_N \approx \frac{R_{C2}}{j\omega L_2 + R_{C2}} \cdot U_G \ll U_G \tag{8-2-15}$$

由式(8－2－15)可知，噪声的角频率 ω 愈低，要求 R_{C2} 愈小或要求 L 愈大，干扰电压 U_N 才可能小。

(3) 光电耦合器

图 8－2－14(c)表示切断电路1和电路2之间地环路的第三个办法是采用光耦合器(也称光电耦合器)。光耦合器由一只发光二极管和一只光电晶体管装在同一密封管壳内构成。发光二极管把电信号转换为光信号，光电晶体管把光信号再转换为电信号，这种“电—光—电”转换在完全密封条件下进行，不会受到外界光的影响。由于电路1的信号传递是靠光传递，切断了两个电路之间电的联系，因此两电路之间的地电位差就再不会形成干扰了。

光耦合器的输入阻抗很低，一般在 100～1 000 Ω 之间，而干扰源的内阻一般很大，通常为 10^5～10^6 Ω。根据分压原理可知，这时能馈送到光电耦合器输入端的噪声自然很小。即使有时干扰电压的幅度较大，但所能提供的能量很小，只能形成微弱的电流。而光耦合器的发光二极管只有通过一定强度的电流才能发光，光电晶体管也只有在一定光强下才能工作。因此，即使电压幅值很高的干扰，由于没有足够的能量而不能使二极管发光，从而被抑制掉。

光耦合器的输入端与输出端的寄生电容极小，一般仅为 0.5～2 pF，而绝缘电阻又非常大，通常为 10^{11}～10^{13} Ω，因此光耦合器一边的各种干扰噪声都很难通过光耦合器馈送到另一边去。

由于光耦合器的线性范围比较小，所以主要用于传送数字信号。

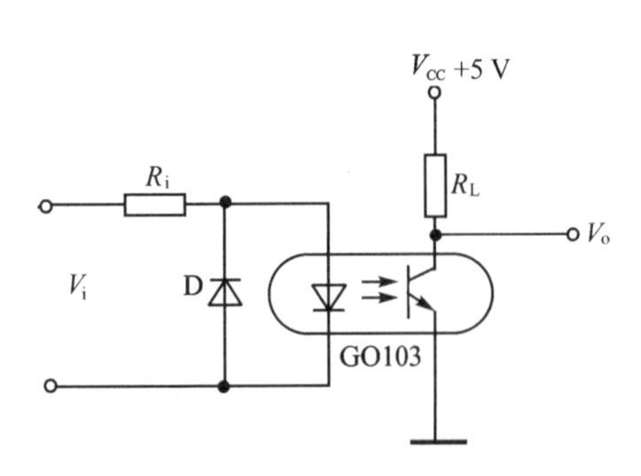

图 8－2－16　接入光电耦合器的数字电路

接入光电耦合器的数字电路如图 8－2－16 所示，其中 R_i 为限流电阻，D 为反向保护二极管。可以看出，输入 V_i 值并不要求一定得与 TTL 逻辑电平一致，只要经 R_i 限流之后符合发光二极管的要求即可。R_L 是光敏三极管的负载电阻(R_L 也可接在光敏三极管的射极端)。当 V_i 使光敏三极管导通时，V_o 为低电平(即逻辑 0)；反之为高电平(即逻辑 1)。R_i 和 R_L 的选取说明如下：若光电耦合器选用 GO103，发光二极管在导通电流 $I_F = 10$ mA 时，正向压降 $V_F \leqslant 1.3$ V，光敏三极管导通时的压降 $V_{CE} = 0.4$ V，设输入信号的逻辑 1 电平为 V_i，即 12 V，并取光敏三极管导通电流 $I_C = 2$ mA 时，R_i 和 R_L 可由下式计算

$$R_i = (V_i - V_F)/I_F = (12 - 1.3)\text{V}/10\text{ mA} = 1.07\text{ k}\Omega$$

$$R_L = (V_{CC} - V_{CE})/I_C = (5 - 0.4)\text{V}/2\text{ mA} = 2.3\text{ k}\Omega$$

需要强调的是，在光电耦合器的输入部分和输出部分必须分别采用独立的电源，如果两端共用一个电源，则光电耦合器的隔离作用将失去意义。

2. 浮置技术（浮地技术）

浮置是指把仪器中的信号放大器的公共线不接外壳或大地的抑制干扰措施。

浮置与屏蔽接地相反，浮置是阻断干扰电流的通路，明显地加大了系统的信号放大器公共线与地（或外壳）之间的阻抗，减小了共模干扰电流。

图 8-2-17(a)方案将系统输入放大器进行双层屏蔽，使其浮地，这样流过信号回路的不平衡电阻上的共模电流便大大减少，从而可以取得优异的共模抑制能力。在需要高精度测量低电平信号时，或者已经采用各种措施，共模抑制仍不能满足要求时，可以采用这种方法。图中屏蔽罩 1、2 和放大器的模拟地之间是互相绝缘的，屏蔽罩 2 接大地。Z_1 是仪表模拟地和屏蔽罩 1 之间的杂散电容 C_1 和绝缘电阻 R_1 所构成的漏阻抗，Z_2 是屏蔽罩 1 和屏蔽罩 2 之间的杂散电容 C_2 和绝缘电阻 R_2 所构成的漏阻抗。具有内阻 R_i 的被测信号 U_i 用双芯屏蔽线与仪表连接，两芯线的电阻为 r_1、r_2，导线屏蔽层的电阻为 R_C，导线屏蔽层的两端分别与被测信号地及屏蔽罩 1 相接。仪表放大器两个输入端 A、B 对仪表模拟地的电阻分别为 R_{L1}、R_{L2}。在现场中，被测信号与测量仪器之间常常相距几十米甚至上百米。由于地电流等因素的影响，信号接地点和仪器接地点之间的电位差 U_G 可达几十伏甚至上百伏，它在仪表放大器两个输入端 A、B 间形成的电压将对信号产生干扰。

现在来分析图 8-2-17(a)方案是怎样消除 U_G 对信号产生干扰。图 8-2-17(a)的等效电路如图 8-2-17(b)所示，由图可见，U_G 在仪表放大器两个输入端 A、B 间形成的干扰电压 U_N 为

$$U_N = U_G \frac{R_C}{R_2 + R_C} \times \frac{(R_{L2} + r_2)//(R_{L1} + r_1 + R_i)}{R_1 + (R_{L2} + r_2)//(R_{L1} + r_1 + R_i)} \times \left[\frac{R_i + r_1}{R_{L1} + R_i + r_1} - \frac{r_2}{R_{L2} + r_2}\right] \tag{8-2-16}$$

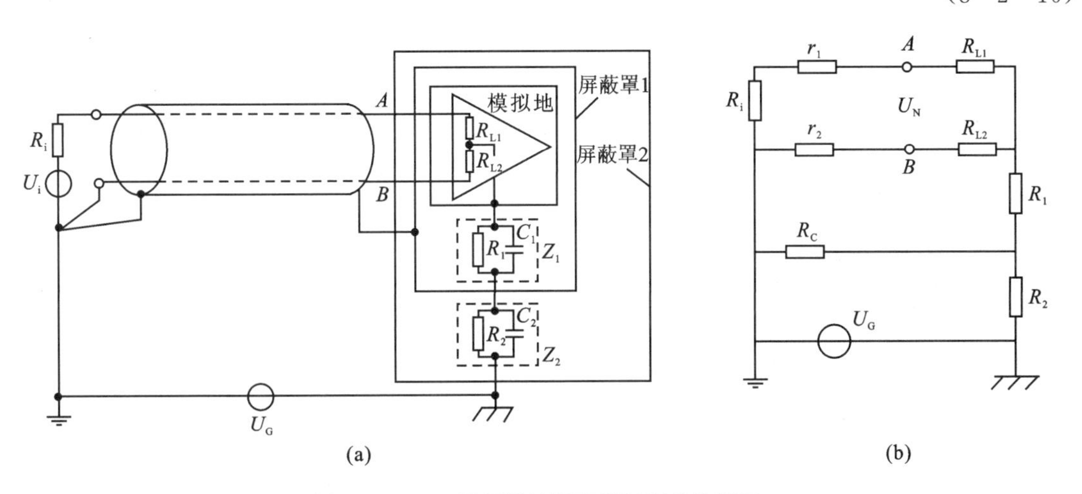

图 8-2-17　双层浮地屏蔽抑制干扰的原理

很显然，双芯屏蔽线的电阻 r_1、r_2、r_C 都远小于信号源内阻 R_i，而 R_i 又远小于输入端 A、B 对仪表模拟地的电阻 R_{L1} 和 R_{L2}，R_{L1}、R_{L2} 又远小于绝缘电阻 R_1、R_2，因此式(8-2-16)可简化为

$$U_N = U_G \frac{R_C}{R_2} \times \frac{R_{L1}}{2R_1} \times \frac{R_i}{R_{L1}} = U_G \frac{R_C R_i}{2R_1 R_2} \tag{8-2-17}$$

如设 $R_i = 2\ \text{k}\Omega$，$R_{L2} = 100\ \text{k}\Omega$，$R_C = 10\ \Omega$，$R_1 = R_2 = 10^7\ \Omega$，代入式(8-2-17)计算得

$$U_N = U_G \times 10^{-10} \ll U_G$$

双层浮地屏蔽的共模抑制效果主要取决于漏阻抗 Z_1 和 Z_2 的数值。而增大 Z_1 和 Z_2 的关键还在于减少杂散电容 C_1 和 C_2。为此须对放大器的电源变压器的结构进行必要的改进。通常采用超屏蔽变压器，即将变压器的原边绕组和副边绕组分别加以屏蔽，原边屏蔽接屏蔽罩2(或机壳)，副边屏蔽接屏蔽罩1。这样可使模拟地到机壳的杂散电容 C_3 减少到几个pF。

因为CMRR与杂散电容 C_1 和 C_2 的容抗直接相关，所以系统的CMRR随着共模噪声频率的升高而降低。

在高精度数字仪表中广泛应用双层浮地屏蔽措施来抑制共模干扰。在这类仪表的面板上通常装有四个接收端子：信号高、低输入端，(内)屏蔽端和机壳(接地)端。在使用过程中，能否根据信号源接地情况正确地连接这四个接线端，将直接关系到仪表的共模抑制能力能否充分发挥的问题。

3. 浮动电容切换法

在数据采集系统中，如果输入信号上叠加的共模电压较大，超过了MUX或PGA(或S/H)的额定输入电压值。可以采用如图8-2-18所示的浮动电容多路切换器，它由两级模拟开关组成，通常可用干簧或湿簧继电器担任开关，触点耐压数值可根据实际需要来选择。其工作过程是：当开关 S_{1-i}(第 i 路的两个开关)导通时，S_2 是断开的，差动输入信号作用于存储电容 C 上。当 S_{1-i} 断开后，电容 C 只保留了差动输入电压，而共模输入由于自举效应而抵消。之后，开关 S_2 接通，电容 C 上的差动电压加到放大器(PGA)输入端。在某些模拟I/O系统中采用这种方法来克服共模电压的影响。

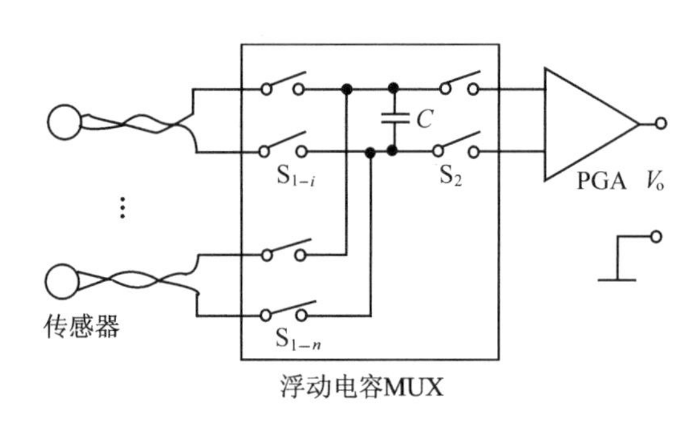

图8-2-18　浮动电容切换法抵消共模电压

8.2.5　差模干扰的抑制

所谓差模噪声可以简单地认为是与被测信号叠加在一起的噪声，它可能是信号源产生的，也可能是引线感应耦合来的。正因为差模噪声与被测信号叠加在一起，所以对信号就会形成干扰，即差模干扰。抑制差模干扰除了从源头上采取措施即切断噪声耦合途径(如将引线屏蔽等)外，另一方面就是利用干扰与信号的差别来把干扰消除掉或减到最小。这方面常用的措施有以下几条。

1. 频率滤波法

频率滤波法就是利用差模干扰与有用信号在频率上的差异，采用高通滤波器滤除比有用信号频率低的差模干扰，采用低通滤波器滤除比有用信号频率高的差模干扰，采用50 Hz陷波器滤除工频干扰。频率滤波是模拟信号调理中的一项重要内容，这里不再重复。

2. 积分法

双积分式A/D可以削弱周期性差模干扰。众所周知，双积分式A/D的工作原理是两次积分：第一次积分是对被测电压定时积分，积分时间为定值$T_1=N_r T_c$（T_c为时钟周期），第二次积分是对基准电压U_r定压积分，从第一次积分的终了值积分到零，这段时间T_2的计数值即为A/D转换结果N_x，即

$$N_x=\frac{T_2}{T_c}=\frac{\overline{U}_x\cdot T_1}{U_r\cdot T_c}=\frac{\overline{U}_x}{U_r}\cdot N_r \tag{8-2-18}$$

式中$\overline{U}_x$为被测电压U_x在T_1期间的积分平均值，即

$$\overline{U}_x=\frac{1}{T_1}\int_0^{T_1}U_x\,dt \tag{8-2-19}$$

假设被测信号U_s上叠加有干扰电压U_n，即$U_x=U_s+U_n$，并假定$U_n=U_{nm}\sin(\omega t-\varphi)$，则转换结果为

$$N_x=\frac{\overline{U}_s+\overline{U}_n}{U_r}\cdot N_r \tag{8-2-20}$$

误差项为

$$\varepsilon=\overline{U}_n=\frac{1}{T_1}\int_0^{T_1}U_{nm}\sin(\omega t-\varphi)\,dt=-\frac{U_{nm}}{T_1\omega}2\sin\frac{\omega T_1}{2}\times\sin\left(\varphi-\frac{\omega T_1}{2}\right) \tag{8-2-21}$$

令

$$T_1=k/f \tag{8-2-22}$$

将式(8-2-22)及$\omega=2\pi f$代入式(8-2-21)得

$$\varepsilon=\overline{U}_n=-\frac{U_{nm}}{k\pi}\sin k\pi\sin(\varphi-k\pi)$$

显然

$$|\varepsilon|_{max}=\frac{U_{nm}}{k\pi}\sin k\pi \tag{8-2-23}$$

干扰抑制效果为

$$\mathrm{NMR}=-20\lg\left|\frac{U_{nm}}{\varepsilon_{max}}\right|=-20\lg\frac{k\pi}{\sin k\pi} \tag{8-2-24}$$

当定时积分时间T_1选定为干扰噪声周期的整数倍，即式(8-2-22)中k为整数时，NMR=∞，例如要抑制最常见的干扰为50 Hz工频，则应选双积分A/D的定时积分时间为

$$T_1=k\times 20\ \mathrm{ms} \tag{8-2-25}$$

3. 电平鉴别法

如果信号和噪声在幅值上有较大的差别，且信号幅值较大，噪声幅值较小，则可用电平鉴别法将噪声消除。

(1) 采用脉冲隔离门抑制干扰

利用硅二极管的正向压降对幅值小的干扰脉冲加以阻挡，而让幅值大的信号脉冲顺利通过。图8-2-19示出脉冲隔离门的原理电路。电路中的二极管最好选用开关管。

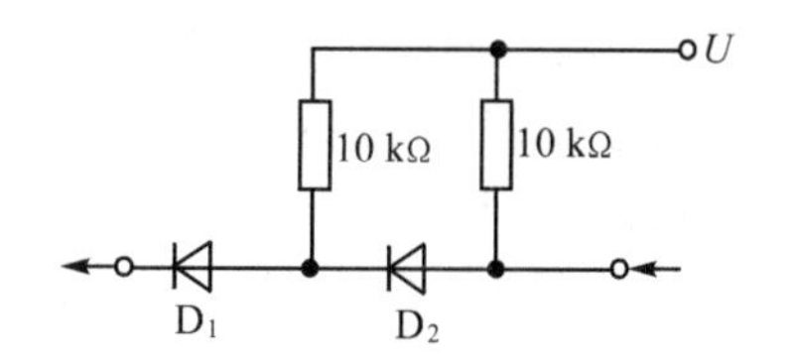

图8-2-19 脉冲隔离门

(2) 采用削波器抑制干扰

当噪声电压低于脉冲信号波形的波峰值时,可以采用图8-2-20所示的削波器。该削波器只让高于电压U的脉冲信号通过,而低于电压U的噪声则被削掉。图8-2-20(d)为原理图;图8-2-20(a)为输入信号,包括幅值大的信号脉冲和不规则的幅值小的干扰脉冲;图8-2-20(b)为削波器输出信号,把干扰脉冲削掉了;图8-2-20(c)为经过放大后的信号脉冲。

4. 脉宽鉴别法

如果噪声幅值较高,但噪声波形的脉宽要比信号脉宽窄得多,则可利用RC积分电路来有效地消除脉宽较窄的噪声。一般要求RC积分电路的时间常数要大于噪声的脉宽而小于信号的脉宽。

图8-2-21以波形图的形式说明了用积分电路消除干扰脉冲的原理。在图8-2-21(a)中,宽的为信号脉冲,窄的为干扰脉冲。图8-2-21(b)为对信号和干扰脉冲进行微分后的波形。图8-2-21(c)为对图8-2-21(a)进行积分后的波形。信号脉冲宽,积分后信号幅度高;干扰脉冲窄,积分后信号幅度小。用一门坎电平将幅度小的干扰脉冲去掉,即可实现抑制干扰脉冲的作用。

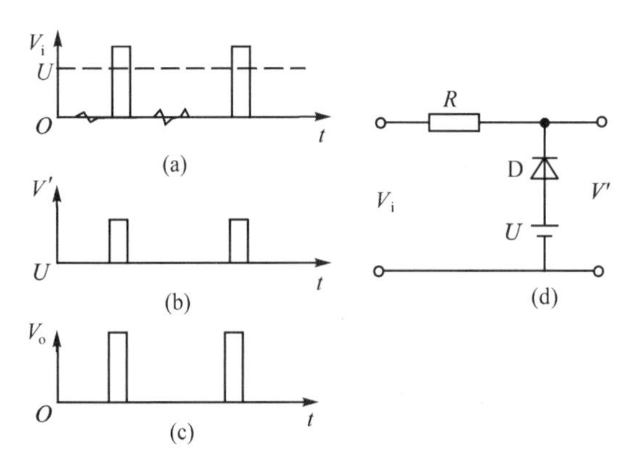

图8-2-20　削波器

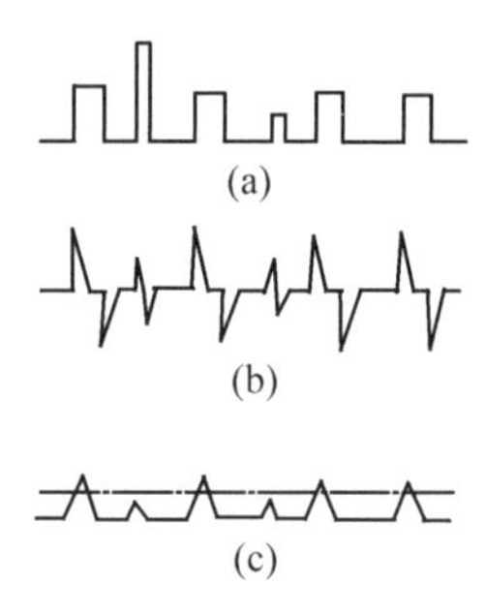

图8-2-21　用积分电路消除干扰脉冲

8.2.6　供电系统抗干扰

1. 从供电系统窜入的干扰

从供电系统窜入的干扰一般有以下几种:

① 大功率的感性负载或可控硅切换时,会在电网中产生强大的反电动势。这种瞬态高压(幅值可达2 kV,频率从几百Hz到2 MHz),可引起电源波形的严重畸变,电网中的瞬态高压对系统会产生严重的干扰。其主要途径是:由电源进线经由电源变压器的初次级绕组间的杂散电容,进入系统电路,再从系统接地点入地返回干扰源。

② 当采用整流方式供电时,滤波不良会产生纹波噪声,这是一种低频干扰噪声。

③ 当采用直流—直流变换器或开关稳压电源时,则会出现高频的开关噪声干扰。

④ 电源的进线和输出线也很容易受到工业现场以及天电的各种干扰噪声。这些干扰噪声经电源线传导耦合到电路中去,对系统产生干扰。

2. 供电系统抗干扰措施

为了保证系统稳定可靠地工作,可以采取如下措施,抑制来自电源的各种干扰。

(1) 电源滤波和退耦

电源滤波和退耦是抑制电源干扰的主要措施。图 8-2-22 示出了一个采用电源滤波和退耦技术的电源系统。该电源系统在交流进线端接对称 LC 低通滤波器,用以滤除交流进线上引入的大于 50 Hz 的高次谐波干扰,改善电源的波形。变阻二极管(也可跨接适当的压敏电阻)用来抑制进入交流电源线上的瞬时干扰(或者大幅值的尖脉冲干扰)。电源变压器采用双重屏蔽措施,将初次级隔离起来,使混入初级的噪声干扰不致进入次级。整流滤波电路中采用了电解电容和无感高频电容的并联组合,以进一步减小高频噪声进入电源系统。整流滤波后的直流电压再经稳压,可使干扰被抑制到最小(有的电源系统还在交流进线端设置交流稳压器,用以保证交流供电的稳定性,抑制电网电压的波动)。考虑到一个电源系统可能同时向几个电路供电,为了避免通过电源内阻造成几个电路间互相干扰,在每个电路的直流电源进线与地之间接入了 RC 或 LC 的退耦滤波电路。

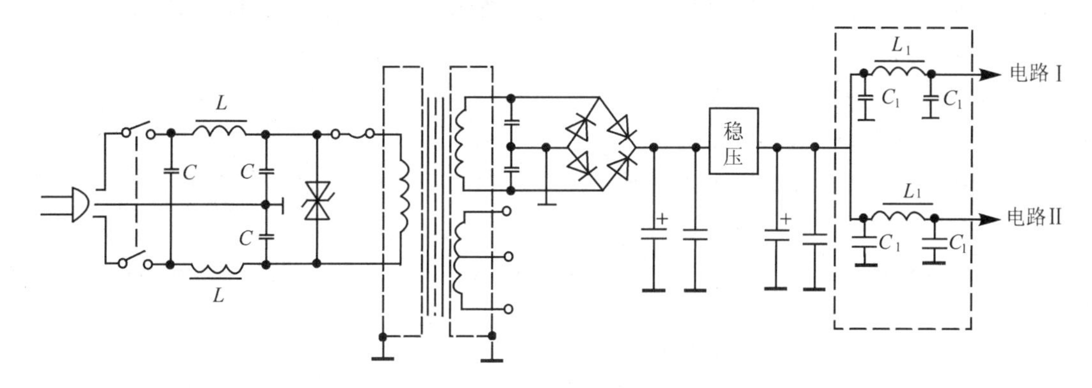

图 8-2-22 电源滤波和退耦技术

(2) 采用不间断电源和开关式直流稳压电源

不间断电源 UPS 除了有很强的抗电网干扰的能力外,更主要的是万一电网断电,它能以极短的时间(<3 ms)切换到后备电源上去,后备电源能维持 10 min 以上(满载)或 30 min 以上(半载)的供电时间,以便操作人员及时处理电源故障或采取应急措施。在要求很高的控制场合,可采用 UPS。

开关式稳压电源由于开关频率可达 10~20 kHz,或者更高,因而扼流圈、变压器都可小型化,高频开关晶体管工作在饱和截止状态,效率可达 60%~70%,而且抗干扰性能强,因此,应该用开关式直流稳压电源代替各种稳压电源。

(3) 系统分别供电和采用电源模块单独供电

当系统中使用继电器、磁带机等电感设备时,向采集电路供电的线路应与向继电器等供电的线路分开,以避免在供电线路之间出现相互干扰。供电线路如图 8-2-23 所示。

在设计供电线路时,要注意对变压器和低通滤波器进行屏蔽,以抑制静电干扰。

近年来,在一些数据采集板卡上,广泛采用 DC—DC 电源电路模块,或三端稳压集成块,如 7805、7905、7812、7912 等组成的稳压电源单独供电。其中,DC—DC 电源电路由电源模块及相关滤波元件组成。该电源模块的输入电压为+5 V,输出电压为与原边隔离的±15 V 和+5 V,原、副边之间隔离电压可达 1 500 V。采用单独供电方式,与集中供电相比,具有以下

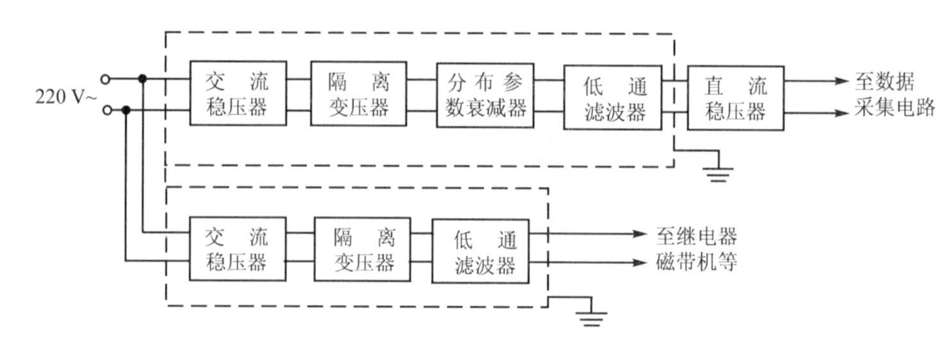

图 8-2-23 系统分别供电的线路

一些优点:

① 每个电源模块单独对相应板卡进行电压过载保护,不会因某个稳压器的故障而使全系统瘫痪。

② 有利于减小公共阻抗的相互耦合及公共电源的相互耦合,大大提高供电系统的可靠性,也有利于电源的散热。

③ 总线上电压的变化,不会影响板卡上的电压,有利于提高板卡上的工作可靠性。

(4) 供电系统馈线要合理布线

在数据采集系统中,电源的引入线和输出线以及公共线在布线时,均须采取以下抗干扰措施:

① 电源前面的一段布线。该布线从电源引入口,经开关器件至低通滤波器之间的馈线,尽量用粗导线。

② 电源后面的一段布线。该布线采用以下两种方法:

第一种,均应采用双绞线,双绞线的绞距要小。如果导线较粗,无法扭绞时,应把馈线之间的距离缩到最短。

第二种,交流线、直流稳压电源线、逻辑信号线和模拟信号线、继电器等感性负载驱动线、非稳压的直流线均应分开布线。

③ 电路的公共线。电路中应尽量避免出现公共线,因为在公共线上,某一负载的变化引起的压降,都会影响其他负载。若公共线不能避免,则必须把公共线加粗,以降低阻抗。

8.2.7 印刷电路板抗干扰

印刷电路板是测控系统中器件、信号线、电源线的高度集合体,印刷电路板设计的好坏,对抗干扰能力影响很大。故印刷电路板的设计决不单纯是器件、线路的简单布局安排,还必须符合抗干扰的设计原则。通常应有下述抗干扰措施。

1. 合理布置印制电路板上的器件

印刷电路板上器件的布置应符合器件之间电气干扰小和易于散热的原则。

一般印刷电路板上同时具有电源变压器、模拟器件、数字逻辑器件、输出驱动器件等。为了减小器件之间的电气干扰,应将器件按照其功率的大小及抗干扰能力的强弱分类集中布置:将电源变压器和输出驱动器件等大功率强电器件作为一类集中布置;将数字逻辑器件作为一类集中布置;将易受干扰的模拟器件作为一类集中布置。各类器件之间应尽量远离,以防止相互干扰。此外,每一类器件又可按照减小电气干扰原则再进一步分类布置。

印刷电路板上器件的布置还应符合易于散热的原则。为了使电路稳定可靠地工作，从散热角度考虑器件的布置时，应注意以下几个问题：

① 对发热元器件要考虑通风散热，必要时要安装散热器。

② 发热元器件要分散布置，不能集中。

③ 对热敏感元器件要远离发热元器件或进行热屏蔽。

2. 合理分配印刷电路板插脚

当印刷电路板是插入个人计算机及 S-100 等总线扩展槽中使用时，为了抑制线间干扰，对印制电路板的插脚必须进行合理分配。例如，为了减小强信号输出线对弱信号输入线的干扰，将输入、输出线分置于印刷板的两侧，以便相互分离。地线设置在输入、输出信号线的两侧，以减小信号线寄生电容的影响，起到一定的屏蔽作用。

3. 印刷电路板合理布线

印刷电路板上的布线，一般应注意以下几点：

① 印刷板是一个平面，不能交叉配线。但是，与其在板上寻求十分曲折的路径，不如采用通过元器件实行跨接的方法。

② 配线不要做成环路，特别是不要沿印刷板周围做成环路。

③ 不要有长段的窄条并行，不得已而并行时，窄条间要再设置隔离用的窄条。

④ 旁路电容器的引线不能长，尤其是高频旁路电容器，应该考虑不用引线而直接接地。

⑤ 单元电路的输入线和输出线，应当用地线隔开，如图 8-2-24 所示。在图 8-2-24(a)中，由于输出线平行于输入线，存在寄生电容 C_0，将引起寄生耦合。所以，这种布线形式是不可取的。图 8-2-24(b)中，由于输出线和输入线之间有地线，起到屏蔽作用，消除了寄生电容 C_0 和寄生反馈，因此这种布线形式是正确的。

⑥ 信号线尽可能短，优先考虑小信号线，采用双面走线，使线间距尽可能宽些。布线时元器件面和焊接面的各印刷引线最好相互垂直，以减少寄生电容。尽可能不在集成芯片引脚之间走线。易受干扰的部位增设地线或用宽地线环绕。

4. 电源线的布置

电源线、地线的走向应尽量与数据传输的方向一致，且应尽量加宽其宽度，这都有助于提高印刷电路板的抗干扰能力。

5. 印刷电路板的接地线设计

印刷电路的接地是一个很重要的问题，请见 8.2.1 节的讨论。

6. 印刷电路板的屏蔽

(1) 屏蔽线

为了减小外界干扰作用于电路板或者电路板内部导线、元件之间出现的电容性干扰，可以在两个电流回路的导线之间另设一根导线，并将它与有关的基准电位(或屏蔽电位)相连，就可以发挥屏蔽作用。图 8-2-25 中，干扰线通过寄生电容 C_{k1}，直接对连接信号发送器 SS 和信号接收器 SE 的信号线 SL 造成耦合干扰。图 8-2-26 中，在干扰线与信号线之间接入一根屏蔽线，这时 $C_{k2} \ll C_{k1}$，干扰可以大大减小，由于屏蔽线不可能完全包围干扰对象，因此屏蔽作用不是完全的。

这种导线屏蔽主要用于极限频率高、上升时间短($<$500 ns)的系统，因为此时耦合电容虽小而作用极大。

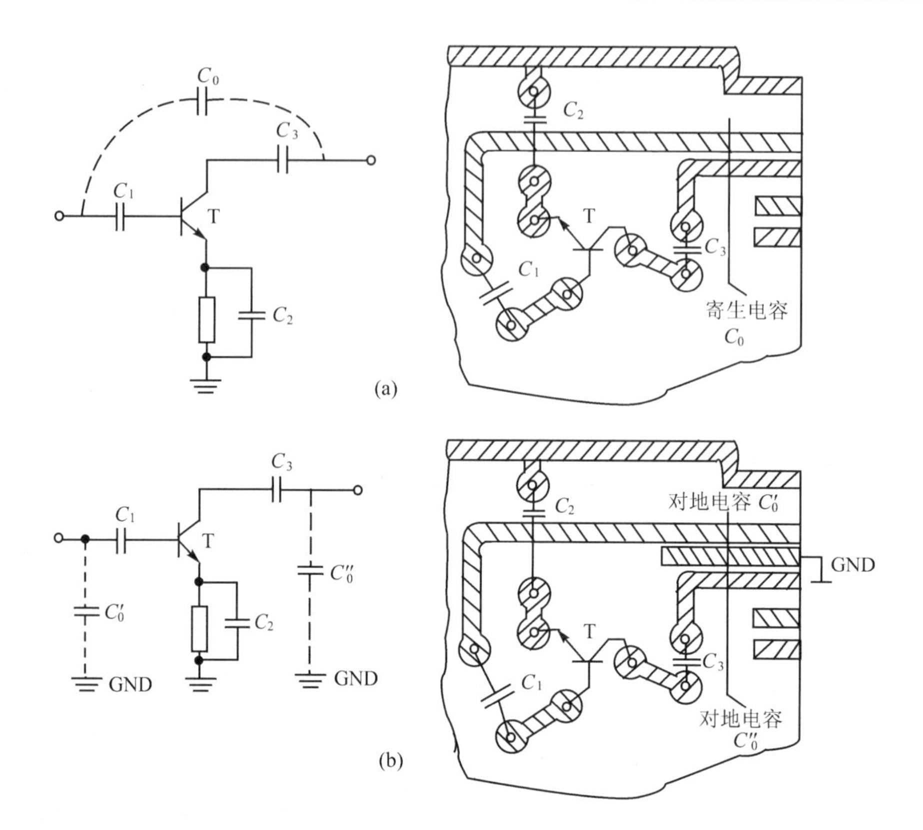

图 8-2-24　印刷电路的输入/输出线布置

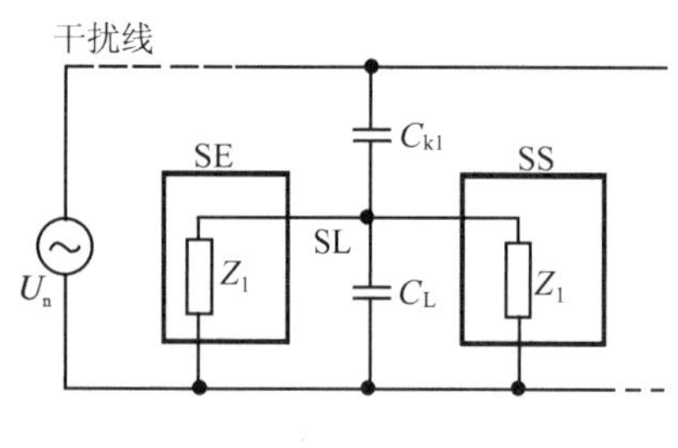

图 8-2-25　无导线屏蔽电路板

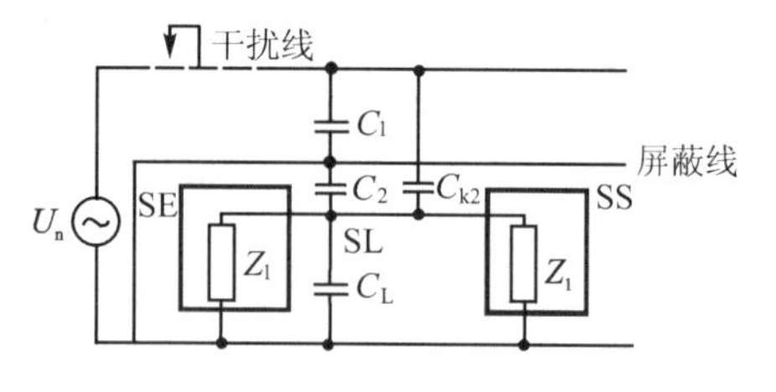

图 8-2-26　带屏蔽线的电路板

(2) 屏蔽环

屏蔽环是一条导电通路,它位于印刷电路板的边缘并围绕着该电路板,且只在某一点上与基准电位相连。它可对外界作用于电路板的电容性干扰起屏蔽作用。

如果屏蔽环的起点与终点在电路板上相连,或通过插头相连,则将形成一个短路环,这将使穿过其中的磁场削弱,对电感性干扰起抑制作用。这种屏蔽环不允许作为基准电位线使用。

屏蔽环如图 8-2-27 所示。图 8-2-27(a)为抗电容性干扰屏蔽环;图 8-2-27(b)为抗电感性干扰屏蔽环。

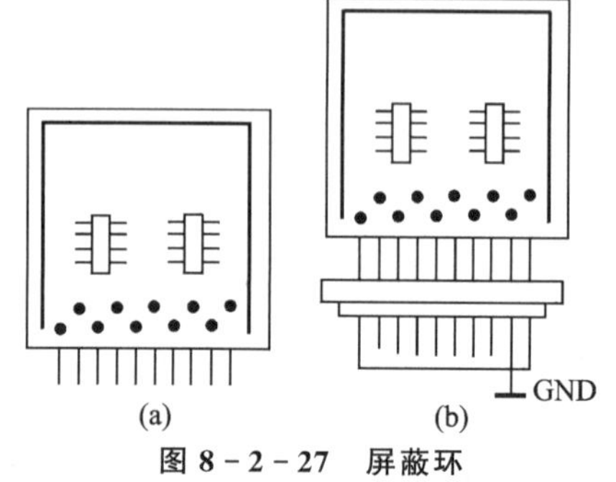

图 8-2-27　屏蔽环

7. 去耦电容器的配置

集成电路工作在翻转状态时，其工作电流变化是很大的。例如，对于具有图 8-2-28 所示输出结构的 TTL 电路，在状态转换的瞬间，其输出部分的两个晶体管，会有大约 10 ns 的瞬间同时导通，这时相当于电源对地短路，每一个门电路，在这一转换瞬间有 30 ms 左右的冲击电流输出，它在引线阻抗上产生尖峰噪声电压，对其他电路形成干扰，这种瞬变的干扰不是稳压电源所能稳定的。

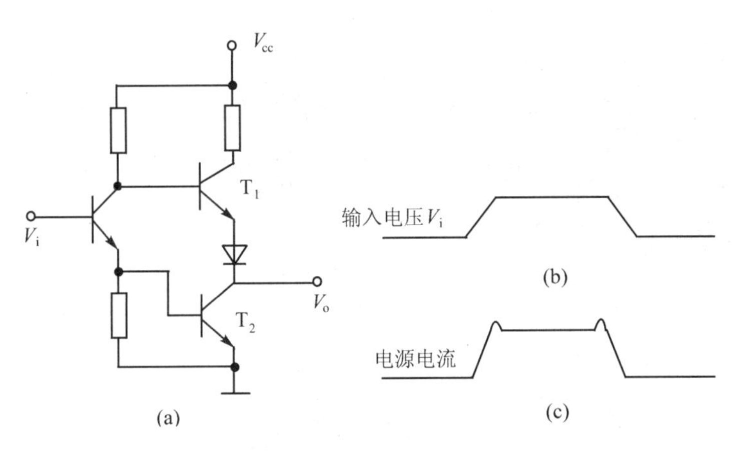

图 8-2-28　集成电路的工作状态

对于集成电路工作时产生的电流突变，可以在集成电路附近加接旁路去耦电容将其抑制，如图 8-2-29 所示。其中图 8-2-29(a)的 $i_1, i_2, \cdots, i_n$ 是同一时间内电平翻转时，在总地线返回线上流过的冲击电流；图 8-2-29(b)是加了旁路去耦电容使得高频冲击电流被去耦电容旁路，根据经验，一般可以每 5 块集成电路旁接一个 0.05 μF 左右的陶瓷电容，而每一块大规模集成电路也最好能旁接一个去耦电容。

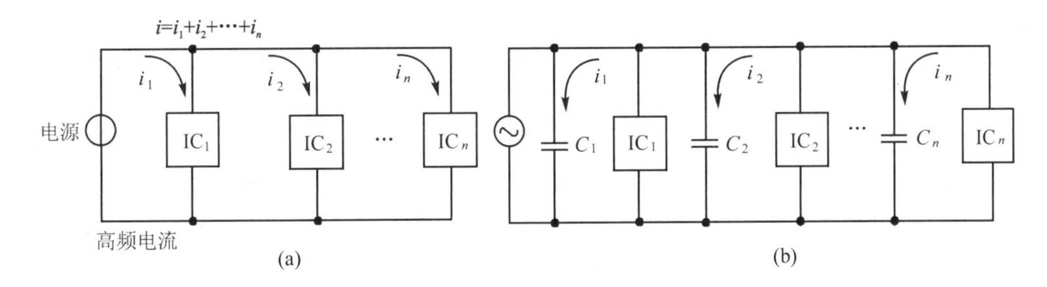

图 8-2-29　集成电路干扰的抑制

由以上讨论可知，在印刷电路板的各个关键部位配置去耦电容，是避免各个集成电路工作时对其他集成电路产生干扰的一种常规措施，具体做法如下：

① 在电源输入端跨接 10～100 μF 的电解电容器。

② 原则上，每个集成电路芯片都应配置一个 0.01 μF 的陶瓷电容器，如遇到印刷电路板空间小安装不下时，可每 4～10 个芯片配置一个 1～10 μF 的限噪声用电容器(钽电容器)。这种电容器的高频阻抗特别小(在 500 kHz～20 MHz 范围内，阻抗小于 1 Ω)，而且漏电流很小(0.5 μA 以下)。

③ 对于抗干扰能力弱，关断时电流变化大的器件和 ROM、RAM 存储器件，应在芯片的

电源线(U_{CC})和地线(GND)之间直接接入去耦电容器。

④ 电容引线不能太长,特别是高频旁路电容不能带引线。

8.3 软件抗干扰技术

为了提高测控系统的可靠性,仅靠硬件抗干扰措施是不够的,需要进一步借助于软件措施来克服某些干扰。

软件抗干扰技术是当系统受干扰后使系统恢复正常运行或输入信号受干扰后去伪存真的一种辅助方法。因此,软件抗干扰是被动措施,而硬件抗干扰是主动措施。但由于软件设计灵活,节省硬件资源,所以,软件抗干扰技术越来越引起人们的重视。在微机化测控系统中,只要认真分析系统所处环境的干扰来源以及传播途径,采用硬件、软件相结合的抗干扰措施,就能保证测控系统长期稳定、可靠地运行。

采用软件抗干扰的最根本的前提条件是:系统中抗干扰软件不会因干扰而损坏。在单片机测控系统中,由于程序有一些重要常数都放置在ROM中,这就为软件抗干扰创造了良好的前提条件。因此,软件抗干扰的设置前提条件概括为:

① 在干扰作用下,微机系统硬件部分不会受到任何损坏,或易损坏部分设置有监测状态可供查询。

② 程序区不会受干扰侵害。系统的程序及重要常数不会因干扰侵入而变化。对于单片机系统,程序及表格、常数均固化在ROM中,这一条件自然满足;而对于一些在RAM中运行用户应用程序的微机系统,无法满足这一条件。当这种系统因干扰造成运行失常时,只能在干扰过后,重新向RAM区调入应用程序。

③ RAM区中的重要数据不被破坏,或虽被破坏可以重新建立。通过重新建立的数据,系统的重新运行不会出现不可允许的状态。例如,在一些控制系统中,RAM中的大部分内容是为了进行分析、比较而临时寄存的,即使有一些不允许丢失的数据也只占极少部分。这些数据被破坏后,往往只引起控制系统一个短期波动,在闭环反馈环节的迅速纠正下,控制系统能很快恢复正常,这种系统都能采用软件恢复。

软件抗干扰技术所研究的主要内容是:其一是采取软件的方法抑制叠加在模拟输入信号上噪声对数据采集结果的影响,如数字滤波器技术(见4.6节);其二是由于干扰而使运行程序发生混乱,导致程序乱飞或陷入死循环时,采取使程序纳入正规的措施,如软件冗余、软件陷阱、"看门狗"技术。这些方法可以用软件实现,也可以采用软件硬件相结合的方法实现。

8.3.1 软件冗余技术

1. 指令冗余技术

MCS-51汇编语言所有指令均不超过3个字节,且多为单字节指令。指令由操作码和操作数两部分组成,操作码指明CPU完成什么样的操作(如传送、算术运算、转移等),操作数是操作码的操作对象(如立即数、寄存器、存储器等)。单字节指令仅有操作码,隐含操作数;双字节指令第一个字节是操作码,第二个字节是操作数;3字节指令第一个字节为操作码,后两个字节为操作数。CPU取指令过程是先取操作码,后取操作数。如何区别某个数据是操作码还是操作数呢?这完全由取指令顺序决定。CPU复位后,首先取指令的操作码,而后顺序取出操作数。当一条完整指令执行完后,紧接着取下一条指令的操作码、操作数。这些操作时序完全由程序计数器PC控制。因此,一旦PC因干扰而出现错误,程序便脱离正常运行轨道,出现"乱飞",出现操作数数值改变以及将操作数当作操作码的错误。当程序"乱飞"到某个单字节指令上时,便自己自动纳入正轨;当"乱飞"到某双字节指令上时,若恰恰在取指令时刻落到其操作数上,从而将操作数当作操作码,程序仍将出错;当程序"乱飞"到某个3字节指令上时,因为它们有两个操作数,误将其操作数当作操作码的出错概率更大。

为了使"乱飞"程序在程序区迅速纳入正轨,应该多用单字节指令,并在关键地方人为地插入一些单字节指令NOP,或将有效单字节指令重写,称之为指令冗余。

(1) NOP的使用

可在双字节指令和3字节指令之后插入两个单字节NOP指令,这可保证其后的指令不被拆散。因为"乱飞"程序即使落到操作数上,由于两个空操作指令NOP的存在,不会将其后的指令当操作数执行,从而使程序纳入正轨。

对程序流向起决定作用的指令(如RET、RETI、ACALL、LCALL、LJMP、JZ、JNZ、JC、JNC、DJNZ等)和某些对系统工作状态起重要作用的指令(如SETB、EA等)之前插入两条NOP指令,可保证乱飞程序迅速纳入轨道,确保这些指令正确执行。

(2) 重要指令冗余

对于程序流向起决定作用的指令(如RET、RETI、ACALL、LCALL、LJMP、JZ、JNZ、JC、JNC等)和某些对系统工作状态有重要作用的指令(如SETB、EA等)的后面,可重复写上这些指令,以确保这些指令的正确执行。

由以上可看出,采用冗余技术使程序计数器纳入正确轨道的条件是,跑飞的程序计数器必须指向程序运行区,并且必须执行到冗余指令。

2. 时间冗余技术

时间冗余方法也是解决软件运行故障的方法。时间冗余方法是通过消耗时间资源达到纠错目的。

(1) 重复检测法

输入信号的干扰是叠加在有效电平信号上的一系列离散尖脉冲,作用时间很短。当控制系统存在输入干扰,又不能用硬件加以有效抑制时,可以采用软件重复检测的方法,达到"去伪存真"的目的。

对接口中的输入数据信息进行多次检测,若检测结果完全一致,则是真输入信号;若相邻的检测内容不一致,或多次检测结果不一致,则是伪输入信号。两次检测之间应有一定的时间间隔t,设干扰存在的时间为T,重复次数为K,则$t=T/K$。

图8-3-1是重复检测法的程序框图。图中K为重复检测次数,t为时间间隔,将相邻的两次结果进行比较,相等时对J计数,不等时对I计数。当重复K次之后,对I、J结果进行判别,以确定输入信号的真伪。

(2) 重复输出法

开关量输出软件抗干扰设计,主要是采取重复输出的办法,这是一种提高输出接口抗干扰性能的有效措施。对于那些用锁存器输出的控制信号,这些措施很有必要。在允许的情况下,输出重复周期尽可能短些。当输出端口受到某种干扰而输出错误信号后,外部执行设备还来不及作出有效反应,正确的信息又输出了,这就可以及时地防止错误动作的发生。

在执行重复输出功能时,对于可编程接口芯片,工作方式控制字与输出状态字一并重复设置,使输出模块可靠地工作。

(3) 指令复执技术

这种技术是重复执行已发现错误的指令,如故障是瞬时的,在指令复执期间,有可能不再出现,程序可继续执行。

所谓复执,就是程序中的每条指令都是一个重新启动点,一旦发现错误,就重新执行被错误破坏的现行指令。指令复执既可用编制程序来实现,也可用硬件控制来实现,基本的实现方法是:

① 当发现错误时,能准确保留现行指令的地址,以便重新取出执行;

② 现行指令使用的数据必须保留,以便重新取出执行时使用。

指令复执类似于程序中断,但又有所区别。类似的是二者都要保护现场;不同的是,程序中断时,机器一般没有故障,执行完当前指令后保留现场;但指令复执,不能让当前指令执行完,否则会保留错误结果,因此,在传送执行结果之前就停止执行现行指令,以保存上一条指令执行的结果,且程序计数器要后退一步。

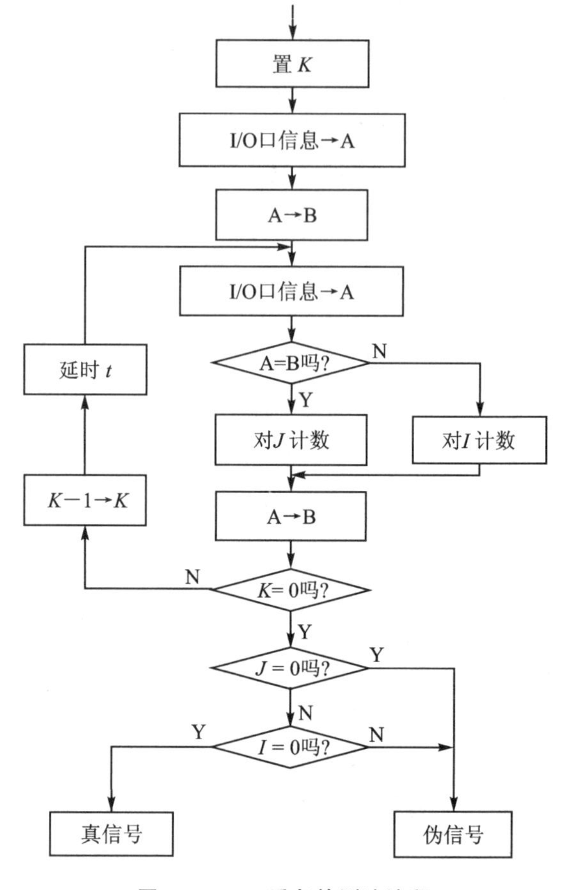

图 8-3-1　重复检测法流程

指令复执的次数通常采用次数控制和时间控制两种方式,如在规定的复执次数或时间之内故障没有消失,称之复执失败。

(4) 程序卷回技术

程序卷回不是某一条指令的重复执行,而是一小段程序的重复执行。为了实现卷回,也要保留现场。程序卷回的要点是:

① 将程序分成一些小段,卷回时也要卷回一小段,不是卷回到程序起点。

② 在第 n 段之末,将当时各寄存器、程序计数器及其他有关内容移入内存,并将内存中被第 n 段所更改的单元又在内存中另开辟一块区域保存起来。如在第$(n+1)$段中不出问题,则将第$(n+1)$段现场存档,并撤销第 n 段所存内容。

③ 如在第$(n+1)$段出现错误,就把第 n 段的现场送给机器的有关部分,然后从第$(n+1)$段起点开始重复执行第$(n+1)$程序。

这种卷回方法可卷回若干次,直到故障排除或显示故障为止。

(5) 延时避开法

在工业中,实际应用的微机测控系统,有很多强干扰主要来自系统本身。例如,大型感性负载的通断,特别容易引起电源过电压、欠压、浪涌、下陷以及产生尖峰干扰等。这些干扰可通过电源耦合窜入微机电路。虽然这些干扰危害严重,但往往是可预知的,在软件设计时可采取适当措施避开。当系统要接通或断开大功率负载时,使 CPU 暂停工作,待干扰过去以后再恢复工作,这比单纯在硬件上采取抗干扰措施要方便许多。

8.3.2　软件陷阱技术

当"乱飞"程序进入非程序区(如 EPROM 未使用的空间)或表格区时,采用冗余指令使程序入轨条件不满足,此时可以设定软件陷阱,拦截"乱飞"程序,将其迅速引向一个指定位置,在那里有一段专门对程序运行出错进行处理的程序。

1. 软件陷阱

软件陷阱,就是用引导指令强行将捕获到的乱飞程序引向复位入口地址 0000H,在此处将程序转向专门对程序出错进行处理的程序,使程序纳入正轨。软件陷阱可采用两种形式,如表 8-3-1 所列。

表 8-3-1　软件陷阱形式

形　式	软件陷阱形式	对应入口形式
形式之一	NOP NOP LJMP 0000H	0000H: LJMP　MAIN　;运行程序 ⋮
形式之二	LJMP 0202H LJMP 0000H	0000H: LJMP　MAIN　;运行主程序 ⋮ 0202H: LJMP 0000H ⋮

形式之一的机器码为:0000020000;

形式之二的机器码为:020202020000。

根据乱飞程序落入陷阱区的位置不同,可选择执行空操作,转到 0000H 和直转 0202H 单元的形式之一,使程序纳入正轨,指定运行到预定位置。

2. 软件陷阱的安排

(1) 未使用的中断区

当未使用的中断因干扰而开放时,在对应的中断服务程序中设置软件陷阱,就能及时捕捉到错误的中断。C51 的中断函数格式如下:

```
void 函数名() interrupt 中断号 using 工作组
    {
        中断服务程序内容
}
```

中断函数不能返回任何值,所以最前面用 void;后面紧跟函数名,名字可以随便取,但不要与 C51 语言中的关键字相同;中断函数不带任何参数,所以函数名后面的小括号内为空;中断号是指单片机中几个中断源的序号;最后面的"using 工作组"是指这个中断函数使用单片机内存中 4 组工作寄存器中的一组,C51 编译器在编译程序时会自动分配工作组,因此最后这句话我们通常省略不写。

(2) 未使用的 EPROM 空间

现在使用的 EPROM 一般为 2764、27128 等芯片,很少全部用完。这些非程序用区可用 0000020000 或 020202020000 数据填满。注意,最后一条填入数据应为 020000。当乱飞程序进入此区后,便会迅速自动入轨。

(3) 非 EPROM 芯片空间

单片机系统地址空间为 64 KB。一般说来,系统中除了 EPROM 芯片占用的地址空间外,还会余下大量空间。如系统仅选用了一片 2764,其地址空间为 8 KB,那么将有 56 KB 地址空间闲置。当程序计数器"乱飞"而落入这些空间时,读入数据将为 FFH,这是"MOV R7,A"指令的机器码,将修改 R7 的内容。因此,当程序乱飞入非 EPROM 芯片区后,不仅无法迅速入轨,而且破坏 R7 的内容。

图 8-3-2 中 74LS08 为四正与门。EPROM 芯片地址空间为 0000H~1FFFH,译码器 74LS138 中的 Y0 为其片选信号。空间 2000H~FFFFH 为非应用空间。当程序计数器落入 2000H~FFFFH 空间时,定有 Y0 为高电平。当取指令操作时,$\overline{PSEN}$ 为低,从而引出中断。在中断服务程序中设置软件陷阱,可将"乱飞"的程序计数器迅速拉入正轨。

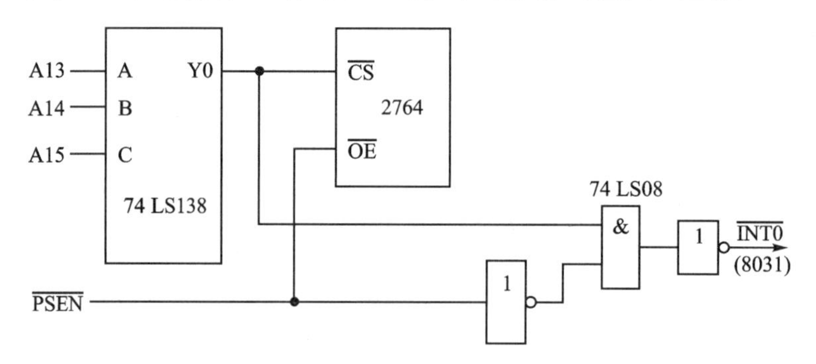

图 8-3-2 非 EPROM 区程序陷阱之一

在图 8-3-3 中,当程序计数器"乱飞"落入 2000H~FFFFH 空间时,74LS244 选通,读入数据为 020202H,这是一条转移指令,使程序计数器转入 0202H 入口,在主程序 0202H 设有出错处理程序。

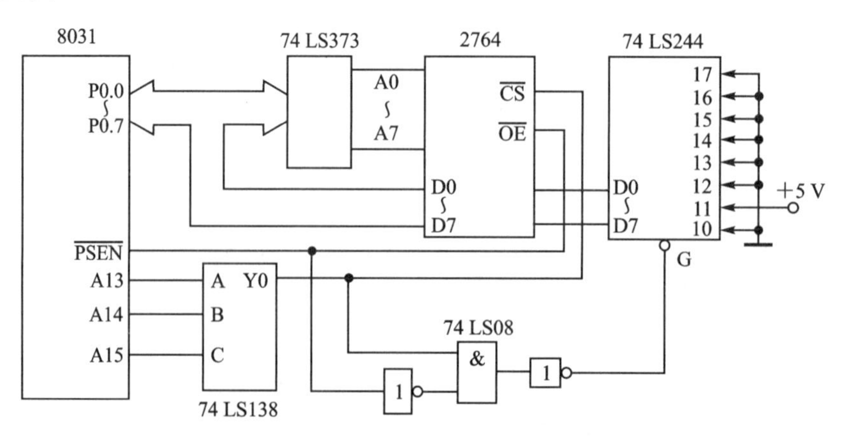

图 8-3-3 非 EPROM 区程序陷阱之二

(4) 运行程序区

前面曾指出,“乱飞”的程序在用户程序内部跳转时可用指令冗余技术加以解决,也可以设置一些软件陷阱,更有效地抑制程序“乱飞”,使程序运行更加可靠。程序设计时常采用模块化设计,按照程序的要求一个模块、一个模块地执行。可以将陷阱指令组分散放置在用户程序各模块之间空余的单元里。在正常程序中不执行这些陷阱指令,保证用户程序运行。但当程序乱飞一旦落入这些陷阱区,马上将“乱飞”的程序拉到正确轨道。这个方法很有效,陷阱的多少一般依据用户程序大小而定,一般每 1 K 字节有几个陷阱就够了。

(5) 中断服务程序区

设用户主程序运行区间为 ADD1～ADD2,并设定时器 T0 产生 10 ms 定时中断。当程序“乱飞”落入 ADD1～ADD2 区间外,若在此用户程序区外发生了定时中断,可在中断服务程序中判定中断断点地址 ADDX。若 ADDX＜ADD1 或 ADDX＞ADD2,说明发生了程序“乱飞”,则应使程序返回到复位入口地址 0000H,使乱飞程序纳入正轨。假设 ADD1＝0100H,ADD2＝1000H,2FH 为断点地址高字节暂存单元,2EH 为断点地址低字节暂存单元。编写中断服务程序为:

```
#include <reg51.h>
#include<stdio.h>
#define BK XBYTE [0x2F2E]                //定义断点地址
#define uchar unsigned char
void LOPN();
/*中断服务特殊功能寄存器配置*/
void init()
{
    TMOD = 0x11;                         //设置定时器 0 和 1 为工作方式
    TH0 = C2;
    TL0 = F6;                            //赋初值
    EA = 1;                              //开总中断
    ET0 = 1;                             //开定时器 0 中断
    TR0 = 1;                             //启动定时器 0
    EX0 = 1;                             //开启 T0 中断
}
void main()
{
    init();
    uchar a, b, c;
    CY = 0;
    a = c = 0x2F;
    b = 0x01;
    a -= b;
    c& = ~(1<<7);
    c& = ~(1<<6);                        //取数据的后六位,其余位数置零
    b& = ~(1<<7);
```

```
    b&=~(1<<6);                    //取数据的后六位,其余位数置零
    if(c<b)                        //判断是否有借位
    {
        CY=1;
        LOPN();                    //当断点小于0x0100时转
    }
    a=c=0x10;
    b=0x2F;
    a-=b;
    c&=~(1<<7);
    c&=~(1<<6);                    //取数据的后六位,其余位数置零
    b&=~(i<<7);
    b&=~(1<<6);                    //取数据的后六位,其余位数置零
    if(c<b)                        //判断是否有借位
    {
        CY=1;
        LOPN();                    //当断点大于0x1000时转
    }
        ⋮                          //中断处理的内容
    return;                        //返回
}
void LOPN()                        //修改断点的地址
{
    int * BK=(int *)0x0000;        //故障断点地址为0x00
    return;                        //返回
}
```

(6) RAM数据保护的条件陷阱

单片机外RAM保存大量数据,这些数据的写入是使用“MOVX @DPTR,A”指令来完成的。当CPU受到干扰而非法执行该指令时,就会改写RAM中的数据,导致RAM中数据丢失。为了减小RAM中数据丢失的可能性,可在RAM写操作之前加入条件陷阱,不满足条件时不允许写操作,并进入陷阱,形成死循环,具体形式是:

```
#include <reg51.h>
#include<stdio.h>
#include<absacc.h>
#include<intrins.h>
#define PAM XBYTE[0x****]
#define uchar unsigned char
void WRDP();
void XJ();
uchar xdata *add;                  //外部扩展内存数据定义
uchar code step[]={0x55, 0xAA};    //定义数组
```

```
void main()
{
    uchar a;
    a = 0x * * ;
    WRDP();                          //跳转
    return;
}
void WRDP()
{
    _nop_();                         //空指令
    _nop_();
    _nop_();
    if(step[0]!= 0x55)               //不等于 0x55 时进入死循环
    {
        XJ();
    }
    if(step[1]!= 0xAA)               //不等于 0xAA 时进入死循环
    {
        XJ();
    }
    add = &PAM;
* add = 0x * * ;                     //数据写入 RAM× × × ×H 中
    nop_();
    nop_();
    nop_();
    return;
}
void XJ()                            //死循环
{
    nop_();
    nop_();
    XJ();                            //跳转
}
```

落入死循环之后,可以通过下面讲述的“看门狗”技术摆脱困境。

8.3.3 “看门狗”技术

程序计数器 PC 受到干扰而失控,引起程序“乱飞”,也可能使程序陷入“死循环”。指令冗余技术、软件陷阱技术不能使失控的程序摆脱“死循环”的困境,通常采用程序监视技术,又称“看门狗”技术(watchdog),使程序脱离“死循环”。测控系统的应用程序往往采用循环运行方式,每一次循环的时间基本固定。“看门狗”技术就是不断监视程序循环运行时间,若发现时间超过已知的循环设定时间,则认为系统陷入了“死循环”,然后强迫程序返回到 0000H 入口,在 0000H 处安排一段出错处理程序,使系统运行纳入正规。

“看门狗”技术既可由硬件实现,也可由软件实现,还可由两者结合来实现。为了便于软、硬件"看门狗"技术比较,本节先介绍硬件电路实现"看门狗"功能。

1. 硬件"看门狗"电路

(1) 单稳态型"看门狗"电路

图 8-3-4 是采用 74LS123(或 74HC123)双可再触发单稳态多谐振荡器设计的"看门狗"电路。74LS123 的引脚与功能表如图 8-3-5 所示。

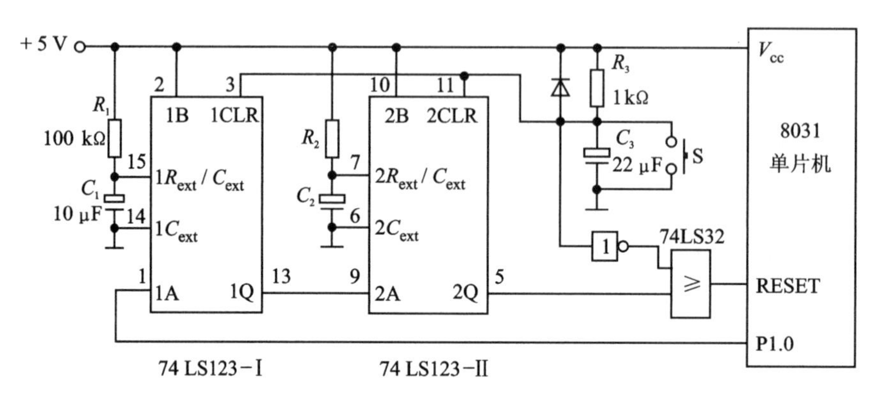

图 8-3-4　单稳态"看门狗"电路

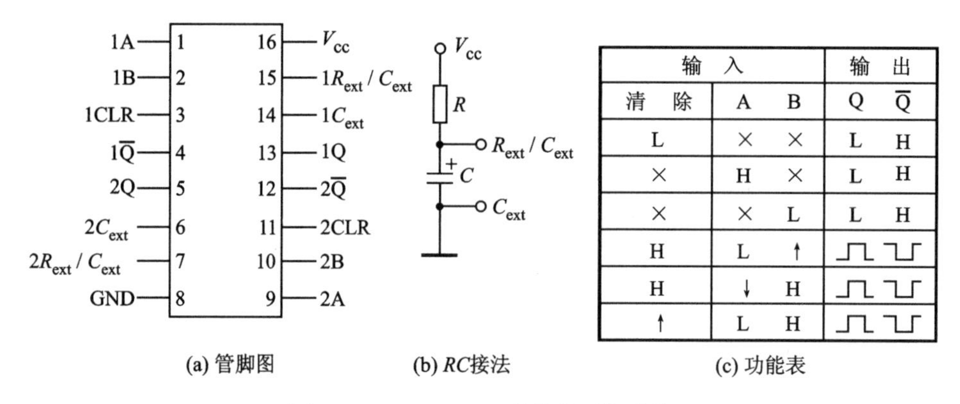

输入			输出	
清　除	A	B	Q	$\overline{Q}$
L	×	×	L	H
×	H	×	L	H
×	×	L	L	H
H	L	↑	⊓	⊔
H	↓	H	⊓	⊔
↑	L	H	⊓	⊔

(a) 管脚图　　(b) RC接法　　(c) 功能表

图 8-3-5　74LS123 管脚排列与功能

从功能表可以看出,在清除端为高电平,B 端为高电平的情况下,若 A 输入负跳变,则单稳态触发器脱离原来的稳态(Q 为低电平)进入暂态,即 Q 端变为高电平。在经过一段延时后,Q 端重新回到稳定状态。这就使 Q 端输出一个正脉冲,其脉冲宽度由定时元件 R、C 决定。当 $C>1\,000$ pF 时,输出脉冲宽度计算式为

$$t_W = 0.45RC$$

式中,R 的单位为 Ω,C 的单位为 F,t_W 的单位为 s。

第一个单稳态电路的工作状态由单片机的 P1.0 口控制。在系统开始工作时,P1.0 口向 1A 端输入一个负脉冲,使 1Q 端产生正跳变,但并不能触发单稳 2[#] 动作,2Q 仍为低电平。P1.0 口负触发脉冲的时间间隔取决于系统控制主程序运行周期的大小。考虑系统参数的变化及中断、干扰等因素,必须留有足够的余量。本系统最大运行周期为 0.3 s。74LS123-Ⅰ的输出脉冲宽度为 450 ms,若此期间内 1A 端再有负脉冲输入,则 1Q 端高电平就会在此刻重新实现 450 ms 的延时。因此只要在 1A 端连续地输入间隔小于 450 ms 的负脉冲,则 1Q 输出将始终维持在高电平上。这时 2A 保持高电平,74LS123-Ⅱ单稳不动作,2Q 端始终维持在低电

平。在单片机应用系统中可用任意 I/O 引脚为 1A 端输出负脉冲，本电路用 P1.0 引脚。

在实际应用系统中，软件流程都是设计成循环结构的，在应用软件设计中使“看门狗”电路负脉冲处理语句含在主程序环中，并且使扫描周期远远小于单稳态 74LS123－Ⅰ的定时时间，如图 8－3－6 所示。

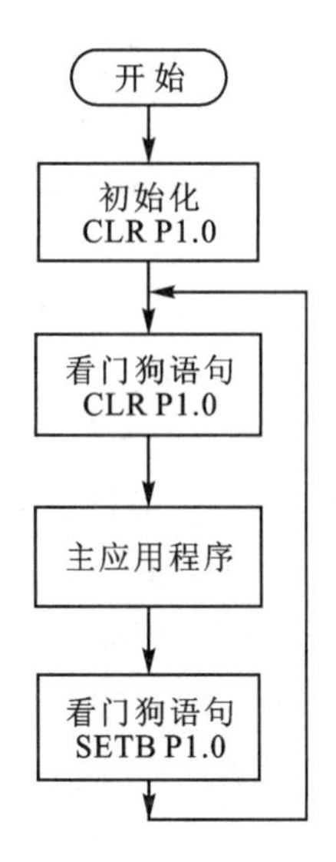

图 8－3－6　单稳态“看门狗”程序框图

在系统实际运行中，只要程序在正常工作循环中就能保证单稳态 74LS123－Ⅰ始终处于暂稳态，1Q 输出高电平，2Q 输出低电平。一旦程序由于干扰而“乱飞”或进入“死循环”，“看门狗”脉冲不能正常触发，经过 450 ms 后单稳态 74LS123－Ⅰ脱离暂态，1Q 端回到低电平，并触发单稳态 74LS123－Ⅱ翻转到暂态，在 2Q 端产生足够宽的正脉冲(0.9 ms)，使单片机可靠复位。一旦系统复位后，程序就可重新进入正常的工作循环中，使系统的运行可靠性大大提高了。

(2) 计数器型“看门狗”电路

图 8－3－7 为计数器构成的“看门狗”电路，计数器 CD4020 为 14 位二进制串行计数器。计数器计数在时钟 $\overline{CLK}$ 下沿进行；将 RST 输出置于高电平或正脉冲，可使计数器的输出全部为“0”电平。

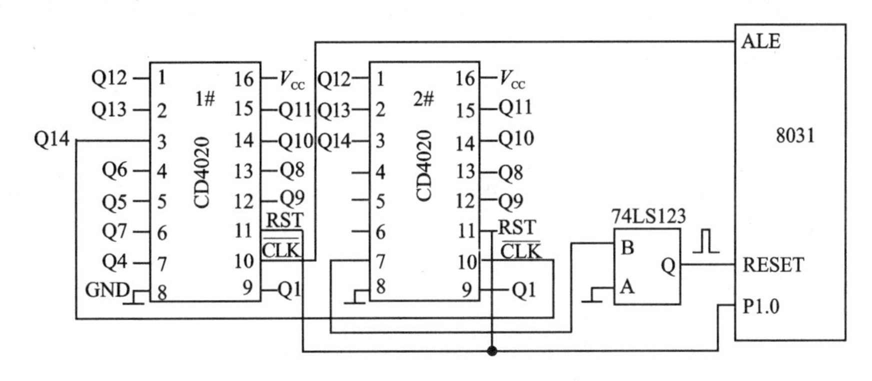

图 8－3－7　计数器型“看门狗”电路

若单片机晶振为 6 MHz，则 ALE 信号周期为 1 μs。1# CD4020 的 Q14 脚定时时间为 $2^{14}\times1\ \mu s=16.384$ ms。应用主程序在循环过程中，P1.0 脚定时发出清 0 脉冲(假定周期小于 262.144 ms)就能保证 2# 计数器 Q4 端输出为零，不影响程序正常运行。当“死循环”超过 262.144 ms 时，Q14 为高电平，RESET 为高电平，系统复位。通过 1# CD4020 输出端与 2# CD4020 的 $\overline{CLK}$ 的连接方式，可获得不同的延时时间，如表 8－3－2 所列。

表 8－3－2　计数器串联延时时间

连接方式	延时时间(Q4 输)/ms
1# Q14－2# $\overline{CLK}$	262.144
1# Q13－2# $\overline{CLK}$	131.072
1# Q12－2# $\overline{CLK}$	65.536
1# Q11－2# $\overline{CLK}$	32.768
1# Q10－2# $\overline{CLK}$	16.384

(3) 采用微处理器监控器实现“看门狗”功能

近几年来，芯片制造商开发了许多微处理器监控芯片，它们具有“看门狗”功能，如 MAX690A、MAX692A、MAX705/706/813L 等。

在微机化测控系统中,为了保证微处理器稳定而可靠地运行,须配置电压监控电路;为了实现掉电数据保护,须备用电池及切换电路;为了使微机处理器尽快摆脱因干扰而陷入的死循环,需要配置watchdog电路(俗称“看门狗”电路)。将完成这些功能的电路集成在一个芯片当中,称为微处理器监控器。这些芯片集成化程度高,功能齐全,具有广阔的应用前景。

图8-3-8为MAX813L框图。WDI为看门狗输入端,该端的作用是启动watchdog定时器开始计数。$\overline{\text{RESET}}$有效或WDI输入为高阻态时,watchdog定时器被清零且不计数。当复位信号$\overline{\text{RESET}}$变为高电平,且WDI发生电平变化(即发生上升沿或下降沿变化)时,定时器开始计数,可检测的驱动脉宽短至50 ns。

若WDI悬空,则watchdog不起作用。

当watchdog一旦被驱动之后,若在1.6 s内不再重新触发WDI,或WDI也不呈高阻态,也不发生复位信号时,则会使定时器发生计数溢出,$\overline{\text{WDO}}$变为低电平。通常watchdog可使CPU摆脱死循环的困境,因为陷入死循环后不可能再发WDI的触发脉冲了,最多经过1.6 s后,发出$\overline{\text{WDO}}$信号。$\overline{\text{WDO}}$信号可与单片机$\overline{\text{INT0}}$或$\overline{\text{INT1}}$连接,单片机在中断服务程序中,将程序引到0000H,系统重新进行正常运行。当V_{CC}降至复位门限之下时,不管watchdog定时器是否完成计数,$\overline{\text{WDO}}$均为低电平。

当$\overline{\text{WDO}}$为低电平时,欲使其恢复高电平的条件是在V_{CC}高于复位门的情况下:

① 采取手动复位,$\overline{\text{MR}}$有一低脉冲,发出复位信号,在复位信号的前沿,$\overline{\text{WDO}}$变为高电平,但watchdog被清零,且不计数;

② 若WDI电平发生变化,watchdog被清零,且开始计数,同时$\overline{\text{WDO}}$变为高电平。

若使WDI悬空,则watchdog失效,$\overline{\text{WDO}}$可用做低压标志输出。当V_{CC}降至复位门限以下时,$\overline{\text{WDO}}$为低电平,表示电压已降低。$\overline{\text{WDO}}$与$\overline{\text{RESET}}$不同,$\overline{\text{WDO}}$没有其最小脉宽。

图8-3-9为MAX705/706/813L看门狗定时器的时序图。

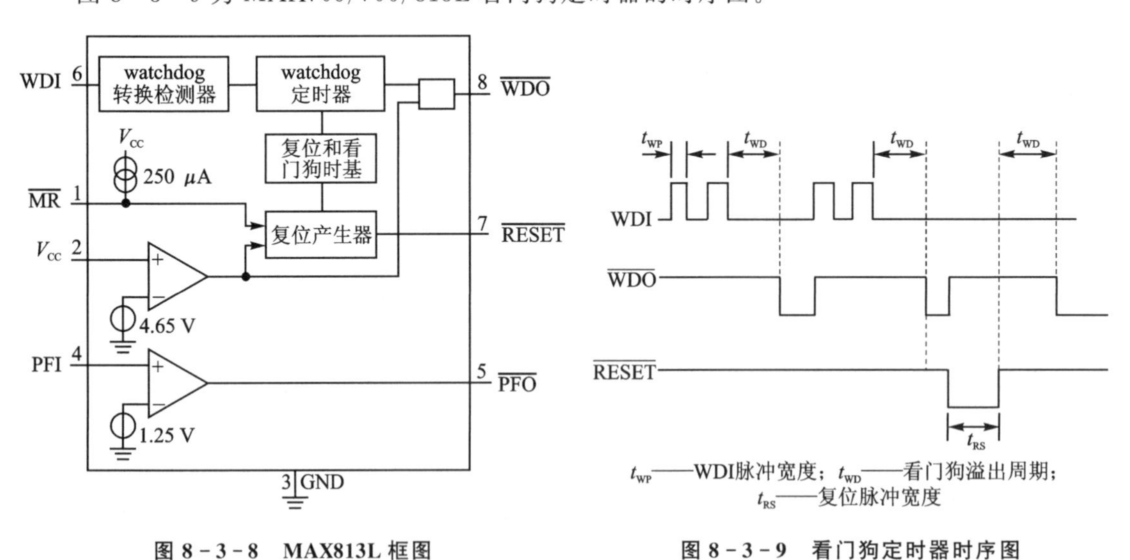

图8-3-8　MAX813L框图

图8-3-9　看门狗定时器时序图

2. 软件“看门狗”技术

由硬件电路实现的“看门狗”技术,可以有效地克服主程序或中断服务程序由于陷入死循环而带来的不良后果。但在工业应用中,严重的干扰有时会破坏中断方式控制字,导致中断关闭，这时前述的硬件“看门狗”电路的功能将不能实现。依靠软件进行双重监视，可以弥补上述不足。

软件“看门狗”技术的基本思路是：在主程序中对T0中断服务程序进行监视；在T1中断服务程序中对主程序进行监视；T0中断监视T1中断。从概率观点，这种相互依存、相互制约的抗干扰措施将使系统运行的可靠性大大提高。

系统软件包括主程序、高级中断子程序和低级中断子程序三部分。假设将定时器T0设计成高级中断，定时器T1设计成低级中断，从而形成中断嵌套。现分析如下：

主程序流程图如图8-3-10所示。主程序完成系统测控功能的同时，还要监视T0中断因干扰而引起的中断关闭故障。A0为T0中断服务程序运行状态观测单元，T0中断运行时，每中断一次，A0便自动加1。在测控功能模块运行程序（主程序的主体）入口处，先将A0之值暂存于E0单元。由于测控功能模块程序一般运行时间较长，设定在此期间T0产生定时中断（设T0定时溢出时间小于测控功能模块运行时间），从而引起A0的变化。在测控功能模块的出口处，将A0的即时值与先前的暂存单元E0的值相比较，观察A0值是否发生变化。若A0之值发生了变化，说明T0中断运行正常；若A0之值没变化，说明T0中断关闭，则转到0000H处，进行出错处理。

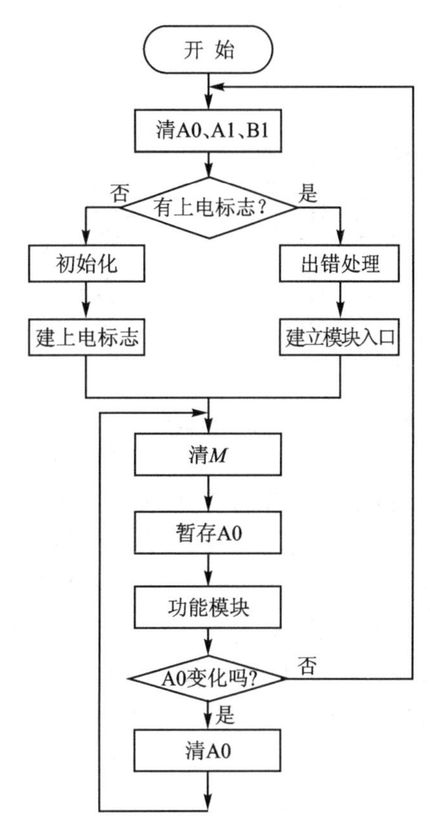

图8-3-10 主程序流程图

T1中断程序流程图如图8-3-11所示。T1中断服务程序完成系统特定测控功能的同时，还监视主程序运行状态。在中断服务程序中设置一个主程序运行计时器M，T1每中断一次，M便自动加1。M中的数值与T1定时溢出时间之积表示时间值。若M表示的时间值大于主程序运行时间T（为可靠起见，T要留有一定余量），说明主程序陷入死循环，T1中断服务程序便修改断点地址，返回0000H，进行出错处理。若M小于T，则中断正常返回。M在主程序入口处循环清0，如图8-3-10所示。

T0中断程序流程图如图8-3-12所示。T0中断服务程序的功能是监视T1中断服务程序的运行状态。该程序较短，因而受干扰破坏的概率很小。A1、B1为T1中断运行状态检测单元。A1的初始值为00H，T1每发生一次中断，A1便自动加1。T0中断服务程序中若检测A1>0，说明T1中断正常；若A1=0，则B1单元加1（B1的初始值为00H），若B1的累加值大于Q，说明T1中断失效，失效时间为T0定时溢出时间与Q值之积。Q值的选取取决于T1、T0定时溢出时间。例如，T0定时溢出时间为10 ms，T1定时溢出时间为20 ms，当Q=4时，说明T1的允许失效时间为40 ms，在这样长的时间内，T1没有发生中断，说明T1中断发生了故障。由于T0中断级别高于T1中断，所以，T1的任何中断故障（死循环、故障关闭）都会因T0的中断而被检测出来。

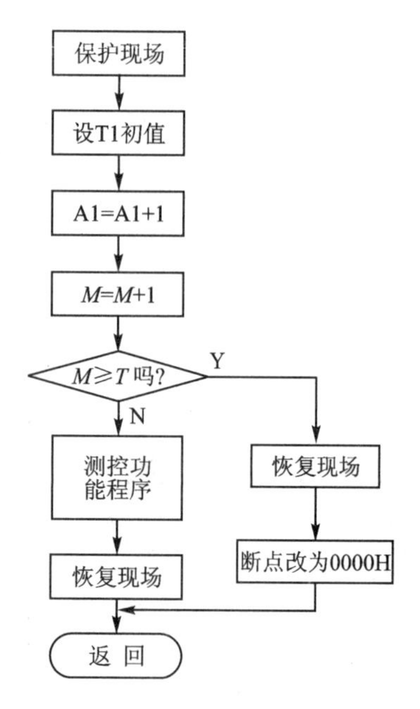

图 8-3-11 T1 中断程序流程图

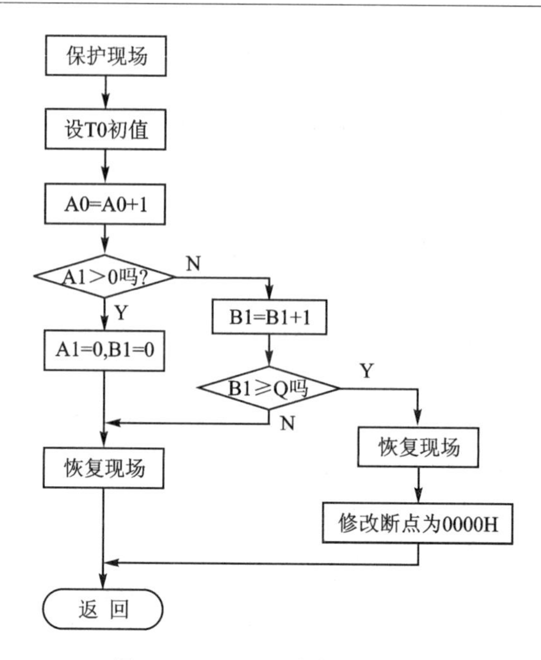

图 8-3-12 T0 中断服务程序

当系统受到干扰后,主程序可能发生死循环,而中断服务程序也可能陷入死循环或因中断方式字的破坏而关闭中断。主程序的死循环可由 T1 中断服务程序进行监视;T0 中断的故障关闭可由主程序进行监视;T1 中断服务程序的死循环和故障关闭可由 T0 的中断服务程序进行监视。由于采用了多重软件监测方法,大大提高了系统运行的可靠性。

值得指出,T0 中断服务程序若因干扰而陷入死循环,应用主程序和 T1 中断服务程序无法检测出来。因此,编程时应尽量缩短 T0 中断服务程序的长度,使发生死循环的概率大大降低。

3. 软硬件结合的"看门狗"技术

硬件"看门狗"技术能有效监视程序陷入死循环故障,但对中断关闭故障无能为力;软件"看门狗"技术对高级中断服务程序陷入死循环无能为力,但能监视全部中断关闭的故障。若将硬件"看门狗"和软件"看门狗"结合起来,可以互相取长补短,获得优良的抗干扰效果。

图 8-3-13 为软硬件"看门狗"主程序流程图,其硬件配置与图 8-3-4 相同。图中的 A0、A1 为 T0、T1 中断运行状态观测器。每当 T0、T1 中断一次,A0、A1 分别加 1。E0、E1 为 A0、A1 的

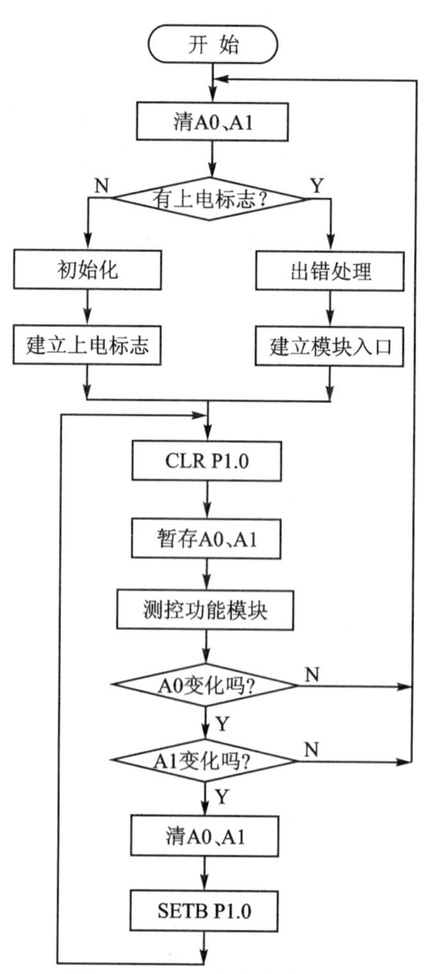

图 8-3-13 主程序流程图

暂存单元，在主程序观测测控功能模块的入口处暂存 A0、A1 于 E0、E1 单元。由于测控模块程序一般很长，在执行一次测控模块程序时间内，T0、T1 必发生定时中断。在测控功能模块的出口处，将 A0、A1 分别同 E0、E1 暂存值比较，以判断 A0、A1 是否变化，从而也就观测出 T0、T1 的中断是否正常执行。若中断因干扰而关闭，则 A0、A1 值不会变化，与暂存单元 E0、E1 中的值完全相同，这时程序转向 0000H，进行出错处理。T0、T1 中断服务程序流程图如图 8-3-14 和图 8-3-15 所示。

若测控功能模块程序较短，执行一次时间内不足以使 T0、T1 发生定时中断，这时可采用图 8-3-16 所示的方案。图中 N 为循环次数，N 次循环时间内确保 T0、T1 发生定时中断（每执行一次测控模块程序，N 自动减 1）。硬件“看门狗”电路的清除脉冲由 P1.0 口发出，发出周期为一次测控功能模块程序执行时间。因此，单稳态电路输出高电平单稳信号脉宽要大于 P1.0 输出脉冲周期。

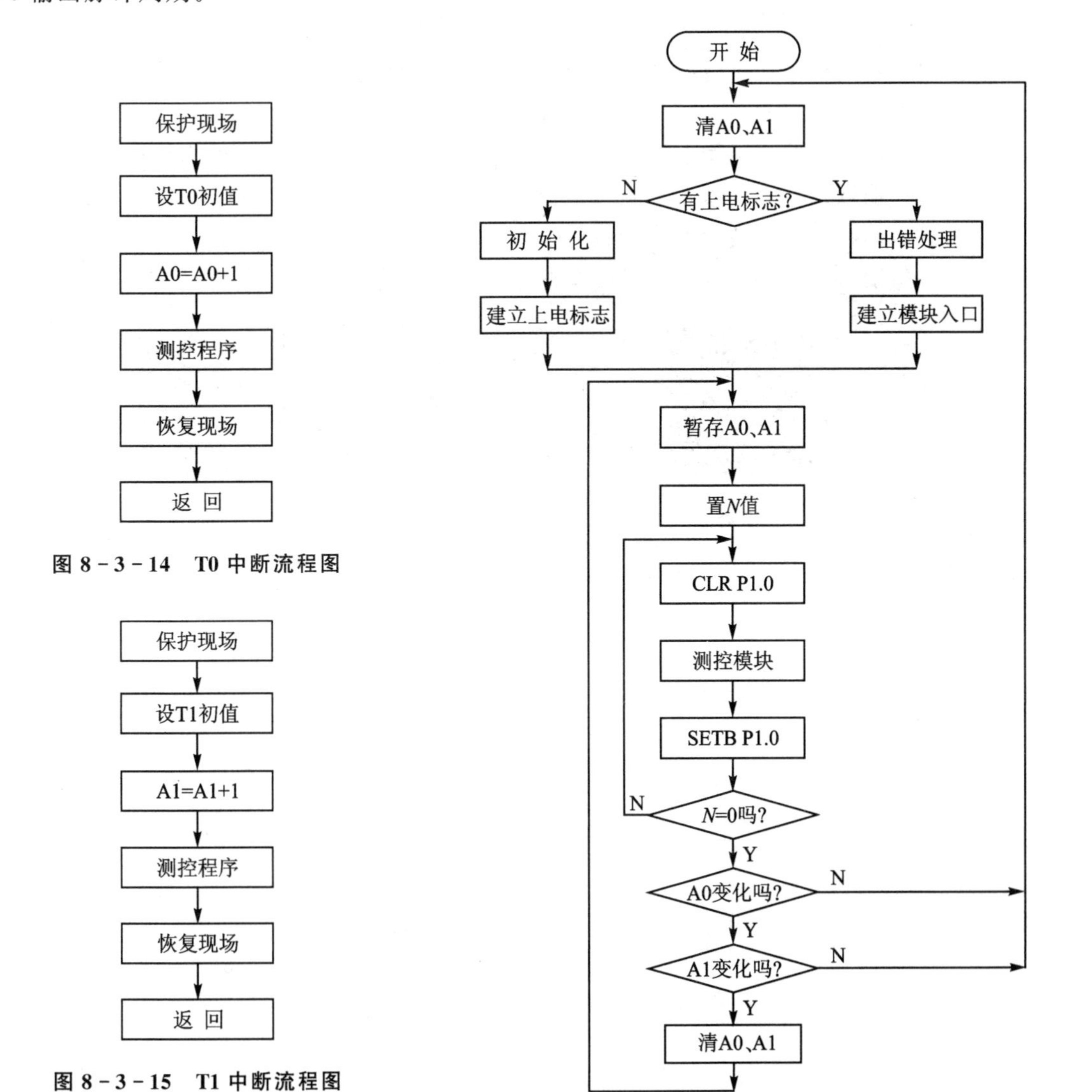

图 8-3-14　T0 中断流程图

图 8-3-15　T1 中断流程图

图 8-3-16　主程序流程图

思考题与习题

1. 电路输入阻抗高是否容易接收高频噪声干扰？为什么？
2. 接地方式有哪几种？各适用于什么情况？
3. 信号传输线屏蔽层接地点应怎样选择？
4. 何谓“接地环路”？它有什么危害？应怎样避免？
5. 屏蔽有哪几种类型？屏蔽结构有哪几种形式？
6. 为什么长线传输大都采用双绞线传输？
7. 为什么光电耦合器具有很强的抗干扰能力？采用光电耦合器时，输入和输出部分能否共用电源？为什么？
8. 什么叫“共地”？什么叫“浮地”？各有何优缺点？
9. 何谓“共模干扰”？何谓“差模干扰”？应如何克服？
10. 如何抑制来自电源与电网的干扰？
11. 在印制电路板上用地线隔开输入与输出线能抑制干扰吗？为什么？
12. 何谓软件抗干扰技术？它包括哪些方法？
13. 何谓指令冗余技术？何谓软件陷阱？
14. 何谓“看门狗”技术？有哪些实现方法？

课件

讲稿笔记

习题解答

第9章　微机化测控系统设计及实例

微机化测控系统是以微型机为核心的测控系统。微机化测控系统的设计不仅要求设计者熟悉该系统的工作原理、技术性能和工艺结构，而且要掌握微型机硬件和软件设计原理。为了保证产品质量，提高研制效率，设计人员应该在正确的设计思想指导下，按照合理的步骤进行开发。由于微机化测控系统种类繁多，设计所涉及的问题是各式各样的，不能一概而论。本节只就一些常见的共同的问题加以讨论。

9.1　设计要求和研制过程

9.1.1　设计的基本要求

1. 达到或超过技术指标

设计任务书是设计和研制测控系统应达到的要求。设计任务书除了定性地提出要求实现的功能之外，还常常提出一些定量的技术指标。例如，测量范围、测量精度、分辨率、灵敏度、线性度、稳定度、响应(时间)、滞后时间、驱动功率和耗电量等。任务书所规定的这些“功能”和“指标”是设计和研制应达到的目标。为了达到规定的目标，必须把这些指标层层分解，逐级落实到研制过程的各个阶段和各个方面。只有各个阶段各个方面的分项指标都达到了，测控系统整机的技术指标才能达到。

2. 尽可能提高性能价格比

为了获得尽可能高的性能价格比，应该在满足性能指标的前提下，追求最小成本。因此，要尽可能选用简单的设计方案和廉价的元器件。

有些功能的子任务既可以用硬件(不用或用很少的软件)实现，也可以用软件(不用或用很少的硬件)来实现，应比较硬件价格和软件研制成本来决定取舍。

3. 适应环境，安全可靠

任何设备无论在原理上如何先进，功能上如何全面，精度上如何高级，如若可靠性差，故障频繁，不能在所使用的环境和条件下正常运行，则该设备就没有使用价值，更谈不上经济效益。因此，在微机化测控系统的设计过程中，要充分考虑该系统所使用的环境和条件，特别是恶劣和极限的情况，同时要采取各种措施提高可靠性。

就硬件而言，系统所用器件质量的优劣和结构工艺是影响可靠性的重要因素，故应合理地选择元器件和采用极限情况下试验的方法。所谓合理地选择元器件是指在设计时对元器件的负载、速度、功耗、工作环境等技术参数应留有一定的安全量，并对元器件进行老化和筛选；极限情况下的试验是指在研制过程中，一台样机要承受低温、高温、冲击、振动、干扰、盐雾和其他试验，以证实其对环境的适应性。为了提高测控系统的可靠性，还可采用“冗余结构”的方法，即在设计时安排双重结构(主件和备用件)的硬件电路，这样当某部件发生故障时，备用件自动切入，从而保证了测控系统的长期连续运行。

对软件来说，应尽可能地减少故障。采用模块化设计方法，易于编程和调试，可减小故障率和提高软件的可靠性。同时,对软件进行全面测试也是检验错误排除故障的重要手段。与硬件类似,也要对软件进行各种“应力”试验。例如,提高时钟速度,增加中断请求率,子程序的百万次重复等,一切可能的参量都必须通过可能有害于测控系统的运行来进行考验。虽然这要付出一定代价,但必须经过这些试验才能证明所设计的测控系统是否合适。

4. 便于操作和维护

在测控系统的硬件和软件设计时,应当考虑操作方便,尽量降低对操作人员的专业知识的要求,以便产品的推广应用。控制开关或按钮不能太多、太复杂,操作程序应简单明了,输入/输出数字应用十进制表示。操作者无须专门训练,便能掌握测控系统的使用方法。

微机化测控系统还应有很好的可维护性。为此,测控系统结构要规范化、模件化,并配有现场故障诊断程序,一旦发生故障时,能保证有效地对故障进行定位,以便调换相应的模件,使测控系统尽快地恢复正常运行。

9.1.2 设计的研制过程

设计、研制一个微机化测控系统大致上可以分为三个阶段:确定任务、拟制设计方案阶段,硬件、软件研制阶段,联机总调、性能测定阶段(见图9-1-1)。以下对各阶段的工作内容和设计原则作一简要的叙述。

1. 确定任务、拟制系统方案

(1) 确定设计任务和整机功能

首先确定测控系统所要完成的任务和应具备的功能,以此作为测控系统硬、软件的设计依据。另外,对测控系统的内部结构、外形尺寸、面板布置、使用环境情况以及制造维修的方便性也须给予充分的考虑。设计人员在对测控系统的功能、可靠性、可维护性及性能价格比进行综合考虑的基础上,提出测控系统设计的初步方案,并将其写成“测控系统功能说明书或设计任务书”的书面形式,“功能说明书”主要有以下三个作用:

① 可作为用户和研制单位之间的合约,或研制单位设计测控系统的依据;

② 反映出测控系统的功能和结构,作为研制人员设计硬件、编制软件的基础;

③ 可作为将来验收时的依据。

(2) 完成总体设计

通过调查研究对方案进行论证,以完成微机化测控系统的总体设计工作。在此期间应绘制测控系统总图和软件总框图,拟订详细的工作计划。完成了总体设计之后,便可将测控系统的研制任务分解成若干个课题(子任务),去做具体的设计。

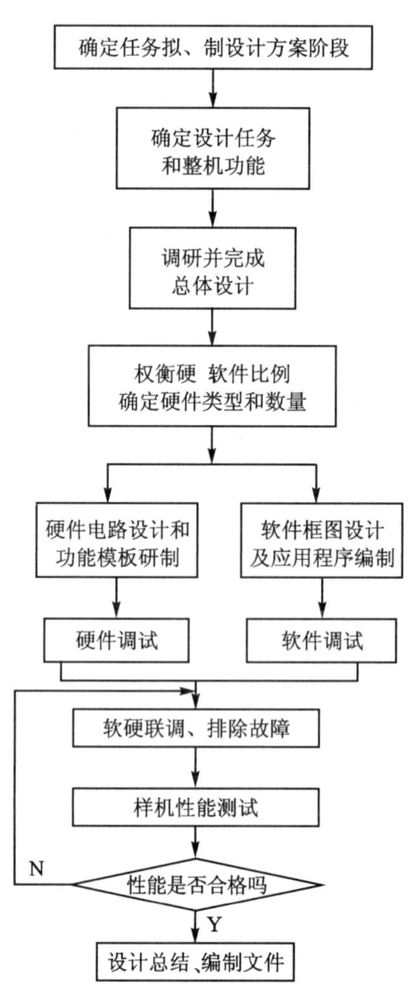

图9-1-1 开发研制的一般过程

2. 硬件和软件的研制

在开发过程中，硬件和软件工作应该同时进行（见图 9－1－1），在设计硬件、研制功能模板的同时，完成软件设计和应用程序的编制。两者同时并进，能使硬、软件工作相互配合，充分发挥微机特长，缩短研制周期。

3. 联机总调、性能测定

研制阶段只是对硬件和软件分别进行了初步调试和模拟试验。样机装配好后，还必须进行联机试验，识别和排除样机中硬件和软件两方面的故障，使其能正常运行。待工作正常后，便可投入现场试验，使系统处于实际应用环境中，以考验其可靠性。在总调中还必须对设计所要求的全部功能进行测试和评价，以确定测控系统是否符合预定性能指标，并写出性能测试报告。若发现某一项功能或指标达不到要求时，则应变动硬件或修改软件，重新调试，直至满足要求为止。

研制一台微机化测控系统大致上需要经历上述几个阶段。经验表明，测控系统性能的优劣和研制周期的长短同总体设计是否合理，硬件选择是否得当，程序结构的好坏，开发工具完善与否以及设计人员对测控系统结构、电路和微机硬、软件的熟悉程度等有关。在测控系统开发过程中，软件设计的工作量往往比较大，而且容易发生差错，应当尽可能采用结构化设计和模块化方法编制应用程序，这对查错、调试、增删程序十分有利。实践证明，设计人员如能在研制阶段把住硬、软件的质量关，则总调阶段将能顺利进行，从而可及早制成符合设计要求的样机。

在完成样机之后，还要进行设计文件的编制。这项工作是十分重要的，因为这不仅是测控系统研制工作的总结，而且是以后测控系统使用、维修以及再设计的需要。因此，人们通常把这一技术文件列入微机化测控系统的重要软件资料。

设计文件应包括：

① 设计任务和测控系统功能的描述；

② 设计方案的论证；

③ 性能测定和现场试用报告；

④ 使用者操作说明；

⑤ 硬件资料包括硬件逻辑图、电路原理图、元件布置和接线图、接插件引脚图和印制线路板图；

⑥ 程序资料包括软件框图和说明、标号和子程序名称清单、参量定义清单、存储单元和输入/输出口地址分配表以及程序清单。

9.2　总体设计

总体设计通常由主设计师负责，微机化测控系统的总体设计任务包括对电路、结构和软件的总体考虑，通常包括以下四部分工作。

1. 设计方案的选定

微机化测控系统的整个设计过程是紧紧地围绕设计依据，即设计目标和一些约束条件展开的。根据设计依据，设计师首先应提出几个可能的方案。每个方案包括测控系统的工作原理、采用的技术、关键元器件的性能、工艺保证和实施措施；接着对各方案进行可行性探讨，包括关键部分的理论分析与计算，甚至做一些必要的模拟试验，确定该方案是否满足设计依据的要求；最后在可行的方案中选择 1 至 2 个性能/价格比较好又能兼顾到设计师和生产技术工人比较熟悉的技术作为设计方案。

2. 工作总框图的绘制

一旦设计方案确定以后,首先采用自顶向下的方法将测控系统划分成几个主要功能部分,并分别绘制相应的硬件和软件工作框图。如微处理机电压表可划分成输入电路(包括衰减器,前置放大器,量程自动切换和自校准控制等)、模数转换器、面板操作(包括键盘和显示器)、对外接口电路、专用微型计算机和电源等硬件部分,如图 9-2-1(a)所示。微机处理机电压表软件部分包括仪器监控程序、仪器初始化子程序、模/数转换子程序、自校准子程序、软件扫描显示子程序、对外接口工作子程序、仪器自检子程序和仪器功能所要求的数据处理子程序等主要功能模块,如图 9-2-1(b)所示。

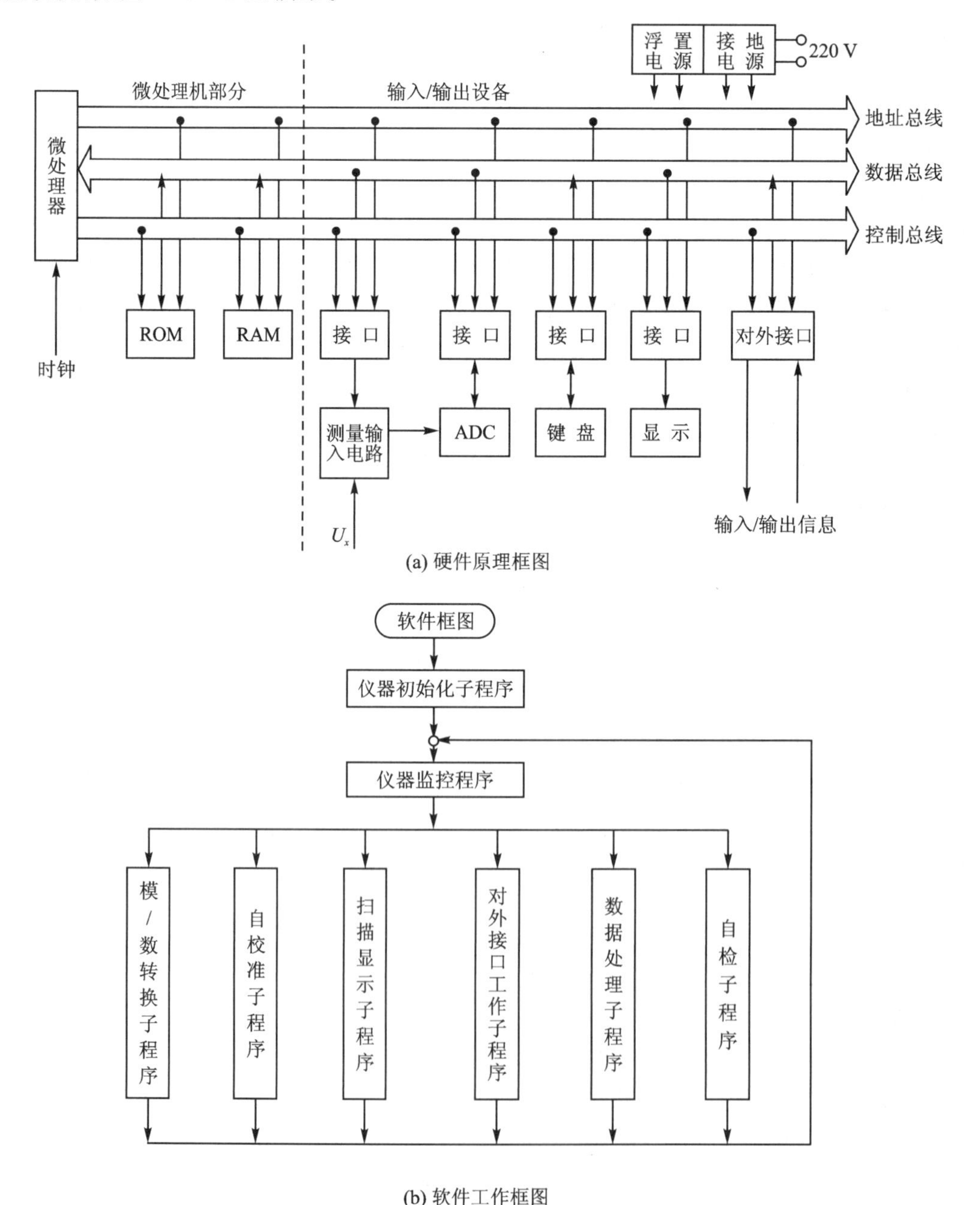

图 9-2-1 一台微机化电压表的工作总框图

3. 结构总体设计

微机化测控系统的总体结构应根据测控系统的规模和硬件的复杂程度不同而采用不同的结构，目前常用的结构有以下4种：

① 大板结构。大板结构是近几年随着大规模集成电路的发展而发展起来的。这是由于大规模集成电路芯片通常具有较强的功能和众多的引线脚，芯片与芯片之间的连线比较多，采用大印制板结构将有利于印制电路板的设计，尤其是采用计算机辅助设计时更为方便和经济。同时，大板结构使整机的装配工艺大大简化，给调试和维修也带来不少方便，是目前较为流行的一种结构设计。对于电路不太复杂的微机化测控仪器仪表，整机往往采用一块或两块（双层结构，一层为模拟电路，另一层为数字电路）大印制板构成。

② 分板式结构。分板式结构也是测控系统设计中常用的一种结构，它尤其适用于总线结构和大量采用中、小规模集成电路设计的测控系统。分板结构的最大特点是按功能模块进行分板，一块印制电路板往往独立完成1个功能任务（如模/数转换，前置放大等）；然后通过总线将每块印制电路板相互连接起来。所以，分板结构有利于设计任务的分工以及分板进行装配和调试，也有利于维修（制造厂可预先为用户准备一些容易发生故障的印制电路板，一旦测控系统发生故障时，只要将发生故障的印制电路板调换下来送回生产厂或修理部修理，而不影响测控系统的使用）。

③ 积木式结构。积木式结构是大型复杂测控系统常用的一种结构形式，通常选用标准机柜和标准机箱结构，如微型计算机控制大型数据采集装置。它由专用电源箱、带微型计算机的控制箱、数字式电压表、通道选择、显示器以及若干个输入通道箱等组成。这种结构有利于功能的更换和扩大，如根据装置的不同测试速度要求，可选用不同型号的数字式电压表；根据装置对测点容量的要求，可选用不同数量的输入通道箱；如果装置还需要用来测量频率量，可以增加一台数字式电子计数器等。所以，积木式结构将为不同用户提供一套经济实惠的通用测试设备，也为设计、安装调试和维修带来方便。

④ 插件式结构。插件式结构是中小型测控系统常用的一种结构，兼有分板式结构和积木式结构的优点。插件式结构通常只有一个机箱，具有总线连接方式，每个插件具有一个独立的功能。测控系统具有正常工作需要的固定插件（如专用微处理机插件，模/数转换器插件等），也有供用户任意选用的插件和供用户更换的插件。目前国外生产的一些高精度微处理机电压表就是采用的这种结构形式。

4. 设计工作的筹划与准备

设计工作的筹划与准备往往被人们所忽视，然而实际上它却是测控系统总体设计的一个重要组成部分，是测控系统设计能顺利进行的保证。设计工作的筹划与准备包括以下五个部分：

① 根据微机化测控系统的硬件电路、软件设计和结构设计等三大方面的任务及其完成的先后次序，做出进度计划和人力安排。

② 安排设计场地和设计所须的仪器、设备和工具，包括计划使用微机开发系统的时间。

③ 拟订主要元器件的采购和外加工计划。

④ 做出经费概算。

⑤ 组织有关专家（包括上级主管技术部门）对设计方案和计划进行审定，并根据专家意见进行适当修改。

9.3 硬件设计

微机化测控系统的硬件电路是由各种元件或器件按照设计的线路连接而成的,因此,微机化测控系统的硬件设计包括:元器件选择和电路设计两方面,但是这两方面是紧密联系不可分割的。

9.3.1 元器件的选择

1. 微处理器的选择

元器件选择时特别要注意的是微处理器的选择。微处理器(或微处理机,以下同)是微机的核心部件,它的结构、特性对所研制微机化测控系统的性能有很大影响。所以,要成功地研制一台微机化测控系统,首先应选择合适的微处理器。选定微处理器(或单片微机)后,再按设计要求确定与其配套的外围芯片。在选择微处理器时应考虑如下的主要特性:

① 用途。微处理器是一种通用器件,如果给以足够的外部支持电路和处理时间,它几乎可以完成任何任务。数据处理和控制是微处理器的两个主要用途。数据处理要求它有较强的算术运算能力。一般兼有数据处理任务的控制类微机化系统大多采用数据处理型的微处理器。微处理器的用途可以根据对其字长、指令系统、支持硬件和支持软件等进行考察后作出判断。单片微型机既适用于控制,也可进行数据处理。

② 字长。微处理器的字长取决于并行数据总线的数目。通常使用4位、8位或16位的微处理器来研制微机化测控系统。4位字长的微处理器一般设计成简单的控制器。8位微处理器则设计成既可用于数据处理,也可用于控制。用于数据处理时,可进行双倍精度或三倍精度运算。16位的运算精度适合于大多数的数据处理工作,因此,16位微处理器大多用于复杂的数据处理和控制。由于8位微处理器或单片微型机适应范围广,价格也不贵,故为目前多数微机化测控系统所采用。随着微机技术的进展,已出现带有16位微处理器或单片机的高性能测控系统,并将越来越多地应用在生产过程中。

不同字长微处理器的成本、特点和应用范围如表9-3-1所列。

表9-3-1 不同字长微处理器的特性

项　目	4位	8位	16位
成　本	低	中	高
特　点	指令少,功能弱,速度慢	适宜于字符、数据处理,双倍字长精度运算时速度要降低	具有多种指令,功能强,速度快
应用范围	适合于计算精度低,对处理时间要求不高的场合,如计算器、家用电器、简单控制器等	用于测量、监视、数据处理、实时控制以及计算机外围设备和终端设备	与一般小型计算机用途相同,可用于数值计算、较复杂的数据处理和实时控制

③ 寻址范围和寻址方式。微处理器的地址长度反映了微机可寻地址的范围,表示系统中可存放的程序和数据量。例如,8位标准微处理器,其地址长度为16位,可寻址的范围为64 kB。设计人员应根据测控系统要求确定合理的存储容量。

微处理器有多种寻址方式,如直接、间接、相对、变址寻址等。选择恰当的寻址方式,能使程序量大为减少,从而可节省存储空间和加快程序的执行速度。

④ 指令的功能。一般说来,指令条数多的微处理器,其操作功能要强些,这可使编程灵活。但是一个微处理器的功能究竟丰富与否,不能单由指令的数量确定,而要看每一条指令的具体内容。因为每一个厂家都有它自己计算指令的方式。

所选取的微处理器,其指令功能应该面向所要处理的问题。用于控制的测控系统,要特别注意访问外部设备(或接口)指令的功能。用于数据处理的测控系统,还应注意数据操作指令的功能。例如,算术和逻辑运算、十进制调整、位操作指令、控制转移等指令的功能是否齐全。

20 世纪 80 年代推出的单片微型机,由于吸收了各类微处理器的长处,其指令功能较为完善。例如 MCS-51 系列单片微型机,具有较强的算术和逻辑运算能力,且擅长位处理,还具有乘法和除法指令,编程灵活、方便。

⑤ 执行速度。微处理器的执行速度可用时钟周期数或机器周期数来表示。大多数微处理器要多个乃至十多个时钟周期才能执行一条指令。不能单从时钟速率来衡量微处理器的执行速度。因为不同类型的微处理器以不同的方法执行指令,有些微处理器采用高速时钟和许多微操作(例如 8051);另一些微处理器则采用低速时钟和少量强有力的操作(例如 6800 和 6502)。指令的执行时间应由时钟速率和执行该指令所须的周期数算得。

执行速度的选择要区别不同的对象。对于采样周期较短而有大量实时计算的数据处理或过程控制系统,应选择速度高的微处理器。

⑥ 功耗。功耗由器件工艺、器件的复杂性和时钟速率所支配。字长较宽的微处理器,因器件电路复杂,其功耗比字长较窄而工艺相同的微处理器要大。从器件工艺来说,高速双极性微处理器要消耗更多的功率,NMOS 和 PMOS 的微处理器消耗中等的功率,而 CMOS 的微处理器所消耗的功率最少。时钟速率也影响着一些微处理器的功耗。较慢的时钟速率,微处理器消耗的功率较小。应按器件所允许的温度范围和测控系统使用环境等条件来选择不同功耗的微处理器。

⑦ 中断能力和 DMA 能力。在实际应用中,外部设备常要求微处理器暂时转去执行一个为其服务的子程序。为了满足这一要求,微处理器必须具有较强的中断能力。对于快速、多通道实时处理的对象,应选择中断功能丰富的微处理器。

直接存储器存取(DMA)是一种数据传输方式。其数据传输不是由微处理器控制的,而是由 DMA 控制部件暂时“接管”微机 CPU,通过总线对存储器进行直接访问。DMA 能力对于大块数据传输很有用,它解脱了由微处理器控制传输数据时必须执行一个数据传输程序的负担,因此,DMA 传输比程序控制数据传输快得多。如果要求大量的高速数据传输,则必须选择一个具有 DMA 能力的微处理器。

⑧ 硬、软件支持。选择微处理器时,应考虑该器件有否足够的硬软件支持。从硬件来说,构成一个微机化测控系统要有足够的 LSI 外围芯片,例如,串行接口、并行接口、定时计数器、A/D 和 D/A 转换器等。对于单片微机要考虑应有配套的扩展芯片供应。

从软件来说,应用软件研制的费用往往超过元器件成本。为此,应选择那些具有大量的基本软件(编辑程序、汇编程序、高级语言等)支持的微处理器,以便采用微机开发装置来调试微机化测控系统的硬件和软件,缩短研制周期。当然,对于较小的测控系统,就不一定需要丰富的支持软件。

⑨ 成本。微机化测控系统的成本是优先考虑的指标之一,特别是成批生产时更是如此。当然,估计成本应从整个测控系统考虑,而不仅仅是微处理器的成本。但是,是否正确地选择微处理器或单片微型机,又直接影响到整个测控系统的成本。因此,必须仔细权衡、全盘考虑。

特别是由于微机技术发展得非常快，必须经常关心微处理器、单片微型机和其他芯片以及有关外部设备的现行价格，合理地进行选择。

2. 外围元器件的选择

在设计微机化测控系统时，外围芯片、器件的选择同样是十分重要的。例如，输入通道中A/D转换器的类型、转换速度、输出位数(字长)、精度，输出通道中的D/A转换器的类型、字长、精度等的选择。设计人员应根据测控系统的功能、整机精度、采样周期等的要求来选定外围芯片、器件，以便在保证测控系统设计指标的前提下降低成本，简化结构；而不要一味追求器件的宽字长、高速度和高精度。

根据经验，选择元器件时一般还要注意如下几点：

① 要根据元器件所在电路对该器件的技术要求来选择元器件，在满足技术要求的前提下尽可能选择价格低的元器件。

② 尽可能选用集成组件而不选用分立元件，以便简化电路，减少体积，提高可靠性。

③ 为减少电源种类，尽可能选用单电源供电的组件，避免选用要求特殊供电的组件。对只能采用电池供电的场合，必须选用低功耗器件。

④ 元器件的工作温度范围应大于所使用环境的温度变化范围。

⑤ 系统中相关的器件要尽可能做到性能匹配。例如，选用单片机时钟的晶振频率高时，存储器的存储时间有限，应该选择允许存取速度较高的芯片；选择CMOS芯片单片机构成低功耗系统时，系统中的所有芯片都应选择低功耗的产品。

9.3.2 电路设计的原则

电路设计原则应依以下原则进行：

① 硬件电路结构要结合软件方案一并考虑。考虑的原则是：软件能实现的功能尽可能由软件来实现，以简化硬件电路。但必须注意，由软件实现的硬件功能，其响应时间要比直接用硬件实现来得长，而且占用CPU时间。因此，考虑到硬件软化方案时，要考虑到这些因素。

② 尽可能选用典型电路和集成电路，为硬件系统的标准化、模块化打下基础。

③ 微型机系统的扩展与外围设备配置的水平应充分考虑测控系统的功能要求，并留有适当修改的余地，以便进行二次开发。

④ 在把设计好的单元电路与别的单元电路相连时要考虑它们是否能直接连接，模拟电路连接时要不要加电压跟随器进行阻抗隔离，数字电路连接和微型机接口电路要不要逻辑电平转换，要不要加驱动器、锁存器和缓冲器等。

⑤ 在模拟信号传送距离较远时要考虑以电流或频率信号传输代替以电压信号传输，如共模干扰大应采用差动信号传送。在数字信号传送距离较远时，要考虑采用“线驱动器”。

⑥ 可靠性设计和抗干扰设计是硬件系统设计不可缺少的一部分，它包括去耦滤波、印制电路板布线和通道隔离等。

9.3.3 硬件电路研制过程

微机化测控系统的硬件电路设计步骤与测控系统的复杂程序有关，不能一概而论，这里仅做基本的分析。微机化测控系统硬件电路研制过程如图9-3-1所示。

① 自顶向下的设计。硬件电路设计一般也采用自顶向下的办法，对硬件电路做进一步细分，直到最后的单元电路是一个独立功能的模块(或组件)，并提出设计方案和绘制粗略

电路图。

② 技术评审。组织有关专家和软件设计师、结构设计师一起对上述粗略的硬件电路图进行评审，它是否符合设计的总目标和总决策，是否与软件设计的要求相符合，对工艺结构提出的要求是否可以实现等，进而可对硬件电路设计方案做进一步修改。

③ 设计准备工作。硬件电路设计的准备工作包括拟定工作进度计划，人力、工作场所及设备的安排，订购元器件和作出经费预算等。

④ 电路的设计与计算。根据设计要求对设计指标进一步细化。绘制详细电路图并进行参数计算。对具有重大创新部分的电路除了进行详细地分析与计算外，还应对具体电路进行多次反复试验和修改。

⑤ 试验板的制作。电路的书面设计是一回事，实际工作往往又是一回事。因此，对硬件电路需要制作相应的试验板，以便验证并帮助修改电路图，使之逐步完善。一般来说，电路试验板上元件的安装排列及走线等工艺暂不是主要考虑的问题。

⑥ 试验板的调试。通过试验板的调试可以验证、修改和改进设计，并要求在硬件和软件联调开始前，查明并排除硬件电路设计中存在的缺陷，否则将会给以后的联调带来很大的麻烦。

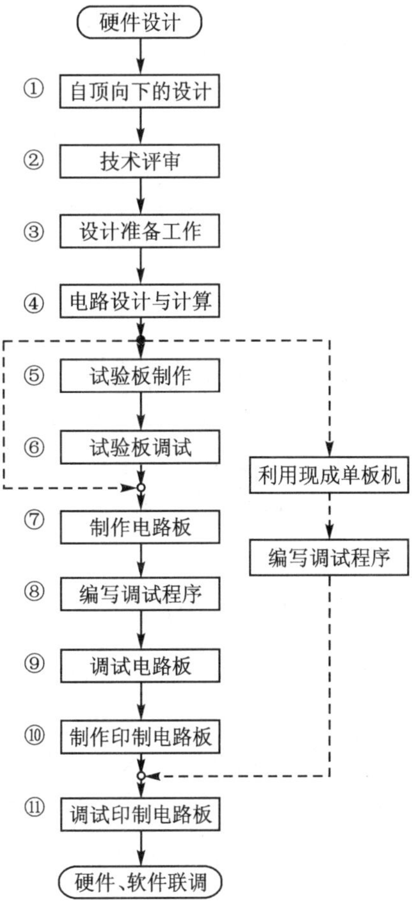

图 9-3-1　硬件电路研制过程

⑦ 组装连线电路板。通常在初步调试和修改好试验板后，才组装正规的连线电路板。在组装这种手布线的电路板时要仔细安排元件的位置、结构和走线。

⑧ 编写调试程序。一旦对所设计的硬件电路完成安装调试后，就要设计一些调试程序或采用软件设计中的某些子程序，以对相应的硬件工作进行检查。

⑨ 利用开发系统来调试电路板。当调试程序或相应子程序编完后，即可装入微型计算机开发系统；然后将开发系统的仿真器探头插入初样电路板的微处理器插座中，以代替电路板中的微处理器芯片；最后对电路板进行调试，如果设计者手头没有开发系统，也可用一台单板微型机代替一台开发系统。

⑩ 制作印制电路板。待电路板调试成功后，即可制作测控系统初样的印制电路板。

⑪ 调试印制电路板。待初样印制电路板加工完毕后，先要做一些初步的功能及逻辑检验，在肯定硬件电路能工作后再在微型计算机开发系统上作电路内仿真。开发系统内预先装入必要的调试程序，在印制电路板的调试过程中一般总会发现一些硬件的问题，这时就需要一步步地调试，仔细研究虚假信号、竞争状态及其他不正常的操作，并设法加以排除，直到调试过程不出问题为止。

待印制电路板调试成功后，就可进行硬件和软件的联合调试。在某些紧急设计的场合或者生产批量极小的情况下,为了缩短设计周期、节省开支,往往采用现成的单板微机代替测控系统中的专用微型计算机,从而使专用微机的试制过程大大简化,如图 9-3-1 中右边虚线所示。对于个别微机化测控系统的硬件设计具有丰富经验的设计师,往往不需要试验板制作和试验板调试这两个步骤,从而在设计过程中也可取消这两个步骤。

最后应强调指出,在硬件电路设计时还须考虑产品的可维修性设计,即在电路中要加入若干故障检查手段。这样做虽然会增加产品的成本,但可节省今后产品的维修费用。

9.4　软件设计

测控系统的硬件电路确定之后,测控系统的主要功能将依赖于软件来实现。对同一个硬件电路,配以不同的软件,它所实现的功能也就不同,而且有些硬件电路功能常可以用软件来实现。研制一个复杂的微机化测控系统,软件研制的工作量往往大于硬件,可以认为,微机化测控系统设计,很大程度上是软件设计。因此,设计人员必须掌握软件设计的基本方法和编程技术。

9.4.1　软件研制过程

软件研制过程如图 9-4-1 所示,它包括下列几个步骤:

1. 进行系统定义

在着手软件设计之前,设计者必须先进行系统定义(或说明)。所谓系统定义,就是清楚地列出微机化测控系统各个部件与软件设计的有关特点,并进行定义和说明,以作为软件设计的根据(详见 9.4.2 节)。

2. 绘制流程图

程序设计的任务是制定微机化测控系统程序的纲要,而微机化测控系统的程序将执行系统定义所规定的任务。程序设计的通常方法是绘制流程图。这种方法以非常直观的方式对任务做出描述,因此,很容易从流程图转变为程序。

在设计中,可以把测控系统整个软件分解为若干部分。这些软件部分各自代表了不同的分立操作,把这些不同的分立操作用方框表示,并按一定顺序用线连接起来,表示它们的操作顺序。这种互相联系的表示图,称为功能流程图。

功能流程图中的模块,只表示所要完成的功能或操作,并不表示具体的程序。在实际工作中,设计者总是先画出一张非常简单的流程图,然后随着对系统各细节认识的加深,逐步对流程图进行补充和修改,使其逐渐趋于完善。

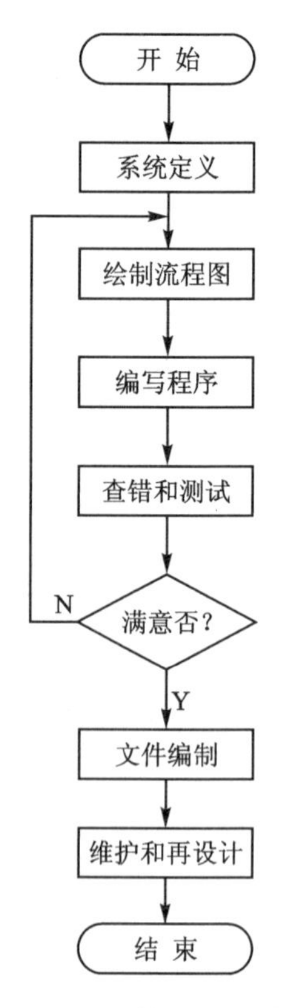

图 9-4-1　软件研制过程

程序流程图是功能流程图的扩充和具体化。例如,功能流程图中所列的“初始化”模块,如果写成程序流程图,就应写明清除哪些累加器、寄存器和内存单元等。程序流程图所列举的说明,都针对着微机化测控系统的机器结构,很接近机器指令的语句格式。因此,有了程序流程图,就可以比较方便地写出程序。在大多数情况下,程序流程图的一行说明,只用一条汇编指令并不能完成，而往往需要一条以上的指令。

3. 编写程序

编写程序可用机器语言、汇编语言或各种高级语言。究竟采用何种语言则由程序长度、测控系统的实时性要求及所具备的研制工具而定。在复杂的系统软件中，一般采用高级语言。对于规模不大的应用软件，大多用汇编语言来编写，因为从减少存储容量、降低器件成本和节省机器时间的观点来看，这样做比较合适。程序编制后，再通过具有汇编能力的计算机或开发装置生成目标程序，经模拟试验通过后，可直接写入可编程只读存储器（EPROM）中。

在程序设计过程中还必须进行优化工作，即仔细推敲、合理安排，利用各种程序设计技巧使编出的程序所占内存空间较小，而执行时间又短。

目前已广泛使用微机开发装置来研制应用软件。利用开发装置丰富的硬件和软件系统来编程和调试，可大大减轻设计人员的工作强度，并帮助设计者积累研制各种软件的经验，这不仅可缩短研制周期，而且有助于提高应用软件的质量。

4. 查错和调试

查错和调试是微机化测控系统软件设计中很关键的一步。软件查错和调试的目的是为了在软件引入测控系统之前，找出并改正逻辑错误或与硬件有关的程序错误。由于微机化测控系统的软件通常都存放在只读存储器中，所以，程序在注入只读存储器之前必须彻底测试。

5. 文件编制

文件编制是以对用户和维护人员最为合适的形式来描述程序。适当的文件编制也是软件设计的重要内容。它不仅有助于设计者进行查错和测试，而且对程序的使用和扩充也是必不可少的。文件如果编得不好，不能说明问题，程序就难于维护、使用和扩充。

一个完整的应用软件，一般应涉及下列内容：

① 总流程图；

② 程序的功能说明；

③ 所有参量的定义清单；

④ 存储器的分配图；

⑤ 完整的程序清单和注释；

⑥ 测试计划和测试结果说明。

实际上，文件编制工作贯穿着软件研制的全过程。各个阶段都应注意收集和整理有关的资料，最后的编制工作只是把各个阶段的文件连贯起来，并加以完善而已。

6. 维护和再设计

软件的维护和再设计是指软件的修复、改进和扩充。当软件投入现场运行时，一方面可能会发生各种现场问题，因而必须利用特殊的诊断方式和其他的维护手段，像维护硬件那样修复各种故障；另一方面，用户往往会由于环境或技术业务的变化，提出比原计划更多的要求，因而需要对原来的应用软件进行改进或扩充，并注入新的 EPROM，以适应情况变化的需要。

因此，一个好的应用软件，不仅要能够执行规定的任务，而且在开始设计时，就应该考虑到维护和再设计的方便，使它具有足够的灵活性、可扩充性和可移植性。

9.4.2 软件设计的依据——系统定义

系统定义（或说明）是软件设计的依据，应包括下列各项内容。

1. 输入/输出说明

每种I/O设备都有自己特定的操作方式和编码结构。详细说明这些特点,对于程序设计是非常必要的。I/O设备要考虑的另一个因素是微处理器和外部设备之间的时间关系。外部设备、传感器和控制装置的操作速度,不仅在选择微处理器时,而且在软件设计中都是十分重要的问题。对于那些传输速度比微处理器运行速度低得多的外部设备来说,一般不会存在太大的问题。但如果所采用的外部设备比较复杂,操作速度又比较快(如CRT显示器等),就必须着重考虑如何使外部设备的数据传输速度与微处理器的运行速度相匹配。

对于具有多个外部设备的微机化测控系统,必须保证它们的中断服务请求得到及时的响应,而不致丢失数据。设计者应根据各个外部设备的操作速度及重要性,确定这些外部设备的中断优先等级,并精确计算它们可能等待的时间及微处理器分时处理这些中断的能力。必要时,还必须适当调整硬件结构,以提高中断响应速度。

为了满足上述要求,在系统定义时,必须对每个输入提出下列问题:

① 输入字节是何种信息,是数据字还是状态字。

② 输入何时准备好,CPU如何知道输入已准备好。是采用中断请求方式还是采用程序查询方式,或是采用DMA传送方式。

③ 该输入是否有自己的时钟信号,是否需要CPU提供软件定时。

④ 输入信号是否被接口锁存。如果不锁存,该信号能保持多长时间供CPU读取。

⑤ 输入信号多长时间变化一次。CPU如何知道这种变化,并及时响应。

⑥ 输入数据是否是一个数据序列(数据块),是否需要校验。如果校验出错误,应该如何处理。

⑦ 该输入是否同其他输入或输出有关系?如果有关系,应根据什么条件或算式产生相应的反映。

对每个输出,也应提出类似的问题。

2. 系统存储器说明

存储器是存放系统程序和数据的器件,软件设计者必须考虑下列问题:

① 是否采取存储器掉电保护技术。

② 如何管理存储器资源,对其工作区域如何划分。

③ 采用何种软件结构能使系统软件的功能只需改换一、二片ROM即可改变。

对上述问题的考虑和规划,就构成了系统存储器的说明。

3. 处理阶段的说明

从读入数据到送出结果之间的阶段称为处理阶段。根据微机化测控系统的功能不同,这个阶段的任务也不同;但总的来说,这个阶段需要涉及精确的算术逻辑运算和监督控制功能。

微机化测控系统的算术逻辑运算一般是通过微处理器的指令系统来实现的。设计者必须细心地考虑系统中算术逻辑运算的比重、运算的基本算法、结果精确程度、处理时间的限制等问题。根据这些情况,就可确定是否建立相应的功能程序块。

除一般的算术逻辑运算操作外,微处理器还必须完成某些监督或控制功能。这些功能应包括:

① 操作装置的管理,主要指外部设备的操作管理,如设置外部设备的初始状态,判定它们的工作状态,并作出相应的反映等。

② 系统管理,指对系统资源,包括存储器、微处理器、总线和I/O设备的控制调度。

③ 程序和作业控制，指 CPU 管理程序作业流程和实现程序监督与控制的能力。

④ 数据管理，指数据结构和文件格式的形成和组织。

上述这些功能是微机化测控系统的基本控制功能。不同的微机化测控系统对监督、控制功能的要求，各有其不同的重点，软件设计者需要根据应用的特点加以考虑。

4. 出错处理和操作因素的说明

出错处理是许多微机化测控系统功能的一个重要方面。因此，在系统定义阶段，设计者必须对出错处理提出下列主要问题：

① 可能发生什么类型的错误，哪些错误是最经常出现的。

② 系统如何才能以最低限度的时间和数据损失来排除错误。对错误处理的结果以何种形式记录在案或显示。

③ 哪些错误或故障会引起相同的不正常现象。如何区分这些错误或故障。

④ 为了方便查到故障源，是否需要研制专用的测试程序或诊断程序。

此外，由于许多微机化测控系统涉及人和机器的相互作用，因此，在软件设计过程中，还必须考虑到人的因素。例如，采用何种输入过程最适合操作人员的习惯；操作步骤是否简单易懂；当操作出错时，如何提醒操作人员；显示方式是否使操作人员容易阅读和理解等。

系统定义为构成一个微机化测控系统建立了系统的概念，并明确了任务和要求。系统定义的基础是对系统的全面了解和正确的工程判断。它对微机化测控系统选用何种类型和速度的微处理器，以及软件和硬件如何折中等问题提供必要的指导。

9.4.3　软件设计方法

软件设计方法，就是指导软件设计的某种规程和准则。结构化设计和模块化编程相结合是目前广泛采用的一种软件设计方法。

1. 模块化编程

所谓“模块”就是指一个具有一定功能、相对独立的程序段，这样一个程序段可以看作为一个可调用的子程序。所谓“模块化”编程，就是把整个程序按照“自顶向下”的设计原则，从整体到局部再到细节，一层一层分解下去，一直分解到最下层的每一模块能容易地编码时为止。模块化编程也就是积木式编程法，这种编程方法的主要优点是：

① 单个模块比起一个完整的程序容易编写、查错和测试；

② 有利于程序设计任务的划分，可以让具有不同经验的程序员承担不同功能模块的编写；

③ 模块可以共享，一个模块可被多个任务在不同的条件下调用；

④ 便于对程序进行查错和修改。

从上述说明可以看出，模块程序设计的优点是很突出的。但如何划分模块，至今尚无公认的准则，大多数人是凭直觉，凭经验，凭借一些特殊的方法来构成模块，下面给出的一些原则对编程将会有所帮助。

① 模块不宜分得过大或过小。过大的模块往往缺乏一般性，且编写和连接时可能会遇到麻烦；过小的程序模块会增加工作量。通常认为 20～50 行的程序段是长度比较合适的模块。

② 模块必须保证独立性，即一个模块内部的更改不应影响其他模块。

③ 对每一个模块做出具体定义，定义应包括解决某问题的算法，允许的输入/输出值范围以及副作用。

④ 对于一些简单的任务,不必要求模块化。因为在这种情况下,编写和修改整个程序,比起装配和修改模块可能要更加容易一些。

⑤ 当系统需要进行多种判定时,最好在一个模块中集中这些判定。这样在某些判定条件改变时,只须修改这个模块即可。

2. 结构化设计

结构化程序设计的方法给程序设计施加了一定的约束,它限制采用规定的结构类型和操作顺序。因此,能够编写出操作顺序分明、便于查错和纠正错误的程序。这些方法指出,任何程序逻辑都可用顺序、条件和循环三种基本结构来表示。

(1) 顺序结构

顺序结构流程如图 9-4-2 所示。在这种结构中,微处理器按顺序先执行 P1,然后执行 P2,最后执行 P3。其中 P1、P2、P3 可以是一条指令,但也可以是一段程序。

(2) 条件结构

条件结构流程如图 9-4-3 所示。当条件满足时,微处理器执行 P1,否则执行 P2。在这种结构中,P1 和 P2 都只有一个入口和一个出口。

(3) 循环结构

常见的循环结构有两种,如图 9-4-4 所示。在图(a)所示的循环结构中,微处理器先执行循环操作 P,然后判断条件是否满足。若条件满足,程序继续循环;若条件不满足,则停止循环。而图(b)所示的循环结构中,微处理器先执行条件判别语句,只有在条件满足的情况下才执行循环操作 P。在程序设计中,应注意这两种循环结构的区别,在设置循环参数初值时,尤其应加以注意。

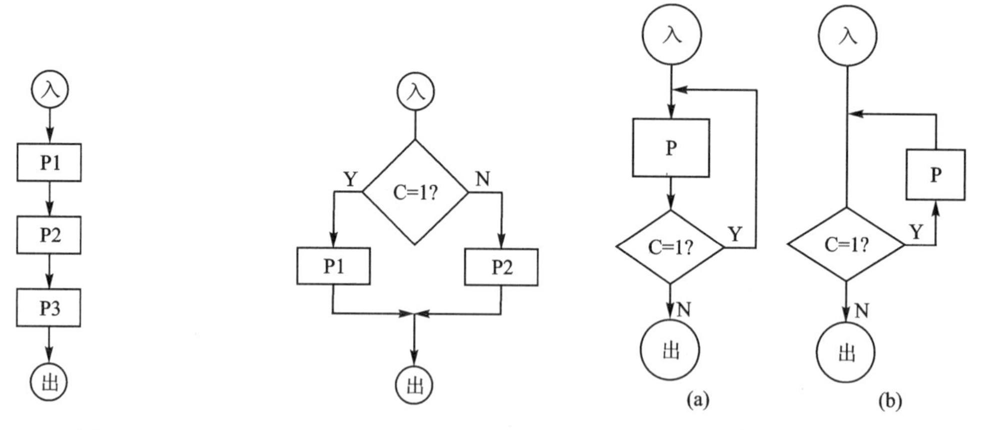

图 9-4-2 直线顺序结构流程图

图 9-4-3 条件结构流程图

图 9-4-4 循环结构流程图

利用上述几种基本结构,可构成任何功能的程序。结构化程序设计的优点是:

① 由于每个结构只有一个入口和一个出口,故程序的执行顺序易于跟踪,给程序查错和测试带来很大的方便。

② 由于基本结构是限定的,故易于装配成模块。

③ 易于用程序框图来描述。

9.4.4 软件的测试和运行

为了验证编制出来的软件无错，需要花费大量的时间测试，有时测试工作量比编制软件本身所花费的时间还长。测试是“为了发现错误而执行程序”。

测试的关键是如何设计测试用例，常用的方法有功能测试法和程序逻辑结构测试法两种。

功能测试法并不关心程序的内部逻辑结构，而只检查软件是否符合它预定的功能要求。因此，用这种方法来设计测试用例时，是完全根据软件的功能来设计的。例如，要想用功能测试法来发现一个微机系统的软件中可能存在的全部错误，则必须设想出系统输入的一切可能情况，从而来判断软件是否都能做出正确的响应。一旦系统在现场中可能遇到的各种情况都已输入系统，且都证明系统的处理是正确的，则可认为此系统的软件无错，但事实上由于疏忽或手段不具备，从而无法列出系统可能面临的各种输入情况。即使能全部罗列出来，要全部测试一遍，在时间上也是不允许的，从而使用功能测试法测试过的软件仍有可能存在错误。

程序逻辑结构测试法是根据程序的内部结构来设计测试用例。用这种方法来发现程序中可能存在的所有错误，至少必须使程序中每种可能的路径都被执行过一次。

既然“彻底测试”几乎是不可能的，就要考虑怎样来组织测试和设计测试用例以提高测试的结果。下面是一些应注意的基本原则：

① 由编程者以外的人进行测试会获得较好的结果；

② 测试用例应由输入信息与预期处理结果两部分组成，即在程序执行前，应清楚地知道输入什么后会有什么输出；

③ 不仅要选用合理的正常的可能情况作为测试用例，更应选用那些不合理的输入情况作为输入，以观察系统的输出响应；

④ 测试时除了检查系统的软件是否做了它该做的工作外，还应检查它是否做了不该做的事；

⑤ 长期保留测试用例，以便下次需要时再用，直到系统的软件被彻底更新为止。

经过测试的软件仍然可能隐藏着错误。同时，用户的需求也经常会发生变化。实际上，用户在整个系统未正式运行前，往往不可能把所有的要求都提完。当投运后，用户常常会改变原来的要求或提出新的要求。此外，系统运行的环境也会发生变化，所以，在运行阶段需要对软件进行维护，即继续排错、修改和扩充。

另外，软件在运行中，设计者常常会发现某些程序模块虽然能实现预期功能，但在算法上不是最优的或在运行时间、占用内存等方面还有改进的必要，因此也需要修改程序，使其更完善。

9.5 设计实例

9.5.1 电冰箱温度测控系统设计

1. 直冷式电冰箱的工作原理及控制要求

直冷式电冰箱的控制原理是根据蒸发器的温度控制制冷压缩机的启、停，使冰箱内的温度保持在设定温度范围内。一般来说，当蒸发器温度在 3～5 ℃区间时启动压缩机制冷，当温度在－10～－20 ℃区间时停止制冷，关断压缩机。采用单片机控制，可以使控制更准确、灵活。

电冰箱采用单片机控制的主要功能及要求：

① 设定3个测温点，测量范围−26～+26 ℃，精度±0.5 ℃；

② 利用功能键分别控制温度设定、速冻设定、冷藏室及冷冻室温度设定等；

③ 利用数码管显示冷冻室、冷藏室温度，压缩机启、停和速冻、报警状态；

④ 制冷压缩机停机后自动延时3 min后方能再启动；

⑤ 电冰箱具有自动除霜功能，当霜厚达3 mm时自动除霜；

⑥ 开门延时超过2 min发声报警；

⑦ 连续速冻时间设定范围1～8 h；

⑧ 工作电压为180～240 V，当欠压或过压时，禁止启动压缩机并用指示灯显示。

2. 电冰箱测控系统硬件电路设计

(1) 主机电路

主机电路采用8031单片机，扩展一片2732EPROM程序存储器和一片A/D转换芯片ADC0809，构成基本系统，另外功能键和LED显示由串行口扩展几片74LS164实现。还有一些附加电路，如除霜电路、电压检测和开门报警电路等。电路原理框图及电路图分别如图9-5-1和图9-5-2所示。

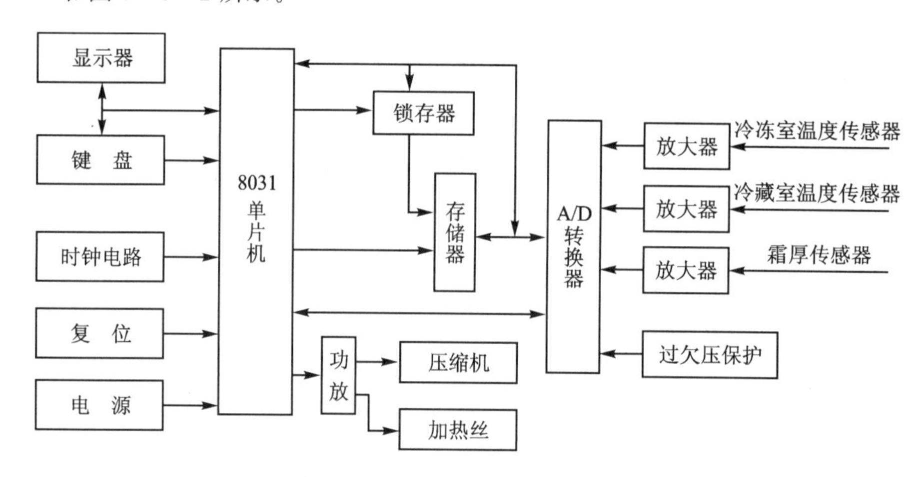

图9-5-1 冰箱控制原理框图

(2) A/D转换电路及功能

A/D转换电路采用逐次逼近式8位ADC0809芯片。ADC0809共有8路模拟输入通道，本系统只用了其中4个通道IN0～IN3。其中IN0作为冷冻室温度检测通道，IN1作为冷藏室温度检测通道，IN2作为除霜检测通道，IN3作为电源电压检测通道。

ADC0809与单片机接口电路见主电路图9-5-2，图中ADC0809的A、B、C三端通过地址锁存器接于P0口的P0.0～P0.2，该三端控制模拟通道号的选择。P1.6与$\overline{WR}$、$\overline{RD}$端经与非门接于ADC0809的ALE、START、$\overline{OE}$端，控制ADC0809的启动、读、写。ADC 0809的EOC端悬空，转换后利用软件延时一段时间再读结果，不用中断方式。

(3) 功能键及显示电路

功能键及LED显示电路见主电路图9-5-2，采用6个功能键控制冷冻室、冷藏室及速冻温度设定，4位LED数码管负责显示冷冻室、冷藏室温度及压缩机启、停和报警等状态。

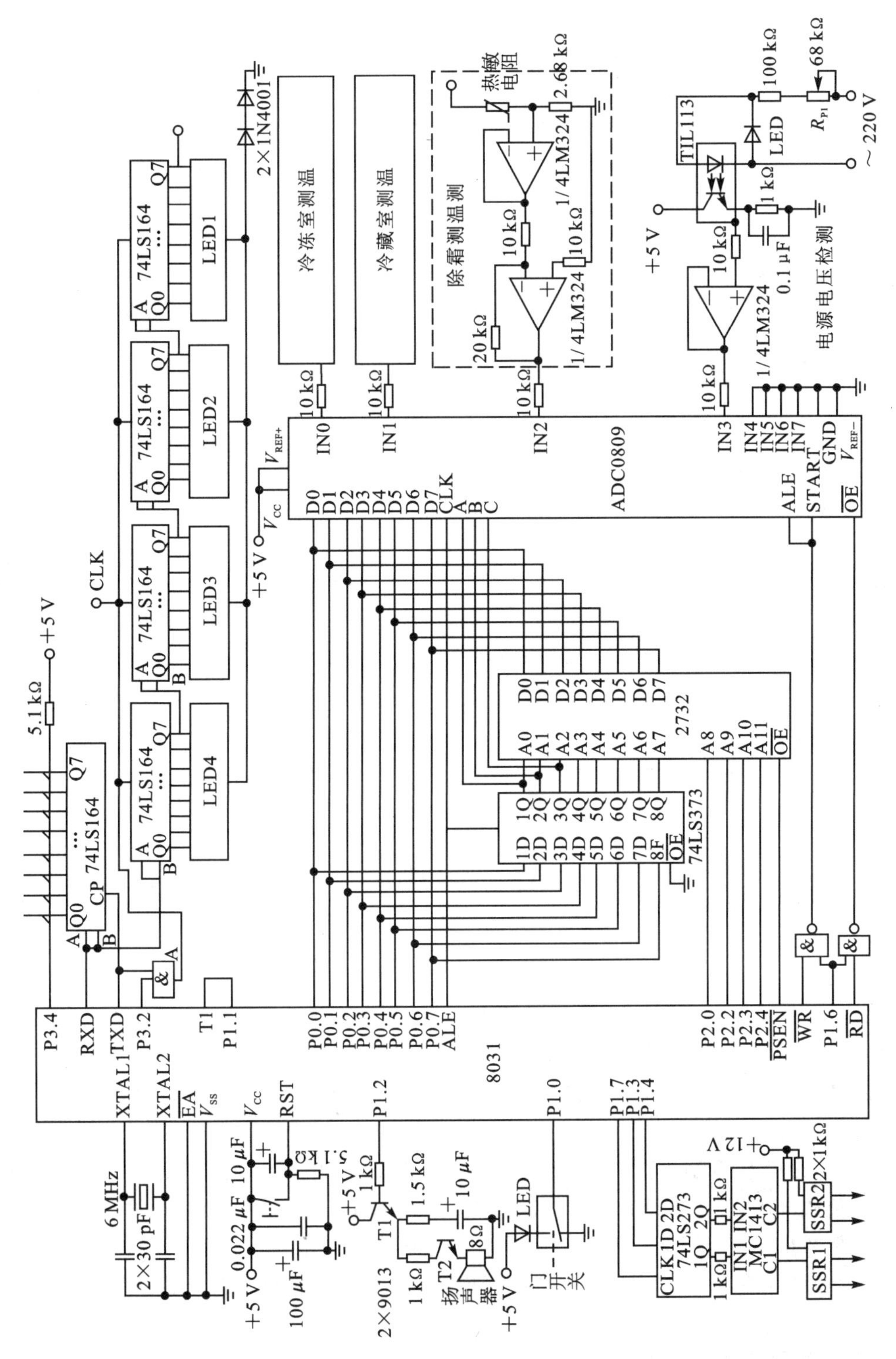

图 9-5-2　冰箱单片机控制电路图

显示和键盘输入均通过8031的串行口。显示输出通道和键盘输入通道的选择由端口线P3.2和门A完成。当P3.2为“1”时,8031的TXD端输出同步脉冲通过与门A发送到显示移位寄存器74LS164的移位脉冲输入端,这样8031欲显示的数据,由RXD端输出,移位读入到显示器通道。当P3.2为“0”时,8031RXD的数据仅能被移位读入到键盘扫描用的移位寄存器中。由于显示通道采用LED数码管并用74LS164作为驱动器,所以简化了线路,结构简单,显示字位扩充方便,驱动程序设计容易。键盘工作原理也很简单,8031通过RXD向键盘扫描移位寄存器74LS164逐位发送数据“0”,每次发送后即从P3.4端读入键盘信号,若读得“0”表示有键按下,则转入处理键功能程序。

(4) 除霜电路

除霜电路如图9-5-3所示。图中R_t为温度传感器,选用MF53-1型热敏电阻,具有负温度系数,灵敏度较高。其阻值和温度的关系为

$$R_t=\left(\frac{286}{26.8+t}-2.68\right)\text{k}\Omega$$

A点电压与温度关系为

$$V_A=\frac{2.68\times 5}{R_t+2.68}=1.26+0.047t$$

把热敏电阻安装在距蒸发器3 mm的某个合适的位置上,当霜厚大于3 mm时,使热敏电阻接触到霜而温度变低,其电阻值R_t变大,A点电压降低,反相放大器输出电压升高,经A/D转换后送入CPU,经单片机分析、判断后给出除霜命令。

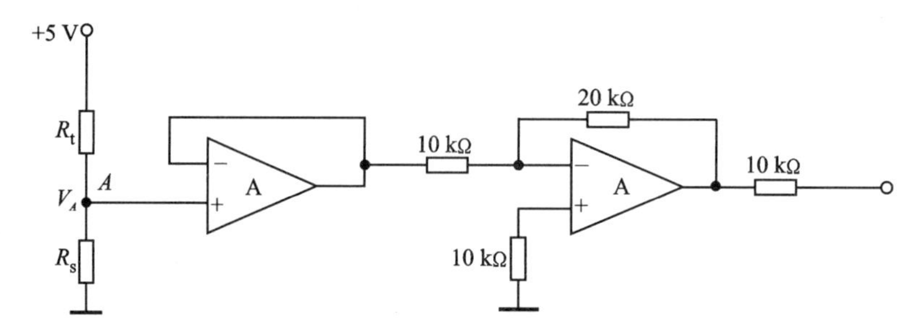

图9-5-3　除霜电路

(5) 制冷压缩机和除霜电热丝启、停控制电路

图9-5-4是压缩机和加热丝控制电路。8031单片机控制信号经P1.3和P1.4端口输出,并在P1.7的控制下锁存在74LS273中,74LS273的输出再经达林顿驱动器MC1413后驱动固态继电器SSR1和SSR2。当MC1413的16端有高电平输出时,SSR1的3、4引脚端接通,使加热丝接通电源而除霜。当MC1413的15端输出高电平时,SSR2的3、4端接通,使压缩机绕组接通电源而启动,开始制冷。74LS273锁存控制信号,一方面增加输出功率,另一方面也防止单片机复位时引起控制的误动作。采用固态继电器作为压缩机和除霜电热丝的开关,属于无触点开关,内部是大功率的晶闸管电路,不产生火花,无电磁干扰并使高压与单片机系统隔离。

3. 电冰箱测控系统软件设计

电冰箱控制程序主要由三大部分:主程序、定时器T0中断服务程序和定时器T1中断服务程序。

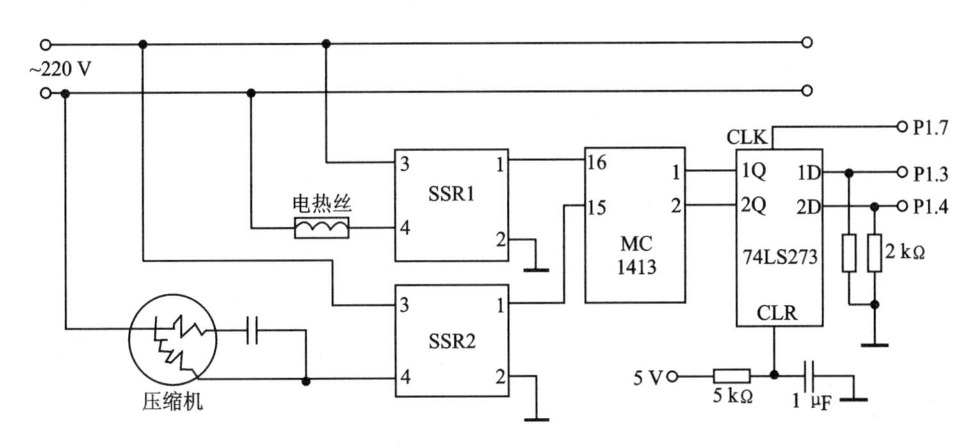

图 9-5-4 压缩机和加热丝控制电路

(1) 主程序

主程序是整个电冰箱的总控制程序,如控制各单元初始化、控制中断、定时、显示,键盘程序的启动与重复等。主程序框图如图 9-5-5 所示。

(2) T0 中断服务程序

T0 中断服务程序主要完成电源欠压、过压处理、开门状态检查及处理等,其框图如图 9-5-6 所示。

(3) T1 中断服务程序

T1 工作于计数方式,通过计数达到延时 3 min 的目的。T1 的中断服务程序主要完成 3 min 定时及温度、除霜、速冻等各种检测,根据检测结果,比较、分析以控制执行元件工作,其框图如图 9-5-7 所示。

9.5.2 防盗报警系统设计

单片微机防盗报警系统主要用于宾馆、仓库、居民楼等场所,它能对监测点进行自动检测,一旦出现盗情,能立即报警,并指示出被盗地点。该防盗报警系统具有结构简单、可靠性高、成本低等特点。若改用其他的传感器,该系统还可用于火灾报警、煤气泄漏报警等。

由于该系统主要用于多点集中检测报警,故应能对受监测点进行巡回检测。为防止误报警,当检测到某点有盗情时,该系统应延时 3 s 钟后再检测一次,若确有情况方可报警,并用数字指示出被盗点。该系统的传感器可选用接触式、断开式等开关量传感器。系统终端部分选用音响报警电路及数码显示电路。

1. 硬件设计

硬件电路如图 9-5-8 所示,主机选用 8031 单片机,扩充一片 2716 作为程序存储器,地址锁存器选用 74LS373,4 线/7 线译码器选用 74LS48,数码显示部分选用 BS212 共阴数码管,报警电路可选用一片 KD9561 及放大器、扬声器来构成,多点检测电路选用 8243 并行 I/O 口。由于 8243 每片有 4 个口,每个口有 4 个点,故每片 8243 可监测 16 个房间,图 8-5-8 用了 2 片 8243,若需要,还可增加 8243 的数量。

2. 软件设计

根据系统总体要求,防盗报警系统的程序流程如图 9-5-9 所示。

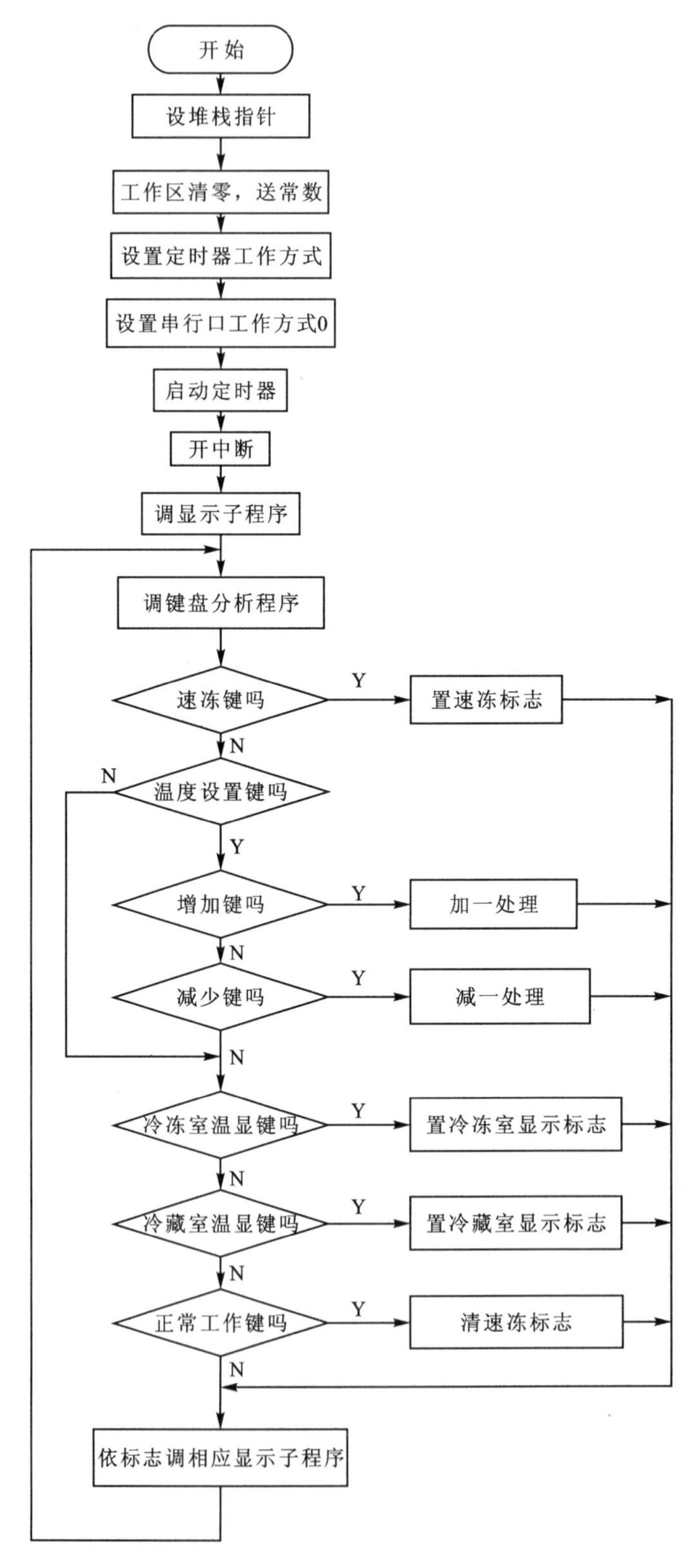
开始
设堆栈指针
工作区清零，送常数
设置定时器工作方式
设置串行口工作方式0
启动定时器
开中断
调显示子程序
调键盘分析程序
速冻键吗
Y
置速冻标志
N
温度设置键吗
N
Y
增加键吗
Y
加一处理
N
减少键吗
Y
减一处理
N
冷冻室温显键吗
Y
置冷冻室显示标志
N
冷藏室温显键吗
Y
置冷藏室显示标志
N
正常工作键吗
Y
清速冻标志
N
依标志调相应显示子程序

图 9-5-5　主程序框图

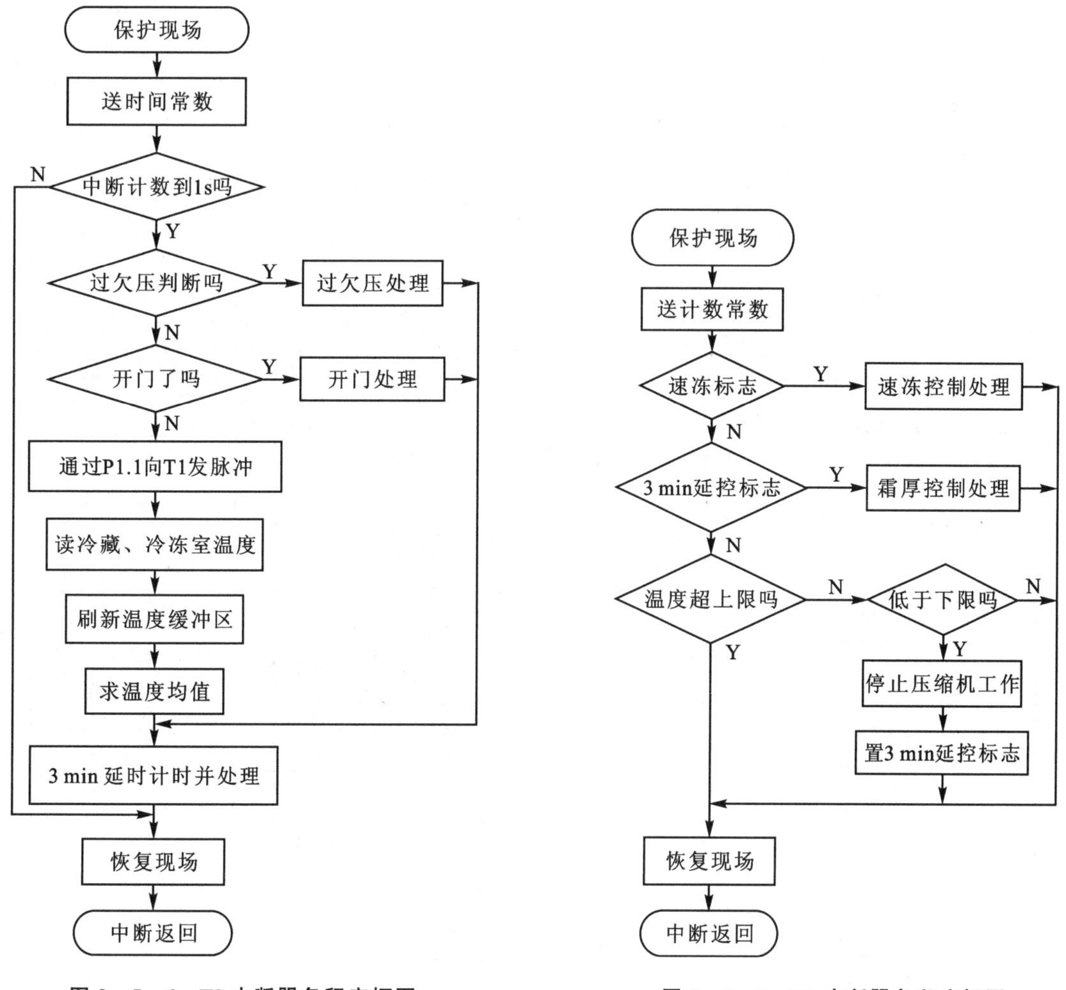

图 9－5－6　T0 中断服务程序框图

图 9－5－7　T1 中断服务程序框图

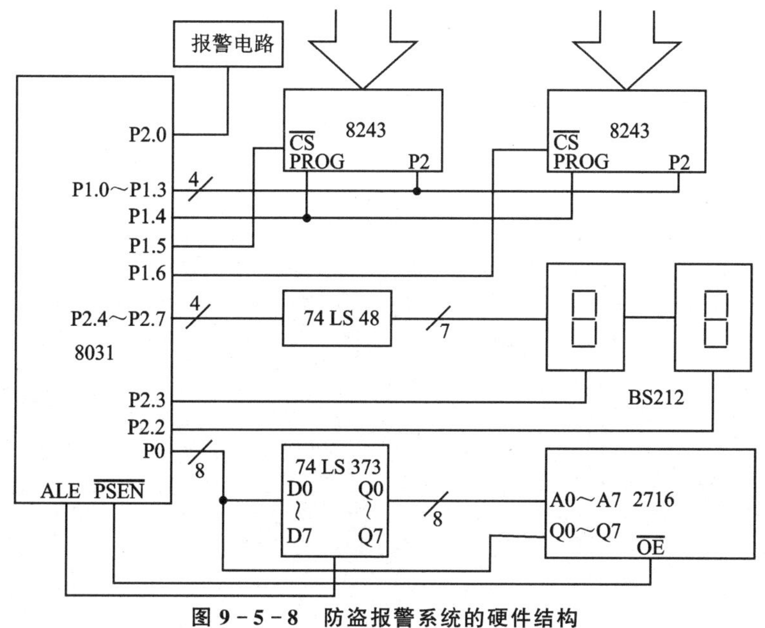

图 9－5－8　防盗报警系统的硬件结构

(1) 主程序

主程序主要用来进行初始化,设置8243的口地址及控制字,并对检测结果进行核对、控制。其流程图如图9-5-10所示。

初始化
循环检测
有报警吗
N
Y
延时3 s
再读相同口
相符?
N
Y
显示并报警
检测完否
N
Y

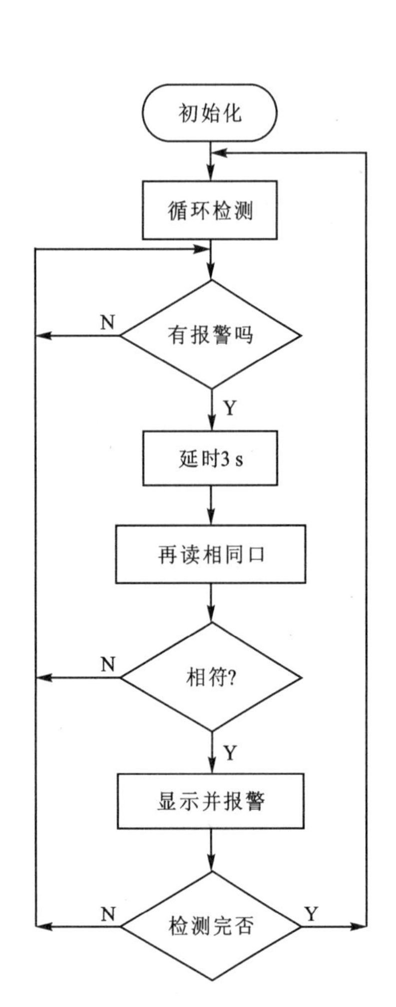

图9-5-9　防盗报警系统程序的流程

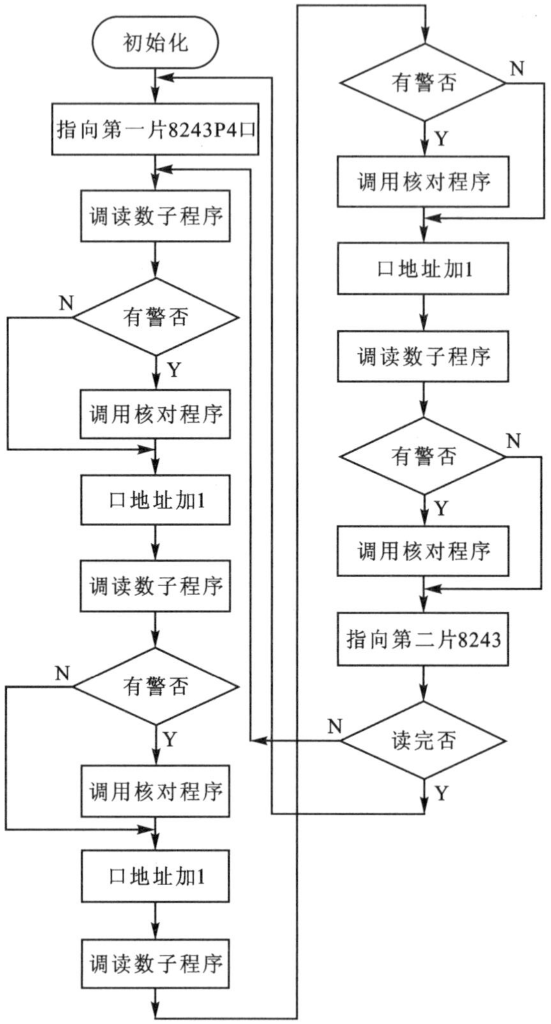

初始化
指向第一片8243P4口
调读数子程序
有警否
N
Y
调用核对程序
口地址加1
调读数子程序
有警否
N
Y
调用核对程序
口地址加1
调读数子程序
有警否
N
Y
调用核对程序
口地址加1
调读数子程序
有警否
N
Y
调用核对程序
指向第二片8243
读完否
N
Y

图9-5-10　防盗报警系统的主程序流程

根据流程图编程如下所列:

```
# include <reg51.h>
# include<stdio.h>
# define uchar unsigned char
# define uint unsigned int
void READ();
void N1();
void N2();
```

```
void N3();
void N4();
void DELAD1();
void DELAD2();
void M1();
void M2();
void M22();
void TLTC();
void L1();
void L2();
void L3();
void LL3 ();
void L4 ();
void L5 ();
void L6();
void L7();
void L8();
void L9();
void DIS();
void HDISP();
void B1();
uchar code step[] = {0x02, 0x21};
void main()
{
    uchar x, R1, R3;
    P1 = 0x0F;                          //关闭 8243
    R3 = 0x0D;                          //读第一片 8243P4 口的控制字暂存 R3
    x = R3;
    R1 = x;
    READ();                             //调用读数子程序
    if(x = 0)                           //当无盗警时转向 N1
        N1();
    M2();                               //调用核对子程序
}
void N1( )
{
    uchar x, R1;
    x = R1;
    ++x;
    R1 = x;
    READ();                             //调用读数子程序
    if(x = 0)                           //当无盗警时转 N2
        N2();
    M2();                               //调用核对子程序
}
```

```
void N2()
{
    uchar x, R1;
    x = R1;
    ++x;
    R1 = x;
    READ();                          //调用读数子程序
    if(x = 0)                        //当无盗警时转 N3
        N3();
    M2();                            //调用核对子程序
}
void N3( )
{
    uchar x, R1;
    x = R1;
    ++x;
    R1 = x;
    READ();                          //调用读数子程序
    if(x = 0)                        //当无盗警时转 N4
        N4();
    M2();                            //调用核对子程序
}
void N4()
{
    uchar x, R3;
    R3 = 0x0B;                       //读第二片 8243P4 口的控制字
    x = step[0];
    --x;
    if(x!= 0)                        //继续读取
        M1();
    return;                          //返回,循环检测
}
```

(2) 读数子程序

读数子程序主要用来读入 8243 输入口的信息,并检查是否有报警信号,程序流程如图 9-5-11 所示。

根据流程图编程如下所列:

```
void READ()
{
    uchar x, P1_4;
    P1 = x;                          //送控制字到 P1 口
    P1_4 = 0;                        //将 PROG 置零
    P1 = P1|0x0F;                    //将 P1 口的低四位置成输入态
```

```
    x = P1;
    P1_4 = 0x01;                    //结束读过程
    x = x&0x0F;                     //清除高四位,保留低四位
    return;
}
```

(3) 核对子程序

核对子程序主要用于核对盗警的真实性,以防止发生误报,故在核对子程序中先延时 3 s,然后再次读入相同口的信号,比较后作出判断是否报警。程序流程如图 9-5-12 所示。

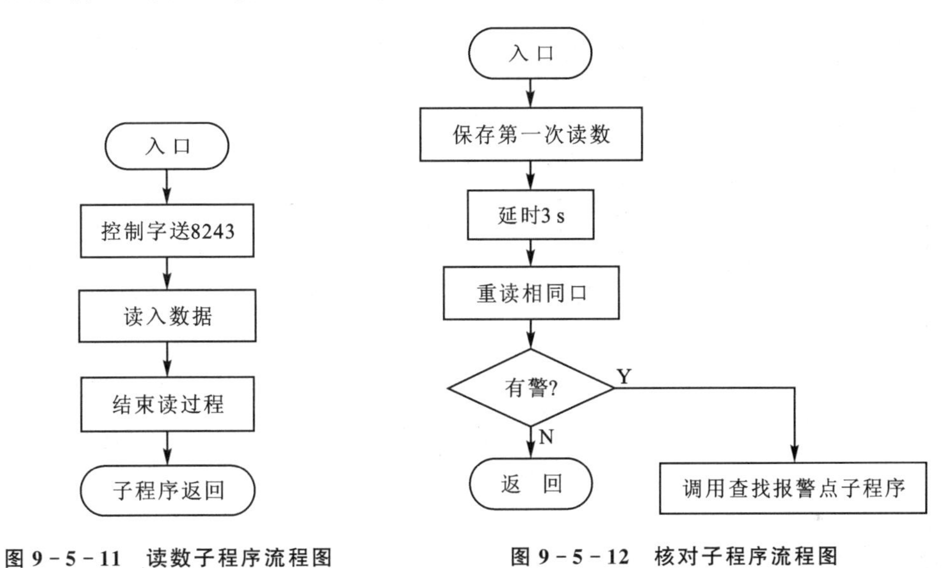

图 9-5-11　读数子程序流程图　　**图 9-5-12　核对子程序流程图**

根据流程图编程如下所列:

```
void M2()
{
    uchar x, R0, R1;
    R0 = x;
    DELAD1();                     //延迟
    x = R1;
    READ();                       //重新读取
    x = x^R0;
    if(x!= 0)                     //无警告时返回
        return;
    TLTC();                       //有警告时调用查找报警点子程序
}
```

(4) 查找报警点子程序

查找报警点子程序要完成三项任务:第一项任务是判断当前读的是 8243 四个口中的哪一个;第二项任务是判断这个口所在的片;第三项任务是判断这个口有哪几个点不为 0。定义为 PX.0~PX.4(X=4~7)。程序流程如图 9-5-13 所示。根据流程图编程如下所列:

```
void TLTC()
{
    uchar x, R1, R2, R7;
    x = R1;
    x = x&0x0F;                    //取低四位
    R7 = x;
    if(x!= 0)
        L1();
    R2 = 0x00;                     //如是 P4 口,送入 0x00 到 R2
}
void L1()                          //如是 P5 口,送入 0x04 到 R2
{
    uchar x, R2, R7;
    x = R7;
    x = x^0x01;
    if(x!= 0)                      //判断是否出现警告
        L2();
    R2 = 0x04;
}
void L2()                          //如是 P5 口,送入 0x08 到 R2
{
    uchar x, R2, R7;
    x = R7;
    x = x^0x02;
    if(x!= 0)                      //判断是否出现警告
        L3();
    R2 = 0x08;
}
void L3()                          //如是 P5 口,送入 0x12 到 R2
{
    uchar x, R2, R7;
    x = R7;
    x = x^0x03;
    if(x!= 0)                      //判断是否出现警告
        LL3();
    R2 = 0x12;
}
void LL3()                         //查找那片 8243 有警告.是第二片送 0x16 到 R3
{
    uchar x, R1, R3;
    x = R1;
    x = x&0x0F0;
    x<<1;
    if(CY = 1)                     //判断是否出现警告
    {
        L4();
    }
    R3 = 0x16;
}
void L4()                          //如第二片有警告,送 0x00 到 R3
{
```

```
    uchar x, R3;
    x<<1;
    if(CY = 1)                          //判断是否出现警告
    {
        L5();
    }
    R3 = 0x00;
}
void L5()
{
    uchar x, R0, R4;
    x = R0;
    x>>1;                               //循环右移一位
    R0 = x;
    if(CY = 0)                          //判断是否出现警告
    {
        L5();                           //查找那个点位有警告
    }
    R4 = 0x01;                          //是 PX.0 有警告,送 0x01 到 R4
    DIS();                              //调用显示子程序
}
void L6()                               //是 PX.1 有警告,送 0x02 到 R4
{
    uchar x, R0, R4;
    x = R0;
    x>>1;
    R0 = x;
    if(CY = 0)                          //判断是否出现警告
    {
        L7();
    }
    R4 = 0x02;
    DIS();                              //调用显示子程序
}
void L7()                               //是 PX.2 有警告,送 0x03 到 R4
{
    uchar x, R0, R4;
    x = R0;
    x>>1;
    R0 = x;
    if(CY = 0)                          //判断是否出现警告
    {
        L8();
    }
    R4 = 0x03;
    DIS();                              //调用显示子程序
}
void L8()                               //是 PX.3 有警告,送 0x04 到 R4
{
    uchar x, R0, R4;
```

```
        x = R0;
        x>>1;
        if(CY = 0)                          //判断是否出现警告
        {
            L9();
        }
        R4 = 0x04;
        DIS();                              //调用显示子程序
    }
    void L9()
    {
        return;                             //返回
    }
```

(5) 显示及报警子程序

显示及报警子程序主要用于对所查找到的报警点进行显示报警,其程序流程如图 9-5-14 所示。

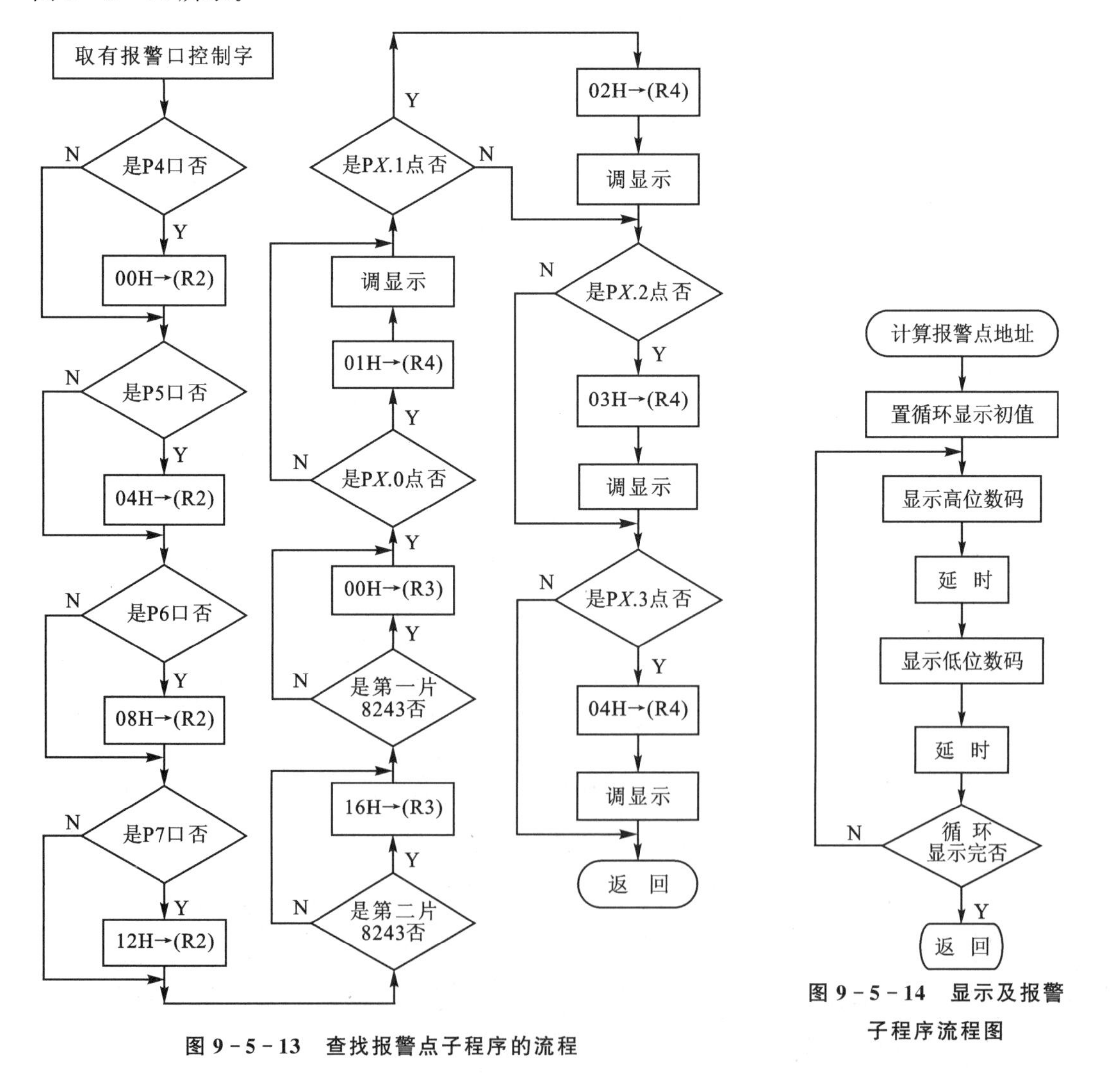

图 9-5-13　查找报警点子程序的流程

图 9-5-14　显示及报警子程序流程图

根据流程图编程如下所列：

```
void DIS()
{
    uchar a, x, y1, y2, R2, R3, R4;
    uchar sum = 0;
    x = R2;
    x = x + R3;                            //计算报警地址
    y1 = y2 = x;                           //十进制调整指令
    y1& = 0xF0;                            //取前四位数
    y1 = y1/0x0F;                          //取前四位单独组成一个数
    if(y1< = 0x09)
        a = y1 - 0x00;
    else
        a = y1 - 0x0A + 10;
        sum = sum * 16 + a;
    y2& = 0x0F;                            //取后四位数
    if(y2< = 9)
        a = y2 - 0x00;
    else
        a = y2 - 0x0A + 10;
        sum = sum * 16 + a;
    x = sum;
    x + = R4;
    y1 = y2 = x;                           //十进制调整指令
    sum = 0;
    y1& = 0xF0;                            //取前四位数
    y1 = y1/0x0F;                          //取前四位单独组成一个数
    if(y1< = 0x09)
        a = y1 - 0x00;
    else
        a = y1 - 0x0A + 10;
        sum = sum * 16 + a;
    y2& = 0x0F;                            //取后四位数
    if(y2< = 9)
        a = y2 - 0x00;
    else
        a = y2 - 0x0A + 10;
        sum = sum * 16 + a;
x = sum;
R4 = x;                                    //将结果放入 R4
}
void HDISP()
{
```

```
    uchar a = 0x00, x, y, R4;
    x = R4;
    x = x&0x0F0;
    x = x|0x07;                    //选通高位数码管
    P2 = x;
    DELAD2();                      //延时
    x = R4;
    x = x&0x0F;                    //取低四位
    y = x;
    y = y&0x0F;                    //取低四位
    x = x&0xF0;                    //取高四位
    x += y;
    x = x|0x0B;                    //选通高位数码管
    P2 = x;
    DELAD2();                      //延时
    a += 1;
    x = 0x0FF;
    x = x^step[1];
    if(x = 0)                      //判断循环显示完否
    {
        B1();                      //完成,转移
    }
    HDISP();                       //循环没完,继续
}
void B1()
{
    return;                        //显示完后返回
}
```

6. 延时子程序

```
void DELAD1()
{
    uint i, j;
    for(i = 3000; i>0; i--)
        for(j = 110; j>0; j--);
}
void DELAD2()
{
    uint i, j;
    for(i = 2000; i>0; i--)
        for(j = 110; j>0; j--);
}
```

思考题与习题

1. 微机化测控系统设计的基本要求有哪些？
2. 研制一个微机化测控系统大致分为几个阶段？
3. 目前多数微机化测控系统采用几位处理器，为什么？
4. 怎样选择元器件？
5. 简要叙述硬件研制过程和软件研制过程。
6. 何谓模块化编程？如何划分模块？

课件

讲稿笔记

习题解答

第 10 章　测控系统新技术

10.1　现场总线控制系统

10.1.1　计算机测控系统的发展历程

1. 集中测控系统

(1) 数据采集系统(DAS)

20 世纪 70 年代,人们在测量、模拟和逻辑控制领域率先使用了数字计算机,从而产生了集中式控制。数据采集系统是计算机应用于生产过程控制最早的一种类型。把需要采集的过程参数经过采样、A/D 转换变为数字信号送入计算机。计算机对这些输入量进行计算处理(如数字滤波、标度变换、越限报警等),并按需要进行显示和打印输出,如图 10-1-1 所示。

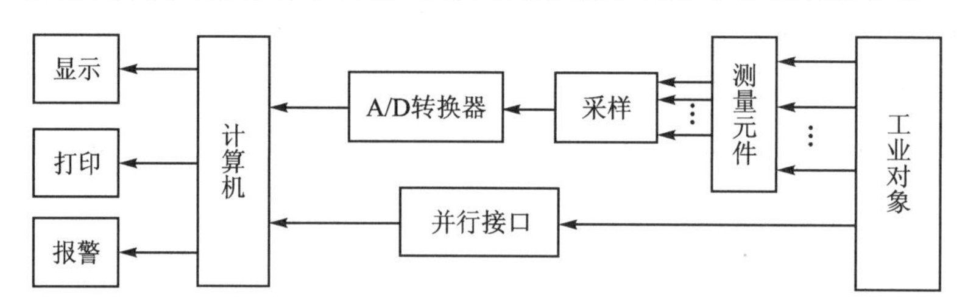

图 10-1-1　数据采集系统

这类系统虽然不直接参与生产过程的控制,但其作用还是较为明显。由于计算机具有速度快、运算方便等特点,在过程参数的测量和记录中可以代替大量的常规显示和记录仪表,对整个生产过程进行集中监视。数据采集系统主要是对大量的过程参数进行巡回检测、数据记录、数据计算、数据统计和处理、参数的越限报警以及对大量数据进行积累和实时分析。这种应用方式,计算机不直接参与过程控制,对生产过程不直接产生影响。

(2) 直接数字控制系统(DDC)

直接数字控制系统 DDC 是用一台计算机对多个被控参数进行巡回检测,检测结果与给定值进行比较,并按预定的数学模型(如 PID 控制规律)进行运算,其输出直接控制被控对象,使被控参数稳定在给定值上,如图 10-1-2 所示。

DDC 系统有一个功能齐全的操作控制台,给定、显示、报警等都集中在这个控制台上,操作方便。DDC 系统中的计算机不仅能完全取代模拟调节器,实现多回路的 PID(比例 P、积分 I、微分 D)调节,而且不需要改变硬件,只通过改变程序就能有效地实现较复杂的控制,如前馈控制、串级控制、自适应控制、最优控制、模糊控制等。

直接数字控制系统(DDC)是计算机用于工业生产过程控制的一种最典型的系统,是计算机在工业中应用最普遍的一种方式。因此本书前几章主要研究的就是这种系统。

(3) 监督控制系统(SCC)

在 DDC 系统中是用计算机代替模拟调节器进行控制,对生产过程产生直接影响的被控

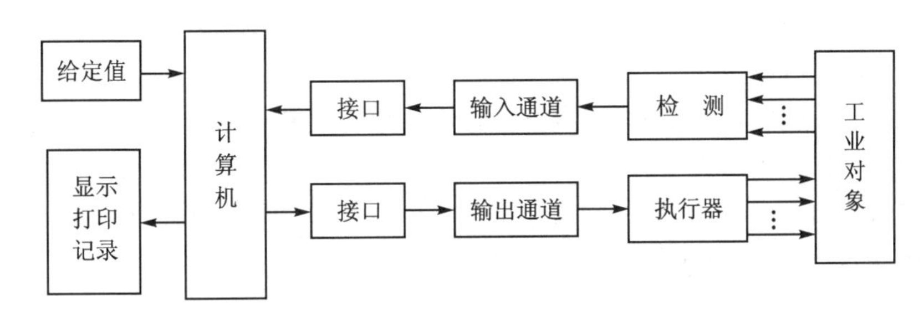

图 10－1－2　直接数字控制系统(DDC)

参数给定值是预先设定的,并存入计算机的内存中,这个给定值不能根据生产工艺信息的变化及时修改,故 DDC 系统无法使生产过程处于最优工况。

在监督控制系统 SCC 中,计算机按照描述生产过程的数学模型计算出最佳给定值送给模拟调节器或 DDC 计算机,模拟调节器或 DDC 计算机控制生产过程,从而使生产过程始终处于最优工况。SCC 系统较 DDC 系统更接近生产变化的实际情况,它不仅可以进行给定值控制,而且还可以进行顺序控制、自适应控制及最优控制等。

监督控制系统有两种不同的结构形式,一种是 SCC＋模拟调节器,另一种是 SCC＋DDC 控制系统。

1) SCC＋模拟调节器控制系统

该系统结构形式如图 10－1－3 所示。

在此系统中,计算机对被控对象的各物理量进行巡回检测,并按一定的数学模型计算出最佳给定值送给模拟调节器。此给定值在模拟调节器中与测量值进行比较后,其偏差值经模拟调节器计算后输出到执行机构,以达到控制生产过程的目的。这样,系统就可以根据生产工况的变化,不断地改变给定值,以实现最优控制。当 SCC 计算机出现故障时,可由模拟调节器独立完成操作。

2) SCC＋DDC 控制系统

该系统结构形式如图 10－1－4 所示。

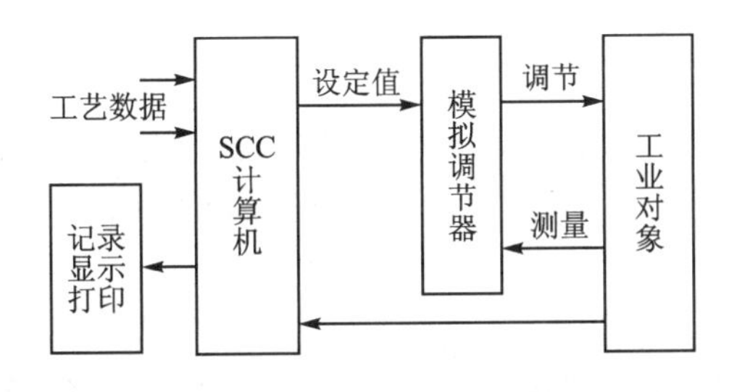

图 10－1－3　SCC＋模拟调节器控制系统

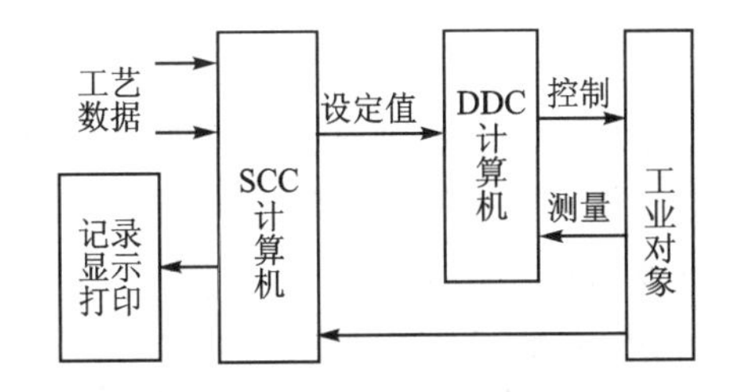

图 10－1－4　SCC＋DDC 控制系统

该系统实际是一个两级计算机控制系统,一级为监督级 SCC,其作用与 SCC＋模拟调节器中的 SCC 一样,用来计算出最佳给定值,送给 DDC 级计算机直接控制生产过程。SCC 与 DDC 之间通过接口进行信息联系。当 DDC 级计算机出现故障时,可由 SCC 级计算机代替,因此,大大提高了系统的可靠性。

总之,SCC 系统比 DDC 系统具有更大的优越性,它能始终使生产过程在最优状态下运行,从而避免了不同的操作者用各自的办法去调节控制器的给定值所造成的控制差异。SCC 的控制效果主要取决于数学模型,当然还要有合适的控制算法和完善的应用程序,因此对软件要求较高。用于 SCC 的计算机应有较强的计算能力和较大的内存容量以及丰富的软件系统。

2. 集散控制系统(DCS)

20 世纪 80 年代,由于微处理器的出现而产生了集散控制系统(DCS)。集散控制系统(DCS)是利用计算机技术对生产过程进行集中监视、操作、管理和分散控制的一种控制系统,一般由集中管理部分、分散控制部分和通信部分组成。其中分散控制部分的各基本控制器,按地理位置分散于现场,每个基本控制器一般可控制一个或数个回路,且具有几十种甚至上百种运算功能。

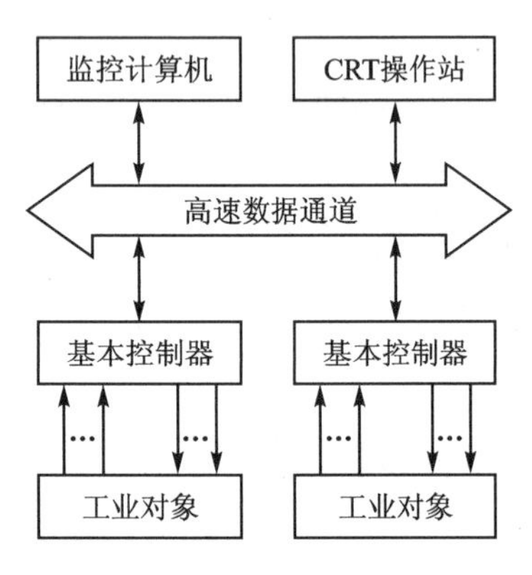

图 10-1-5　集散控制系统(DCS)

世界上许多国家,包括中国都已开始大批量生产各种型号的集散控制系统。虽然它们型号不同,但其结构和功能大同小异,基本组成结构如图 10-1-5 所示。主要包括:以微处理器为核心的基本控制器、高速数据通道、CRT 操作站和监控计算机等。

基本控制器是直接控制生产过程的部分,也称现场控制站,由微处理器、存储器、模拟量和数字量 I/O 接口、电源、通信接口及内部总线组成。具有数据采集、回路控制和顺序控制功能,能独立完成生产过程的直接数字控制。基本控制器通过高速数据通道和其他基本控制器、CRT 操作站、监控计算机相连,实现大规模的控制与管理。

高速数据通道是一种具有高速通信能力的信息总线,它的物理介质多采用双绞线、同轴电缆或光纤通信电缆等。

CRT 操作站是 DCS 中最主要的人机接口(另一种人机接口是地区层的显示操作面板),主要完成各种设备的启、停操作及生产监视,提供系统配置和组态功能。

监控计算机是 DCS 的主计算机,也称上位机。负责完成对整个系统的所有信息综合管理和处理,具有复杂运算的能力和多输入、多输出控制功能,能实现系统最优控制。

集散控制系统较之过去的集中控制系统具有以下特点:

(1) 控制分散、信息集中

采用大系统递阶控制思想,生产过程的控制采用全分散结构;而生产过程的信息则全部集中并存储于数据库,利用高速数据通道或通信网络输送到有关设备。这种结构使系统的危险性分散,提高了可靠性。

(2) 系统模块化

在集散控制系统中,有许多不同功能的模块,如 CPU 模块、AI 和 AO 模块、DI 和 DO 模块、通信模块、CRT 模块和存储器模块等。选择不同数量和不同功能的模块可组成不同规模和不同要求的硬件环境。同样,系统的应用软件也采用模块化结构,用户只需借助于组态软件,即可方便地将所选硬件和软件模块连接起来组成控制系统。若要增加某些功能或扩大规模,只要在原有系统上增加一些模块,再重新组态即可。显然,这种软、硬件的模块化结构提高了系统的灵活性和可扩展性。

(3) 数据通信能力较强

利用高速数据通道连接各个模块或设备,并经通道接口与局域网络相连,从而保证各设备间的信息交换及数据库和系统资源的共享。

(4) 友好而丰富的人—机接口

操作员可通过人—机接口及时获取整个生产过程的信息，如流程画面、趋势显示、报警显示、数据表格等。同时，操作员还可以通过功能键直接改变操作量，干预生产过程、改变运行状况或作事故处理。

(5) 可靠性高

在集散控制系统中，采用了各种措施来提高系统的可靠性，如硬件自诊断系统、通信网络、电源以及输入/输出接口等关键部分的双重化(又称冗余)，还有自动后援和手动后援等。由于各个控制功能的分散，使得每台计算机的任务相应减少，同时有多台同样功能的计算机，彼此之间有很大的冗余量，必要时可重新排列或调用备用机组。因此集散控制系统的可靠性相当高。

3. 现场总线控制系统(FCS)

20 世纪 80 年代发展起来的集散控制系统 DCS 尽管给工业过程控制带来了许多好处，但由于采用了“操作站—控制站—现场仪表(一般为模拟仪表)”的结构模式，系统成本较高，况且各厂家生产的 DCS 标准不同，不能互联，给用户带来了极大的不方便和使用维护成本的增加。

现场总线控制系统 FCS(Fieldbus Control System)是 20 世纪 80 年代中期在国际上发展起来的新一代分布式控制系统结构。它采用了与 DCS 不同的“工作站—现场总线智能仪表”结构模式，降低了系统总成本，提高了可靠性，且在统一的国际标准下可实现真正的开放式互联系统结构，因此它是一种具有发展前途的真正分散控制系统，其结构如图 10-1-6 所示。

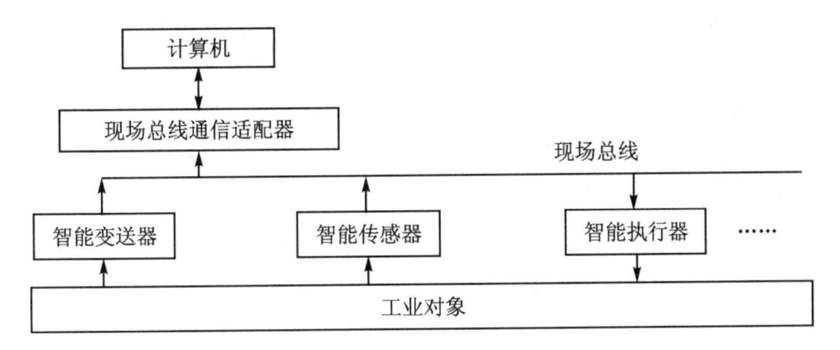

图 10-1-6　现场总线控制系统(FCS)

10.1.2　现场总线控制系统的特点

1. 现场总线控制系统的结构特点

现场总线控制系统打破了传统控制系统的结构形式。传统模拟控制系统采用一对一的设备连线，按控制回路分别进行连接，现场的测量变送器与位于控制室的控制器之间，控制器与位于现场的执行器、开关、电动机之间均为一对一的物理连接。

现场总线控制系统由于采用了智能现场设备，能够把原先 DCS 系统中处于控制室的控制模块、各输入输出模块置入现场设备，加上现场设备具有通信能力，现场的测量变送仪表可以与阀门等执行机构直接传送信号，因而控制系统功能能够不依赖控制室的计算机或控制仪表，直接在现场完成，实现了彻底的分散控制。

由于采用数字信号替代模拟信号，因而可实现一对电线上传输多个信号(包括多个运行参数、多个设备状态、故障信息)，同时又为多个设备提供电源；现场设备以外不再需要模拟/数字、数字/模拟转换部件。这样就为简化系统结构、节约硬件设备、节约连接电缆与各种安装、维护费用创造了条件。

2. 现场总线控制系统的技术特点

现场总线控制系统在技术上具有以下特点:

(1) 系统的开放性

开放是指对相关标准的一致性、公开性,强调对标准的共识与遵从。一个开放系统,是指它可以与世界上任何地方遵守相同标准的其他设备或系统连接,通信协议一致公开,各不同厂家的设备之间可实现信息交换。现场总线开发者就是要致力于建立统一的工厂底层网络的开放系统。用户可按自己的想法需要,把来自不同供应商的产品组成任意大小的系统。通过现场总线可构筑自动化领域的开放互联系统。

(2) 互可操作性与互用性

互可操作性,是指实现互联设备间、系统间的信息传送与沟通,而互用则意味着不同生产厂家的性能类似的设备可实现相互替换。

(3) 现场设备的智能化与功能自治性

现场总线控制系统将传感测量、补偿计算、工程量处理与控制等功能分散到现场设备中完成,仅靠现场设备即可完成自动控制的基本功能,并可随时诊断设备的运行状态。

(4) 系统结构的高度分散性

现场总线已构成一种新的全分散性控制系统的体系结构。从根本上改变了现有DCS集中与分散相结合的集散控制系统体系,简化了系统结构,提高了可靠性。

(5) 对现场环境的适应性

工作在生产现场前端,作为工厂网络底层的现场总线,是专为现场环境而设计的,可支持双绞线、同轴电缆、光缆、射频、红外线、电力线等,具有较强的抗干扰能力,能采用两线制实现供电与通信,并可满足系统的安全防爆要求等。

3. 现场总线控制系统的优点

由于现场总线控制系统以上的这些特点,特别是现场总线控制系统结构的简化,使控制系统从设计、安装、投运到正常生产运行及其检修维护都体现出优越性。

(1) 节省硬件数量与投资

由于现场总线控制系统中分散在现场的智能设备能直接执行多种传感控制报警和计算功能,因而可减少变送器的数量,不再需要单独的调节器、计算单元等,也不再需要DCS系统的信号调理、转换、隔离等功能单元极其复杂接线,还可以用工控PC机作为操作站,从而节省了一大笔硬件投资,并可减少控制室的占地面积。

(2) 节省安装费用

现场总线控制系统的接线十分简单,一对双绞线或一条电缆上通常可挂接多个设备,因而电缆、端子、槽盒、桥架的用量大大减少,连线设计与接头校对的工作量也大大减少。当需要增加现场控制设备时,无须增设新的电缆,可就近连接在原有的电缆上,既节省了投资,也减少了设计、安装的工作量。据有关典型试验工程的测算资料表明,可节约安装费用60%以上。

(3) 节省维护开销

由于现场控制设备具有自诊断与简单故障处理的能力,并通过数字通信将相关的诊断维护信息送往控制室,用户可以查询所有设备的运行,诊断维护信息,以便早期分析故障原因并快速排除,缩短了维护停工时间,同时由于系统结构简化、连线简单而减少了维护工作量。

（4）用户具有高度的系统集成主动权

用户可以自由选择不同厂商所提供的设备来集成系统，避免选择了某一品牌的产品而被“框死”了使用设备的选择范围，不会为系统集成中不兼容的协议、接口而一筹莫展，使系统集成过程中的主动权牢牢掌握在用户手中。

（5）提高了系统的准确性与可靠性

由于现场总线设备的智能化、数字化，与模拟信号相比，它从根本上提高了测量与控制的精确度，减少了传送误差。同时，由于系统的结构简化，设备与连线减少，现场仪表内部功能加强，减少了信号的往返传输，提高了系统的工作可靠性。

此外，由于它的设备标准化，功能模块化，因而还具有设计简单、易于重构等优点。

10.1.3　几种主要的现场总线

现场总线控制系统的核心是现场总线。现场总线技术将专用微处理器置入传统的测量控制仪表，使它们都具有了数字计算和数字通信能力，采用可进行简单连接的双绞线等作为总线，把多个测量控制仪表连接成的网络系统，并按公开、规范的通信协议，在位于现场的多个微机化测量控制设备之间以及现场仪表与远程监控计算机之间，实现数据传输与信息交换，形成各种适应实际需要的自动控制系统。简而言之，它把单个分散的测量设备变成网络节点，以现场总线为纽带，把它们连接成可以相互沟通信息、共同完成自控任务的网络系统与控制系统。

以下对几种影响力较大的现场总线做简单介绍。

1. CAN总线

CAN是Controller Area Net的缩写，即控制器局部网，是一种有效支持分布式控制或实时控制的串行通信网络。CAN是德国Bosch公司为汽车的监测、控制系统而设计的。由于CAN具有卓越的特性及极高的可靠性，因而非常适合工业过程监控设备互连。CAN已经成为一种国际标准（ISO-11898），是最有前途的现场总线之一。CAN的信号传输介质为双绞线，具有现场总线的特点。目前，在国内的电力、石化、航天、冶金、空调等不同行业均有应用。用CAN做工程最大的特点就是启动成本低。

CAN总线的特点如下：

① CAN总线接口芯片支持8位、16位CPU，许多嵌入式微处理器都集成了CAN通信控制器。

② CAN总线具有国际标准，即ISO-11898。

③ CAN可以多主方式工作，网络上任意一个节点均可以在任意时刻、主动地向网上其他节点发送信息而不分主从，通信方式灵活。利用这一特点，也可方便地构成（容错）多机备分系统。

④ CAN网络上的节点可分成不同的优先级，满足不同的实时要求。

⑤ CAN采用非破坏性总线仲裁技术。当两个节点同时向网络上传送信息时，优先级低的节点主动停止数据发送，而优先级高的节点可不受影响地继续传输数据，有效避免了总线冲突。

⑥ CAN可以点对点、一点对多点及全局广播的方式传送和接收数据。

⑦ CAN直接通信距离最远可达10 km（速率在5 kbps以下），通信速率最高可达1Mbps（通信距离小于40 m）。CAN-BUS上节点数据理论值为2 000个，实际可达110个。

⑧ CAN采用短帧结构，每一帧的有效字节数为8个。这样短的传输时间，受干扰的概率

低,更新发送时间短。

⑨ CAN 节点在错误严重的情况下,具有自动关闭总线的功能,即切断它与总线的联系,以使总线上的其他操作不受影响。

⑩ CAN 每帧信息都有 CRC 校验及其他检错措施,保证了数据的出错率极低。

通信介质采用廉价的双绞线,无特殊要求。

⑪用户接口简单,编程方便,很容易构成用户系统。开发系统廉价,OEM 用户容易操作。INTEL、NXP 等芯片厂商均生产具有 CAN 接口的 80C51 芯片。

2. Profibus 总线

过程现场总线——Profibus(Process Fieldbus)为德国标准,有 3 种改进型分别用于不同的场合,即 Profibus－PA、Profibus FMS、Profibus DP。

① Profibus PA 是 1994 年由 Profibus PON 用户组织提出的,引用了国际电工委员会 IEC 标准的物理链路层(ISO/OSI 模型的第一层),从而可以在有爆炸危险区域内连接本质安全型的现场仪表;它专为过程自动化而设计。(注:国际标准化组织(International Organization for Standardization,简称 ISO)在网络通信方面所定义的开放系统互连(Open System Interconnection,简称 OSI)模型,简称为 ISO/OSI 模型。该模型是 ISO 为网络通信制定的协议,它把通信过程分为七层:物理层、数据链路层、网络层、传输层、会话层、表示层和应用层。每层都规定了完成的功能及相应的协议。)

② Profibus FMS(Fieldbus Message Specification)用于车间级通用的控制及通信任务,是一个令牌环结构、实时多主网络。

③ Profibus DP 是一种高速且优化的通信方案,主要用于实现现场级控制系统与分布式 I/O 及其他现场级设备之间的通信。

Profibus 这 3 层协议使其成为能够提供制造业自动化、工程自动化、楼宇自动化以及电力自动化完整解决方案的唯一现场总线系统。

Profibus 引入功能模块的概念,不同的应用需要使用不同的模块。在一个确定的应用中,按照 Profibus 规范来定义模块,写明其硬件和软件的性能,规范设备功能与 Profibus 通信功能的一致性。

3. LONWORKS

LON 是 Local Operating Network 的缩写,即局部操作网络。LONWORKS 由美国 Echelon 公司推出,是一种功能全面的控制网络。对于工厂及车间的环境、安全、保卫、报警过程、动力分配、结水控制、库房或材料管理等,可以用 LONWORKS 组建一个综合性、分布式测控网络。

LONWORKS 的技术特点:

① 开放性。网络协议开放,对任何用户平等。

② 通信介质开放。可在任何通信介质下通信,包括双绞线、电力线、同轴电缆、射频电缆、红外线等,并且多种介质可以在同一网络中混合使用。

③ 互操作性。LONWORKS 通信协议 LONTalk 符合国际标准化组织(ISO)定义的开放系统互联(OSI)模型。任何制造商的产品都可以实现互操作。

④ LONWORKS 网络通信采用了"网络变量",使网络通信的设计简化成为参数设置,增加了通信的可靠性。

⑤ 通信的每帧有效字节数可以从 0～228 个字节定义。

⑥ 通信速度可达 1.25 Mbps，此时有效距离为 130 m。一个测控网络上的节点数可达 32 000 个。直接通信距离长达 2 700 m(双绞线，78 kbps)。

⑦ LONWORKS 的基本元件称为 Neuron(神经元芯片)，这个芯片中有 3 个 8 位 CPU：第 1 个 CPU 为介质访问控制处理器；第二个 CPU 为网络处理器，处理 LONTalk 协议第 3～6 层；第 3 个 CPU 是应用处理器，执行用户编写的代码及用户的代码所调用的操作系统。Neuron 芯片具备通信与控制功能，并且固化了 ISO/OSI 的全部 7 层协议以及 34 种常见的 I/O 控制对象。

LONWORKS 目前在国内应用最多的领域是电力行业，在楼宇自动化化领域，LONWORKS 也是主要的市场。

4. 基金会现场总线(FF)

基金会现场总线(Foundation Fieldbus，FF)是为了适应自动化系统，特别是过程自动化系统，在功能、适应条件与技术上的需要而专门设计的。它的协议标准由现场总线基金会(Fieldbus Foundation)组织开发，并得到了世界上主要自动控制设备制造商(比如西门子、ABB、AB 等公司)的广泛支持，在北美、亚太与欧洲等地区具有很强的影响力。

基金会现场总线分低速 H1 和高速 H2 两种通信速率。H1 的传输速率为 31.25 kbit/s，通信距离可达 1 900 m(可加中继器延长)，支持总线供电和本质安全防爆环境。H2 的传输速率有 1Mbit/ s 和 2.5 Mbit/s 两种，其通信距离为 750 m 和 500 m。物理传输介质可支持双绞线、光缆和无线发射，符合 IEC 1158－2 标准。其物理媒介的传输信号采用曼彻斯特编码。

基金会现场总线的主要技术内容，包括 FF 通信协议、用于完成开放互联模型中第 2～7 层通信协议的通信栈；用于描述设备特征、参数、属性及操作的功能块；实现系统组态、调度、管理等功能的系统软件技术以及构建自动化系统、网络系统的系统集成技术。为了满足用户需要，Honeywell、Ronan 等公司已开发出可完成物理层和部分数据链路层协议的专用芯片，许多仪表公司在此基础上开发符合 FF 协议的产品，H1 总线已通过 α 测试和 β 测试，完成由 13 个不同厂商所提供设备而组成的 FF 现场总线的工厂实验系统。

FF 从自控系统的设计、安装、运行到维护的整个过程中都体现了优越性。FF 系统结构简化，节省了控制设备。FF 高度分散性与现场设备的自治性，使系统运行性能提高，对现场设备的诊断可随时进行，使系统可靠性大大改善。FF 系统的开放性与互操作性，使得系统集成更加灵活便利，设备按功能配置，而不是按厂商配置。

5. HART 总线

HART(Highway Addressable Remote Transducer)可寻址远程传感器高速数据通道，是美国 Rosemount 公司提出的一种用于现场智能仪表和控制室设备之间的通信协议。HART 通信采用的是半双工的通信方式，特点是在现有模拟信号传输线上实现数字通信。HART 协议参照 ISO/OSI 模型的第 1、2、7 层，即物理层、数据链路层和应用层，主要有如下特征：

(1) 物理层

采用基于 Bell202 通信标准的 FSK 技术，即在 4～20 mA DC 模拟信号上叠加 FSK 数字信号，逻辑 1 为 1 200 Hz，逻辑 0 为 2 200 Hz，波特率为 1 200 bps，调制信号为±0.5 mA 或 0.25 V(250 Ω 负载)。用屏蔽双绞线单台距离 3 000 m，而多台设备互连距离 1 500 m。

(2) 数据链路层

数据帧长度不固定，最长 25 个字节，寻址范围 0～15。当地址为 0 时，则处于 4～20 mA DC 与全数字通信兼容状态；当地址为 1～15 时，则处于全数字通信状态。通信模式为“问答式”或“广播式”。

(3) 应用层

规定了3类命令,第一类是通用命令,适用于遵守HART协议的所有产品;第二类是普通命令,适用于遵守HART协议的大部分产品;第三类是特殊命令,适用于遵守HART协议的特殊产品。另外,为用户提供了设备描述语言DDL。

10.2 网络化测控系统

10.2.1 网络化测控系统的发展

近些年来,以Internet为代表的网络技术的出现以及与其他高新技术的结合,为测控与仪器技术带来了前所未有的发展空间和机遇。因此,以计算机为中心、以网络为核心的网络化测控技术与网络化测控系统应运而生。网络化测控是现代测控技术的主要特点之一。

1. 网络化测控系统的定义及意义

网络化测控系统是将测控系统中地域分散的基本功能单元(计算机、测控仪器、测控模块或智能传感器),通过网络互联起来,构成一个分布式的测控系统。这类基于计算机网络通信的分布式测控系统称为网络化测控系统。

测控系统网络化的思路就是把测控系统与计算机网络相结合,构成信息采集、传输、处理和应用的综合信息网络。这符合信息化发展的要求,是具有信息时代特点的新思路。

网络化测控系统包含以下两大部分:

① 组成系统的各基本单元,如测控仪器、测控模块和计算机等;

② 连接各基本单元形成系统的传输介质——通信网络。

系统以网络为基础,将分布于各地的各种不同设备挂接在网络上,实现资源共享,协调工作,共同完成测控任务。

测控系统从集中的系统发展到分散的网络化测控系统,是测控领域观念上的又一个大飞跃和革命性变化。测控系统网络化的意义可概括如下:

(1) 降低了测控成本

利用遍布全球的Internet网络设施进行网络化测控,能降低组建系统的费用;测控现场的普通仪器测得被测对象的数据(信息)后,通过网络传输给异地的精密测控仪器或高档次的微机化仪器去分析处理,既节约了人力物力,又提高了贵重和复杂设备的利用率,从而降低了测控的成本。

(2) 实现了远距离测控和资源共享

在网络上进行测量和数据采集,可以远程监测/控制过程和实验数据;网络化测控使得测控跨越了空间和时间的界限,与传统仪器和测控系统相比,这是一个质的飞跃,而且还能实现测控设备和测控信息等测控资源的共享。

(3) 实现了测控设备的远距离诊断与维护

在网络基础上搭建的测控系统,可以通过网络采集和访问系统设备的状态信息和故障信息,用于预测性故障分析、预防性维护计划、远距离诊断和维修,从而提高了设备使用寿命和使用效率。

2. 网络化测控系统的发展历程

网络化测控系统是在计算机网络技术、通信技术高速发展，以及对大容量分布式测控的大量需求背景下，由单机仪器、局部的自动测控系统到全分布式的网络化测控系统而逐步发展起来的。网络化测控系统的发展可概括为以下几个阶段。

(1) 第一阶段

起始于 20 世纪 70 年代通用仪器总线(GPIB)的出现。GPIB 实现了计算机与测量系统的首次结合，使得测量仪器从独立的手工操作单台仪器开始走向计算机控制的多台仪器的测控系统，实现了将多台仪器由 GPIB 连接成一个系统。此阶段是网络化测控系统的雏形与起始阶段。

(2) 第二阶段

起始于 20 世纪 80 年代 VXI 标准化仪器总线的出现。VXI 总线实现了把最大 256 个 VXI 总线仪器联系起来，组成一个更大的系统。VXI 系统可以将大型计算机昂贵的外设、VXI 设备、通信线路等硬件资源以及大型数据库程序等软件资源纳入网络，使得这些宝贵的资源得以共享，缓解了经济和技术等各方面因素的制约。此阶段是网络化测控系统的初步发展阶段。

(3) 第三阶段

虽然由 VXI 总线所组成的测控系统已经比较庞大，但它仍然属于一个更大规模的测控系统的范畴，还不是真正意义上的网络化测控系统。随着技术的发展，现场总线技术的出现带动了现场总线控制系统(FCS)的迅速发展，现场总线控制系统中大量采用具有由微处理器与传统传感器结合的智能传感器的现场总线仪表，而且总线仪器仪表也大量使用智能传感器，使得可以在一个工厂范围内通过总线将成千上万个智能传感器/变送器等智能化的仪表组成一个网络化测控仪器系统。此阶段是网络化测控系统更快速的发展阶段。

(4) 第四阶段

采用上述的各种仪器接口总线或者现场总线，可以方便地组建一个局部测控网络系统，但是在对现代化要求极高的领域，如国防、气象、航空、航天等行业或领域，传统的局部范围的测控系统已经逐渐无法满足用户的需求。许多部门或大型企业迫切要求构建较大范围内甚至全国性的测控系统或测控网络，建立基于 Internet 的网络化测控系统，即通常所说的分布式测控网络，这是真正意义上的网络化测控系统。此阶段是网络化测控系统的成熟阶段。

10.2.2 网络化测控系统的结构

网络化测控系统的中坚是计算机，计算机网络技术要求一种标准的、开放的、可互操作的网络结构。基于此网络结构，大量分散的测控仪器以及远程测控信息可相互交换，从而构成一个功能强大的系统。

1. 网络技术的应用

计算机网络是通过数据通信系统把地理上分散的、具有独立处理能力的计算机系统连接起来，达到数据通信和资源共享目的的一种计算机系统，且是计算机技术和通信技术密切结合的产物。目前由于网络技术及仪器硬件技术的飞速发展，任何一台仪器只要具有必要的通信能力就可以作为数据通信设备连入网络中。例如美国 NI 公司的 GPIB 控制器，支持连接接口(AUI)、细缆和双绞线连接，可以方便地将相互独立的 GPIB 系统连接到以太网，轻松地将分散的测控系统集成起来；利用 GPIB 控制器作为接口，将测控和测量仪器接入网络，就可以让多个用户通过网络接入系统，进行仪器控制并取得数据，实现资源共享。因此，网络不仅可用于连接多台相互独立的计算机,也可用于仪器系统、自动测控系统的互联。

(1) 测控系统中网络的功能

网络技术已经成为现代测控技术中不可缺少的部分,利用网络可以实现以下功能:

① 数据采集与处理。测控系统把通过网络进行的数据采集看作本身的一个测控仪器通过其他高速总线连接至计算机进行的操作,并通过网络实现完备、可靠及高效的数据处理功能。

② 数据共享。在一个基于计算机的网络化测控系统中,有时需要把采集到的数据分布到其他地方以便进行分析处理和显示,这可以通过网络的数据共享来实现。例如,利用过程控制对象链接和嵌入软件技术,可以在大型应用中通过网络进行通信;如果测控系统把采集到的数据分布到特定用户,那么可以利用 DataSocket 技术方便地实现网络信息分布。

③ 分布式测控。把基于计算机的测控系统分布到各测控仪器模块中是网络提供的又一功能。例如有时某测控模块需要非常高的实时要求而需要特定的处理芯片,通过软件和网络技术,就可以把对实时要求比较高的模块分布到网络中的特定测控仪器上进行处理。

(2) 常见的网络化测控方案

在测控领域中,20 世纪 70～90 年代,重点在研究 GPIB 和 VXI 总线的集中式测控系统和虚拟仪器技术,特别是虚拟仪器技术将计算机技术引入测量领域,从而提出了“软件就是仪器”,给测控技术带来了新的发展思路,是测控领域的一次飞跃。

总线式仪器、虚拟仪器等微机化仪器技术的应用,使组建测控系统变得更加容易,但集中测控越来越满足不了复杂、远程和范围较大的测控任务需求。从 20 世纪 80 年代末以来,随着数据通信技术和计算机网络技术的蓬勃发展,它们与测控技术相结合,产生了网络化测控系统和分布式测控系统。

网络测控仪器模块具有很强的信号调理、网络通信和本地处理能力。特别是在工业控制领域,现场总线技术得到飞速发展,而且随着计算机信息网络的普及,工业控制网络与信息网络有效融合,极大地推动了工业智能控制的发展进程。

随着网络技术的进一步发展,Internet 和计算机网络也逐渐应用到测控领域,常见的网络化测控方案如下:

① 远程测控系统。在实际测控应用中,经常需要在远离计算机主机的若干不同地点同时进行测控。在这种情况下,主要目标是从一个或多个远端测控节点采集数据,并把测控结果通过网络发送到本地计算机节点。

② 测控发布系统。测控发布系统是把从一个测控节点采集的数据发布到一个或多个远程计算机节点,使多个用户可以在远端第一时间获取和处理测控节点的数据及图形化测试结果。

测试结果曲线的发布有几种常用方法,如将测试结果曲线以位图的方式进行存储并压缩成合适的格式,再通过 TCP/IP 协议传输给网络中发出查询请求的节点;同时,还可将测试结果曲线位图上传给 web 服务器,以供网络中的其他节点浏览。

③ 企业测控系统。企业测控系统相当于前面两种系统的组合,其目标是实现从任一测控节点获取测控数据并传递到网络上的任一计算机节点。

以上三种测控方案兼顾了智能设备、非智能设备、各种总线和接口,但由于使用以太网实现的分布式测控系统的范围有限,还远不能满足一些测控的需要。

随着遍布全球的 Internet 技术的逐渐成熟,信道容量不断扩大,网络速度不再成为网络应用的障碍。网络技术的飞速发展对测控系统产生了深刻的影响，推动了测控领域的全方位技术创新，分布式测控网络成为分布式测控系统的主导技术。

（3）测控网络组网原则

测控网络的组网原则主要有实用性原则、开放性原则、先进性原则和安全性原则。

① 实用性原则。组建测控网络应根据具体测控任务进行设计和实施。网络应用和测控服务在整个网络建设中应置于非常重要的地位。计算机网络设计应根据需求选择合适的网络结构进行布局，同时在测控仪器的配置上，根据测控对象的技术参数和内容进行选择，力求达到网络结构合理，测控仪器实用有效。

② 开放性原则。测控网络应具有良好的开放性。通过制定统一的网络体系结构，并遵循统一的网络通信协议标准，使测控网络成为一个完全开放式的网络计算机环境，便于实现网络升级、数据共享。

开放性原则包括采用开放式标准、开放式技术、开放式结构、开放式系统组件和开放式用户接口。

③ 先进性原则。组建测控网络应尽可能采用成熟的先进技术，配置技术先进、功能齐全、自动化程度高的测控仪器和网络设备，以保证测控网络的先进性。同时开发或选购的各种网络应用软件也要尽可能先进，并有相当长时间的可用性。

先进性原则包括设计思想先进、软硬件设备先进、开发工具先进。

④ 安全性原则。测控网络系统的开放性也带来了安全性问题。例如，由于通过 Internet 可以直接操作底层以太测控网，以及网络化测控系统的测控数据，控制命令通过网络协议传输，可能受到病毒、黑客的非法入侵与非法操作等威胁，应避免其受到 Internet 上有意或无意的攻击和破坏。

考虑到以太网测控系统的分级结构，其安全性设计也应分级进行。首先，测控网是企业内部网的子网，受企业网保护，企业网则通过防火墙与 Internet 隔离；其次，在工厂级和现场级也有相应的保护措施。这些措施包括用户身份验证、密码、过滤技术、实时监控等。因此需要对系统、软硬件进行安全性设计，例如采用软件加密技术和密钥，保证网络中传输信息的安全性。

2. 网络化测控系统组成

网络化测控系统是基于网络的分布式测控系统，它由分散挂接在网络上的各种不同测控设备组成，通过网络进行数据传输，实现资源、信息共享，协调工作，共同完成大型复杂的测控任务。

（1）网络化测控系统硬件组成

网络化测控系统的硬件主要由基本功能单元和连接各基本功能单元的通信网络两部分构成：

① 基本功能单元，包括计算机仪器、网络化传感器、网络化测控模块等。

② 连接各基本功能单元的通信网络，例如以太网、Intranet 和 Internet。由于大型复杂测控系统不仅有测量和控制的任务，而且还有大量的测控信息交互，因此通信网不是单一结构而是多层的复合结构。

网络化测控系统用于测控过程控制、处理，通常采用工业以太网。典型的网络化测控系统模型如图 10-2-1 所示。

从图中可以看出，典型的网络化测控系统基本功能单元包括测控服务器、中央管理计算机、浏览服务器、网络化仪器、网络化传感器、网络化测控模块和网关等。

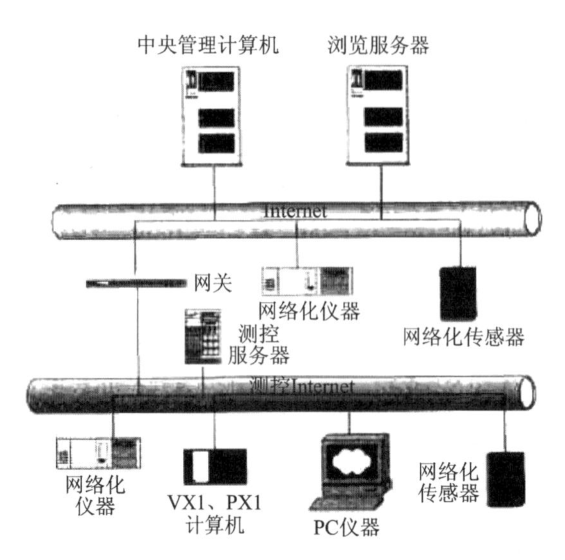

图 10-2-1　网络化测控系统模型

① 测控服务器。它是一台网络中的计算机,能够管理大容量数据通道,进行数据纪录和数据监控,用户也可用它来存储数据并对测量结果进行分析处理;它属于网络化测控系统的核心部分,主要进行各测控基本功能单元的任务分配,对基本功能单元采集来的数据进行计算、综合与处理、数据存储和打印报表、系统故障诊断及报警等。

② 中央管理计算机。它是网络化测控系统的关键部分,主要进行各测控基本功能单元的任务分配,对基本功能单元采集来的数据进行计算、综合与处理、数据存储和报表打印、系统的故障诊断及报警等。

③ 浏览服务器。它是一台具有浏览功能的计算机,用来察看测量节点或测量服务器所发布的测量结果或经过分析的数据;它是 Web 浏览器或别的软件接口,可以浏览现场测控节点的信息和测控服务器收集、产生的信息。

④ PC 仪器。它将传统仪器由单台计算机实现的三大功能,即数据采集、数据分析以及图形化显示分开处理,分别使用独立的硬件模块实现传统仪器的三大功能,以网线相连接,测控网络的功能将远远大于系统中各部分的独立功能。

⑤ 网络化传感器。它与网络化仪器构成网络化测控系统的最基本部分。它是在传统的测控仪器、传感器、测控模块的基础上,利用网络技术改造而成的带有本地微处理器和通信接口的现场数据采集设备,设备的网络接口允许通过 TCP/IP 协议进行远程控制和信息共享。

⑥ 网络化仪器。它包括测控模块、虚拟仪器和 GPIB、VXI、PXI 系统等。

网络化仪器、网络化传感器主要完成以下工作:

- 测控数据的采集与处理;
- 测控数据交换;
- 测控过程的监控及故障诊断,故障发生时将故障情况报中央管理计算机;
- 存储测控信息,包括本地和远地测控数据的存储。

(2) 网络化测控系统软件组成

网络化测控系统虽然实现的方式有多种,但系统的软件结构基本上可以概括为如图 10-2-2 所示的结构。

在图中,客户端由应用程序和网络接口组成:

① 应用程序,一般是虚拟仪器软面板或类似 IE 浏览器的集成环境。

② 网络接口,主要将客户端的请求、控制、设置参数打包为网络报文并发送出去,以及将收到的执行结果送到应用程序进行处理和显示,同时还解决一些与网络相关的事务。

在图中,服务器端由监听程序、申请/注册程序、测控服务程序、仪器驱动程序和仪器组成。

① 监听程序。处于循环状态,不断监听客户端的访问请求,并将请求交给相应的程序进行处理。

② 申请/注册程序。提供用户管理,使得系统能适应多用户的场合,并提供相应的安全

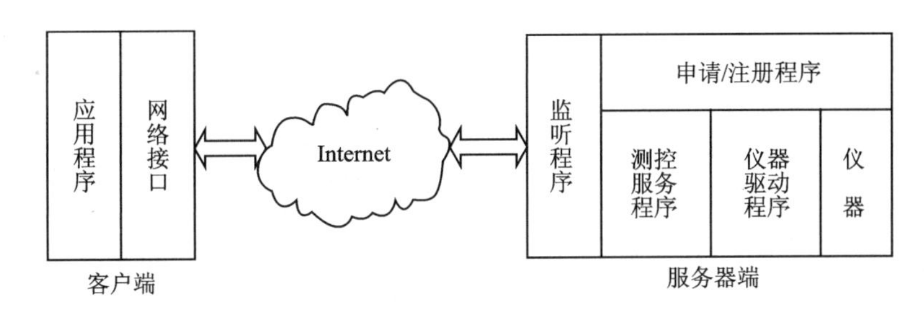

图 10－2－2　网络化测试系统的软件模型

措施。

③ 测控服务程序。一个安全的多进程服务器程序，可调用相应的仪器驱动程序，完成测控请求并将执行结果提交给监听程序，返回客户端。

④ 仪器驱动程序。可以是底层的 I/O 驱动、SCPI 指令、VISA 驱动和 NI 驱动。

⑤ 仪器。指具体的仪器设备应用程序。

10.2.3　网络化测控系统功能与特点

1. 网络化测控系统的功能

网络化测控系统的主要功能有远程测量功能、远程仪器控制功能、分布式执行功能和数据发布功能。

(1) 远程测量

在实际测量应用中，经常需要在远离计算机主机的若干不同地点同时进行测量。这种情形下的目标是从一个或多个远端测量节点采集数据并把测量结果通过网络技术发送到本地计算机节点，远程测量可以分为远程数据捕获(DAQ)系统或分布式 I/O 系统。典型的远程测量系统如图 10－2－3 所示。

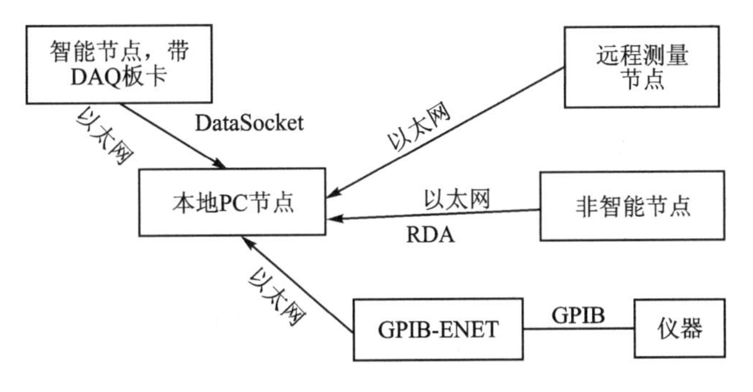

图 10－2－3　远程测量系统框图

图 10－2－3 中的主要组成部分如下：

① 远程测量节点是指网络中具有测量功能的任一设备或设备组合。该设备可以直接连接到网络中，或者通过内置于计算机连接到网络上。而计算机节点则是连接到网络中的一台标准计算机。

远程测量节点也称 FieldPoint 或远程 I/O，是一个模块化的分布式 I/O 测试系统，为工业测量自动化提供了非常经济的解决方案。远程 I/O 系统中包含各种用来进行远程测量模拟和数字 I/O 的模块。远程 I/O 适用于慢速且无须触发机制的系统，提供更多的工业化封装，能经受住恶劣的环境,确保在信号源处正确进行信号的调理。网络化的远程I/O使得可以在本地安全获取远端苛刻的工业现场采集到的原始数据,尤其适用于各种信号的单点测量。

② 智能节点是能够执行用户开发程序的测量节点。

③ 非智能节点是具有固定功能的测量节点,固定功能中可能包含预先编好的分析算法。

④ DataSocket软件技术可以通过各种接口传送测量数据,使得通过网络测量数据变得非常简单。利用DataSocket可以创建一个远程的智能测量节点,并为远程测量节点开发包含各种分析的测量和控制程序,然后利用DataSocket函数把测量结果发送到本地计算机中。相对利用错综复杂的TCP/IP协议编程进行数据传输,利用DataSocket可以使得网络测量方面的开发变得更加透明简单。

⑤ 远程设备存取(Remote Device access,RDA)功能使得位于远程计算机上的DAQ数据采集设备能够为网络上的其他计算机所存取。RDA技术把远程测量节点看作本地计算机配置的一台或几台DAQ数据采集设备。程序运行于本地计算机,同时进行远端测量。这种情况下,远端测量节点为非智能的。当远端测量节点为计算机或者Compact PCI/PXI测量设备,并配置DAQ数据采集设备时,就可采用RDA技术。

⑥ GPIB-ENET是一个以太网总线到GPIB总线转换控制器,可以把GPIB总线仪器设备作为远程测量节点进行控制。对于GPIB-ENET,由相连的GPIB仪器来决定远程测量节点是否是智能节点。

(2) 远程仪器控制

网络化测控系统克服了电缆长度的限制(例如,GPIB仪器要求仪器之间的最大距离不大于4 m,而且整个系统的电线长度不能超过20 m),而且在危险的环境中是唯一选择。

当需要控制位于公司另一个部门的设备及需要为不同地区的多个使用者共享一台设备时,网络化系统是唯一的选择。在很多情况下,可以直接利用公司现存的以太网基础设施,通过将仪器、分析用计算机、数据库用计算机、监控结果用计算机连接起来,创建一个前所未有的高效率的系统。常见的远程仪器控制有如下4种方法:

① 如果需要克服不同仪器总线电缆长度的限制,即系统要求的长度超过规范规定的长度,那么在这种情况下可以选用扩展器,如GPIB的扩展器使得可以在2 km之外的计算机上控制GPIB仪器。

② 将两台计算机连接到网络,一台作为客户端,另一台作为远端的专用服务器。客户端计算机可以通过软件控制远端的计算机,同时远端的计算机可以通过本地总线(GPIB总线或串行总线)控制仪器。此时,运行在客户端和专用计算机上的软件程序都必须设计成允许客户端控制的专用服务器。

③ 为了利用现有的基础设施,选择以太网到GPIB接口或以太网到串行接口的控制器将仪器连接入网络。

④ 基于以太网的仪器可以直接接入以太网。

(3) 分布式执行

在一个由多台计算机组成的网络中,可以将一个测控应用的各种测控任务分布在不同的计算机上,实现测控任务的分布式执行。分布式执行具有以下主要优点:

① 能够最大地优化系统,保护网络中已有的基础设施。

② 将需要大量采集或计算处理的测控系统划分为几个部分,分别在几台计算机上执行,从而使系统具有更高的性能和工作效率。

③ 连接到网络上的仪器也可以协同起来执行一个复杂的测控任务，从而完成单台仪器无法完成的任务。

（4）数据发布

与远程测量相反，数据发布是把从一个测量节点采集的数据发布到一个或多个远程的计算机节点。例如应用于大学的测量仪器远程教育系统，将在实验室测量采集到的数据或分析后的数据发布给世界各地的学生。

测量的结果、分析的结论以及控制的参数都需要通过网络进行发布，以便有关人员能查询系统的状态，进行适当的控制。通过网络数据将可以在全公司范围内存取，而不仅限于采集室，工作人员甚至可以通过家里的有线电话连接到公司的内部测控网络，浏览测控系统的状态，真正实现在家办公，这有助于提高工作效率。

图 10-2-4 为典型的数据发布系统的框图。

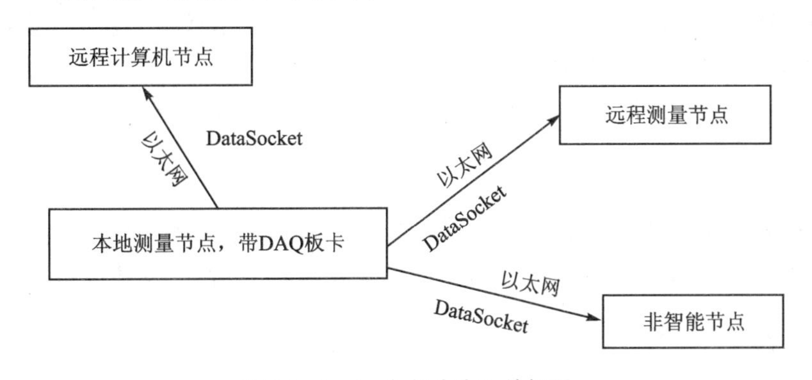

图 10-2-4　数据发布系统框图

数据发布的方式多种多样，如：

① 利用 web 页面，通过 IE 或 Netscape 浏览器来浏览；

② 大量的数据可通过公司内部的 FTP 服务器来传送；

③ 对远在外地出差的工程师可以通过 E-mail 来通知；

④ 一些紧急事故可以通过手机短信等方式来报告。

DataSocket 是最理想的技术，通过 DataSocket，用户可以自由定义需要传递到远端计算机的测量信息，这些测量信息可以是远端原始测量数据或经过分析处理的数据。

2. 网络化测控系统的特点

与传统测控系统相比，网络化测控系统主要有以下特点：

① 网络化具有资源及信息共享，以及负荷均衡的特点，即在测控系统的测控任务较繁重时，能够把部分任务转移到任务不足的计算机或其他测控系统中去处理，甚至可以将服务器中难以解决的大型任务分配给网络中的个人计算机来共同完成。

② 网络技术将分散在不同地理位置、不同功能的测控设备联系在一起，使昂贵的硬件设备、软件在网络内得以共享，减少了设备重复投资。

③ 在网络化测控系统中，一台计算机采集的数据可以立即传输到另一台处理分析机上进行处理分析，分析后的结果可被执行机构、设计师查询使用，使数据采集、传输、处理分析成为一体，容易实现实时采集、实时监测，重要的数据实行多机备份，提高了系统的可靠性。

④ 对于有些危险的、环境恶劣的、不适合人员操作的测控工作可实行网络化测控，将采集的数据放在服务器中供用户使用，为远程监控提供了便利条件。工业生产过程的状态信息、监

控信息接入Internet,在一定条件下就可以通过Internet控制并监视生产系统和现场设备的运行状态及各种参数,控制者不必亲临现场,这能够节省大量的人力物力。管理人员可以监控远程生产运行情况,根据经营需要及时发出调度指令。

⑤ 研究机构可以方便地利用本地丰富的软硬件资源对远程对象进行高等过程控制和故障诊断。

10.3 虚拟仪器

10.3.1 虚拟仪器的概念

测量仪器发展至今,大体可分为四个阶段:模拟仪器、数字化仪器、智能仪器和虚拟仪器。

① 模拟仪器。这类仪器的主要特征是借助表头指针来显示最终结果。如指针式万用表、晶体管电压表等。这些仪器在某些实验室仍能看到。

② 数字化仪器。这类仪器目前相当普及,如数字电压表、数字频率计等。这类仪器的主要特征是将模拟信号的测量转化为数字信号测量,并以数字方式输出最终结果,适用于快速响应和较高准确度的测量。

③ 智能仪器。这类仪器内置微处理器,既能进行自动测试又具有一定的数据处理功能。智能仪器的功能块全部以硬件或固化的软件形式存在,无论在开发还是应用上,都缺乏灵活性。

④ 虚拟仪器。虚拟仪器VI(virtual instrument)是由美国国家仪器公司(National Instrument,简称NI)于1986年提出的一种构成仪器系统的新概念。其基本思想是:用计算机资源取代传统仪器中的输入、处理和输出等部分,实现仪器硬件核心部分的模块化和最小化;用计算机软件和仪器软面板实现仪器的测量和控制功能。在使用虚拟仪器时,用户可通过计算机显示屏上的友好界面(模仿传统仪器控制面板,故称为仪器软面板)来操作具有测试软件的计算机进行测量,犹如操作一台虚设的仪器,虚拟仪器因此而得名。

虚拟仪器是现代计算机软、硬件技术和测量技术相结合的产物。它突破了传统仪器以硬件为主体的模式,主要以计算机为核心,通过最大限度地利用计算机系统的软件和硬件资源,使计算机在仪器中不但能像在传统程控化仪器中那样完成过程控制、数据运算和处理工作,而且可以用强有力的软件去代替传统仪器的某些硬件功能,直接产生出激励信号或实现所需要的各项测试功能。从这个意义上来说,虚拟仪器的一个显著特点就是仪器功能的软件化。

在虚拟仪器系统中,硬件用来解决信号的输入和输出,软件是整个仪器系统的关键。虚拟仪器面板控件对应着相应的软件程序,这些软件已经设计好了,使用时用户只须将代表该种软件程序的图形控件放在窗口中相应的位置,然后把所有的图标连起来,就组成了一个虚拟仪器系统。

虚拟仪器技术的出现,彻底打破了传统仪器由厂家定义而用户无法改变的模式。虚拟仪器技术给用户提供了一个充分发挥自己才能和想象力的空间,用户(而不是仪器厂家)可以随心所欲地根据自己的需求,设计自己的仪器系统,以满足多种多样的应用需求。

虚拟仪器与传统仪器的比较如表10-3-1所列。概括起来,虚拟仪器与传统仪器相比具有以下优点:

① 融合计算机强大的硬件资源,突破了传统仪器在数据处理、显示、存储等方面的限制,

大大增强了传统仪器的功能。高性能处理器、高分辨率显示器、大容量硬盘等已成为虚拟仪器的标准配置。

② 利用了计算机丰富的软件资源，一方面，实现了部分仪器硬件的软件化，节省了物质资源，增加了系统灵活性；另一方面，通过软件技术和相应数值算法，实时、直接地对测试数据进行各种分析与处理；其次，通过图形用户界面技术，真正做到界面友好、人—机交互。

③ 基于计算机总线和仪器总线，传统仪器硬件实现了模块化、系列化，大大缩小系统尺寸，可方便地构建模块化仪器。

④ 基于计算机网络技术和接口技术，虚拟仪器系统具有方便、灵活的互联能力，广泛支持诸如 CAN、FieldBus、PROFIBUS 等各种工业总线标准。因此，利用虚拟仪器技术可方便地构建自动测试系统，实现测量、控制过程的网络化。

⑤ 基于计算机的开放式标准体系结构，虚拟仪器的硬、软件都具有开放性、模块化、可重复使用及互换性等特点。因此，用户可根据自己的需要，选用不同厂家的产品，使仪器系统的开发更为灵活、效率更高，从而缩短了系统的组建时间。

可以肯定地说，虚拟仪器概念的出现是传统仪器观念的一次巨大变革，是将来仪器发展的一个重要方向。虚拟仪器技术是现代计算机系统和仪器系统技术相结合的产物，是当今计算机辅助测试(CAT)领域的一项重要技术。它必将推动着传统仪器朝着数字化、模块化、网络化的方向发展。

表 10-3-1　虚拟仪器与传统仪器的比较

传统仪器	虚拟仪器
功能由仪器厂商定义	功能由用户自己定义
与其他仪器设备的连接十分有限	可方便地与网络、外设及多种仪器连接
人工读取数据	计算机直接读取数据并进行分析处理
数据无法编辑	数据可编辑、存储、打印
硬件是关键部分	软件是关键部分
价格昂贵	价格低廉
系统封闭、功能固定、可扩展性差	基于计算机技术开放的功能块可构成多种仪器
技术更新慢	技术更新快
开发和维护费用高	基于软件体系的结构，大大节省开发维护费用

10.3.2　虚拟仪器的组成特点

传统仪器一般被设计成能独立地完成一项具体的测量任务，通常具有固定的硬件结构、软件配置和仪器功能。目前，绝大多数测量仪器及系统都采用这种组成方式。

虚拟仪器的组成方式不同于传统仪器。虚拟仪器则采用将仪器功能划分为一些通用模块的方法，通过在标准计算机平台上将具有一种或多种功能的若干个通用模块组建起来，就能构成任何一种满足用户所需测量功能的仪器系统。

将一台仪器的功能分解为一些通用功能模块的方式是虚拟仪器组成的基础。实际上，任何一台仪器，从最基本的形式去考察，都可以视为由输入、输出和数据处理这三个基本模块所构成。

① 输入模块——主要由模/数转换器(ADC)与信号输入处理单元组成，其作用是对输入

模拟信号进行适当调理后，将它转换成便于分析和处理的数字信号。实际上，这部分实现的是数据采集功能。

② 输出模块——主要由数/模转换器(DAC)与信号驱动器组成，其作用是将量化的输出数据转换成模拟波形并进行必要的信号调理。实际上，这部分实现的是数据输出功能。

③ 数据处理模块——通常以一个微处理器或一台数字信号处理器为核心构成，用来按要求实现一定的测量功能。实际上，这部分完成的是数据的生成、运算、管理和分析。

从上述这种考察仪器结构的观点出发，所有仪器都可以视为由某些通用模块组合而成。例如，信号源都含有一个数据处理模块和一个输出模块，而信号分析仪(如示波器、电压表和频谱仪等)都包含有一个输入模块和一个数据处理模块。虚拟仪器正是基于这个观点，利用软件对若干功能模块进行组态，以模拟一个或多个传统仪器及其功能。因此，软件和硬件功能的模块化是虚拟仪器组成上的一大特点。

依据功能的不同，上述的输入模块、输出模块和数据处理模块还可以进一步分解为下一层更小的功能模块。例如，一个数据处理模块可以看作是由数据存储、数据运算、数据分析和数据生成等模块的组合。其中的数据分析模块本身又具有时域分析(卷积和相关)、频域分析(FFT和数字滤波)及统计分折(均值、方差和直方图)等多项功能。每一项功能都可以利用一些通用的软件和硬件模块来实现，即构成一个处于上一层虚拟仪器中的子虚拟仪器。这样，具备所需完整功能的顶层虚拟仪器是一个包含所有应用功能的子虚拟仪器的集合，而每台虚拟仪器功能的差异就在于这个集合中的元素各不相同，如图10-3-1所示。因此，软件和硬件功能的分层也是虚拟仪器组成上的一大特点。

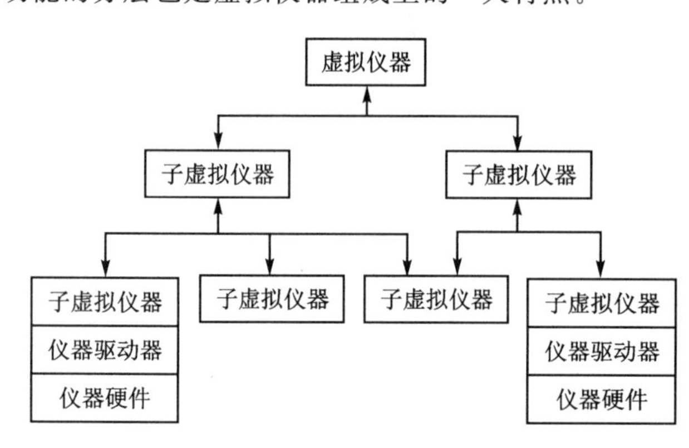

图10-3-1　虚拟仪器的分层结构

虚拟仪器同模块式测量系统(MMS)一样都采用模块化结构，但它们又有所不同。虚拟仪器在硬件和软件设计上都采用了面向对象的模块化设计方法，并且所有模块的组合是通过软件进行的。另一方面，由于数字信号处理(DSP)技术已能用来进行测量和产生波形，例如对电压和时间等参数的测量已经可以由DSP技术来完成。因此，在虚拟仪器中，传统仪器的某些硬件乃至整个仪器都可由计算机软件代替。这样，仪器功能的软件化就成为虚拟仪器组成上的又一大特点，这也是虚拟仪器与传统仪器存在差别的主要标志。

虚拟仪器的整个工作过程都是依靠计算机图形处理技术实现的。仪器通常是借助图形程序设计软件在计算机屏幕上形成软面板来进行控制和操作的。这种虚拟软面板不仅能够在外观和操作上模仿传统仪器，以建立一个直观友好的用户界面，而且用户还可以根据需要通过软件调用仪器驱动程序来选择仪器的功能设置和改变面板的控制方式。这种能力显然是传统仪器所不具备的，它是由下述特点决定的：虚拟仪器的功能可以借助计算机软件来生成。

综上所述，虚拟仪器是这样的一种仪器系统：在用户需要某种测试功能时，可由用户自己通过计算机平台利用图形软件对测量模块进行分层组合，以生成所需要的测试功能。

10.3.3　虚拟仪器的体系结构

虚拟仪器由硬件和软件两部分组成。虚拟仪器的体系结构如图 10－3－2 所示。虚拟仪器以透明的方式把计算机资源(如处理器、存储器及显示等)和仪器硬件的测量、控制能力结合在一起,通过软件实现对数据的分析处理、通信以及图形化用户接口。

1. 虚拟仪器硬件

虚拟仪器的硬件是指计算机以及为其配置的必要的仪器硬件模块(如各种传感器、信号调理器、数字输入/输出 ADC 和 DAC 等)。计算机硬件平台可以采用各种类型的计算机,如普通台式计算机、便携式计算机、工作站和嵌入式计算机等。

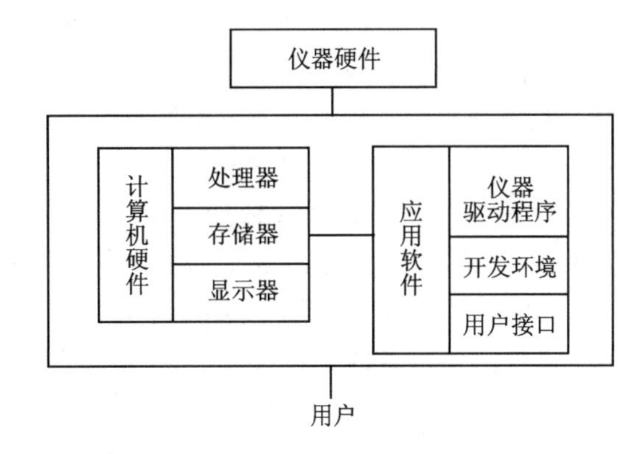

图 10－3－2　虚拟仪器的体系结构

在传统仪器中,仪器是由制造商制作定型的,功能是由制造商定义的。但在虚拟仪器中,仪器硬件只是作为一个组成部分,它将与计算机软、硬件一起工作,用来采集数据,提供源信号和控制信号。除了万用表、示波器和计数器等一些基本仪器外,仪器硬件还包括通用接口总线(GPIB)和 RS－232 等。

测量技术的不断革新又发展起来两种仪器硬件:插入式数据采集(简称 DAQ)卡和 VXI 总线。

(1) DAQ 卡

DAQ 卡指的是基于计算机标准总线(如 ISA、PCI 等)的内置功能插卡。它更加充分地利用计算机的资源,大大增加了测试系统的灵活性和扩展性。利用 DAQ 可方便、快速地组建基于计算机的仪器,实现“一机多型”和“一机多用”。

在性能上,随着模数转换技术、仪器放大器、抗混淆滤波器与信号调理技术的迅速发展,已使 DAQ 卡成为引人注目的仪器选件。目前,DAQ 卡的采样频率高达兆赫级,甚至可达 1GHz,精度高达 24 位,通道数高达 64 个,并能任意结合数字 I/O、模拟 I/O、计数器/定时器等通道。

仪器厂家生产了大量的 DAQ 卡功能模块可供用户选择,如示波器、数字万用表、串行数据分析仪、动态信号分析仪和任意波形发生器等。在计算机上挂接若干 DAQ 卡功能模块,配上相应的软件,就可以构成一台具有若干功能的计算仪器。这种基于计算机的仪器,既具有高档仪器的测量品质,又能满足测量需求的多样性。对大多数用户来说,这种方案很实用,具有很高的性能价格比,是一种特别适合于我国国情的虚拟仪器方案。

(2) VXI 总线

VXI 总线是结合 GPIB 仪器和 DAQ 卡的最先进技术而发展起来的高速、多厂商、开放式工业标准。VXI 总线技术结合并优化了诸如高速 A/D 转换器、标准化触发协议以及共享内存和局部总线等先进技术和性能。

2. 应用软件

软件就是仪器,在计算机硬件和必要的仪器硬件确定之后,制作和使用虚拟仪器的关键就是开发应用软件。应用软件直接面对操作用户,通过提供直观友好的测控操作界面、丰富的数据分析与处理功能,来完成自动测试任务。应用软件主要有三个作用:提供集成的开发环境、仪器硬件的高级接口(仪器驱动程序)以及虚拟仪器的用户接口。

(1) 开发环境

应用软件为用户提供了一个彼此相容的集成的框架,它使自上而下的设计直观而容易。利用开发环境先设计虚拟仪器框架.把一台虚拟仪器所须的仪器硬件和软件结合在一起组成一个统一体,如采集和控制(RS-232、GPIB、VXI 和 DAQ 卡)、数据分析、数据表达(文件管理、数据显示和硬复制输出)以及用户接口等。开发环境必须是灵活的,这样用户才能容易地组建虚拟仪器或根据应用要求变化重新配置。

近年来,世界各国的虚拟仪器公司开发了不少虚拟仪器开发平台软件,以便使用者组建自己的虚拟仪器系统并编制测试软件。最早和最具影响的开发软件,是 NI 公司的 LabVIEW (Laboratory Virtual Instrument Engineering workbench)软件和 LabWindows/CVI 开发软件。LabVIEW 采用图形化编程环境,是非常实用的开发软件。LabWindows/CVI 是为熟悉 C 语言的开发人员准备的且在 Windows 环境下的标准 ANSI C 开发环境。除了上述开发软件外,美国 HP 公司的 HP-VEE 和 HPTIG 平台软件,美国 Tektronix 公司的 Ez-Test 和 Tek-TNS 软件,以及美国 HEM Data 公司的 Snap-Marker 平台软件,也是国际上公认的优秀虚拟仪器开发平台软件。

虚拟仪器软件开发平台除上述的专用于虚拟仪器开发的软件外,还有加载于 Visual BASIC 下的 Component Works,使 Visual BASIC 成为功能强大的虚拟仪器开发平台。

(2) 仪器硬件接口

应用软件为仪器硬件提供了一个高水平的仪器硬件接口,用户可以透明地操作仪器硬件。用户不必成为 RS-232、GPIB、VXI 和 DAQ 卡方面的专家,就可以方便、有效地使用这类硬件。

对于诸如万用表、示波器、频率计等特定仪器,应用软件也提供了相应的软件控制模块,即所谓的仪器驱动程序(instrumet drivers,也称仪器驱动器)。仪器驱动程序是完成对某一特定仪器的控制与通信的软件程序集,它是应用程序实现仪器控制的桥梁。每个仪器模块都有自己的仪器驱动程序,仪器厂商以源代码的形式提供给用户。LabVIEW 和 LabWindows 仪器驱动程序库中包括各制造厂商的数百种 DAQ、GPIB、VXI、CAMAC 和 RS-232 仪器的驱动程序。

有了开发环境、仪器硬件接口,用户就可以集中精力使用仪器而不是把精力花在仪器的编程方面。采用仪器驱动程序后,用户只要把几种仪器与数据分析、数据表示和用户接口代码组合在一起就可以迅速而方便地制作虚拟仪器。

(3) 用户接口

以 LabVIEW 和 LabWindows 为例,在 LabVIEW 中,用户可以用图形程序设计的方法来编写用户接口,这比较适合于编程经验较少者;而在 LabWindows 中,可用 C 或 BASIC 来编写用户接口,这比较适合有 C 或 BASIC 编程经验者。Microsoft 公司的两种通用语言 Visual BASIC for Windows 和 VisuaI C++for Windows 也可用于编写用户接口。对虚拟仪器而言,其软件不仅包括一般用户接口特性(如菜单、对话框、按钮和图形),而且也包括仪器应用所必不可少的旋扭、开关、滑动调整器、表头、条形图、可编程光标和数字显示等。

10.4　无线电测控与 5G 技术

10.4.1　无线电测控系统概述

测控系统主机与测控对象之间进行的信息交流与传递方式分为两种——有线通信和无线通信。有线通信是指利用金属导线、光纤等有形媒质传送信息的方式，无线通信是指不经由导体或缆线等有形媒质而是利用电磁波在空中传送信息（看不见、摸不着）的方式。

在传统的测控系统中，数据的通信通常是有线的。随着系统规模的逐步增大，功能更加复杂，有线通信存在的问题日益突出。通信线路庞杂给系统的安装和维护带来许多不便，还在很大程度上限制了测控系统的应用范围。随着无线通信技术的成熟，越来越多的测控系统选择了无线通信，这不仅解决了有线通信系统线路维护困难等问题，更重要的是拓宽了测控系统的适用范围，使许多工业生产活动更加高效、更加安全。

本章前几节介绍的测控系统都采用有线通信方式，本节简要介绍采用无线通信的测控系统。

1. 无线电通信技术基本原理

最基本的无线通信系统由发射器、接收器和作为无线连接的信道组成，如图 10－4－1 所示。信号源发出的原始电信号称为基带信号，其特点是频率较低，传输损耗大，不适合长距离传输，因此需要在发射器中将传递的低频基带信号加到高频载波信号上，这个过程叫作调制。调制就是用基带信号去控制载波的参数，使载波的某一个或某几个参数随基带信号变化。调制的逆过程叫作解调，它是在接收器中进行的，目的是恢复出原始基带信号。

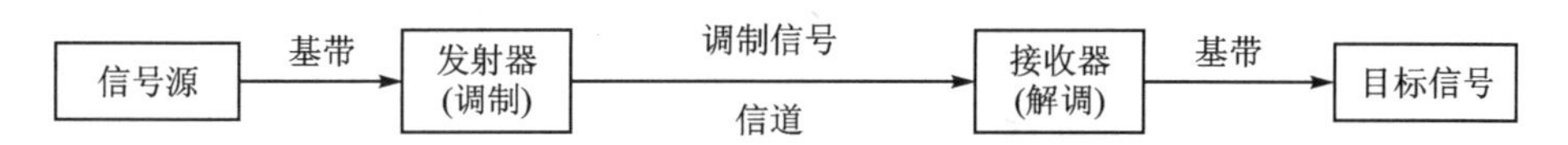

图 10－4－1　无线通信系统原理

图 10－4－1 所示的是单工通信系统，通信只有一个方向，即从发射器到接收器，广播系统即属于此例，只不过它的每个发射器可对应许多个接收器。

大多数系统都是双向通信的。有些双向通信可以双向同时进行，叫作全双工通信。普通的电话即是全双工通信的例子，当两个人通话时，它们可以同时说话和聆听对方说话。图 10－4－2 所示的是全双工通信系统，这个系统的构成需要两个发射器、两个接收器以及通常情况下的两个信道。

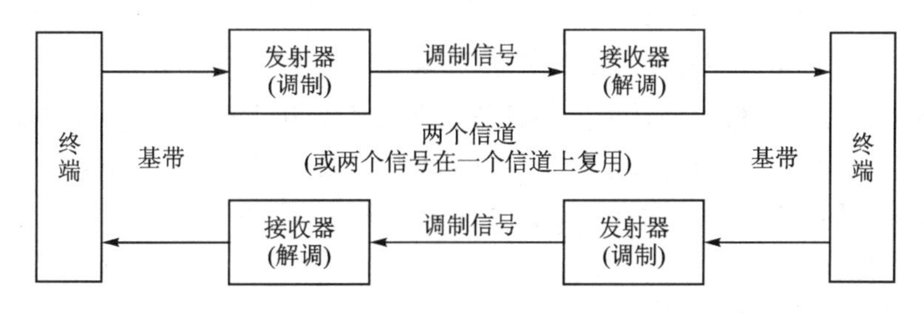

图 10－4－2　全双工通信系统

图 10－4－3 所示的是半双工通信系统。操作员按下按钮开始说话，然后释放按钮开始接

听,当通过按钮激活发射器时接收器就无法工作,因此说和听无法同时进行。半双工系统使用同一信道进行双向通信,节省了带宽。在半双工通信系统中一些电路部件用在收发器中,既用于接收也用于发射。

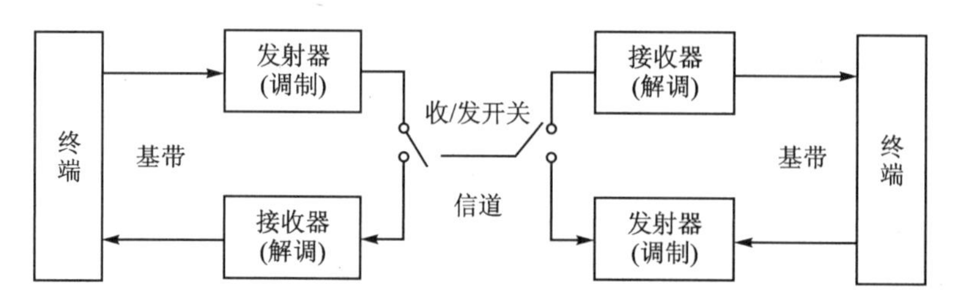

图 10-4-3 半双工通信系统

以上给出的全双工和半双工通信系统仅用于两个用户之间的通信。当有多个用户同时使用时,或者当两个用户相距遥远而彼此不能直接通信时,就需要其他形式的网络。网络可以有多种形式,最常用和最基本的无线通信结构是经典的星形网络,如图 10-4-4 所示。

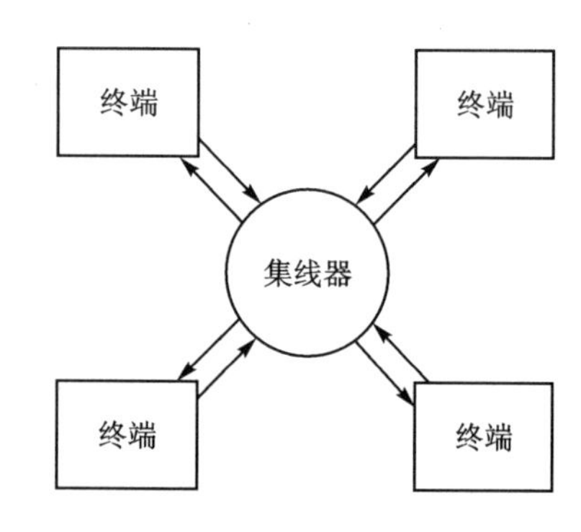

图 10-4-4 星形网络

位于该网络中央的集线器类似于中继器,它由发射器和接收器组成,它们在天线的位置选择上考虑了能够很好地将来自一个移动无线设备的信号中继到另一个移动无线设备。中继器也可以连接到有线电话或数据网。蜂窝电话和个人通信系统(Personal Communication System, PCS)都有精心布置的中继站网络。

2. 无线电测控系统的组成原理

无线电测控系统的组成原理如图 10-4-5 所示,其中图(a) 为无线电遥测系统,图(b) 为无线电遥控系统。

在图(a)所示的无线电遥测系统中,由于被测对象往往有很多个,而且有时一个对象就需要测量几个参数,这些参数往往是非电量,这时就需要通过传感器将这些被测量变成统

一的电信号。当然,如果被测量本身就是电信号,那么只要经过变换器变成统一的电信号即可。传感器输出的各路信号在多路设备中综合相加变成多路信号,然后送入发射机进行载波调制,再经天线发射出去。无线电波经空间传播后在接收端通过接收机进行载波解调,再经分路设备把输出的各路信号送入记录、显示、处理设备或送入计算机中进行处理。

图(b)为无线遥控系统原理图。由图可见,无线遥控系统的多路设备、发射机、接收机、分路设备等与无线电遥测系统相同。由分路设备输出的各路信号经变换器变成控制信息送到被控对象上去。因此遥测系统与遥控系统从信息传输的角度上看是基本相同的。

图 10-4-5 所示的测控系统信息传输的基本原理可以用图 10-4-6 所示的信息传输模型加以概括。

(1) 信息源和终端设备

信息源是被测参数经传感器变成的电信号或者遥控信号的总和,代表被传输信息的发源地。终端设备是指对遥测信号的记录、显示和数据处理,或是执行机构。

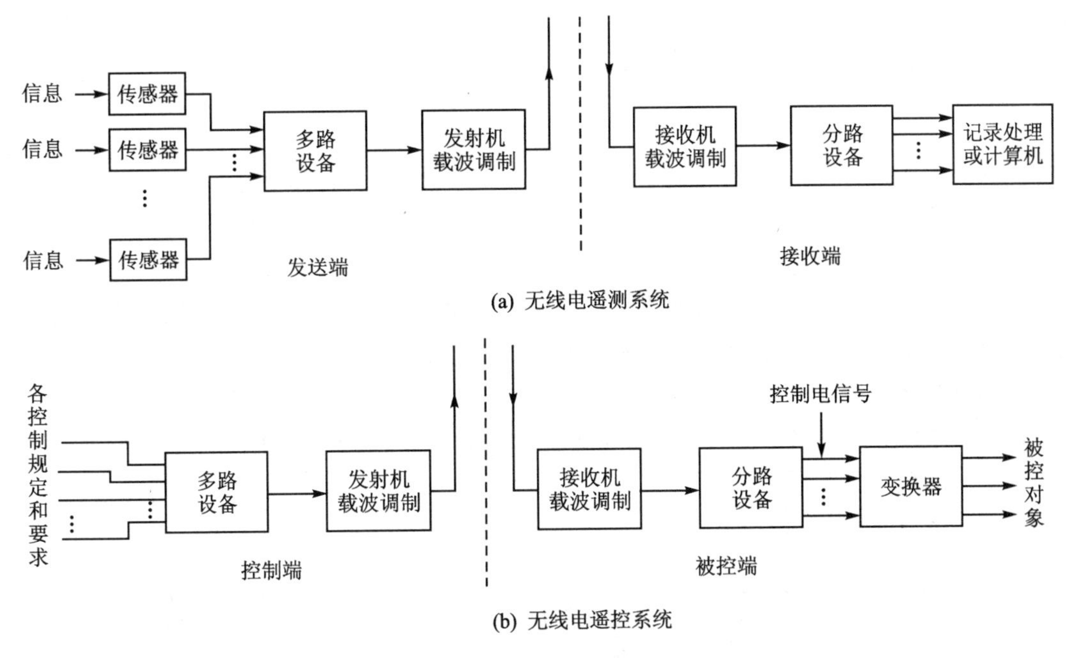

(a) 无线电遥测系统

(b) 无线电遥控系统

图 10－4－5　无线电测控系统的组成

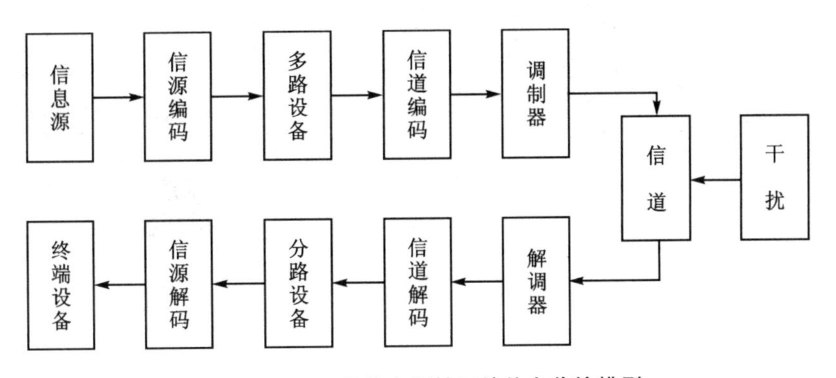

图 10－4－6　无线电测控系统信息传输模型

(2) 信源编码及解码

信源编码的主要任务是解决模拟信号的数字化和提高数字信号的有效性。例如,在一定精度要求下,如何用最小的码元数来表示信号,以及如何压缩频带以提高信息传输的效率等。信源解码是信源编码的反变换。

(3) 多路设备及分路设备

由于遥测和遥控参数很多,为了提高传输效率需要借用一条信道传输多路信号。多路设备就是把各路信号综合在一起的设备,分路设备是把综合信号分解成各路信号的设备。

(4) 信道编码及解码

在数字式测控系统中,由于信道中存在一定的干扰,因而会造成传输数据码的差错。为了减少差错,提高可靠性,可人为地按一定规则增加一些多余的码元与数据码一起传输,在接收端根据附加的码字可发现和纠正数据码的差错。这是由信道编码器和解码器来实现的。

(5) 调制器和解调器

被传输的原始信号通常是不适于在信道中直接传输的,因而往往需要用被传输的信号对载波进行某种调制,然后用已调载波进行传输。调制器就是实现载波调制的设备。解调器是从已调载波中恢复出原始信号的设备。

(6) 信道与干扰

信道就是信息传输的媒介,例如,有线传输中的电线、电力线、电缆或无线传输中的大气层和宇宙空间。在传输过程中,不可避免地会存在一些干扰。例如,在无线传输中的工业干扰、大气干扰、宇宙干扰及人为干扰等。

3. 无线电测控系统实例

图10-4-7所示的抽油机节能测控系统是一个用于抽油机的无线电测控系统实例。该系统综合运用电机控制技术、传感器技术、DSP技术及无线通信技术,以实现抽油机的节能运行和抽油机的远程管理。

抽油机节能测控系统由一个上位机监控管理系统、多个自动切换开关控制器、多个下位机控制器和多个控制对象构成。

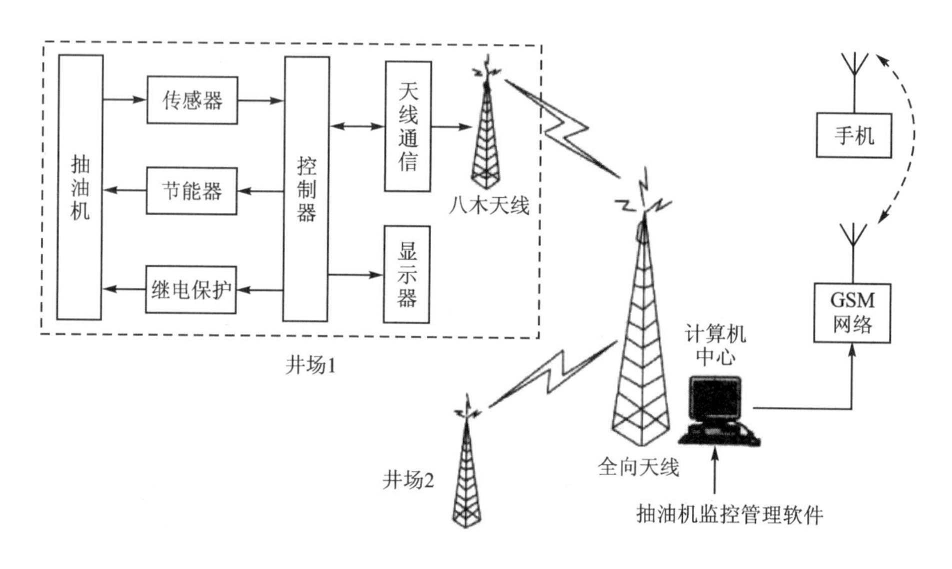

图10-4-7 抽油机节能测控系统结构

抽油机监控管理系统安装在控制中心,管理和监控一个井区几十口井,每口井上分别安装控制器用来控制抽油机工作。控制中心需要通过数传电台与所有的井进行通信,所以安装在控制中心的天线应该是全向天线;每个井场只需要与控制中心通信,不需要与其他油井上的天线通信,所以整个通信网络是一点对多点的通信网络。该系统采用轮巡的方法对各口井进行状态查询和数据传输。

控制中心通过电台定时地向油井现场发送数据请求命令,井场控制器接收到命令后,将当前存储的最新数据发送给控制中心,控制中心由此接收到各个抽油机的数据信息(运行数据和运行状态)。数据信息首先存储在SQL Server数据库中,另一方面,原始数据经过计算处理后,处理过的数据也存储在SQL Server数据库中。控制中心通过分析这些数据,得到采油状态信息,然后将这些信息通过GSM短信发送到相关工作人员手机上,从而起到实时监控的作用。

抽油机监控管理系统框图如图10-4-8所示。从图中可以看到整个监控管理系统分为电台无线传输模块、上位机软件模块、数据库模块和GSM短信模块4个部分。在该系统中采用了 GD230V－8 多功能无线数传电台，它能够提供稳定、可靠、低成本的数据传输及语音通信。

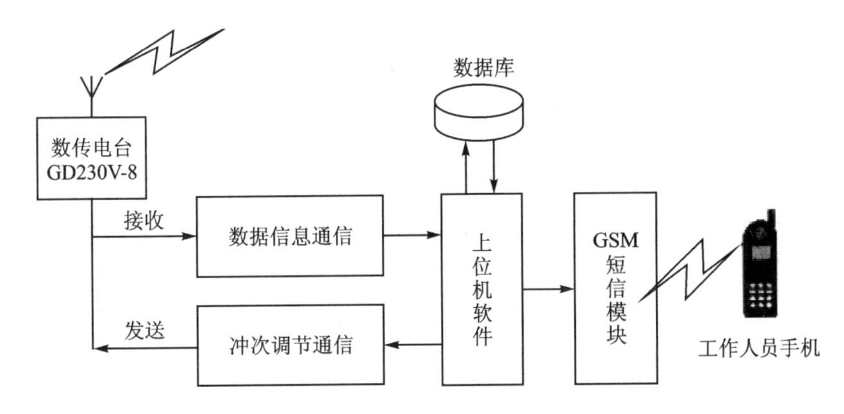

图 10－4－8　抽油机监控管理系统框图

在抽油机监控管理系统中，通过对抽油机的数据进行故障分析诊断，可以知道抽油机的实时工作状态。严重的油井故障能够立刻通知到相关人员，从而可以得到及时处理，避免造成生产损失。本系统采用 GSM 数据终端发送短消息的方法来实现这个功能。

通过无线通信技术的应用，该系统实现了抽油机控制系统的自动化，实现了上位机和下位机数据的无线传输，实现了多口油井的统一化实时监控与管理。

10.4.2　5G 技术及应用

5G 技术是第五代移动通信技术（5th generation mobile networks、5th generation wireless systems 或 5th-Generation）的简称。

1. 从 1G 到 5G

（1）1G 时代

世界上最早的民用移动通信电话是由摩托罗拉公司在 1968 年推出的第一代商用移动电话，俗称“大哥大”。在早期的移动通信中，标准是以摩托罗拉为主制定的，我们后来称之为 1G。

（2）2G 时代

进入到 20 世纪 80 年代，诺基亚等公司就开始研制新一代的移动通信设备，并且提出新的移动通信标准，并于 1991 年开始投入使用，为了区分，我们称之为 2G。

从技术上讲，1G 是模拟电路，2G 是数字电路。因为数字电路可以把更多的数字芯片集成起来，用一个专用芯片就取代了过去上百个芯片。从外观上看，2G 的手机比 1G 小很多，更省电，而且收发短信方便。于是 2G 取代 1G 就成为了历史的必然，诺基亚是那个时代的领航者。

（3）3G 时代

2G 的手机只能打电话发短信，上网很困难。3G 的通信标准将信息的传输率提高了一个数量级，它使得移动互联网得以实现，从此手机打电话的功能降到了次要的位置，而数据通信，也就是上网，成了主要功能。

但是，从 1G 到 3G 都存在一个大问题，那就是上网用的移动通信网络和原有打电话用的通信网络虽然能够彼此融合，但是却彼此独立。

这使得独立的移动网络就无法受益于网络技术的快速进步。3G 的系统虽然标称的网速很高,但是实际网速并不快。于是4G很快出现了。

(4) 4G时代

4G一方面使用了扁平的网络结构,减少了端到端通信时信息转发的次数,同时增加了基站之间光纤的带宽。更重要的是,它同时利用了互联网和电信网络的技术进步,这两种技术的融合才使得4G的速度比3G快很多。到了4G,电信的网络已经统一了,但是它和互联网还没有完全统一。

虽然,从理论上,在4G时代移动通信的网速可以变得很快,但是,如果很多人同时上网,它不仅不够快,甚至连不进去。这一方面是因为总的网速不够快,另一方面是很多人要同时和基站通信。

为了解决“拥堵”问题,最简单的办法就是在提高通信频率的同时,把基站建得非常密,于是5G的概念就被提出来了。

2. 5G技术的主要特点

(1) 毫米波

随着1G、2G、3G、4G技术的发展,使用的电波频率是越来越高的。这主要是因为频率越高,能使用的频率资源越丰富。频率资源越丰富,能实现的传输速率就越高。我国的5G频道为:3.3～3.6 GHz、4.8～5 GHz两个频段。

电磁波的速度是恒定的光速(每秒30万公里),光速 = 波长×频率,按此计算可知,5G电磁波的波长约几毫米,因此5G第一个最主要的特点就是毫米波。

(2) 传输速率极高

从通信原理来看,无线通信最大信号带宽为载波频率的5%左右,也就是说,载波频率越高,其可实现的信号带宽也就越大。依据香农定理,最大信息传送速率 C 与信道的宽度 B、信噪比 S/N 有以下关系:

$$C = B\log_2(1 + S/N)$$

目前所使用的4G网络,其极限速率是100 Mbps,也就是我们通常所说的12.5 MB/s(1B=8b)。而5G网络的极限速率则可达到1.25 GB/s,是目前4G网络的将近100倍。

(3) 微基站

电磁波的频率越高,波长越短,越趋近于直线传播(绕射能力越差)。频率越高,在传播介质中的衰减也越大。因此毫米波的传播距离最多只能在200 m左右,无法实现远距离传输。为了解决因电磁波频率高衰减大造成的覆盖能力的问题,5G采用多个小基站。这种小基站称为微基站,大基站称为宏基站。宏基站可以作为移动通信的控制平面在低频段工作,毫米波小基站可作为移动通信的用户数据平面在高频段工作,二者配合的相得益彰。

当5G的微基站密集到两三百米甚至不到一百米一个的时候,家里就不需要安装Wi－Fi了,这样,就将互联网和通信网络融合成一个网络了,这无疑将是一次通信的革命。

有了5G,光纤通信依然是需要的,5G仍需大量光纤连接各种基站。

(4) 多天线技术

根据天线特性,天线长度应与波长成正比,比值大约在1/10～1/4之间。毫米波通信,天线也变成毫米级。这就意味着,天线完全可以塞进手机里面,甚至可以塞很多根。

5G的多天线技术(Massive MIMO)就是多根天线发送,多根天线接收。5G时代,天线数量不是按根来算了,而是按阵列,可以称之为天线阵列。

多天线阵列要求天线之间的距离保持在半个波长以上。如果距离近了,就会互相干扰,影

响信号的收发 。

(5) 波束赋形

波束赋形指的是在基站上布设天线阵列,通过射频信号相位的控制,使得相互作用后的电磁波的波瓣变得非常狭窄,并指向它所提供服务的手机,而且能根据手机的移动而转变方向。这种空间复用技术,由全向的信号覆盖变为了精准指向性服务,波束之间不会干扰,在相同的空间中提供更多的通信链路,极大地提高基站的服务容量。

(6) 设备间直接通信技术(Device to Device)

5G 时代,同一基站下的两个用户,如果互相进行通信,他们的数据将不再通过基站转发,而是直接手机到手机。这样,就节约了大量的空中资源,也减轻了基站的压力。不过,控制消息还是要通过基站的。

3. 5G 技术的应用场景

5G 与 4G 相比,具备高速率、低时延、广连接三大特征。通过技术升级将带动整个产业和产业链的革新,推动 5G 技术与媒体、汽车、制造业、能源、卫生等行业的融合应用。

(1) 5G+智能制造

5G 网络的无线连接、高速、低时延的能力,将被企业用户引入智能工厂实现人机交互和协同控制的小范围应用场景,如智能生产、远程控制、产品推广等。随着生产设备和产品联网需求逐渐增多,为简化网络管理和保证业务体验的一致性,企业用户将直接向运营商租赁 5G 网络以支持整个供应链环节的信息化管理,实现一张网络统一管理产品生命周期的高效与低成本管理。

(2) 5G+智慧电网

电力系统中具有通信需求的节点包含各种发电设施、输电配电线路、变电站、电厂、用户电表、调度中心。充分运用 5G 网络切片的高密特性、超高带宽、超低时延、高安全隔离、可拓展性等特性,可实现智能电网四大应用场景:一是配电自动化,二是高级计量,三是智能巡检,四是精准负荷控制。

(3) 5G+智慧医疗

5G 时代无线通信技术的进一步创新升级,大大提升了网络数据处理能力,为智慧医疗的普及提供了强有力的技术支撑。基于 5G 网络的智慧医疗系统的场景化应用将快速推广,包括远程诊断、远程会诊、远程手术、可穿戴医疗预防与监控、临床医疗监护及资产管理等各种医疗场景都将呈现规模化增长。

(4) 5G+车联网

车联网系统利用车车通信、车人通信、车路通信和车网通信以及自动驾驶和大数据分析等技术,实现车辆、行人、路面基础设施之间的感知互联。车联网与智能驾驶可使交通拥堵减少 60%,道路网的通行能力提高 2～3 倍,可改善交通状况、释放人力,从而提高社会生产效率。

(5) 5G+无人机

详见 10.4.3 小节。

10.4.3　5G 无人机技术及应用

人类对于无人驾驶飞行器(以下简称无人机)技术的探索可追溯到 20 世纪初,最初的研究主要面向军事需求。20 世纪 90 年代起,无人机开始渗入到民用领域。随着科技的进步和发展,无人机性能日益强大和完备,民用无人机产业已成为我国经济发展的新亮点。

但是,目前无人机连的是Wi-Fi,只能在300 m以下的视线范围内操控。5G的到来将使无人机能做到真正的远程操控,从而使无人机的应用技术发生重大变革和突破。

1. 5G技术应用于无人机

无人机行业长期存在测控方式距离受限、实时视频传输困难、无人机监测管理手段不足等痛点。而5G技术具备超大空中带宽、低时延、抗干扰、多波束指向等技术特点,天然具备网联无人机要求的高清图传、远程控制、状态监控和精准定位四大能力。因此5G技术应用于无人机产业必然是5G技术应用的一个重要方向。无人机技术本身又是融合了物联网、大数据、移动终端、人工智能等多学科多领域技术的综合载体。发展无人机行业应用技术,必将促进5G业务领域的重大创新,带动产业互联网整体发展。

(1) 5G技术应用于无人机测控

无人机产业将是全面铺展开来的5G移动通信技术的重要应用场景。这首先体现于5G的增强移动带宽特性展示出的强大数据吞吐能力,从而支撑无人机采集的4K高清视频等数据的实时传输。其次,利用5G边缘计算技术与云端平台的有效协同,可使无人机飞行测控时延控制在10 ms,这满足了远程操控无人机飞行的性能需求,展示出高可靠、低时延的特性。再者,5G的Massive 3D MIMO、高增益、自适应、多波束等特点能够有效实现目标快速跟踪和干扰抑制,从而不断提升无人机飞行测控的可靠性。因此,以5G为引领的移动通信技术将为无人机测控提供环境支撑,驱动无人机产业的创新发展。

(2) 5G技术应用于无人机监管

随着消费级无人机数量的增加,以及各行各业对于工业级无人机应用需求的增多,无人机的科学监管是值得深入研究的课题。对无人机进行科学监管,需要遵循三个重要原则——可观测、可规避、可控制。“可观测”是指利用各种探测技术对空中目标进行探测,确保无遗漏。“可规避”是指无人机应逐级具备感知交互、主动规避的能力。“可控制”主要是指对于某些任务不明、行踪不定的无人机,可实现第三方控制手段。

移动通信及相关技术可遵照以上原则,对无人机实施科学的监管。依靠移动通信网络飞行的无人机须根据规定实时上报飞行计划、提供相关参数等数据信息,这为利用移动通信技术对无人机飞行做到“可观测”提供了途径。

5G的物联特性可与人工智能技术相互结合,布局万物智联的互联生态,从而达到支撑“可规避”原则的目的,为无人机实现智能交互、协调飞行创造基础环境。同时,对于“可控制”原则而言,依托移动通信网络部署的云系统,以及利用5G边缘计算建立的管控平台,可形成云网协同、边中结合的无人机管控体系,创建“既保畅飞、又防黑飞”的空域管理模式。

2. 5G无人机的应用实例

虽然目前市场上已经有很多无人机,但它们基本都是通过Wi-Fi和蓝牙连接的,只能满足人们的一些娱乐体验。而移动5G,将会为无人机应用带来新机遇。5G移动通信技术与无人机产业的深入融合,将进一步优化“互联网+无人机”的产业生态,衍生更多基于网联无人机的创新应用场景。

(1) VR直播

无人机全景VR直播将带来身临其境的感受。通过无人机挂载360°全景镜头进行视频拍摄,全景相机可完成视频采集、拼接处理与视频流处理,通过连入5G网络将4K/8K全景视频通过上行链路传输到核心网侧视频服务器,再通过下行链路传输给用户。而用户只须戴上VR眼镜,就可以随时随地、无延迟地获得激动人心的现场感。

5G 无人机 VR 直播在未来将会广泛用于体育赛事、演艺活动等大型活动的极致体验直播中，以及广告、新闻、电影等商业活动拍摄中。用户随时随地都能通过 VR 全景直播获取比现场更好的体验。

(2) 监控安防

无人机在公共安全领域应用很多。在边防巡逻、消防监控、环境保护、刑侦反恐、治安巡逻等领域遇到突发事件的，无人机可以代替警力及时赶往现场，利用可见光视频及热成像设备等，把实时情况回传给地面设备，为指挥人员决策提供依据。

警用无人机可以根据需求搭载高清数码摄像机，进行空中喊话、投放催泪瓦斯等操作，可广泛应用于处突维稳、监控安防、森林防火、消防灭火、抗雪防洪、交通管理等场景。我国多数城市都已开始使用警用无人机进行治安管理。

(3) 电力巡检

电力设备中输电线路一般位于崇山峻岭、无人区居多，人工巡视检查设备缺陷的效率较低，因蛇、虫、蚁等小动物咬伤员工的事件也屡见不鲜。另外，输电铁塔、导线、绝缘子等设备位处高空，应用无人机巡查，既能避免高空爬塔作业的安全风险，亦可以 360°全视角查看设备细节情况，提高巡视质量。

(4) 基站巡检

基站天线定期检测工作是移动通信系统维护工作最基本、最重要的工作之一。常规的人工攀爬基站巡检受到多方面，包括天气、环境、仪表、人员操作等因素的影响，造成人工巡检效率较低，无法按时完成任务。通过 5G 网联无人机基站巡检方式，在降低了人工劳动强度的同时也降低了人工登塔作业安全风险，提高了巡检效率的同时也节省了时间成本。

(5) 无人机水务

无人机在水务方面的应用越来越广泛，如水质监测、日常巡查、水文数据获取、防汛抗洪、水土保持监测等。网联无人机水质监测是在水务方面的创新性应用。

无人机荷载多光谱相机进行水体地物光谱采集，对多光谱遥感影像数据进行针对水质特征的影像聚类分析，得出水质状况定性结论。结合抽样水样检测数据获得定量数据，综合分析，可总体掌握监测水域的水质状况。

相比监测站点加人工排查的方案，利用网联无人机获取水文水质数据，覆盖面积广、成本更低、效率更高，能实现全流域的实时动态水质监测和强大的水文水质数据获取能力，拥有广阔的市场发展前景。

(6) 无人机物流配送

通过 5G 网络，可以实现物流无人机状态的实时监控、远程调度与控制。在无人机工作过程中，借助 5G 网络大带宽传输能力，实时回传机载摄像头拍摄的视频，以便地面人员了解无人机的工作状态。同时，地面人员可通过 5G 网络低时延的特性，远程控制无人机的飞行路线。此外，结合人工智能技术，无人机可以根据飞行任务计划及实时感知的周边环境情况，自动规划飞行路线。

(7) 无人机应急通信及救援

利用无人机灵活性强的特点，当灾害发生时，使用搭载通信基站的无人机，基于规划的路线飞行，触发受灾被困人员手机接入机载基站网络，实现对被困人员通信设备的主动定位，确认被困人员的位置及身份信息。同时利用 5G 网络的大带宽传输能力，通过机载摄像头实时拍摄并回传现场高清视频画面，结合边缘计算能力与 AI 技术，实现快速的人员识别及周边环境分析,便于救援人员针对性地开展营救工作。

通过该产品与传统搜救方式的结合,可有效降低搜寻时间,保证被困人员能够在第一时间得到有效救助,最大限度地减少人员伤亡,具有显著的社会效益。

(8) 野外科学观测

野外科学观测地点普遍远离城市,通过应用多种传感器、视频监控设备、数据采集器、通信网络等基础设施,能够实现科研数据的采集、存储、传输,形成信息化的研究环境。然而,在广域的青藏高原冰川、内蒙古草原、新疆戈壁等环境下,建立监测系统需要的成本较高。无人机基于规划路线飞行,可实现广覆盖、低成本的视频数据和遥感数据的采集。

思考题与习题

1. 简述 DCS 系统的特点。
2. 简述 FCS 和 DCS 系统结构的区别。
3. 简述常见的网络化测控方案。
4. 简述网络化测控系统的主要功能和主要特点。
5. 简述测量仪器发展的 4 个阶段。
6. 什么是虚拟仪器?
7. 虚拟仪器与传统仪器比较有哪些优点?
8. 简述无线电通信系统基本原理。

课件

讲稿笔记

习题解答

参考文献

[1] 于洋. 测控系统网络化技术及应用[M]. 2 版. 北京：机械工业出版社，2014.

[2] 谢维成. 单片机原理与应用及 C51 程序设计[M]. 4 版. 北京：清华大学出版社，2019.

[3] 张毅刚. 单片机原理及接口技术(C51 编程)[M]. 2 版. 北京：人民邮电出版社，2016.

[4] 张毅刚. 单片机原理及应用[M]. 3 版. 北京：高等教育出版社，2016.

[5] 张国雄. 测控电路[M]. 4 版. 北京：机械工业出版社，2011.

[6] 余祖俊. 微机检测与控制应用系统设计[M]. 北京：机械工业出版社，2011.

[7] 李江全. 现代测控系统典型应用实例[M]. 北京：电子工业出版社，2010.

[8] 韩九强. 现代测控技术与系统. 北京：清华大学出版社，2007.

[9] 许江淳. 单片机测控技术应用实例解析[M]. 北京：中国电力出版社，2010.

[10] 李正军. 计算机测控系统设计与应用[M]. 北京：机械工业出版社，2004.

[11] 李全利. 单片机原理及应用技术[M]. 3 版. 北京：高等教育出版社，2009.

[12] 李朝青. 单片机原理及串行外设接口技术[M]. 北京：北京航空航天大学出版社，2008.

[13] 张明. 计算机测控技术[M]. 2 版. 北京：国防工业出版社，2010.

[14] 毕宏彦. 计算机测控技术及应用[M]. 西安：西安交通大学出版社，2010.

[15] 黄建新. 单片机原理、接口技术及应用[M]. 北京：化学工业出版社，2009.

[16] 孟维晓. 现代无线电测控技术. 北京：电子工业出版社，2003.

[17] 王幸之. 单片机应用系统抗干扰技术[M]. 北京：北京航空航天大学出版社，2000.

[18] 孙传友. 传感器检测技术及仪表[M]. 北京：高等教育出版社，2019.

[19] 孙传友. 感测技术基础[M]. 4 版. 北京：电子工业出版社，2015.

[20] 孙传友. 测控系统原理与设计[M]. 3 版. 北京：北京航空航天大学出版社，2014.

[21] 孙传友. 感测技术与系统设计[M]. 北京：科学出版社，2004.

[22] 孙传友. 测控电路及装置[M]. 北京：北京航空航天大学出版社，2002.

[23] 孙传友. 地震勘探仪器原理[M]. 北京：石油大学出版社，1996.

[24] 孙传友. 遥测地震仪原理[M]. 北京：石油工业出版社，1992.

[25] 王大珩. 加速发展我国现代仪器事业迎接 21 世纪挑战[J]. 现代科学仪器，2000(3)：3-6.

[26] 史红梅. 测控系统综合实验教程[M]. 北京：科学出版社，2017.

[27] 王民慧.《测控系统原理与设计》实验指导书，2016. 08. 豆丁网 http://www. docin. com/p-1923625989. html.